基于线长精确展放的输电线路架线智能化施工技术的研究及应用

主　编　李晓斌　陈　亦　关华深
副主编　刘宝军　唐　波　黄智明　邹　巍　李　冶

哈爾濱工業大學出版社

内 容 简 介

电网规划建设是电网发展最基本的保障，作为输电工程建设过程中最烦琐且最重要的架线工程，经过了我国一代又一代电力建设者们的不懈努力，已然从最初的非张力架线施工，发展到如今广泛使用的张力架线施工和最新研发的装配式架线施工。本书以基于线长精确展放的输电线路架线智能化施工工作为研究对象，分6章介绍了架空输电线路建设发展概述、输电线路架线施工特性、导线智能化测长装置的研发、弧垂智能化感知装置、基于线长精确展放的输电线路架线施工工艺、基于线长精确展放的输电线路架线施工的试点应用情况。

本书可供从事输电线路设计、施工、建设和运检等工作的工程技术人员参考，还可作为输电线路工程建设的培训教材。

图书在版编目(CIP)数据

基于线长精确展放的输电线路架线智能化施工技术的研究及应用/李晓斌，陈亦，关华深主编. —哈尔滨：哈尔滨工业大学出版社，2023.10

ISBN 978－7－5767－1103－5

Ⅰ.①基… Ⅱ.①李… ②陈… ③关… Ⅲ.①智能技术－应用－输电线路－架线施工－研究 Ⅳ.①TM726－39

中国国家版本馆CIP数据核字(2023)第212363号

策划编辑 杨秀华
责任编辑 丁桂焱
出版发行 哈尔滨工业大学出版社
社　　址 哈尔滨市南岗区复华四道街10号 邮编150006
传　　真 0451－86414749
网　　址 http://hitpress.hit.edu.cn
印　　刷 哈尔滨市颉升高印刷有限公司
开　　本 787mm×1092mm 1/16 印张15.75 字数371千字
版　　次 2023年10月第1版 2023年10月第1次印刷
书　　号 ISBN 978－7－5767－1103－5
定　　价 88.00元

编　委　会

前　言

本书采用编码器、单片机和无线通信技术，研发了基于线长精确展放的输电线路架线施工智能化设备。架线施工智能化设备包含一套导线智能化测长装置与一套弧垂智能化感知装置，两装置配合使用，共同实现输电线路施工过程中的实时监测、记录和调整导线展放长度，完成基于线长精确展放的输电线路架线施工。

基于线长和弧垂高度关系的精确数学模型，通过导线智能化测长装置对线长进行监测，实现档内导线在地面的精准画印，将复杂的弧垂观测过程转化为较为简便的线长测量过程，通过对放线长度进行精确控制，可初步确定输电线路的挂线位置。为保证弧垂的相对偏差最大值满足架空输电线路施工及验收规范规，还需弧垂智能化感知装置对架线施工弧垂进行实时感知。本书拟采用北斗定位模组、激光雷达等传感器为辅的多传感弧垂感知系统，通过推导弧垂在线实时监测值求解连续档放线实际线长的公式，采用北斗精确定位技术和激光雷达技术，实现档内导线弧垂的精准感知。根据感知结果对输电线路的挂线位置进行微调，即可完成对输电线路的弧垂精确测量和调整。

将智能化设备与架线施工技术结合，形成新型施工工艺，解决了紧线施工过程中观测人员难以观测弧垂及施工工艺烦琐的问题。与传统工艺相比，新型施工工艺用线长监测取代了弧垂观测，在导线展放施工过程多了一步画印工艺以初步确定挂线位置，同时它的导线展放预警制动过程由智能化设备完成，而不是人工。为保证弧垂的相对偏差最大值满足架空输电线路施工及验收规范，新型施工工艺还需对输电线路的挂线位置进行微调。因此对导线智能化测长装置中的测长单元、精准画印单元、预警制动单元的研制，是研发的关键技术；对弧垂智能化感知装置中的行走测量单元、精准定位单元和数据终端控制单元的研制，是保障整个施工工艺精准性的核心技术。

1. 导线智能化测长装置

测长单元：非接触测量方法在理论上能达到较高的精度，但是实际上由于各种测量条件的限制，且激光多普勒测量方法主要是对速度的测量，在低速或静止条件下进行测量时，可能会对线长测量产生一定的误差。为保证测量的精准性，采用接触式测量进行测长，即采用导线带动滚轮旋转，测量编码器所旋转的角度的方法实现对导线长度的精确测量。

精准画印单元：精准画印单元是在测长单元的基础上以STC单片机为数据处理核心研发的。当单个档内导线展放长度达到预设长度时，需要对满足这一长度导线所处的点进行准确标记(即画印工作)。考虑到实际施工过程中导线展放的连续性，本单元拟采用非接触式喷漆装置对导线进行画印。

预警制动单元：当整个耐张段内导线展放完毕时，一旦导线的展放长度达到预警长度，展放设备控制端通过无线发射器发出制动预警信号(根据具体的预警距离会设置不同的预警信号或不同的闪烁方式)，牵引设备端接收到预警信号后，预警指示灯闪烁。牵引场施工人员根据不同的预警信号，待命或对牵引设备进行停机，从而实现牵引设备的远距离制动。

最后，对导线智能化测长装置的测长单元、精准画印单元、预警制动单元进行了性能测试；设计了不同的实验方式，对线长测量的精度、画印和预警进行测试和功能验证，分析了产生误差的原因。根据测试实验结果，线长测量的误差不大，在允许范围内，设备的画印和预警功能均能够正常工作。

2.弧垂智能化感知装置

行走测量单元：适用于输电线路的机械行走测量设计，属于行业内特种装备，其特殊的行走环境要求机械行走测量设计配合输电导线的特点。因此，机械行走结构设计方案借鉴现有输电线路巡线机器人，拟采用双侧滑轮紧压导线，兼具了装置的防坠设计。

精准定位单元：为实现档内导线弧垂的精准感知，弧垂智能化感知装置需采集导线特殊点位的坐标信息，并将定位数据传往地面终端。地面终端软件根据现场测量数据进行转换、分析、计算，将采集到的大量离散点集以悬链线方程为基础通过曲线拟合算法构建输电线路的2D曲线模型，根据构建的曲线模型利用几何结构计算出弧垂值，从而达到弧垂值感知的目的。

数据终端控制单元：考虑到弧垂智能化感知装置工作时悬挂于空中，数据传输线难以搭接且易发生损坏，因此采用无线通信技术实现数据的传输。为便于工作人员对弧垂智能化感知装置的控制，实现数据的可视化处理，额外研发了与弧垂智能化感知装置配套的智能手持式控制终端，用于基于线长精确展放的输电线路架线施工过程中的施工配合。

最后对弧垂智能化感知装置的行走测量单元、精准定位单元和数据终端控制单元进行了性能测试。设计了不同的实验方式，对感知装置的感知精度、行走和定位进行测试和功能验证。根据测试实验结果，弧垂感知的误差满足工程需求，设备的行走和定位功能均能够正常工作，并基于此，开展了基于线长精确展放的输电线路架线施工试点工程应用。

在编写本书的过程中，编者参考和引用了一些文献，在此向相关学者表示感谢。限于编者水平，书中难免有疏漏和不足之处，敬请读者指正。

编　者

2023年4月

目　录

第1章　概　述

1.1　架空输电线路建设的发展

改革开放以来，随着我国国民经济的快速发展，全社会对电力能源的需求日益旺盛，由于我国一次能源基地与能源需求地区呈远距离逆向分布的特点，东北、西北、西南、南方区域电力供应能力富余较多，而华中、华东区域出现电力能力供应不足问题，电力流向呈现大规模"西电东送、北电南送"格局，根据我国能源资源分布和生产力发展水平的实际情况，须实施跨大区、跨流域、大规模、远距离输电以解决我国电力供应与需求不平衡的问题。其中，"西电东送、北电南送"格局已逐步形成，"西电东送"的重大工程白鹤滩至浙江±800 kV高压直流输电工程(白浙线)已全线贯通，如图1.1所示。

图1.1　白鹤滩至浙江±800 kV高压直流输电工程

已建成输电线路总里程数为115万km，其中110 kV以上输电线路超过51.4万km，500 kV输电线路及特高压线路已成为各大电网的主干网架，电网规模已经超越美国，居世界第一。截至2020年底，初步统计全国电网220 kV及以上输电线路回路长度79.4万km，比2019年增长4.6%；全国电网220 kV及以上变电设备容量45.3亿kV·A，比2019年增长4.9%；全国跨区输电能力达到1.56亿kW(跨区网对网输电能力1.43亿kW；跨区点对网送电能力0.13亿kW)。2020年全国跨区送电量完成6 474亿kW·h，比2019年增长13.3%。面对当前大规模的电能需求量，电力线路的建设也正在有序进行。但随着电网建设的大规模发展，线路建设通道越来越紧张，土地资源越来越稀缺，环境保护法律法规体系日益健全且执行越来越严格，人民维权意识逐渐加强，导致输电线路架线施工难度逐渐增大。研究发现，制约输电线路架线施工的主要因素就是如何快速解决通道赔偿及清理问题，如何找到对外界影响最小、成本小、工期短、安全性能好的输电线路架线施工方案。

当前架空输电线路建设主要包括基础工程、杆塔工程、架线工程、接地工程和附件工程。作为建设过程中最烦琐且最重要的架线工程,经过了我国一代又一代电力建设者们的不懈努力,已然从最初的非张力架线施工,发展到如今广泛使用的张力架线施工和最新研发的装配式架线施工。非张力架线施工和张力架线施工在架空线展放完毕后需要通过弧垂观测来确定每档架空线的线长,其过程复杂且易受环境影响,常常给架线施工带来诸多困难。如图 1.2 所示,传统架线施工紧线工艺烦琐,崇山峻岭间的架线施工一旦无法完成精准的弧垂观测,将会对整个架线施工质量产生严重影响。装配式架线施工虽然在一定程度上解决了弧垂观测的问题,但由于自身的局限性,目前仅适用于孤立档的架线施工,对于连续档仍要采用传统的张力架线施工。

图 1.2　输电线路架线施工受地形天气因素干扰

现有输电线路架线施工现场环境复杂、情况多变,特别是在大量山地地形条件下施工风险极为巨大。传统的紧线施工弧垂观测方法在安全性、效率性、可靠性、经济性等方面存在着诸多问题:

(1) 传统输电线路架线施工必须通过弧垂观测才能确保架线的准确性,在山区等较为复杂地形难以完成精确观测。

(2) 传统架线施工按照紧线 — 松线 — 再紧线反复操作才能使弧垂达到设计要求,施工工艺较烦琐、效率较低,难以满足快速抢修的施工要求。

(3) 现有新型架线方式尚不成熟。设备成本高,操作较为复杂,并未改变传统弧垂观测紧线方式。

基于电力物联网技术,面向各式各样复杂工况,研发基于线长精确展放的输电线路架线智能化施工工艺,在架线施工过程中通过对放线长度进行精确控制,挂线后就可得到相应的弧垂,解决现有紧线施工过程中观测人员难以观测弧垂及施工工艺烦琐问题,提高电网安全生产效率、施工现场智能化管理水平,成为当前“数字新基建”大背景下的一种全新解题方案。

1.2　输电线路张力架线施工

从架空输电线路放线施工的方法来看,主要可分为“非张力放线”施工和“张力放线”施工两种方法。

1.2.1　非张力放线

“非张力放线”的主要特点是在放线施工过程中，导、地线始终处于相对松弛的状态，这就不可避免地存在导、地线落地磨损的情况。“非张力放线”可分为人力放线、畜力放线和机械牵引放线三类。

（1）人力放线主要有“拖放”和“铺放”两种方式。“拖放”指的是在线路上使用放线轴（放线三角架）将导、地线盘架起，多人通过人力拖动的方式顺线路方向将导、地线拉出线轴，然后依次穿过放线滑车，完成放线施工过程的方法。“铺放”是指施工人员先将导、地线从线轴上放出，量好一定长度后开断，然后人工将开断的导、地线抬起，顺线路方向铺放到地面上的施工方法。人力展放导、地线不需要什么展放机械设备，展放时可采用数人肩扛导、地线向前敷设。展放完一个放线段，即可用预先挂在杆塔上的滑车及穿入滑车的引线将敷设在地面的导、地线提升到杆塔的放线滑车上，即完成导、地线的展放操作。这种展放导、地线的缺点是需耗用大量劳动力，并且拖放线所经过线路走向极有可能损坏大面积农作物、经济林等。人力拖地展放线时，平地人均可负重约30 kg，山地人均可负重约20 kg。

（2）利用畜力向前敷设，具体工艺与人力展放线相同。地面条件许可时，可使用行走机械等牵引，能节约大量劳动力，但牵引速度不要过快，基本与步行速度相同。这种放线方法是在导线展放前，先用人力展放一根牵引钢丝绳，一端与导线连接，另一端以机械为动力拖动牵引钢丝绳，带动导线在地面上拖引，使导线依次通过各杆塔的放线滑车进行展放。在拖引时有较小的张力。放线特点是：在线轴上不对架空线施加张力，架空线自然拖地。随着架空线对地和放线滑车摩擦阻力的不断增加，才逐渐离开地面。

（3）机械牵引放线与人力“拖放”导、地线的施工方法相近，只是采用机械力来代替人力进行导、地线的牵放。机械牵引放线中提供机械力的机具或设备有：机动绞磨、汽车、拖拉机等。人力放线是直接展放导、地线，而机械牵引放线需要先用人工的方式铺放一根引绳（钢绳或其他较为结实的绳索），再将引绳的一端与导、地线连接，然后才能用机械牵引引绳，引绳再带动导、地线完成放线过程。牵引放线的速度一般控制在20 m/min以下。对于牵引放线的长度，在平地或地势平缓地带，一般允许拖放一轴线（即2 000～2 500 m）。如牵引段两端地势有高差，应根据绞磨受力大小加以控制，一般绞磨进口处的牵引绳张力不宜大于2 t。对交通不便之处，应将导线从线轴中盘成小线盘，不宜采用连续牵引放线。因此两种方法各有利弊，针对输电线路架线施工的研究，对于提高不同施工环境下的施工效益与施工安全有着重要意义。

1.2.2　张力放线

张力放线从20世纪80年代初期起在我国开始得到应用，至今已有40余年。张力放线施工是利用张力机、牵引机等机械施工设备展放导、地线，使其在展放过程中离开大地和跨越物呈架空状态的架线方式。张力放线包括悬挂放线滑车、展放导引绳或牵引绳、展放导线和地线、牵引场锚固、张力场回卷预紧、张力场锚固、张力场断线、弧垂观测及紧线、高空断线、压接、附件安装等工序。与非张力放线相比其具有更高的自动化水平，而且适用于各种电压等级线路的架线施工；展放过程中导、地线始终处于悬空状态，不会与地面产生摩擦；放线作业对人员的需求量少，提高了经济效益；在多回路输电线路架设中，能够保证各层导线处于不同的空间位置，方便架线施工。张力放线包括悬挂放线滑车、展放导引绳或牵引绳、展放导线和地线、牵引场锚固、张力场回卷预紧、张力场锚固、张力场断线、弧垂观测及紧线、高空断线、压接、附件安装等工序。由于张力放线能提高施工质量，解决放线施工中难以解决的某些技术问题，适用面广，因此，被视为 330 ～ 500 kV 输电线路施工优先选用的架线施工方法。张力放线施工以及张力放线施工中的施工质量、施工安全和经济技术指标等都与施工设计密切相关。

从放线的单相分裂数来看，张力放线从“一牵一”型式的单根导、地线张力展放逐步发展到“一牵多”型式的多根导线张力展放型式，相应的设备配置由“1 台牵引机 + 1 台一线张力机”发展为“1 台牵引机+1 台多线张力机(2 线或 4 线)”、或“1 台牵引机+多台多线张力机(2 线或 4 线)”相配合完成导、地线展放施工。

放线引绳的展放也经历了一个从人力展放逐步发展为机械展放引绳(包括飞艇展放引绳、动力伞展放引绳、直升机展放引绳等)的过程。由于每条架空输电线路均由多相导、地线组成，以往的施工方法是每一相线均需用相同的方式进行引绳的展放，既费工又费时，为了降低施工成本，提高展放引绳的工作效率，现在已经可以仅展放一根引绳，然后用这根引绳再牵引展放多根引绳，从而实现张力放线的全机械化施工。这项技术就是近几年才逐步发展完善起来的，被称为“一牵多”的引绳分绳施工技术。而近年来实现全机械化放线的关键技术就在于“机械展放引绳”和“分绳技术”。

超、特高压输电线路具有电压等级高，输送容量大，输送距离长的特点。一般来说，超、特高压输电线路的导线多采用单相多分裂的形式。为满足输送容量的要求，单根导线截面较大，一般都在 300 mm^2 以上。另外，OPGW 光缆复合架空地线也在超、特高压输电线路中得以普及使用，以满足通信和保护的需要。综上来说，针对超、特高压输电线路设计的主要要求，张力放线具有以下优点。

(1) 在展放过程中，导线始终处于悬空状态。因此，避免了与地面及跨越物的接触摩擦损伤，从而减轻了线路运行中的电晕损耗和无线电可听噪声干扰。同时由于展放中保持了一定张力，相当于对导线施加了预拉应力，使它产生初伸长，从而减少了导线安装完毕后的蠕变现象，保证了紧线后导线弧度的精确性和稳定性。

(2) 使用牵张机构设备展放线，有利于减轻劳动强度，施工作业高度机械化，速度快、工效高，人工费用低。

(3) 放线作业只需先用人力铺放数量少、质量轻的导引绳，然后便可逐步架空牵放牵引绳、导线等。由于展放导线的全部过程中导线处在悬空状态，因此大大减少对沿途青苗及经济林区农作物的损坏，具有明显的社会效益和经济效益。

(4) 用于跨江河、山区、泥沼地、水网地带、森林等复杂地形施工时，能有效发挥其良好的经济效益。例如，跨越带电线路，可以不停电或者少停电；跨越江河架线施工，可以不封航或仅半封航；跨越其他障碍施工时，可少搭跨越架。

(5) 可采用同相子导线同展同紧的施工操作，因此施工效率成倍增加。这里除了需要大型机械设备外，不需要增加牵引作业次数。

(6) 在多回路输电线路架线施工中,能保证各层导、地线处于不同空间位置,放线、紧线分别连续完成,而非张力放线是无法实现的。

但张力放线也存在以下缺点。

(1) 跨越时受外界条件约束(如停电时间、封航时间),无法掌握施工的主动性。

(2) 施工机械的合理配套、机械设备的适应性及轻型化有待实现。例如一套一牵四放线的张力放线设备,配备相应的其他机械和工器具总质量约为 70 ～ 100 t。如果主牵引机、主张力机、小牵引机、小张力机采用拖运方式运输,则用载重 10 t 的汽车搬运要 7 ～ 10 辆汽车,用火车运输也要 2 ～ 3 节平板车和一节棚车,还不包括通用机械、汽车起重机及拖拉机等的运输。张力架线施工组织复杂,人员配备多,需 200 人左右,这样庞大的组织机构用于山区、水网地带等施工,有待于优化组合和科学管理,而庞大的施工机械也难以适用于山区、水网地带等特殊恶劣地质条件的施工,因而有待于小型化、轻便化。

另外,张力架线施工采用标准流水方式作业,而弧垂观测工序极易受外部环境影响,紧线工序也十分烦琐,不利于严格的施工组织和施工管理,架线施工的普适性和管理性还有待于深入研究。基于此,为了满足电网建设快速、高效和安全的需求,本书面向工程实际应用,提出一种基于线长精确展放的输电线路架线施工技术,通过对放线长度进行精确控制,挂线后就可得到相应的弧垂,从而避免张力架线紧线过程中观测人员烦琐的观测过程,形成新型架线施工工艺。

第 2 章　输电线路架线施工特性

架空输电线路主要由导线、避雷线(或称地线)、绝缘子、金具、杆塔、基础和接地装置等部分组成,其组成如图 2.1 所示。

图 2.1　架空输电线路主体

(1) 导线是架空输电线路中重要的组成元件,承担输送电能、传输电流的职责。导线有许多种,一般根据电压的等级选择导线的种类。10 kV 以下的线路一般采用铝绞线;35 kV 及以上的线路则一般采用强度更高的钢芯铝绞线;为了增大输电面积,220 kV 的线路一般采用双分裂导线(即每相导线有两根导线)。

(2) 地线又名避雷线,其和导线一样固定在杆塔上,地线在上、导线在下,设置地线的根本目的是使雷电首先击中地线,并使雷电流通过杆身泄流,起到保护导线不被雷击的作用,保护线路安全运行。

(3) 绝缘子是一种将导线和杆塔连在一起又具有绝缘作用的构件,如图 2.2 所示。

(4) 金具主要用于撑持、夹紧、接续电线,也用于绝缘子上面,将其连接成串,具有一定的防护作用。

(5) 杆塔主要用于支撑电线以及固定导、地线的位置,使两者之间有足够的安全距离,也使其与地面的距离在安全容许范围之内。杆塔分为直线型和耐张型两大类,它们的本质区别就是看杆塔上导线是否断开,导线连续不断的为直线塔,断开的则为耐张塔。

(6) 基础是用于固定和维持杆塔稳定的构筑物,起抗拔、抗倾覆、防沉的稳固作用,基础型式应根据地形地质、施工条件和杆塔型式来确定,并以节约混凝土量、降低造价、保护环境为原则来综合考虑,一般情况下杆塔可以选用现浇钢筋混凝土基础或混凝土基础。

由于超、特高压输电线路的不断施工建设,促使我国架空输电线路施工技术发展进入到一个崭新的时期,而作为架空输电线路施工中最重要的一道施工工序 —— 张力放线施工也从多年前的人力展放引绳,单导线架设逐步发展为飞艇、直升机等展放引绳,多分裂

图 2.2　架空输电线路铁塔基础与绝缘子

导线架设的全程机械化施工阶段。张力放线施工工艺和方法不断成熟完善、各种新型施工工器具投入施工工作，放线人力资源及成本逐步降低，施工进度不断提升、施工方法日新月异，施工质量得到有效的保证。

2.1　输电线路架线施工要点

张力放线施工工作为输电线路施工过程的一道重要工序，其最大的特点就是作业面较大，往往延绵 10 ～ 20 km 长，且线路上的所有人员都要紧密配合施工，工作的协调和组织就显得非常重要，任何一个作业点出现问题就会造成整个工作面的停工，对施工产生较大影响，因此选择适宜且有效的施工方法将对优化施工组织产生直接的影响。

放线施工过程高空作业量大，安全风险极高。因此，施工方法的优劣、施工作业人员高空作业量的大小以及合理性，都将直接影响到作业过程中的安全问题。选择合理的施工方法，不但可以提高工作效率，还可以有效避免安全事故或降低安全风险，为施工顺利进行奠定基础。

采用张力放线施工的目的在于避免导、地线在施工过程中与地面接触造成导、地线或光缆表面的磨损，防止或降低因电晕原因造成的电量损失和电磁污染。因此，张力放线施工方法和工艺水平的高低将对线路施工质量产生重大影响。

可靠有序的张力放线施工，合理的设备投入及人员安排与组织对整个放线工作的施工进度和成本控制将产生直接的影响。在实际的工作中，必须根据每个线路工程的特点制定相关的、具有针对性的施工方案和措施，优化施工流程才可能得到“少投入、高产出”的较好的经济效益和高效的施工进度。

总之，张力放线的施工技术将随着电网建设的飞速发展而日益成熟，更多的新工艺、新方法将得到更广泛的运用，因此，有必要对这些工艺和方法进行适当的整理和归纳，并结合实际工作对这些方法进行理论研究，形成张力放线施工方法的 PDCA 循环，为今后的施工管理提供较好的基础，开拓更为宽广的发展空间。

本书通过对高压架空输电线路放线施工方法的研究，结合施工经验及特殊线路放线施工方法对架空输电线路放线施工方法进行了总结，希望通过本书的研究，促使高压架空输电线路放线施工技术及方法得到较为全面的总结，以进一步指导实际施工，同时对今后的放线施工方法提供指导和参考。

2.2 输电线路架线施工架线计算

基于线长精确展放的输电线路智能化架线施工中架线的效果取决于待展放线长的精确计算，但设计弧垂与导线线长依靠于力学计算结果及其数据分析。在架空线的力学物理特性中，与线路设计密切相关的主要有弹性系数、温度膨胀系数、抗拉强度等。

2.2.1 输电线路力学理论基础

2.2.1.1 架空线的力学特性

架空输电线路中使用最广泛的架空线是钢芯铝绞线，其结构也较为复杂，因此本书着重研究钢芯铝绞线的机械物理特性，其他类型架空线的机械物理特性可以此为参考。

1.钢芯铝绞线的综合弹性系数

钢芯铝绞线由具有不同弹性系数的钢线和铝线两部分组成，在受到拉力 T 作用时，钢线部分具有应力 σ_s，铝线部分应力为 σ_a，绞线截面的平均应力为 σ，三者之间并不相等。但由于钢芯与铝股紧密绞合在一起，所以认为钢线部分与铝线部分的伸长量相等，即钢线部分和铝线部分的应变相等。根据胡克定律，应力 σ 与应变 ε 成正比，比例系数是弹性系数 E，即

$$\sigma = E\varepsilon,\sigma_s = E_s\varepsilon_s,\sigma_a = E_a\varepsilon_a \tag{2.1}$$

式中　下标 s—— 钢线部分；

　　　下标 a—— 铝线部分。

$$\varepsilon = \frac{\sigma}{E} = \frac{T}{EA},\varepsilon_s = \frac{\sigma_s}{E_s} = \frac{T_s}{E_sA_s},\varepsilon_a = \frac{\sigma_a}{E_a} = \frac{T_a}{E_aA_a} \tag{2.2}$$

式中　T、T_s 和 T_a—— 架空线的总拉力、钢部承受拉力和铝部承受拉力；

　　　A、A_s 和 A_a—— 架空线的总截面积、钢线部分截面积和铝线部分截面积。

钢芯铝绞线截面积构成如图 2.3 所示。

三者应变相等，即 $\varepsilon = \varepsilon_s = \varepsilon_a$，所以

$$\frac{T}{EA} = \frac{T_s}{E_sA_s} = \frac{T_a}{E_aA_a} = \frac{T_s + T_a}{E_sA_s + E_aA_a} \tag{2.3}$$

而 $T = T_s + T_a$，$A = A_s + A_a$，所以

$$E = \frac{E_sA_s + E_aA_a}{A} = \frac{E_sA_s + E_aA_a}{A_a + A_s} = \frac{E_s + E_aA_a/A_s}{1 + A_a/A_s} \tag{2.4}$$

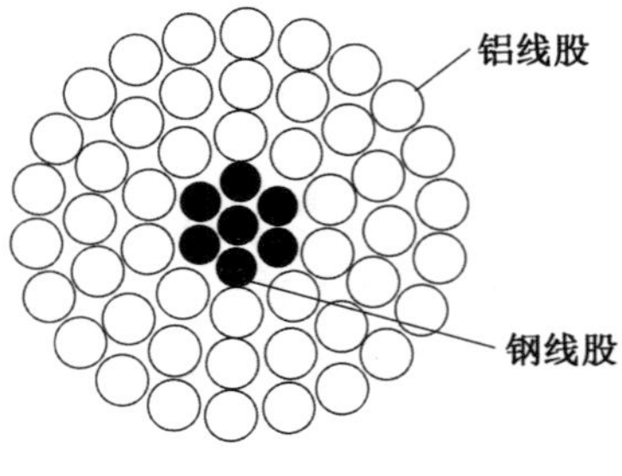

图 2.3　钢芯铝绞线截面积构成示意图

令铝钢截面比 $m = \dfrac{A_a}{A_s}$，钢比 $\xi = \dfrac{1}{m} = \dfrac{A_s}{A_a}$，有

$$E=\frac{E_s+mE_a}{1+m}=\frac{\xi E_s+E_a}{1+\xi} \tag{2.5}$$

采用式(2.5)计算时，钢线的弹性系数可取 196 000 MPa，铝线可取 59 000 MPa，铝合金线可取 63 000 MPa。

由式(2.5)可以看出，钢芯铝绞线综合弹性系数的大小不仅与钢、铝两部分的弹性系数有关，而且与铝钢截面比 m 有关。实际上，钢芯铝绞线的弹性系数还与其扭绞角度和使用张力等因素有关，实际值比式(2.5)的计算值偏小。工程中一般采用电线产品样本中给出的实验值。无实验值时，钢芯铝绞线的综合弹性系数可采用表 2.1 中数值，铝绞线的综合弹性系数在表 2.2 中列出，钢绞线的弹性系数可取为 181 400 N/mm^2。

表 2.1　钢芯铝绞线的弹性系数和线膨胀系数

结构(根数)		铝钢截面比	综合弹性系数 /MPa	线膨胀系数 /(℃$^{-1}$)
铝	钢			
6	1	6.00	79 000	19.1×10^{-6}
7	7	5.06	76 000	18.5×10^{-6}
12	7	1.71	105 000	15.3×10^{-6}
18	1	18.00	66 000	21.2×10^{-6}
24	7	7.71	76 000	19.6×10^{-6}
26	7	6.13	76 000	18.9×10^{-6}
30	7	4.29	80 000	17.8×10^{-6}
30	19	4.37	78 000	18.0×10^{-6}
42	7	19.44	61 000	21.4×10^{-6}
45	7	14.46	63 000	20.9×10^{-6}
48	7	11.34	65 000	20.5×10^{-6}
54	7	7.71	69 000	19.3×10^{-6}
54	19	7.90	67 000	19.4×10^{-6}

注：1. 弹性系数值的精确度为 ±3 000 MPa；

2. 弹性系数适用于受力在 15% ～ 50% 范围计算拉断力的钢芯铝绞线。

表 2.2　铝绞线的弹性系数和线膨胀系数

根数	综合弹性系数 /MPa	线膨胀系数 /(℃$^{-1}$)
7	59 000	23.0×10^{-6}
19	56 000	23.0×10^{-6}
37	56 000	23.0×10^{-6}
61	54 000	23.0×10^{-6}

注：1. 弹性系数值的精确度为 ±3 000 MPa；

2. 弹性系数适用于受力在 15% ～ 50% 范围计算拉断力的铝绞线。

2. 钢芯铝绞线的温度膨胀系数

钢芯铝绞线的温度线膨胀系数 α，指的是温度升高 1 ℃ 时其单位长度的伸长量。在钢芯铝绞线中，铝的线膨胀系数较大，α_a 约为 23×10^{-6} 1/℃，钢的线膨胀系数较小，α_s 约为

11.5×10^{-6} 1/℃，钢芯铝绞线的温度膨胀系数 α 介于 α_s 与 α_a 之间。

图 2.4 所示为钢芯铝绞线，在初始温度下，线端位置为 AB。

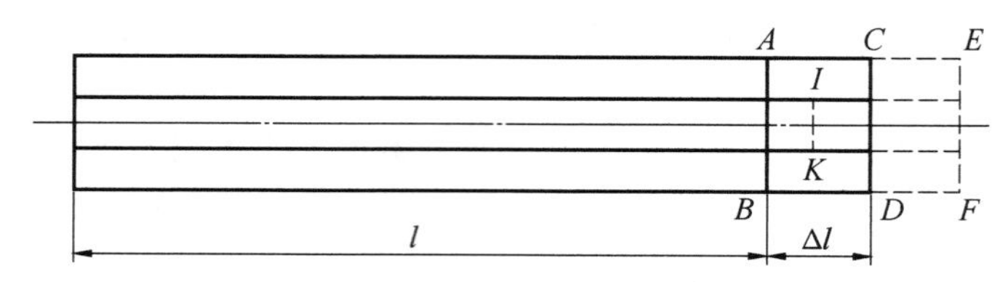

图 2.4　钢芯铝绞线热胀冷缩示意图

当温度升高 Δt 时，如铝部与钢芯之间没有关系，则铝伸长至 EF，钢伸长至 IK；但由于铝部与钢芯紧密结合在一起，所以只能有相同的伸长，设到达 CD。这表明铝部受到了压缩，钢芯受到了拉伸。在平衡位置 CD，铝部承受的压缩力与钢芯的拉伸力相等。不考虑绞线的扭角影响时，有

$$E_s(\alpha-\alpha_s)\Delta t\cdot A_s=E_a(\alpha_a-\alpha)\Delta t\cdot A_a \tag{2.6}$$

整理并将 $m=\dfrac{A_a}{A_s}$ 代入，可以得到

$$\alpha=\frac{E_s\alpha_s+mE_a\alpha_a}{E_s+mE_a} \tag{2.7}$$

由式(2.7)可以看出，钢芯铝绞线的温度膨胀系数大小不仅与钢、铝两部分的温度膨胀系数有关，而且与两部分的弹性系数和铝钢截面比有关。工程中应采用电线产品样本中给出的实验值。无实验值时，钢芯铝绞线、铝绞线的温度膨胀系数可分别查表 2.1 和表 2.2，钢绞线的温度膨胀系数可取 11.5×10^{-6} 1/℃。

3. 钢芯铝绞线的额定拉断力和抗拉强度

绞线的额定拉断力(RTS)是指绞线受拉时其中强度最弱或受力最大的一股或多股出现拉断时承受的总拉力。对于单一绞线(包括铝绞线、铝合金绞线、镀锌钢绞线、铝包钢绞线等)，其额定拉断力为所有单线最小拉断力的总和。对于钢芯铝(铝合金)绞线或铝包钢芯铝(铝合金)绞线，其额定拉断力为铝(铝合金)部分的拉断力与钢或铝包钢部分的相应拉断力的总和。钢或铝包钢部分的相应拉断力保守地规定为标距 250 mm、1% 伸长时的拉断力。对于铝合金芯铝绞线，其额定拉断力为硬铝线部分的拉断力与铝合金线部分 95% 拉断力的总和。钢芯铝绞线的拉断力由钢部和铝部共同承受，影响其额定拉断力的因素主要有：

(1) 铝和钢的机械性能不同，铝的延伸率远低于钢的延伸率，当铝部被拉断时，钢部的强度还未得到充分发挥，通常认为此时钢线的变形量为 1% 左右。

(2) 绞线中各层线之间的应力分布不均匀。

(3) 绞合后的单线与绞线轴线之间形成扭绞角，综合拉断力与扭绞角有关，是各单线拉断力在轴线方向的分力构成。

(4) 相邻两层线之间存在正压力和摩擦力，影响线材的强度和变形，从而降低了绞线的综合拉断力。

钢芯铝绞线额定拉断力的计算式为

$$T_N = \sigma_a A_a + \sigma_{1\%} A_s \tag{2.8}$$

式中　σ_a——铝线的抗拉强度，见表 2.3；

$\sigma_{1\%}$——钢线伸长 1% 时的应力，见表 2.4。

对架空线进行拉断力试验时，要求其应能承受 95% 的额定拉断力，即其综合拉断力 T_p 为 95% 额定拉断力。因此架空线的抗拉强度为

$$\sigma_p = \frac{T_p}{A} = 0.95\frac{T_N}{A} \tag{2.9}$$

表 2.3　《架空绞线用硬铝线》(GB/T 17048—2017) 中规定的机械性能

型号	标称直径 d/mm	抗拉强度最小值 /MPa
L L_1	$d \leqslant 1.25$	200
	$1.25 < d \leqslant 1.50$	195
	$1.50 < d \leqslant 1.75$	190
	$1.75 < d \leqslant 2.00$	185
	$2.00 < d \leqslant 2.25$	180
	$2.25 < d \leqslant 2.50$	175
	$2.50 < d \leqslant 3.00$	170
	$3.00 < d \leqslant 3.50$	165
	$3.50 < d \leqslant 5.00$	160
L_2 L_3	$1.25 < d \leqslant 3.00$	170
	$3.00 < d \leqslant 3.50$	165
	$3.50 < d \leqslant 5.00$	160

表 2.4　《架空绞线用镀锌钢线》(GB/T 3428—2012) 中规定的机械性能

强度级别	标称直径 /mm		抗拉强度 (最小值)/MPa		1% 伸长时的应力值 (最小值)/MPa		伸长率(最小值)/% 标距 L_0 = 250 mm	
	大于	小于及等于	A 级镀锌层	B 级镀锌层	A 级镀锌层	B 级镀锌层	A 级镀锌层	B 级镀锌层
1 级强度	1.24	2.25	1 340	1 240	1 170	1 100	3.0	4.0
	2.25	2.75	1 310	1 210	1 140	1 070	3.0	4.0
	2.75	3.00	1 310	1 210	1 140	1 070	3.5	4.0
	3.00	3.50	1 290	1 190	1 100	1 000	3.5	4.0
	3.50	4.25	1 290	1 190	1 100	1 000	4.0	4.0
	4.25	4.75	1 290	1 190	1 100	1 000	4.0	4.0
	4.75	5.50	1 290	1 190	1 100	1 000	4.0	4.0

续表2.4

强度级别	标称直径/mm		抗拉强度（最小值）/MPa		1% 伸长时的应力值（最小值）/MPa		伸长率（最小值）/% 标距 L_0 = 250 mm	
	大于	小于及等于	A级镀锌层	B级镀锌层	A级镀锌层	B级镀锌层	A级镀锌层	B级镀锌层
2级强度	1.24	2.25	1 450	1 380	1 310	1 240	2.5	2.5
	2.25	2.75	1 410	1 340	1 280	1 210	2.5	2.5
	2.75	3.00	1 410	1 340	1 280	1 210	3.0	3.0
	3.00	3.50	1 410	1 340	1 240	1 170	3.0	3.0
	3.50	4.25	1 380	1 280	1 170	1 100	3.0	3.0
	4.25	4.75	1 380	1 280	1 170	1 100	3.0	3.0
	4.75	5.50	1 380	1 280	1 170	1 100	3.0	3.0
3级强度	1.24	2.25	1 620	—	1 450	—	2.0	—
	2.25	2.75	1 590		1 410		2.0	
	2.75	3.00	1 590		1 410		2.5	
	3.00	3.50	1 550		1 380		2.5	
	3.50	4.25	1 520		1 340		2.5	
	4.25	4.75	1 520		1 340		2.5	
	4.75	5.50	1 500		1 270		2.5	
4级强度	1.24	2.25	1 870	—	1 580	—	3.0	—
	2.25	2.75	1 820		1 580		3.0	
	2.75	3.00	1 820		1 550		3.5	
	3.00	3.50	1 770		1 550		3.5	
	3.50	4.25	1 720		1 500		3.5	
	4.25	4.75	1 720		1 480		3.5	
5级强度	1.24	2.25	1 960	—	1 600	—	3.0	—
	2.25	2.75	1 910		1 600		3.0	
	2.75	3.00	1 910		1 580		3.5	
	3.00	3.50	1 870		1 580		3.5	
	3.50	4.25	1 820		1 550		3.5	
	4.25	4.75	1 820		1 500		3.5	

2.2.1.2 架空线的均布荷载及比载

作用在架空线上的分布荷载有自重、冰重和风荷载。这些荷载可能是不均匀的，但为方便计算，一般按均匀分布考虑。由于在架空线的有关计算中，常用到单位长度架空线上的荷载折算到单位面积上的数值，就将其定义为架空线的比载，常用单位是 N/(m · mm^2) 或 MPa/m。

根据架空线上作用荷载的不同,相应比载有自重比载、冰重比载、风压比载等。根据作用方向的不同,比载可分为垂直比载、水平比载和综合比载。

为清楚起见,覆冰厚度为 b、风速为 v 时的比载用符号 $\gamma_i(b,v)$ 表示。

1. 垂直比载

垂直比载包括自重比载和冰重比载,作用方向垂直向下。

(1) 自重比载。

自重比载是架空线自身质量引起的比载,其大小可认为不受气象条件变化的影响。自重比载计算式为

$$\gamma_1(0,0)=\frac{qg}{A}\times 10^{-3}\quad (\mathrm{MPa/m}) \tag{2.10}$$

式中　q—— 架空线的单位长度质量,kg/km;

A—— 架空线的截面积,$\mathrm{mm^2}$;

g—— 重力加速度,$g=9.806\ 65\ \mathrm{m/s^2}$。

(2) 冰重比载。

冰重比载是架空线的覆冰质量引起的比载。在覆冰厚度为 b 时,单位长度架空线上的覆冰体积为

$$V=\frac{\pi}{4}[(d+2b)^2-d^2]=\pi b(d+b)$$

若取覆冰密度 $\rho=0.9\times 10^{-3}\ \mathrm{kg/cm^3}$,则冰重比载为

$$\gamma_2(b,0)=\frac{\rho Vg}{A}=\frac{\rho\pi b(d+b)g}{A}=27.728\,\frac{b(d+b)}{A}\times 10^{-3}\quad (\mathrm{MPa/m}) \tag{2.11}$$

式中　b—— 覆冰厚度,mm;

d—— 架空线的外径,mm。

(3) 垂直总比载。

垂直总比载是自重比载与冰重比载之和,即

$$\gamma_3(b,0)=\gamma_1(0,0)+\gamma_2(b,0) \tag{2.12}$$

2. 水平比载

水平比载包括无冰风压比载和覆冰风压比载,方向垂直于线路且作用在水平面内。风压是空气的动能在迎风体单位面积上产生的压力。当流动气流以速度 v 携带着动能吹向迎风物体,速度降为零时,其动能将全部转换为对物体的静压力,根据流体力学中的伯努利方程,基本风压为

$$W_v=\frac{1}{2}\rho v^2 \tag{2.13}$$

式中　W_v—— 风速为 v 时的风压,$\mathrm{N/m^2}$ 或 Pa;

v—— 风速,m/s;

ρ— 空气密度,$\mathrm{kg/m^3}$。

空气密度 ρ 是海拔高度、气温和湿度的函数,不同地区不同季节的 ρ 值存在不同的差异,一般情况下可采用标准空气密度 $\rho=1.25\ \mathrm{kg/m^3}$,此时的风压计算式为

$$W_v = 0.625\ v^2 = \frac{v^2}{1.6} \tag{2.14}$$

对高海拔地区以及要求计算精度比较高的特殊情况，ρ 应取当地当时的实际空气密度。无可靠数据时，可根据所在地的海拔高度，用下式估算

$$\rho = 1.25e^{-0.0001H} \tag{2.15}$$

式中　H—— 海拔高度，m。

另外需要说明的是，20 世纪 60 年代以前，国内的风速记录大多是根据风压板的观测结果，统一根据标准空气密度 $\rho=1.25\ \text{kg/m}^3$ 按式(2.13) 反算而得，因此在应用此类风速计算风压时，采用式(2.14) 是准确的。

(1) 无冰风压比载。

考虑到整个档距上的风速通常不一致，架空线的迎风面积形状(体型) 对空气流动的影响，以及风向与线路走向间常存在一定的角度，无冰时的风压比载计算式为

$$\gamma_4(0,v) = \beta_c \alpha_f \mu_{sc} d\ \frac{W_v}{A} \sin^2\theta \times 10^{-3} \quad (\text{MPa/m}) \tag{2.16}$$

式中　α_f—— 风速不均匀系数，根据基本风速按表 2.5 取值；校验最大设计风速下杆塔的电气距离时，根据水平档距按表 2.6 取值。

β_c—— 500 kV 及以上线路的架空线风载调整系数，仅用于强度设计时计算架空线作用于杆塔上的风荷载，可取表 2.5 中的数值。电压低于 500 kV 的线路取 1.0。

μ_{sc}—— 架空线的体型系数(空气动力系数)，对无冰架空线，线径 $d<17$ mm 时 $\mu_{sc}=1.2$，线径 $d \geqslant 17$ mm 时 $\mu_{sc}=1.1$。

d—— 架空线外径。

W_v—— 风压，Pa。

A—— 架空线截面积，mm^2。

θ—— 风向与线路方向的夹角。

表 2.5　风速不均匀系数 α_f 和风载调整系数 β_c

风速 $v/(\text{m}\cdot\text{s}^{-1})$		<20	$20 \leqslant v < 27$	$27 \leqslant v < 31.5$	$\geqslant 31.5$
f	杆塔荷载(强度计算用)	1.00	0.85	0.75	0.70
	设计塔头(风偏计算用)	1.00	0.75	0.61	0.61
β_c	500 kV 及以上杆塔荷载	1.00	1.10	1.20	1.30

注：对跳线计算，1 000 kV 线路 α_f 宜取 1.2，其他宜取 1.0。

表 2.6　风速不均匀系数 α_f 随水平档距变化取值

水平档距 /m	200 ⩽	250	300	350	400	450	500	⩾ 550
α_f	0.80	0.74	0.70	0.67	0.65	0.63	0.62	0.61

在 500 kV 及以上线路设计中引入风载调整系数，是考虑 500 kV 线路的绝缘子串较长，子导线多，发生动力放大作用的可能性增大，且随风速的增大而增加，因而可适当提高 500 kV 及以上线路的架空线对杆塔的荷载，以降低其杆塔事故率。

(2) 覆冰风压比载。

架空线覆冰时，其直径由 d 变为 $d+2b$，迎风面积增大，同时风载体型系数也与未覆冰时不同。规范规定无论线径大小，覆冰时的风载体型系数一律取为 $\mu_{sc}=1.2$。另外，实际覆冰的厚度要大于理想覆冰的厚度，实际覆冰的不规则形状加大了对气流的阻力，需要引入覆冰风载增大系数 B，对 5 mm 冰区取 1.1，10 mm 冰区取 1.2，15 mm 冰区取 1.3，20 mm 及以上冰区取 1.5～2.0。覆冰时的风压比载计算式为

$$\gamma_5(b,v)=\beta_c\alpha_f\mu_{sc}(d+2b)\frac{W_v}{A}\sin^2\theta\times10^{-3}\quad(\mathrm{MPa/m})\tag{2.17}$$

3. 综合比载

综合比载有无冰综合比载和覆冰综合比载之分，分别为相应气象条件下的垂直比载和水平比载的矢量和，如图 2.5 所示。

(1) 无冰综合比载。

无冰有风时的综合比载是架空线自重比载和无冰风压比载的矢量和，即

$$\gamma_6(0,v)=\sqrt{\gamma_1^2(0,0)+\gamma_4^2(0,v)}\tag{2.18}$$

(2) 覆冰综合比载。

覆冰综合比载是架空线的垂直总比载和覆冰风压比载的矢量和，即

$$\gamma_7(b,v)=\sqrt{\gamma_3^2(b,0)+\gamma_5^2(b,v)}=\sqrt{[\gamma_1(0,0)+\gamma_2(b,0)]^2+\gamma_5^2(b,v)}\tag{2.19}$$

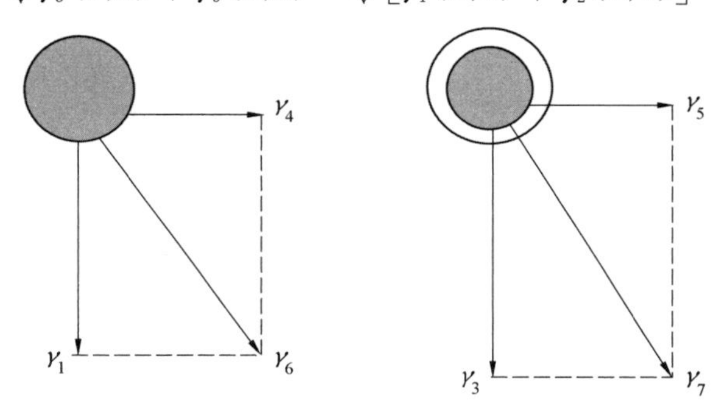

图 2.5　综合比载计算示意图

2.2.1.3　架空线悬链线方程的积分普遍形式

在架空输电线路的设计中，不同气象条件下架空线的弧垂、应力和线长计算占有十分重要的位置，是输电线路力学研究的主要内容。这是因为架空线的弧垂和应力直接影响着线路的正常安全运行，而架空线线长的微小变化和误差都会引起弧垂和应力相当大的改变。设计弧垂小，架空线的拉应力就大，振动现象加剧，同时杆塔荷载增大，因而要求强度提高。设计弧垂过大，满足对地安全距离所需杆塔高度增加，线路投资增大，而且架空线的风摆、舞动和跳跃会造成线路停电事故，若加大塔头尺寸，必然会使投资再度提高。因此，设计合适的弧垂是十分重要的。下面研究垂直均布荷载和水平均布荷载作用下的架空线有关计算问题。

为使问题简化，首先假设架空线是没有刚性的柔性索链。这是因为架空输电线路的档距比架空线的截面尺寸大得多，即整档架空线的线长要远远大于其直径，同时架空线又

多采用多股细金属线构成的绞合线,所以架空线的刚性对其悬挂空间曲线形状的影响很小。根据这一假设,架空线只能承受拉力而不能承受弯矩。其次假设作用在架空线上的荷载沿其线长均布。根据这两个假设,悬挂在两基杆塔间的架空线呈悬链线形状。

图 2.6(b)所示为某档架空线,A、B 为两悬挂点。沿架空线线长作用有均布比载γ,方向垂直向下。在比载 γ 作用下,架空线呈曲线形状,其最低位置在 O 点。在悬挂点 A、B 处,架空线的轴向应力分别为 σ_A 和 σ_B。选取线路方向(垂直于比载)为坐标系的 x 轴,平行于比载方向为 y 轴。在架空线上任选一点 C,取长为 L_{OC} 的一段架空线作为研究对象,受力分析如图 2.6(a) 所示。列研究对象的力平衡方程式,有

$$\sum X=0,\sigma_x\cos\theta=\sigma_0 \tag{2.20}$$

$$\sum Y=0,\sigma_x\sin\theta=\gamma L_{OC} \tag{2.21}$$

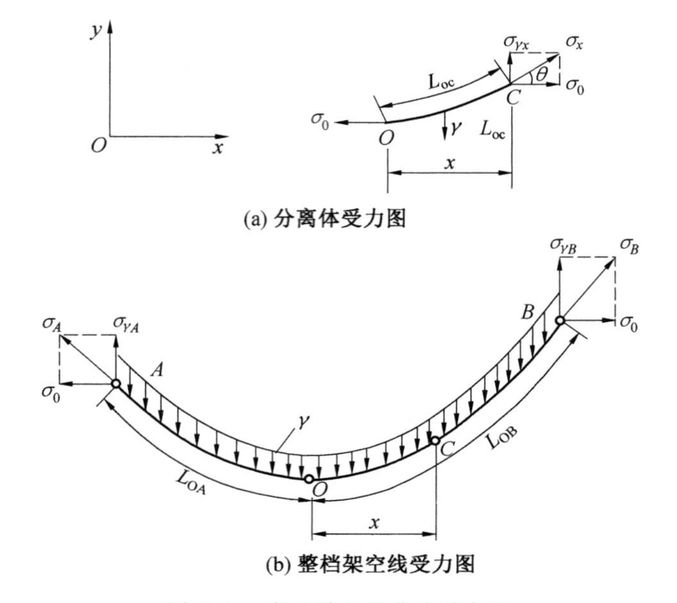

(a) 分离体受力图

(b) 整档架空线受力图

图 2.6 架空线悬挂曲线受力图

式(2.20) 表明,架空线上任一点 C 处的轴向应力 σ_x 的水平分量等于弧垂最低点处的轴向应力 σ_0,即架空线上轴向应力的水平分量处处相等。式(2.21) 表明,架空线上任一点轴向应力的垂向分量等于该点到弧垂最低点间线长 L_{OC} 与比载 γ 之积。以上两式相除可得

$$\tan\theta=\frac{\gamma}{\sigma_0}L_{OC} \tag{2.22}$$

或

$$\frac{dy}{dx}=\frac{\gamma}{\sigma_0}L_{OC} \tag{2.23}$$

式(2.23) 为悬链线方程的微分形式。从中可以看出,当比值 γ/σ_0 一定时,架空线上任一点处的斜率与该点至弧垂最低点之间的线长成正比。在弧垂最低点 O 处,曲线的斜率为零,即 $\theta=0$。将式(2.23) 写成

$$y' = \frac{\gamma}{\sigma_0} L_{OC} \tag{2.24}$$

两边微分，有

$$\mathrm{d}y' = \frac{\gamma}{\sigma_0}\mathrm{d}(L_{OC}) = \frac{\gamma}{\sigma_0}\sqrt{(\mathrm{d}x)^2 + (\mathrm{d}y)^2} = \frac{\gamma}{\sigma_0}\sqrt{1 + y'^2}\,\mathrm{d}x \tag{2.25}$$

分离变量后两端积分

$$\int \frac{\mathrm{d}y'}{\sqrt{1 + y'^2}} = \frac{\gamma}{\sigma_0}\int \mathrm{d}x \tag{2.26}$$

$$\mathrm{arsh}(y') = \frac{\gamma}{\sigma_0}(x + C_1) \tag{2.27}$$

或写成

$$\frac{\mathrm{d}y}{\mathrm{d}x} = \mathrm{sh}\,\frac{\gamma}{\sigma_0}(x + C_1) \tag{2.28}$$

两端积分，得

$$y = \frac{\sigma_0}{\gamma}\mathrm{ch}\,\frac{\gamma}{\sigma_0}(x + C_1) + C_2 \tag{2.29}$$

式(2.29)是架空线悬链线方程的积分普遍形式。式中 C_1、C_2 为积分常数，其值取决于坐标系的原点位置。

2.2.2　均布荷载下架空线的线长与弧垂计算

2.2.2.1　架空线的弧垂计算

1. 等高悬点架空线的悬链线方程

等高悬点是指架空线的两个悬挂点高度相同。由于对称性，等高悬点架空线的弧垂最低点位于档距中央，将坐标原点取在该点，如图 2.7 所示。

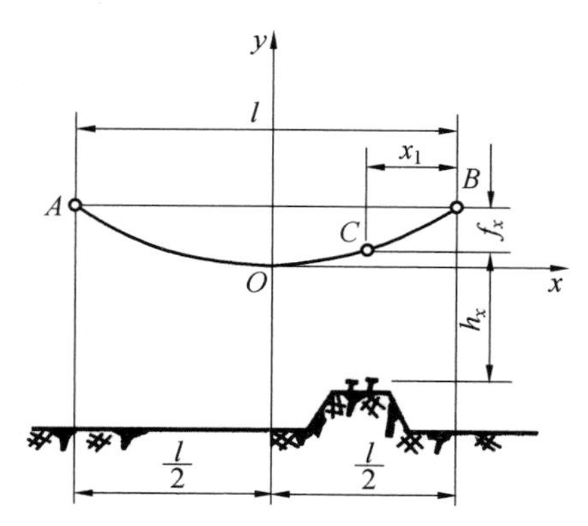

图 2.7　等高悬点架空线的悬链线

当 $x=0$ 时，$\frac{\mathrm{d}y}{\mathrm{d}x}=0$，代入式(2.28)可解得 $C_1=0$；当 $x=0$ 时，$y=0$，代入式(2.29)并利用 $C_1=0$，解得 $C_2=\frac{-\sigma_0}{\gamma}$。将 C_1、C_2 的值代回式(2.29)，并加以整理即可得到架空线的悬链线方程

$$y=\frac{\sigma_0}{\gamma}\left(\operatorname{ch}\frac{\gamma}{\sigma_0}x-1\right) \tag{2.30}$$

由式(2.30)可以看出，架空线的悬链线具体形状完全由比值 σ_0/γ 决定，即无论是何种架空线、何种气象条件，只要$\frac{\sigma_0}{\gamma}$相同，架空线的悬挂曲线形状就相同。在比载 γ 一定的情况下，架空线的水平应力 σ_0 是决定悬链线形状的唯一因素，所以架线时的水平张力对架空线的空间形状有着决定性的影响。

在导出式(2.30)的过程中，并没有用到等高悬点的限定条件，因此式(2.30)同样可用于不等高悬点的情况。

2. 等高悬点架空线的弧垂

架空线上任一点的弧垂是指该点距两悬挂点连线的垂向距离。在架空输电线路设计中，需计算架空线任一点 x 处的弧垂 f_x，以验算架空线对地安全距离，参见图 2.7。显然

$$f_x=y_{\mathrm{B}}-y \tag{2.31}$$

而

$$y_{\mathrm{B}}=\frac{\sigma_0}{\gamma}\left(\operatorname{ch}\frac{\gamma l}{2\sigma_0}-1\right) \tag{2.32}$$

所以

$$f_x=\frac{\sigma_0}{\gamma}\left[\operatorname{ch}\frac{\gamma l}{2\sigma_0}-\operatorname{ch}\frac{\gamma x}{\sigma_0}\right]=\frac{\sigma_0}{\gamma}\left[\operatorname{ch}\frac{\gamma l}{2\sigma_0}-\operatorname{ch}\frac{\gamma(l-2x_1)}{2\sigma_0}\right] \tag{2.33}$$

利用恒等式 $\operatorname{ch}\alpha-\operatorname{ch}\beta=2\operatorname{sh}\frac{\alpha+\beta}{2}\operatorname{sh}\frac{\alpha-\beta}{2}$ 对式(2.33)进行变换，可以得到

$$f_x=\frac{2\sigma_0}{\gamma}\operatorname{sh}\frac{\gamma x_1}{2\sigma_0}\operatorname{sh}\frac{\gamma(l-x_1)}{2\sigma_0} \tag{2.34}$$

在档距中央，弧垂有最大值 f，此时 $x=0$ 或 $x_1=\frac{l}{2}$，所以有

$$f=y_{\mathrm{B}}=\frac{\sigma_0}{\gamma}\left(\operatorname{ch}\frac{\gamma l}{2\sigma_0}-1\right)=\frac{2\sigma_0}{\gamma}\operatorname{sh}^2\frac{\gamma l}{4\sigma_0} \tag{2.35}$$

除非特别说明，架空线的弧垂一般指的是最大弧垂。最大弧垂在线路的设计、施工中占有十分重要的位置。

3. 等高悬点架空线的线长

弧垂最低点 O 与任一点 C 之间的架空线长度 L_{OC} 可由式(2.23)和式(2.28)联立求解，并考虑到 $C_1=0$ 而得到。线长 L_{OC} 计算式为

$$L_{\mathrm{OC}}=\frac{\sigma_0}{\gamma}\operatorname{sh}\frac{\gamma x}{\sigma_0} \tag{2.36}$$

或记为

$$L_x=\frac{\sigma_0}{\gamma}\operatorname{sh}\frac{\gamma x}{\sigma_0} \tag{2.37}$$

将 $x=\frac{l}{2}$ 代入式(2.37)，可得到半档距架空线的长度 $L_{x=\frac{l}{2}}$，整档架空线的线长 L 是 $L_{x=\frac{l}{2}}$ 的 2 倍，即

$$L = 2L_{x=\frac{l}{2}} = \frac{2\sigma_0}{\gamma} \operatorname{sh} \frac{\gamma l}{2\sigma_0} \tag{2.38}$$

式(2.38)表明，在档距 l 一定时，架空线的线长随比载 γ 和水平应力 σ_0 的变化而改变，即架空线的线长是其比载和应力的函数。应该指出，式(2.38)计算得出的是按架空线的悬挂曲线几何形状的计算长度，与架空线的制造长度不尽相同。

4. 等高悬点架空线的应力

架空线上任一点 C 处的应力指的是该点的轴向应力，其方向同该点线轴方向，如图 2.6(a) 所示。档内架空线任一点的水平应力 σ_0 处处相等，垂向应力 $\sigma_{\gamma x}$ 为

$$\sigma_{\gamma x} = \gamma L_{\mathrm{OC}} = \sigma_0 \operatorname{sh} \frac{\gamma x}{\sigma_0} \tag{2.39}$$

任一点的应力 σ_x 为

$$\sigma_x = \sqrt{\sigma_0^2 + (\gamma L_{\mathrm{OC}})^2} = \sqrt{\sigma_0^2 + \left(\sigma_0 \operatorname{sh} \frac{\gamma x}{\sigma_0}\right)^2} = \sigma_0 \sqrt{1 + \operatorname{sh}^2 \frac{\gamma x}{\sigma_0}} \tag{2.40}$$

根据恒等变换 $\operatorname{ch} \alpha = \sqrt{1 + \operatorname{sh}^2 \alpha}$，可得

$$\sigma_x = \sigma_0 \operatorname{ch} \frac{\gamma x}{\sigma_0} \tag{2.41}$$

在两等高悬挂点 A、B 处，有

$$\sigma_{\mathrm{A}} = \sigma_{\mathrm{B}} = \sigma_0 \operatorname{ch} \frac{\gamma l}{2\sigma_0} \tag{2.42}$$

如果用弧垂表示，则为

$$\sigma_{\mathrm{A}} = \sigma_{\mathrm{B}} = \sigma_0 + \gamma f \tag{2.43}$$

式(2.43)表明，等高悬点处架空线的应力等于其水平应力和作用在其上的比载与中央弧垂的乘积的和。必须指出，悬挂点处的应力除按式(2.43)计算的静态应力外，还有线夹的横向挤压应力、考虑刚度时的附加弯曲应力和振动时产生的附加动应力等。

2.2.2.2　架空线的线长计算

地形的起伏不平或杆塔高度的不同，将造成架空线悬挂高度不相等。同一档距两悬挂点间的高度差简称为高差，两悬挂点连线间的距离称为斜档距，该连线与水平面的夹角称为高差角。

1. 不等高悬点架空线的悬链线方程

为应用方便起见，取坐标原点于左侧悬挂点处，如图 2.8 所示。

在所选坐标系中，当 $x=a$ 时，$\frac{\mathrm{d}y}{\mathrm{d}x}=0$，代入式(2.28)求得 $C_1 = -a$；当 $x=0$ 时，$y=0$，代入式(2.29)并注意到 $C_1 = -a$，求得 $C_2 = -\frac{\sigma_0}{\gamma} \operatorname{ch} \frac{\gamma a}{\sigma_0}$，将 C_1、C_2 之值再代回到式(2.29)，有

$$y = \frac{\sigma_0}{\gamma}\left[\operatorname{ch} \frac{\gamma(x-a)}{\sigma_0} - \operatorname{ch} \frac{\gamma a}{\sigma_0}\right] = \frac{2\sigma_0}{\gamma} \operatorname{sh} \frac{\gamma x}{2\sigma_0} \operatorname{sh} \frac{\gamma(x-2a)}{2\sigma_0} \tag{2.44}$$

式(2.44)即为不等高悬点架空线的悬链线方程，但式中架空线最低点至左侧低悬挂点的水平距离 a 待求。将 $x=l$ 时 $y=h$ 的边界条件代入式(2.44)，可以得到

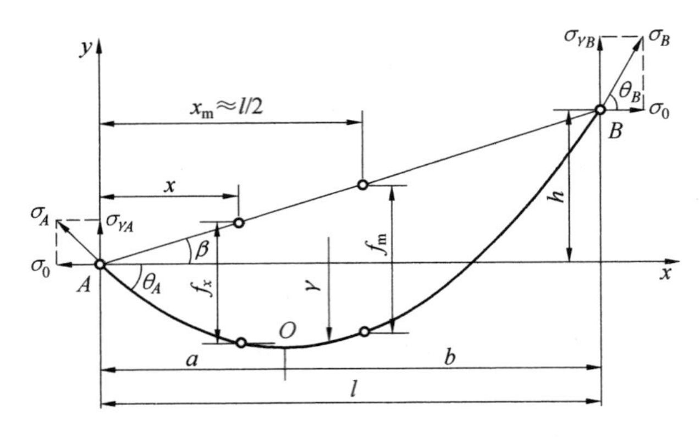

图 2.8　不等高悬点架空线的悬链线

$$a=\frac{l}{2}-\frac{\sigma_0}{\gamma}\operatorname{arcsh}\frac{h}{\frac{2\sigma_0}{\gamma}\operatorname{sh}\frac{\gamma l}{2\sigma_0}} \tag{2.45}$$

式(2.45)中反双曲函数一项的分母，实际上就是式(2.38)表示的等高悬点架空线的档内悬链线长度，记为 $L_{h=0}$，即

$$L_{h=0}=\frac{2\sigma_0}{\gamma}\operatorname{sh}\frac{\gamma l}{2\sigma_0} \tag{2.46}$$

所以

$$a=\frac{l}{2}-\frac{\sigma_0}{\gamma}\operatorname{arsh}\frac{h}{L_{h=0}} \tag{2.47}$$

相应地，弧垂最低点距右侧高悬点的水平距离为

$$a=\frac{l}{2}+\frac{\sigma_0}{\gamma}\operatorname{arsh}\frac{h}{L_{h=0}} \tag{2.48}$$

由于

$$\begin{aligned}\operatorname{sh}\frac{\gamma(x-2a)}{2\sigma_0}&=\operatorname{sh}\left[\frac{\gamma x}{2\sigma_0}-\frac{\gamma a}{\sigma_0}\right]=\operatorname{sh}\left[\frac{\gamma(x-l)}{2\sigma_0}+\operatorname{arcsh}\frac{h}{L_{h=0}}\right]\\&=\operatorname{sh}\frac{\gamma(x-l)}{2\sigma_0}\sqrt{1+\left(\frac{h}{L_{h=0}}\right)^2}+\operatorname{ch}\frac{\gamma(x-l)}{2\sigma_0}\frac{h}{L_{h=0}}\\&=\frac{h}{L_{h=0}}\operatorname{ch}\frac{\gamma(l-x)}{2\sigma_0}-\sqrt{1+\left(\frac{h}{L_{h=0}}\right)^2}\operatorname{sh}\frac{\gamma(l-x)}{2\sigma_0}\end{aligned} \tag{2.49}$$

将式(2.49)代入式(2.44)，便可得到坐标原点位于左悬点时的不等高悬点架空线的悬链线方程，即

$$\begin{aligned}y&=\frac{2\sigma_0}{\gamma}\operatorname{sh}\frac{\gamma x}{2\sigma_0}\operatorname{sh}\frac{\gamma(x-2a)}{2\sigma_0}\\&=\frac{2\sigma_0}{\gamma}\operatorname{sh}\frac{\gamma x}{2\sigma_0}\left[\frac{h}{L_{h=0}}\operatorname{ch}\frac{\gamma(l-x)}{2\sigma_0}-\sqrt{1+\left(\frac{h}{L_{h=0}}\right)^2}\operatorname{sh}\frac{\gamma(l-x)}{2\sigma_0}\right]\\&=\frac{h}{L_{h=0}}\left[\frac{2\sigma_0}{\gamma}\operatorname{sh}\frac{\gamma x}{2\sigma_0}\operatorname{ch}\frac{\gamma(l-x)}{2\sigma_0}\right]-\sqrt{1+\left(\frac{h}{L_{h=0}}\right)^2}\left[\frac{2\sigma_0}{\gamma}\operatorname{sh}\frac{\gamma x}{2\sigma_0}\operatorname{sh}\frac{\gamma(l-x)}{2\sigma_0}\right]\end{aligned} \tag{2.50}$$

当 $h=0$ 时，即得到坐标原点位于左悬挂点时的等高悬点的架空线悬链线方程

$$y=-\frac{2\sigma_0}{\gamma}\mathrm{sh}\frac{\gamma x}{2\sigma_0}\mathrm{sh}\frac{\gamma(l-x)}{2\sigma_0} \tag{2.51}$$

2. 不等高悬点架空线的弧垂

根据弧垂的定义，不等高悬点架空线任一点处的弧垂为

$$\begin{aligned}f_x&=\frac{h}{l}x-y=\frac{h}{l}x-\frac{2\sigma_0}{\gamma}\mathrm{sh}\frac{\gamma x}{2\sigma_0}\mathrm{sh}\frac{\gamma(x-2a)}{2\sigma_0}\\&=\frac{h}{l}x-\frac{h}{L_{h=0}}\left[\frac{2\sigma_0}{\gamma}\mathrm{sh}\frac{\gamma x}{2\sigma_0}\mathrm{ch}\frac{\gamma(l-x)}{2\sigma_0}\right]+\sqrt{1+\left(\frac{h}{L_{h=0}}\right)^2}\left[\frac{2\sigma_0}{\gamma}\mathrm{sh}\frac{\gamma x}{2\sigma_0}\mathrm{sh}\frac{\gamma(l-x)}{2\sigma_0}\right]\end{aligned} \tag{2.52}$$

等高悬点 $h=0$ 时，有

$$f_{x(h=0)}=\frac{2\sigma_0}{\gamma}\mathrm{sh}\frac{\gamma x}{2\sigma_0}\mathrm{sh}\frac{\gamma(l-x)}{2\sigma_0} \tag{2.53}$$

这与式(2.34) 是一致的。

架空输电线路最常用的是档距中央弧垂、最低点弧垂和最大弧垂(斜切点弧垂)。在档距中央 $x=\frac{l}{2}$，代入式(2.52) 并化简后得到档距中央弧垂的计算式，即

$$f_{x=\frac{l}{2}}=\sqrt{1+\left(\frac{h}{L_{h=0}}\right)^2}\frac{\sigma_0}{\gamma}\left(\mathrm{ch}\frac{\gamma l}{2\sigma_0}-1\right) \tag{2.54}$$

最低点弧垂出现在 $x=a$ 处，代入任一点弧垂公式(2.52) 并注意到式(2.47)，适当整理后得

$$f_0=\frac{\sigma_0}{\gamma}\left[\sqrt{1+\left(\frac{h}{L_{h=0}}\right)^2}\mathrm{ch}\frac{\gamma l}{2\sigma_0}-\frac{h}{l}\mathrm{arsh}\frac{h}{L_{h=0}}-1\right] \tag{2.55}$$

同式(2.54) 相比较，式(2.55) 可写成

$$f_0=f_{x=\frac{l}{2}}-\frac{\sigma_0}{\gamma}\left[1+\frac{h}{l}\mathrm{arsh}\frac{h}{L_{h=0}}-\sqrt{1+\left(\frac{h}{L_{h=0}}\right)^2}\right] \tag{2.56}$$

最大弧垂出现在 $\frac{\mathrm{d}f_x}{\mathrm{d}x}=0$ 处，即

$$\frac{\mathrm{d}f_x}{\mathrm{d}x}=\frac{\mathrm{d}}{\mathrm{d}x}\left(\frac{h}{l}x-y\right)=\frac{\mathrm{d}}{\mathrm{d}x}\left[\frac{h}{l}x-\frac{\sigma_0}{\gamma}\left(\mathrm{ch}\frac{\gamma(x-a)}{\sigma_0}-\mathrm{ch}\frac{\gamma a}{\sigma_0}\right)\right]=\frac{h}{l}-\mathrm{sh}\frac{\gamma(x-a)}{\sigma_0}=0$$

解得出现最大弧垂的位置

$$x_{\mathrm{m}}=a+\frac{\sigma_0}{\gamma}\mathrm{arsh}\frac{h}{l}=\frac{l}{2}+\frac{\sigma_0}{\gamma}\left(\mathrm{arsh}\frac{h}{l}-\mathrm{arsh}\frac{h}{L_{h=0}}\right) \tag{2.57}$$

从式(2.57) 可以看出，不等高悬点架空线的最大弧垂不在档距中央。由于 $L_{h=0}>l$，所以 $x_{\mathrm{m}}>\frac{l}{2}$，说明最大弧垂位于档距中央稍偏向高悬点一侧的位置。如图 2.9 所示。

将式(2.57) 代入任一点弧垂公式(2.52)，可求得不等高悬点的最大弧垂为

$$f_{\mathrm{m}}=\frac{\sigma_0}{\gamma}\left[\frac{h}{l}\left(\mathrm{arsh}\frac{h}{l}-\mathrm{arsh}\frac{h}{L_{h=0}}\right)+\sqrt{1+(\frac{h}{L_{h=0}})^2}\mathrm{ch}\frac{\gamma l}{2\sigma_0}-\sqrt{1+\left(\frac{h}{l}\right)^2}\right] \tag{2.58}$$

与式(2.57) 比较，最大弧垂公式可表示为

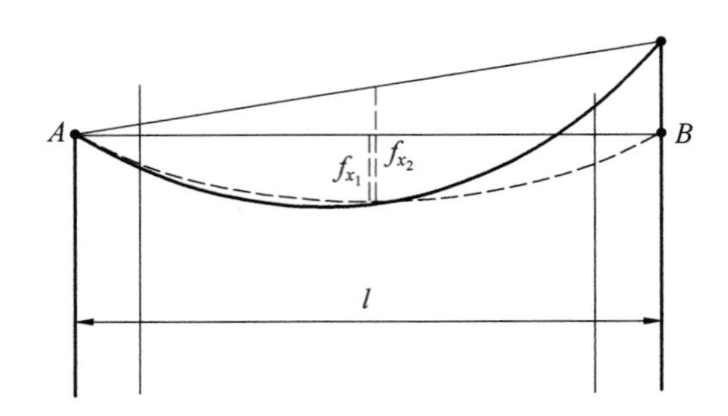

图 2.9　不等高悬点架空线的最大弧垂位置示意图

$$f_{\mathrm{m}}=f_{x=\frac{l}{2}}+\frac{\sigma_0}{\gamma}\left[\frac{h}{l}\left(\operatorname{arsh}\frac{h}{l}-\operatorname{arsh}\frac{h}{L_{h=0}}\right)-\left(\sqrt{1+\left(\frac{h}{l}\right)^2}-\sqrt{1+\left(\frac{h}{L_{h=0}}\right)^2}\right)\right] \tag{2.59}$$

由式(2.58)可知，最大弧垂大于档距中央弧垂，但二者非常接近。

对于等高悬点架空线，有

$$f_{\mathrm{m}}=f_{x=\frac{l}{2}}=f_0=\frac{\sigma_0}{\gamma}\left(\operatorname{ch}\frac{\gamma l}{2\sigma_0}-1\right) \tag{2.60}$$

式(2.60)表明，等高悬点架空线的最大弧垂、档距中央弧垂和最低点弧垂三者重合，位于档距中央，这是很明显的。

3. 不等高悬点架空线的线长

不等高悬点架空线的线长可利用弧长微分公式通过积分求得，即

$$\frac{\mathrm{d}y}{\mathrm{d}x}=\operatorname{sh}\frac{\gamma}{\sigma_0}(x+C_1)=\operatorname{sh}\frac{\gamma}{\sigma_0}(x-a) \tag{2.61}$$

所以

$$\mathrm{d}L=\sqrt{1+\left(\frac{\mathrm{d}y}{\mathrm{d}x}\right)^2}\mathrm{d}x=\sqrt{1+\operatorname{sh}^2\frac{\gamma(x-a)}{\sigma_0}}\mathrm{d}x=\operatorname{ch}\frac{\gamma(x-a)}{\sigma_0}\mathrm{d}x \tag{2.62}$$

架空线上任一点至左悬挂点间的线长为

$$L_x=\int_0^x\operatorname{ch}\frac{\gamma(x-a)}{\sigma_0}\mathrm{d}x=\frac{\sigma_0}{\gamma}\left[\operatorname{sh}\frac{\gamma(x-a)}{\sigma_0}+\operatorname{sh}\frac{\gamma a}{\sigma_0}\right]=\frac{2\sigma_0}{\gamma}\operatorname{sh}\frac{\gamma x}{2\sigma_0}\operatorname{ch}\frac{\gamma(x-2a)}{2\sigma_0} \tag{2.63}$$

当 $x=l$ 时，即得到整档线长

$$L=\frac{2\sigma_0}{\gamma}\operatorname{sh}\frac{\gamma l}{2\sigma_0}\operatorname{ch}\frac{\gamma(l-2a)}{2\sigma_0} \tag{2.64}$$

将 $x=l,y=h$ 代入式(2.44)，有

$$h=\frac{2\sigma_0}{\gamma}\operatorname{sh}\frac{\gamma l}{2\sigma_0}\operatorname{sh}\frac{\gamma(l-2a)}{2\sigma_0} \tag{2.65}$$

将式(2.64)的平方减去式(2.65)的平方，有

$$L^2-h^2=\left(\frac{2\sigma_0}{\gamma}\right)^2\operatorname{sh}^2\frac{\gamma l}{2\sigma_0}=L_{h=0}^2 \tag{2.66}$$

所以

$$L=\sqrt{L_{h=0}^2+h^2} \tag{2.67}$$

由式(2.67)可以看出，高差 h 的存在，使得不等高悬点架空线的线长大于等高悬点时的线长。如果视高差 h、等高悬点时的线长 $L_{h=0}$ 为直角三角形的两条直角边，那么不等高悬点时的线长就是该直角三角形的斜边，这样理解三者之间的关系就容易记忆了。

4. 不等高悬点架空线的应力

(1) 架空线上任一点的应力。

在已知架空线的水平应力 σ_0 时，任一点的应力可表示为

$$\begin{aligned}\sigma_x &= \frac{\sigma_0}{\cos\theta} = \sigma_0\sqrt{1+\tan^2\theta} \\ &= \sigma_0\sqrt{1+\left(\frac{\mathrm{d}y}{\mathrm{d}x}\right)^2} \\ &= \sigma_0\sqrt{1+\mathrm{sh}^2\frac{\gamma(x-a)}{\sigma_0}} \\ &= \sigma_0\,\mathrm{ch}\,\frac{\gamma(x-a)}{\sigma_0} \\ &= \sigma_0\,\mathrm{ch}\left[\frac{\gamma(l-2x)}{2\sigma_0} - \mathrm{arsh}\,\frac{h}{L_{h=0}}\right]\end{aligned} \tag{2.68}$$

在档距中央 $x=\dfrac{l}{2}$，则

$$\sigma_{x=\frac{l}{2}} = \sigma_0\sqrt{1+\left(\frac{h}{L_{h=0}}\right)^2} \tag{2.69}$$

(2) 架空线上任两点应力之间的关系。

架空线最低点 O 处的纵坐标值为

$$y_0 = \frac{\sigma_0}{\gamma}\left[\mathrm{ch}\,\frac{\gamma(a-a)}{\sigma_0} - \mathrm{ch}\,\frac{\gamma a}{\sigma_0}\right] = \frac{\sigma_0}{\gamma}\left(1-\mathrm{ch}\,\frac{\gamma a}{\sigma_0}\right) \tag{2.70}$$

从中解得

$$\mathrm{ch}\,\frac{\gamma a}{\sigma_0} = 1 - \frac{\gamma y_0}{\sigma_0}$$

由式(2.44)可以解得

$$\mathrm{ch}\,\frac{\gamma(x-a)}{\sigma_0} = \frac{\gamma y}{\sigma_0} + \mathrm{ch}\,\frac{\gamma a}{\sigma_0} = 1 + \frac{\gamma}{\sigma_0}(y-y_0) \tag{2.71}$$

将式(2.71)代入式(2.68)，有

$$\sigma_x = \sigma_0 + \gamma(y-y_0) \tag{2.72}$$

式(2.72)表示架空线上任一点的应力与最低点的应力和两点间的高差之间的关系。如果已知档距内架空线上的任意两点 x_1、y_1 和 x_2、y_2，则相应的应力 σ_1 和 σ_2 分别为

$$\begin{aligned}\sigma_1 &= \sigma_0 + \gamma(y_1-y_0) \\ \sigma_2 &= \sigma_0 + \gamma(y_2-y_0)\end{aligned} \tag{2.73}$$

两式相减可得

$$\sigma_2 - \sigma_1 = \gamma(y_2-y_1) \tag{2.74}$$

式(2.74)表明，档内架空线上任意两点的应力差等于该两点间的高度差与比载之乘积。

显然，档内相对高度越高，该点架空线的应力就越大。在同一档内，最大应力发生在

较高悬挂点处。

(3) 架空线悬挂点处的应力。

悬挂点A、B的横坐标分别为$x=0$、$x=l$，代入式(2.68)求得悬挂点应力σ_A、σ_B分别为

$$\left.\begin{aligned}\sigma_A&=\sigma_0\,\mathrm{ch}\,\frac{\gamma a}{\sigma_0}=\sigma_0\,\mathrm{ch}\left[\frac{\gamma l}{2\sigma_0}-\mathrm{arcsh}\,\frac{h}{L_{h=0}}\right]\\\sigma_B&=\sigma_0\,\mathrm{ch}\,\frac{\gamma b}{\sigma_0}=\sigma_0\,\mathrm{ch}\left[\frac{\gamma l}{2\sigma_0}+\mathrm{arcsh}\,\frac{h}{L_{h=0}}\right]\end{aligned}\right\}\tag{2.75}$$

(4) 悬挂点架空线的倾斜角和垂向应力。

悬挂点处架空线的倾斜角是指该点架空线的切线与x轴间的夹角，如图2.8中的θ_A和θ_B。倾斜角的正切即为该点架空线的斜率。悬挂点处的倾斜角是设计线夹、检验悬挂点附近电气间隙、考虑飞车爬坡等的重要参考数据。对式(2.44)求导后，将$x=0$和$x=l$分别代入，得到

$$\left.\begin{aligned}\tan\theta_A&=-\,\mathrm{sh}\,\frac{\gamma a}{\sigma_0}=-\,\mathrm{sh}\left[\frac{\gamma l}{2\sigma_0}-\mathrm{arsh}\,\frac{h}{L_{h=0}}\right]\\\tan\theta_B&=\mathrm{sh}\,\frac{\gamma b}{\sigma_0}=\mathrm{sh}\left[\frac{\gamma l}{2\sigma_0}+\mathrm{arsh}\,\frac{h}{L_{h=0}}\right]\end{aligned}\right\}\tag{2.76}$$

由式(2.76)可知，低悬挂点处架空线的倾斜角θ_A可正可负，为正值表示该点架空线向上倾斜(上扬)，为负值表示向下倾斜。高悬挂点处的倾斜角θ_B则始终为正值。

在架空线的水平应力σ_0和倾斜角θ_A和θ_B已知时，悬挂点应力的垂向分量为

$$\sigma_{\gamma A}=-\sigma_0\tan\theta_A=\sigma_0\,\mathrm{sh}\,\frac{\gamma a}{\sigma_0}=\sigma_0\,\mathrm{sh}\left[\frac{\gamma l}{2\sigma_0}-\mathrm{arsh}\,\frac{h}{L_{h=0}}\right]\tag{2.77 a}$$

$$\sigma_{\gamma B}=\sigma_0\tan\theta_B=\sigma_0\,\mathrm{sh}\,\frac{\gamma b}{\sigma_0}=\sigma_0\,\mathrm{sh}\left[\frac{\gamma l}{2\sigma_0}+\mathrm{arsh}\,\frac{h}{L_{h=0}}\right]\tag{2.77 b}$$

式(2.77a)中的负号，是为保证悬挂点垂向应力向上时为正值而加的。悬挂点的垂向应力正值时，说明该悬点承受架空线的拉力。低悬挂点的垂向应力为正值还说明架空线的弧垂最低点位于档内。由于式(2.77a)中的双曲函数可能取得负值，因而$\sigma_{\gamma A}$有可能小于零。当低悬挂点的垂向应力$\sigma_{\gamma A}$为负值时，说明该悬挂点承受上拔力，架空线的弧垂最低点落在档距之外。当$\sigma_{\gamma A}$取零值时，说明悬挂点处正好是架空线的最低点，架空线不承受垂向力的作用。高悬点的垂向应力总为正值，所以高悬挂点总是承受向下的拉力。顺便指出，悬挂点受到的架空线的总垂向力，是该悬挂点两侧架空线垂向拉力的代数和。

悬挂点处架空线的垂向应力也可根据其比载与该悬点至弧垂最低点间线长的乘积来求得。

2.2.2.3 架空线线长和弧垂计算公式的简化

架空线悬链线方程及其导出的有关公式中，都涉及双曲函数，计算比较烦琐，必须借助于计算器(机)等计算工具完成。在过去计算手段落后的情况下，为回避双曲函数的计算，工程计算中常使用简化公式。简化公式可通过两种途径得到：一种是将悬链线有关公式中的双曲函数展开成级数和，根据要求的精度取其前若干项作为近似值，加以整理而得到；另一种是对架空线的荷载分布给出简化假设，导出一套简化公式——斜抛物线和平抛物线的有关公式。这里仅给出斜抛物线和平抛物线的有关公式推导。

1. 斜抛物线法

在假设架空线比载沿线长均布的前提下，其弧垂、线长和应力等有关公式具有悬链线的特点。由于这种假设比较真实，对自重更是如此，因此有关公式被认为是精确的。在工程实际中，架空线的线长与斜档距（两悬点间的距离）非常接近，前者比后者约长千分之几，因而假定架空线的比载沿斜档距均布自然不会产生大的误差。在这种假设下导出的架空线弧垂、线长和应力的有关公式称为斜抛物线公式。

(1) 斜抛物线悬挂曲线方程。

以具有普遍意义的不等高悬点架空线为研究对象。假设比载 γ 沿斜档距均布，架空线为理想柔线，选取坐标原点位于较低悬点 A 处，x 轴垂直于比载，y 轴平行于比载，如图 2.10 所示。

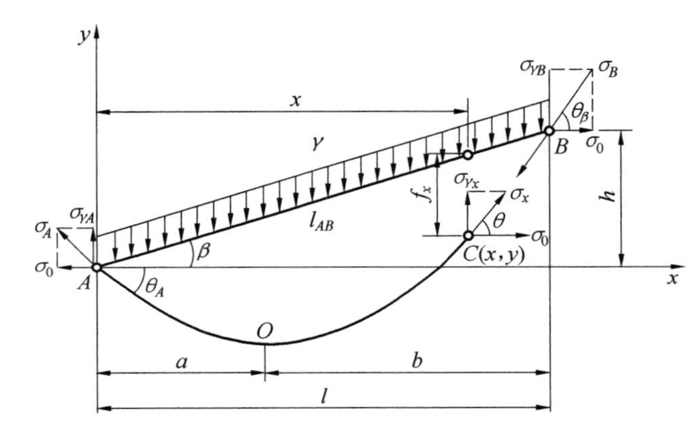

图 2.10　架空线斜抛物线下的受力图

架空线的轴向应力在悬点 A 处为 σ_A，悬点 B 处为 σ_B，任一点 $C(x,y)$ 处为 σ_x，三点处应力的水平分量均为 σ_0，垂向分量分别为 $\sigma_{\gamma A}$、$\sigma_{\gamma B}$ 和 $\sigma_{\gamma x}$。对 AC 段架空线列 A 点的力矩平衡方程式，有

$$\sigma_{\gamma x} - \sigma_0 y - \frac{\gamma x}{\cos\beta}\frac{x}{2} = 0 \tag{2.78}$$

即

$$\sigma_{\gamma x} x - \sigma_0 y - \frac{\gamma x^2}{2\cos\beta} = 0 \tag{2.79}$$

对 BC 段架空线（图 2.10 中未画出）列 B 点的力矩平衡方程式，有

$$\sigma_{\gamma x}(l-x) - \sigma_0(h-y) + \frac{\gamma(l-x)}{\cos\beta}\frac{l-x}{2} = 0$$

即

$$\sigma_{\gamma x}(l-x) - \sigma_0(h-y) + \frac{\gamma(l-x)^2}{2\cos\beta} = 0 \tag{2.80}$$

式(2.79)和式(2.80)联立消去未知量 $\sigma_{\gamma x}$，解得架空线斜抛物线悬挂曲线方程式为

$$y = \frac{h}{l}x - \frac{\gamma x(l-x)}{2\sigma_0\cos\beta} = x\tan\beta - \frac{\gamma x(l-x)}{2\sigma_0\cos\beta} \tag{2.81}$$

式(2.81)是在假定比载沿“斜档距”均布的条件下推出的，且为 x 的二次函数，图像

呈抛物线形状，工程上顾名思义地称其为斜抛物线方程，以便与后面将要讲到的平抛物线方程相区别，而并非表示该抛物线是歪斜的。

(2) 斜抛物线弧垂公式。

任一点处的弧垂为

$$f_x=\frac{h}{l}x-y=\frac{\gamma x(l-x)}{2\sigma_0\cos\beta} \tag{2.82}$$

档距中央弧垂为

$$f_{x=\frac{l}{2}}=\frac{\gamma l^2}{8\sigma_0\cos\beta} \tag{2.83}$$

令式(2.82)对 x 的导数等于零，可得最大弧垂发生在 $x=\frac{l}{2}$ 处即档距中央，其最大弧垂与档距中央弧垂重合，即

$$f_{\mathrm{m}}=f_{x=\frac{l}{2}}=\frac{\gamma l^2}{8\sigma_0\cos\beta} \tag{2.84}$$

当已知档距中央的最大弧垂后，架空线任一点的弧垂可表示为

$$f_x=4f_{\mathrm{m}}\left[\frac{x}{l}-\left(\frac{x}{l}\right)^2\right] \tag{2.85}$$

令 $x'=l-x$ 并代入式(2.85)仍可得到相同的形式，说明斜抛物线弧垂是关于档距中央对称的。从式(2.85)可以看出，任一点处的弧垂与高差 h 没有直接关系。因此对于同样大小的档距，在档距中央弧垂相等的情况下，等高悬点和不等高悬点架空线对应点的弧垂相等，如图 2.11 所示。

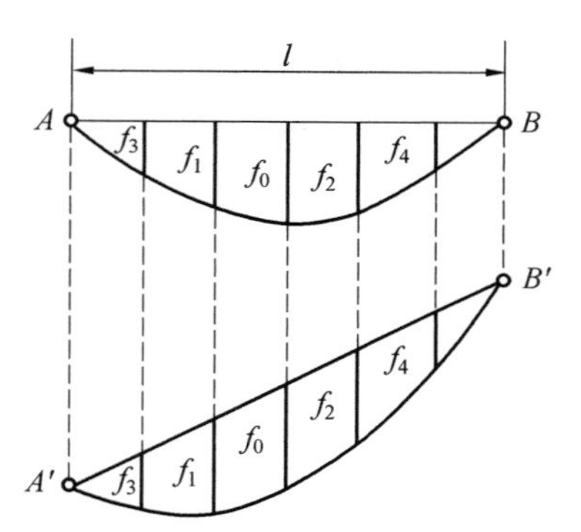

图 2.11　等高悬点与不等高悬点架空线弧垂间的关系

将式(2.81)对 x 求导数，可得到架空线上任一点的斜率为

$$\frac{\mathrm{d}y}{\mathrm{d}x}=\tan\theta=\tan\beta-\frac{\gamma(l-2x)}{2\sigma_0\cos\beta} \tag{2.86}$$

令 $\frac{\mathrm{d}y}{\mathrm{d}x}=0$，解得架空线最低点距悬挂点 A、B 的距离在 x 轴上的投影(水平距离)分别为

$$a=\frac{l}{2}-\frac{\sigma_0}{\gamma}\sin\beta=\frac{l}{2}\left(1-\frac{h}{4f_{\mathrm{m}}}\right) \tag{2.87}$$

$$b=\frac{l}{2}+\frac{\sigma_0}{\gamma}\sin\beta=\frac{l}{2}\left(1+\frac{h}{4f_m}\right) \tag{2.88}$$

将式(2.82)中的 x 用式(2.87)的 a 值代替,可得到架空线最低点弧垂为

$$f_0=\frac{\gamma a(l-a)}{2\sigma_0\cos\beta}=\frac{\gamma ab}{2\sigma_0\cos\beta} \tag{2.89}$$

或写成

$$\begin{aligned}f_0&=\frac{\gamma}{2\sigma_0\cos\beta}\left[\left(\frac{l}{2}\right)^2-\left(\frac{\sigma_0\sin\beta}{\gamma}\right)^2\right]=\frac{\gamma l^2}{8\sigma_0\cos\beta}-\frac{\sigma_0}{2\gamma}\left(\frac{h}{l}\right)^2\cos\beta\\&=f_m-\frac{h^2}{16f_m}\end{aligned} \tag{2.90}$$

在采用“平视法”观测弧垂时,需要知道悬挂点与最低点的高差。架空线最低点的纵坐标为

$$\begin{aligned}y_0&=a\tan\beta-\frac{\gamma a(l-a)}{2\sigma_0\cos\beta}=\frac{h}{2}-\frac{\gamma l^2}{8\sigma_0\cos\beta}-\frac{\sigma_0}{2\gamma}\left(\frac{h}{l}\right)^2\cos\beta\\&=-f_m\left(1-\frac{h}{4f_m}\right)^2\end{aligned} \tag{2.91}$$

低悬挂点 A 与最低点 O 之间的高差为

$$h_{A0}=y_A-y_0=f_m\left(1-\frac{h}{4f_m}\right)^2 \tag{2.92}$$

高悬挂点 B 与最低点 O 之间的高差为

$$h_{B0}=y_B-y_0=h+f_m\left(1-\frac{h}{4f_m}\right)^2=f_m\left(1+\frac{h}{4f_m}\right)^2 \tag{2.93}$$

利用式(2.92)、式(2.93)观测弧垂时,必须保证最低点落在档内,即要求 $h\leqslant 4f_m$。当 $h>4f_m$ 时,$a<0$,最低点位于档外而成为一个“虚点”。

(3) 斜抛物线应力公式。

a. 任一点处的垂向应力。

联立式(2.79)和式(2.80),消去纵坐标 y,可得任一点 C 处架空线轴向应力的垂向分量 $\sigma_{\gamma x}$ 为

$$\sigma_{\gamma x}=\sigma_0\tan\beta-\frac{\gamma(l-2x)}{2\cos\beta} \tag{2.94}$$

在架空线最低点 O 处,$\sigma_{\gamma 0}=0$。因此在利用式(2.94)计算时,若任一点 C 位于最低点与悬挂点 A 之间,即 AO 段时,$\sigma_{\gamma x}$ 的值为负,说明 C 点的垂向应力方向向下。

当 $x=0$ 时,得到低悬挂点 A 处的垂向应力为

$$\sigma_{\gamma A}=-\left(\sigma_0\tan\beta-\frac{\gamma l}{2\cos\beta}\right)=\frac{\gamma}{\cos\beta}\left(\frac{l}{2}-\frac{\sigma_0 h}{\gamma l}\cos\beta\right)=\frac{\gamma a}{\cos\beta} \tag{2.95}$$

当 $x=l$ 时,得到高悬挂点 B 处的垂向应力为

$$\sigma_{\gamma B}=\sigma_0\tan\beta+\frac{\gamma l}{2\cos\beta}=\frac{\gamma}{\cos\beta}\left(\frac{l}{2}+\frac{\sigma_0 h}{\gamma l}\cos\beta\right)=\frac{\gamma b}{\cos\beta} \tag{2.96}$$

式(2.95)的负号是为保证悬挂点处垂向应力向上时为正而加的。由 $\sigma_{\gamma A}$、$\sigma_{\gamma B}$ 的计算式知道,悬挂点处的垂向应力等于架空线最低点至悬挂点间的架空线单位截面荷载值。

如果视$\dfrac{\gamma}{\cos\beta}$为均匀分布在档距 l 上的比载，则悬点处的垂向应力为该比载与最低点至该悬挂点水平距离的乘积。

b. 任一点处的轴向应力。

架空线任一点处的轴向应力等于该点处的水平应力和垂向应力的矢量和，即

$$\begin{aligned}\sigma_x&=\sqrt{\sigma_0^2+\sigma_{\gamma x}^2}=\sigma_0\sqrt{1+\left(\tan\beta-\frac{\gamma(l-2x)}{2\sigma_0\cos\beta}\right)^2}\\&=\sigma_0\sqrt{1+\tan^2\beta+\left(\frac{\gamma(l-2x)}{2\sigma_0\cos\beta}\right)^2-\frac{\gamma(l-2x)}{\sigma_0\cos\beta}\tan\beta}\\&=\frac{\sigma_0}{\cos\beta}\sqrt{1+\left[\frac{\gamma^2\ (l-2x)^2}{4\sigma_0^2}-\frac{\gamma(l-2x)}{\sigma_0}\sin\beta\right]}\end{aligned}\tag{2.97}$$

式(2.97)中根号下方括号一项的绝对值一般小于1，可以应用近似公式$\sqrt{1+x}\approx1+\dfrac{x}{2}$进行化简，有

$$\begin{aligned}\sigma_x&\approx\frac{\sigma_0}{\cos\beta}\left[1+\frac{\gamma^2\ (l-2x)^2}{8\sigma_0^2}-\frac{\gamma(l-2x)}{2\sigma_0}\sin\beta\right]\\&=\frac{\sigma_0}{\cos\beta}+\frac{\gamma^2\ (l-2x)^2}{8\sigma_0\cos\beta}-\frac{\gamma(l-2x)}{2}\tan\beta\end{aligned}\tag{2.98}$$

当 $x=\dfrac{l}{2}$ 时，得到架空线档距中央的轴向应力为

$$\sigma_{x=\frac{l}{2}}=\frac{\sigma_0}{\cos\beta}\tag{2.99}$$

注意到用倾斜角 θ 表示的任一点处的应力为$\sigma_x=\dfrac{\sigma_0}{\cos\theta}$，与式(2.99)比较可以看出，在档距中央，架空线的倾斜角等于高差角，即 $\theta=\beta$。这说明档距中央架空线的切线与斜档距平行，该点称为斜切点，档距中央弧垂也称为斜切点弧垂。将式(2.98)经过适当变形，任一点应力可由档距中央处有关数据表示为

$$\begin{aligned}\sigma_x&=\frac{\sigma_0}{\cos\beta}+\gamma\left[\frac{\gamma l^2}{8\sigma_0\cos\beta}-\frac{\gamma x(l-x)}{2\sigma_0\cos\beta}-\frac{l}{2}\tan\beta+x\tan\beta\right]\\&=\frac{\sigma_0}{\cos\beta}+\gamma\left\{\left[x\tan\beta-\frac{\gamma x(l-x)}{2\sigma_0\cos\beta}\right]-\left[\frac{l}{2}\tan\beta-\frac{\gamma l^2}{8\sigma_0\cos\beta}\right]\right\}\\&=\sigma_{x=\frac{l}{2}}+\gamma(y-y_{x=\frac{l}{2}})\end{aligned}\tag{2.100}$$

式(2.100)表明，架空线任一点的应力由两部分组成：一部分是档距中央应力 $\sigma_{x=\frac{l}{2}}$，一部分是该点与档距中央的高度差引起的应力 $\gamma(y-y_{x=\frac{l}{2}})$。如果架空线上任意两点处的应力为 σ_1、σ_2，相应的纵坐标为 y_1、y_2，根据式(2.100)可得到与式(2.74)相同的架空线任意两点间的应力关系，即

$$\sigma_2-\sigma_1=\gamma(y_2-y_1)\tag{2.101}$$

悬点 A、B 处的轴向应力可分别令 $x=0$ 和 $x=l$，代入式(2.98)得到

$$\sigma_A=\frac{\sigma_0}{\cos\beta}+\frac{\gamma^2l^2}{8\sigma_0\cos\beta}-\frac{\gamma h}{2}=\frac{\sigma_0}{\cos\beta}+\gamma\left(f_m-\frac{h}{2}\right)\tag{2.102}$$

$$\sigma_B=\frac{\sigma_0}{\cos\beta}+\frac{\gamma^2 l^2}{8\sigma_0\cos\beta}+\frac{\gamma h}{2}=\frac{\sigma_0}{\cos\beta}+\gamma\left(f_m+\frac{h}{2}\right) \tag{2.103}$$

工程上还采用另一种悬挂点应力简化计算公式。由于 $y_A=0, y_B=h$，根据两点间的应力关系，可以得到

$$\sigma_A=\sigma_0+\gamma(y_A-y_0)=\sigma_0-\frac{\gamma h}{2}+\frac{\gamma^2 l^2}{8\sigma_0\cos\beta}+\frac{\sigma_0}{2}\left(\frac{h}{l}\right)^2\cos\beta \tag{2.104}$$

$$\sigma_B=\sigma_0+\gamma(y_B-y_0)=\sigma_0+\frac{\gamma h}{2}+\frac{\gamma^2 l^2}{8\sigma_0\cos\beta}+\frac{\sigma_0}{2}\left(\frac{h}{l}\right)^2\cos\beta \tag{2.105}$$

在高差很大的档距或有高差的特大跨越档中，悬点应力会比最低点应力大很多，这时应按高悬点处的应力验算架空线的强度。若控制悬挂点应力 σ_B 为允许值，则需要求出最低点的应力。为此将式(2.103) 的两端分别乘以 σ_0，整理后得到

$$\frac{1}{\cos\beta}\sigma_0^2-(\sigma_B-\frac{\gamma h}{2})\sigma_0+\frac{\gamma^2 l^2}{8\cos\beta}=0 \tag{2.106}$$

式(2.106) 是关于 σ_0 的一元二次方程，解之得

$$\sigma_0=\frac{\cos\beta}{2}(\sigma_B-\frac{\gamma h}{2})+\frac{1}{2}\sqrt{(\sigma_B-\frac{\gamma h}{2})^2\cos^2\beta-\frac{\gamma^2 l^2}{2}}$$

对于等高悬点，$h=0$，最低点应力为

$$\sigma_0=\frac{\sigma_B}{2}+\frac{1}{2}\sqrt{\sigma_B^2-\frac{\gamma^2 l^2}{2}} \tag{2.107}$$

(4) 斜抛物线的线长公式。

架空线的线长 L 可由弧长微分公式积分求得，即

$$\begin{aligned}L&=\int_0^l\sqrt{1+\left(\frac{dy}{dx}\right)^2}dx=\int_0^l\sqrt{1+\left(\tan\beta-\frac{\gamma(l-2x)}{2\sigma_0\cos\beta}\right)^2}dx\\&=\int_0^l\sqrt{1+\tan^2\beta+\left(\frac{\gamma(l-2x)}{2\sigma_0\cos\beta}\right)^2-\frac{\gamma(l-2x)}{\sigma_0\cos\beta}\tan\beta}\,dx\\&=\frac{1}{\cos\beta}\int_0^l\sqrt{1+\left[\left(\frac{\gamma(l-2x)}{2\sigma_0}\right)^2-\frac{\gamma(l-2x)}{\sigma_0}\sin\beta\right]}dx\end{aligned} \tag{2.108}$$

式(2.108) 直接积分得到的线长计算式比悬链线公式还要复杂，工程上最常用的办法是将其进行近似简化。考虑到线长需要较高的精度，采用近似式$\sqrt{1+x}\approx1+\frac{x}{2}-\frac{x^2}{8}$ $(|x|<1)$，所以

$$\begin{aligned}L\approx\frac{1}{\cos\beta}\int_0^l\Bigg\{1&+\frac{1}{2}\left[\left(\frac{\gamma(l-2x)}{2\sigma_0}\right)^2-\frac{\gamma(l-2x)}{\sigma_0}\sin\beta\right]\\&-\frac{1}{8}\left[\left(\frac{\gamma(l-2x)}{2\sigma_0}\right)^2-\frac{\gamma(l-2x)}{\sigma_0}\sin\beta\right]^2\Bigg\}dx\end{aligned} \tag{2.109}$$

由于$\frac{\gamma}{\sigma_0}$ 的值为千分之几，因此在式(2.109) 展开式中略去含有$\frac{\gamma}{\sigma_0}$ 的 3、4 次幂的微量项后，所得公式仍有足够的精度。故

$$L \approx \frac{1}{\cos\beta}\int_0^l \left\{1-\frac{\gamma(l-2x)}{2\sigma_0}\sin\beta+\frac{1}{2}\left(\frac{\gamma(l-2x)}{2\sigma_0}\cos\beta\right)^2\right\}\mathrm{d}x$$
$$=\frac{1}{\cos\beta}\left[l+\frac{\gamma^2\cos^2\beta}{8\sigma_0^2}\cdot\frac{l}{3}\right]=\frac{l}{\cos\beta}+\frac{\gamma^2 l^3\cos\beta}{24\sigma_0^2} \tag{2.110}$$

式(2.110)表明，斜抛物线线长为斜档距与垂度引起的线长增量的和。

式(2.64)与式(2.110)相比，斜抛物线方程直接避免了悬链线方程的超越函数解析。此时将式(2.83)代入式(2.110)，得到均布荷载延斜档距均布情况下档内线长弧垂关系的数学模型，即

$$L=\frac{l}{\cos\beta}+\frac{8f^2_{x=\frac{l}{2}}\cos^3\beta}{3l} \tag{2.111}$$

2. 平抛物线法

当悬挂点间的高差角较小时，档距和线长相比也非常接近，工程上粗略地认为比载 γ 沿档距 l 均布，如图2.12所示。在此假设下推导出的架空线有关计算公式统称为平抛物线公式，以便与假设 γ 在斜档距 l_{AB} 上均布导出的有关公式相区别。平抛物线公式的推导过程与斜抛物线的雷同，且一般可将斜抛物线有关公式中的 $\frac{\gamma}{\cos\beta}$ 换为 γ 而得到。

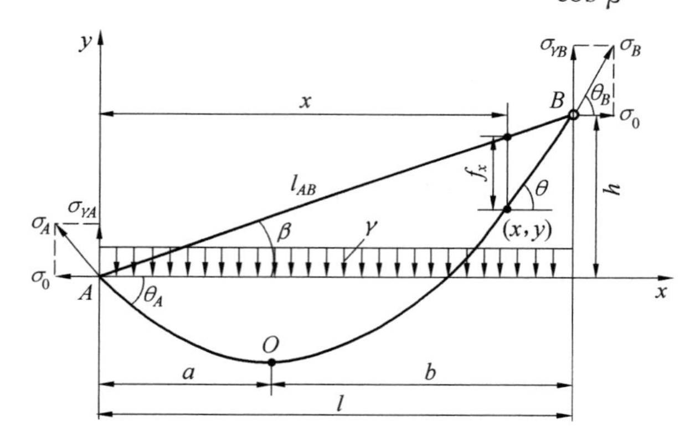

图2.12　架空线平抛物线下的受力图

需要指出的是，推导出的平抛物线线长公式的精度偏低，其值偏大，通常采用其修正式。导出的平抛物线线长公式为

$$L=l+\frac{h^2}{2l}+\frac{\gamma^2 l^3}{24\sigma_0^2} \tag{2.112}$$

对式(2.112)运用 $1+\frac{x}{2}\approx\sqrt{1+x}$ 的关系进行修正，有

$$L=l+\frac{h^2}{2l}+\frac{\gamma^2 l^3}{24\sigma_0^2}=l\left(1+\frac{h^2}{2l^2}\right)+\frac{\gamma^2 l^3}{24\sigma_0^2}$$
$$=l\sqrt{\left(1+\frac{h^2}{l^2}\right)}+\frac{\gamma^2 l^3}{24\sigma_0^2}=\frac{l}{\cos\beta}+\frac{\gamma^2 l^3}{24\sigma_0^2} \tag{2.113}$$

式(2.113)的计算值仍比精确值偏大，但用于小应力的跳线计算具有足够的精度，且比较简单。

比较式(2.64) 与式(2.113)，平抛物线方程和斜抛物线方程一样，直接避免了悬链线方程的超越函数解析。此时将式(2.83) 代入式(2.113)，注意到式(2.83) 是均布荷载延斜档距分布的弧垂公式，根据上述平抛物线的关系，得到均布荷载延水平档距均布情况下档内线长弧垂关系的数学模型，即

$$L = l + \frac{h^2}{2l} + \frac{8f^2}{3l} \tag{2.114}$$

2.3　气象条件变化时架空线的计算

2.3.1　架空线的状态方程式

架空线的线长和弧垂是其比载、应力的函数。当气象条件发生变化时，这些参数将会发生变化。气温的升降引起架空线的热胀冷缩，使线长、弧垂、应力发生相应变化。大风和覆冰造成架空线比载增加，应力增大，由于弹性变形使架空线线长增加。不同气象条件(状态) 下架空线的各参数之间存在着一定的关系。揭示架空线从一种气象条件(第 Ⅰ 状态) 改变到另一种气象条件(第 Ⅱ 状态) 下的各参数之间关系的方程，称为架空线的状态方程式。

1. 基本状态方程式

为使问题简化起见，假设：

(1) 架空线为理想柔线。

(2) 架空线上的荷载均匀分布。

(3) 架空线为完全弹性体，不考虑长期运行产生的塑性变形，并认为弹性模量 E 保持不变。

若架空线在无应力、制造温度 t_0 的原始状态下，具有原始长度 L_0。将它悬挂于档距为 l，高差为 h 的两悬挂点 A、B 上，此时架空线具有温度 t，比载 γ，轴向应力 σ_x，悬挂曲线长度 L。

由于温度变化，架空线产生热胀冷缩；由于施加有轴向应力，架空线产生弹性伸长。若把温度和应力的变化视为 n 个阶段逐级加上去的，则每一阶段温度升高$\frac{(t-t_0)}{n}$，应力变化$\frac{\sigma_x}{n}$。设架空线的温度线膨胀系数为 α，弹性系数为 E，那么对原始长度的微元 $\mathrm{d}L_0$，在新的状态下变为 $\mathrm{d}L$，即

$$\mathrm{d}L = \mathrm{d}L_0 \left(1 + \frac{\sigma_x}{nE}\right)^n \left(1 + \alpha \frac{t-t_0}{n}\right)^n \tag{2.115}$$

当 $n \to \infty$ 时，式(2.115) 的极限为

$$\mathrm{d}L = \mathrm{e}^{\frac{\sigma_x}{E}} \mathrm{e}^{\alpha(t-t_0)} \cdot \mathrm{d}L_0 \tag{2.116}$$

或写成

$$\mathrm{d}L_0 = \mathrm{e}^{-\frac{\sigma_x}{E}} \mathrm{e}^{-\alpha(t-t_0)} \cdot \mathrm{d}L \tag{2.117}$$

因 $\left|\dfrac{\sigma_x}{E}\right| \ll 1$、$|\alpha(t-t_0)| \ll 1$，将式(2.117)展开为级数并取其前两项，有

$$\begin{aligned} \mathrm{d}L_0 &= \left(1-\frac{\sigma_x}{E}\right)[1-\alpha(t-t_0)]\,\mathrm{d}L \\ &= \left[1-\frac{\sigma_x}{E}-\alpha(t-t_0)+\alpha\frac{\sigma_x}{E}(t-t_0)\right]\mathrm{d}L \\ &\approx \left[1-\frac{\sigma_x}{E}-\alpha(t-t_0)\right]\mathrm{d}L \end{aligned} \tag{2.118}$$

对式(2.118)沿架空线线长进行积分，有

$$L_0 = L\left[1-\frac{\int_0^L \sigma_x \mathrm{d}L}{E\cdot L}-\alpha(t-t_0)\right] = L\left[1-\frac{\sigma_{\mathrm{cp}}}{E}-\alpha(t-t_0)\right] \tag{2.119}$$

式中 σ_{cp}——架空线的平均应力。

从式(2.119)可以看出，从架空线的悬挂长度 L 中减去弹性伸长量和温度伸长量，即可得到档内架空线的原始线长。

若某种气象条件(第 Ⅰ 状态)下架空线所在平面内的各参数为 l_1、h_1、t_1、γ_1、σ_1、σ_{cp1}、L_1，另一种气象条件(第 Ⅱ 状态)下的各参数为 l_2、h_2、t_2、γ_2、σ_2、σ_{cp2}、L_2，则两种状态下的架空线悬挂曲线长度折算到同一原始状态下的原始线长相等，所以

$$L_1\left[1-\frac{\sigma_{\mathrm{cp1}}}{E}-\alpha(t_1-t_0)\right] = L_2\left[1-\frac{\sigma_{\mathrm{cp2}}}{E}-\alpha(t_2-t_0)\right] \tag{2.120}$$

式(2.120)即为架空线的基本状态方程式，表示在档内原始线长保持不变的情况下，不同状态下的架空线悬挂曲线长度之间的关系。

2. *悬链线状态方程式*

将线长 L、平均应力 σ_{cp} 的悬链线公式(2.67)代入式(2.120)，略加整理，就可得到悬挂点不等高时的悬链线状态方程式为

$$\begin{aligned} &l_1\left\{\sqrt{\left(\frac{L_{01}}{l_1}\right)^2+\tan^2\beta_1}\cdot[1-\alpha(t_1-t_0)]-\frac{\sigma_{01}}{2E}\left[1+\left(\frac{L_{01}}{l_1}+\frac{2l_1}{L_{01}}\tan^2\beta_1\right)\mathrm{ch}\,\frac{\gamma_1 l_1}{2\sigma_{01}}\right]\right\} \\ =\ &l_2\left\{\sqrt{\left(\frac{L_{02}}{l_2}\right)^2+\tan^2\beta_2}\cdot[1-\alpha(t_2-t_0)]-\frac{\sigma_{02}}{2E}\left[1+\left(\frac{L_{02}}{l_2}+\frac{2l_2}{L_{02}}\tan^2\beta_2\right)\mathrm{ch}\,\frac{\gamma_2 l_2}{2\sigma_{02}}\right]\right\} \end{aligned} \tag{2.121}$$

式中 σ_{01}、σ_{02}——两种状态下架空线弧垂最低点处的应力。

l_1、l_2——两种状态下架空线所在平面内的档距。

L_{01}、L_{02}——两种状态下不考虑高差(即令 $h_1=0$、$h_2=0$)时的架空线线长，其值可由式(2.38)计算。

β_1、β_2——两种状态下架空线所在平面内的高差角。$\tan\beta_1=\dfrac{h_1}{l_1}$，$\tan\beta_2=\dfrac{h_2}{l_2}$。

t_1、t_2——两种状态下的温度。

t_0——架空线的制造温度。一般取 $t_0=15$ ℃。

悬点等高时，$h_1=0$、$h_2=0$，$\tan\beta_1=0$、$\tan\beta_2=0$，则式(2.121)变为

$$L_{01}[1-\alpha(t_1-t_0)]-\frac{\sigma_{01}l_1}{2E}-\frac{\sigma_1 L_{01}}{2E}\text{ch}\frac{\gamma_1 l_1}{2\sigma_{01}}=L_{02}[1-\alpha(t_2-t_0)]-\frac{\sigma_{02}l_2}{2E}-\frac{\sigma_{02}L_{02}}{2E}\text{ch}\frac{\gamma_2 l_2}{2\sigma_{02}} \tag{2.122}$$

需要考虑风荷载时，可将式(2.121)、式(2.122)中的各参数代以风偏平面内的参数，得到有风时的悬链线状态方程式，感兴趣的读者可自行导出。

利用状态方程式，可由状态Ⅰ的参数 l_1、h_1(或 β_1)、γ_1、σ_{01}、t_1，计算状态Ⅱ的参数 l_2、h_2(或 β_2)、γ_2、σ_{02}、t_2 中的任意一个，一般是求取应力 σ_{02}。但是悬链线状态方程式比较复杂，仅适用于计算机求解，其结果通常作为精确值去评价其他近似公式的精度。

3. 斜抛物线状态方程式

将斜抛物线线长 L 及平均应力 σ_{cp} 代入式(2.120)，便得到架空线的斜抛物线状态方程式为

$$\begin{aligned}&\left(\frac{l_1}{\cos\beta_1}+\frac{\gamma_1^2 l_1^3\cos\beta_1}{24\sigma_{01}^2}\right)\left[1-\frac{1}{E}\left(\frac{\sigma_{01}}{\cos\beta_1}+\frac{\gamma_1^2 l_1^2}{24\sigma_{01}\cos\beta_1}\right)-\alpha(t_1-t_0)\right]\\&=\left(\frac{l_2}{\cos\beta_2}+\frac{\gamma_2^2 l_2^3\cos\beta_2}{24\sigma_{02}^2}\right)\left[1-\frac{1}{E}\left(\frac{\sigma_{02}}{\cos\beta_2}+\frac{\gamma_2^2 l_2^2}{24\sigma_{02}\cos\beta_2}\right)-\alpha(t_2-t_0)\right]\end{aligned} \tag{2.123}$$

若档距、高差的大小可认为不变，即 $l_1=l_2=l$、$h_1=h_2=h(\beta_1=\beta_2=\beta)$ 时，将式(2.123)展开并加以整理后得

$$\begin{aligned}&\frac{\gamma_2^2 l^3\cos\beta}{24\sigma_{02}^2}-\frac{\gamma_1^2 l^3\cos\beta}{24\sigma_{01}^2}-\frac{l}{\cos\beta}\left[\frac{\sigma_{02}-\sigma_{01}}{E\cos\beta}+\alpha(t_2-t_1)\right]\\&=\frac{l^3}{24E\cos^2\beta}\left(\frac{\gamma_2^2}{\sigma_{02}}-\frac{\gamma_1^2}{\sigma_{01}}\right)+\frac{\gamma_2^2 l^3\cos\beta}{24\sigma_{02}^2}\left[\frac{\sigma_{02}}{E\cos\beta}+\frac{\gamma_2^2 l^2}{24E\sigma_{02}\cos\beta}+\alpha(t_2-t_0)\right]\\&\quad-\frac{\gamma_1^2 l^3\cos\beta}{24\sigma_{01}^2}\left[\frac{\sigma_{01}}{E\cos\beta}+\frac{\gamma_1^2 l^2}{24E\sigma_{01}\cos\beta}+\alpha(t_1-t_0)\right]\end{aligned} \tag{2.124}$$

计算分析表明，式(2.124)中右端各项的结果与左端各项相比可忽略不计，则有

$$\sigma_{02}-\frac{E\gamma_2^2 l^2\cos^3\beta}{24\sigma_{02}^2}=\sigma_{01}-\frac{E\gamma_1^2 l^2\cos^3\beta}{24\sigma_{01}^2}-\alpha E\cos\beta(t_2-t_1) \tag{2.125}$$

式中　σ_{01}、σ_{02}——两种状态下架空线弧垂最低点处的应力；

γ_1、γ_2——两种状态下架空线的比载；

t_1、t_2——两种状态下架空线的温度；

l、β——该档的档距和高差角；

α、E——架空线的温度膨胀系数和弹性系数。

式(2.125)虽然是斜抛物线状态方程式的近似式，但由于近似过程弥补了斜抛物线公式的误差，因此其精度很高，与悬链线状态方程式十分接近。即使对于重要跨越档或高差很大的档距，也能够满足工程要求。式(2.125)是最常用的不等高悬点架空线状态方程式，通常就称为斜抛物状态方程式，或简称为状态方程式。

令式(2.125)中的 $\beta=0°$，就得到等高悬挂点架空线的状态方程式

$$\sigma_{02}-\frac{E\gamma_2^2 l^2}{24\sigma_{02}^2}=\sigma_{01}-\frac{E\gamma_1^2 l^2}{24\sigma_{01}^2}-\alpha E(t_2-t_1) \tag{2.126}$$

式(2.125)两端除以 $\cos\beta$，并注意到档距中央架空线轴向应力的计算式(2.99)，得

$$\sigma_{c2} - \frac{E\gamma_2^2 l^2}{24\sigma_{c2}^2} = \sigma_{c1} - \frac{E\gamma_1^2 l^2}{24\sigma_{c1}^2} - \alpha E(t_2 - t_1) \tag{2.127}$$

式中　σ_{c1}、σ_{c2}——两种状态下档距中央架空线的轴向应力。

式(2.127)表明，若以架空线档距中央应力代替最低点应力，则不等高悬点和等高悬点架空线的斜抛物线状态方程式具有相同的形式。换句话讲，采用档距中央应力写出的斜抛物线状态方程式消除了高差的影响。

对于需要考虑风压比载作用的架空线，其斜抛物线状态方程式为

$$\begin{aligned}&\sigma_{02} - \frac{E\gamma'^2_2 l^2 \cos^3\beta}{24\sigma_{02}^2}(1 + \tan^2\beta\sin^2\eta_2)\\&= \sigma_{01} - \frac{E\gamma'^2_1 l^2 \cos^3\beta}{24\sigma_{01}^2}(1 + \tan^2\beta\sin^2\eta_1) - \alpha E\cos\beta(t_2 - t_1)\end{aligned} \tag{2.128}$$

式中　η_1、η_2——两种状态下架空线的风偏角；

γ'_1、γ'_2——两种状态下架空线的综合比载。

应当指出，虽然式中γ'_1、γ'_2均为综合比载，但σ_{01}、σ_{02}仍为架空线顺线路方向的水平应力分量，即垂直平面内的最低点应力，不能把σ_{01}、σ_{02}误认为风偏平面内架空线最低点的应力。当利用式(2.128)求出有风状态下顺线路方向的水平应力σ_{02}后，欲想知道风偏平面内架空线最低点的应力或悬挂点应力，需将σ_{02}代入式(2.68)或式(2.72)求得。

4. 状态方程式的解法

对于待求应力σ_{c2}来说，斜抛物线状态方程式是一个一元三次方程。为方便求解，将式(2.127)整理得

$$\sigma_{c2}^3 - \left[\sigma_{c1} - \frac{E\gamma_1^2 l^2}{24\sigma_{c1}^2} - \alpha E(t_2 - t_1)\right]\sigma_{c2}^2 - \frac{E\gamma_2^2 l^2}{24} = 0 \tag{2.129}$$

令

$$A = -\left[\sigma_{c1} - \frac{E\gamma_1^2 l^2}{24\sigma_{c1}^2} - \alpha E(t_2 - t_1)\right]$$

$$B = \frac{E\gamma_2^2 l^2}{24}$$

则

$$\sigma_{c2}^3 + A\sigma_{c2}^2 - B = 0 \tag{2.130}$$

上述一元三次方程中，A、B为已知数，且A可正可负，B永远为正值，其应力σ_{c2}必有一个正的实数解，下面讨论该实数解的求法。

(1) 迭代法。

将式(2.130)变形为

$$\sigma_{c2} = \sqrt{\frac{B}{\sigma_{c2} + A}}$$

以上式作为迭代公式，即写成

$$\sigma_{c2}^{(n+1)} = \sqrt{\frac{B}{\sigma_{c2}^{(n)} + A}} \quad (n = 0, 1, 2, \cdots)$$

给出一个合适的迭代初值$\sigma_{c2}^{(0)}$，可以计算出一个新的应力值$\sigma_{c2}^{(1)}$；再以此应力值作为

新的初值，代入迭代公式求出 $\sigma_{c2}^{(2)}$；…… 反复进行下去，直至 $|\sigma_{c2}^{(n+1)}-\sigma_{c2}^{(n)}|<\delta$（$\delta$ 为一个很小的正数，如 10^{-4}），即达到一定的精度为止。如果给出的迭代初值合适，采用迭代公式可较快得到其解。

采用迭代法求解时，在 A 为负值的情况下，在前后两次迭代值变化较大时，有可能致使迭代式的根号内出现负值，使迭代无法继续下去。这时可减小迭代值的变化量，即以下式作为新的迭代初值

$$\sigma'^{(i)}_{c2}=\sigma_{c2}^{(i-1)}+\frac{\sigma_{c2}^{(i)}-\sigma_{c2}^{(i-1)}}{k}$$

其中，k 一般为不小于 2 的整数。

(2) 牛顿法。

牛顿法是一种常用的解方程的数值方法。令

$$y=\sigma_{c2}^{3}+A\sigma_{c2}^{2}-B$$

其导数为

$$y'=3\sigma_{c2}^{2}+2A\sigma_{c2}$$

则牛顿迭代式为

$$\sigma_{c2}^{(n+1)}=\sigma_{c2}^{(n)}-\frac{y^{(n)}}{y'^{(n)}}$$

给出迭代初值 $\sigma_{c2}^{(0)}$，算出 $y^{(0)}$、$y'^{(0)}$，利用上式迭代求出 $\sigma_{c2}^{(1)}$，反复进行下去，直至 $|\sigma_{c2}^{(n+1)}-\sigma_{c2}^{(n)}|<\delta$ 为止。利用计算机运算时，可采用精确公式(2.123)或式(2.127)编制通用程序求解。

5. 状态方程式的精度比较

为了说明斜抛物线状态方程式的精度，不考虑高差和风偏影响时的应力计算误差，以便在工程实际中能合理利用上述公式，以悬链线状态方程式(2.121)作为精确式，式(2.125)、式(2.128)作为近似式，通过实例进行分析比较。

【例 2.1】 架空线采用 LGJ－300 型(旧型号)钢芯铝绞线(其他型号线参照换算)，其综合截面积 $A=377.21\ \mathrm{mm}^2$，弹性系数 $E=78\ 480\ \mathrm{MPa}$，温度线膨胀系数 $\alpha=19\times10^{-6}\ 1/℃$，架空线自重比载 $\gamma_1=35.06\times10^{-3}\ \mathrm{MPa/m}$，风速 40 m/s 时的水平风压比载 $\gamma_4=49.84\times10^{-3}\ \mathrm{MPa/m}$，有风时的综合比载 $\gamma_6=60.94\times10^{-3}\ \mathrm{MPa/m}$。已知最高气温($t_1=40$ ℃)时架空线的水平应力 $\sigma_{01}=53.955\ \mathrm{MPa}$，求解不同档距不同高差，$t_2=-5$ ℃ 时风偏平面内架空线最低点的应力 σ'_2、顺线路方向的水平应力分量 σ_2 以及不考虑风偏影响即令 $\eta=0$ 时顺线路方向的水平应力 σ_{02}(相当于覆冰无风时垂直比载 $\gamma_3=60.94\times10^{-3}\ \mathrm{MPa/m}$ 的情况)。

解　对于不同档距不同高差，利用上述各式进行计算的结果列于表 2.7 中。表中 σ'_2 的值是利用式(2.121)、式(2.128)解出 σ_2 后，再由风偏平面与垂直平面各参数关系算出的。当采用式(2.121)计算有风时的 σ_2 时，需将式中各参数以风偏平面内相应参数代入。

表 2.7　状态方程式的精度比较表

无风时的高差系数(h/l)			0	0.1	0.2	0.3	0.4	0.5
档距 l/m	应力类别	采用公式	架空线应力计算值 /MPa					
200	σ'_2	式(2.121)	107.70	108.15	109.35	111.49	114.23	117.49
		式(2.128)	107.70	108.15	109.35	111.49	114.23	117.49
	σ_2	式(2.121)	107.70	107.78	108.00	108.28	108.57	108.75
		式(2.128)	107.70	107.78	108.00	108.28	108.57	108.75
	σ_{02}	式(2.121)	107.70	107.63	107.39	106.97	106.39	105.60
		式(2.125)	107.70	107.63	107.39	106.97	106.39	105.60
400	σ'_2	式(2.121)	98.87	99.45	101.22	104.10	108.03	112.87
		式(2.128)	98.87	99.47	101.23	104.12	108.05	112.89
	σ_2	式(2.121)	98.87	99.13	99.90	101.10	102.67	104.48
		式(2.128)	98.87	99.14	99.91	101.12	102.69	104.50
	σ_{02}	式(2.121)	98.87	98.87	98.86	98.83	98.87	98.65
		式(2.125)	98.87	98.87	98.87	98.85	98.80	98.68
600	σ'_2	式(2.121)	96.20	96.81	98.65	101.69	105.87	111.15
		式(2.128)	96.22	96.83	98.67	101.72	105.91	111.31
	σ_2	式(2.121)	96.20	96.49	97.35	98.76	100.62	102.88
		式(2.128)	96.22	96.51	97.37	98.79	100.66	102.93
	σ_{02}	式(2.121)	96.20	96.21	96.21	96.22	96.20	96.18
		式(2.125)	96.22	96.22	96.23	96.24	96.24	96.22
800	σ'_2	式(2.121)	95.17	95.79	97.65	100.72	104.99	110.41
		式(2.128)	95.19	95.81	97.67	100.76	105.05	110.49
	σ_2	式(2.121)	95.17	95.47	96.36	97.82	99.79	102.19
		式(2.128)	95.19	95.49	96.38	97.85	99.84	102.27
	σ_{02}	式(2.121)	95.17	95.17	95.18	95.18	95.18	95.17
		式(2.125)	95.19	95.19	95.20	95.20	95.21	95.21
1 000	σ'_2	式(2.121)	94.68	95.29	97.15	100.23	104.53	110.02
		式(2.128)	94.69	95.31	97.19	100.29	104.62	110.15
	σ_2	式(2.121)	94.68	94.98	95.87	97.34	99.35	101.83
		式(2.128)	94.69	95.00	95.91	97.40	99.43	101.95
	σ_{02}	式(2.121)	94.68	94.68	94.68	94.68	94.68	94.67
		式(2.125)	94.69	94.69	94.70	94.71	94.71	94.71
1 200	σ'_2	式(2.121)	94.40	95.00	96.87	89.96	104.25	109.76
		式(2.128)	94.41	95.04	96.92	100.03	104.38	109.94
	σ_2	式(2.121)	94.40	94.70	95.60	97.08	99.08	101.59
		式(2.128)	94.41	94.73	95.65	97.15	99.21	101.76
	σ_{02}	式(2.121)	94.40	94.40	94.40	94.40	94.40	94.39
		式(2.125)	94.41	94.41	94.42	94.42	94.43	94.43

续表2.7

无风时的高差系数(h/l)			0	0.1	0.2	0.3	0.4	0.5
档距 l/m	应力类别	采用公式	架空线应力计算值 /MPa					
1 400	σ'_2	式(2.121)	94.23	95.76	96.70	99.78	104.07	109.58
		式(2.128)	94.24	95.79	96.75	99.87	104.23	109.81
	σ_2	式(2.121)	94.23	94.70	95.60	96.90	98.91	101.43
		式(2.128)	94.24	94.73	95.65	99.99	99.06	101.64
	σ_{02}	式(2.121)	94.23	94.23	94.23	94.23	94.23	94.23
		式(2.125)	94.24	94.24	94.25	94.25	94.26	94.26
1 600	σ'_2	式(2.121)	94.11	94.75	96.58	99.65	103.94	109.44
		式(2.128)	94.14	94.76	96.64	99.77	104.13	109.73
	σ_2	式(2.121)	94.11	94.42	95.31	96.78	98.79	101.30
		式(2.128)	94.14	94.45	95.37	96.89	98.97	101.57
	σ_{02}	式(2.121)	94.11	94.11	94.11	94.11	94.11	94.11
		式(2.125)	94.14	94.14	94.15	94.15	94.15	94.15

分析表 2.7 中的数据，可以看出：

(1) 斜抛物线状态方程式(2.125)、式(2.128) 与相应情况下的悬链线状态方程式所得计算结果相差无几，即使在大档距、大高差角下，其差别在工程应用上也无意义。因此可以肯定，式(2.125)、式(2.128) 是工程上理想的近似状态方程式。

(2) 计算无风情况下架空线水平应力的变化时，若档距较大、高差较小，可以不考虑高差的影响，如表中数据 σ_{02} 随 h/l 的变化很小；但当档距很小、高差较大时，高差对应力的影响不能忽视。

(3) 对于不等高悬点且作用有横向风压荷载的情况，利用状态方程式计算顺线路的水平应力分量 σ_2 时，工程上常忽略风偏及高差的影响(即认为 $\eta=0,\beta=0$)。这实际上是将有风时的综合比载 γ_6，视为垂直比载 γ_3 作近似计算，求得的应力对应表中 $h/l=0$ 的 σ_{02} 值。这样近似引起的误差，随高差角的增加而增大。但表中数据是风速为 40 m/s 的严重情况，当风速及高差角较小时，用 $\beta=0$ 时的 σ_{02} 来代替顺线路方向的水平应力分量 σ_2，估计不会引起难以容许的误差。

对于悬点变位，档内架空线原始线长改变，架空线产生塑性变形，弹性系数变化以及复合弹性体架空线等特殊情况下的状态方程式，均可根据“原始线长不变” 的原则导出。

2.3.2　临界档距

1. 临界档距的内涵

(1) 控制气象条件。

架空线的状态方程式给出了各种气象条件下架空线应力之间的关系。气象条件变化，架空线的应力随之变化。必存在一种气象条件，在该气象条件下架空线的应力最大，这一气象条件称为控制气象条件，简称控制条件。在输电线路的设计中，必须保证控制气象条件下架空线的应力不超过允许使用应力，从而保证其他气象条件下架空线的应力均小于许用应力。

架空线的应力除与比载 γ、气温 t 有关外，还与档距 l 有关。在其他条件相同的情况下，档距不同，出现最大应力的控制气象条件可能不同。在最大风速的气温与最厚覆冰的气温相同的气象区，二者中比载大者架空线的应力大，此时架空线的最大应力在最低气温或最大比载条件下出现。气温低时，架空线收缩拉紧而使应力增大；比载大时，架空线荷载增加而使应力增大。究竟最低气温和最大比载哪一种气象条件为控制条件，取决于档距的大小。

当档距很小趋于零时，等高悬挂点架空线的状态方程式(2.126)变为

$$\sigma_{02} = \sigma_{01} - \alpha E(t_2 - t_1) \tag{2.131}$$

式(2.131)表明，在档距很小时，架空线的应力变化仅决定于温度而与比载的大小无关。因此对于小档距架空线，最低气温将成为控制条件。

当档距很大趋于无限大时，将等高悬点架空线的状态方程式(2.126)两端除以 l^2，并令档距 l 趋于无限大，状态方程式变为

$$\frac{\sigma_{02}}{\gamma_2} = \frac{\sigma_{01}}{\gamma_1} \tag{2.132}$$

式(2.132)表明，在档距很大时，架空线的应力变化仅决定于比载而与温度无关。因此对于大档距架空线，最大比载气象条件将成为控制条件。

(2) 临界档距的概念。

在仅考虑最低气温和最大比载两种气象情况下，档距 l 由零逐渐增大至无限大的过程中，必然存在这样一个档距：气温的作用和比载的作用同等重要，最低气温和最大比载时架空线的应力相等，即最低气温和最大比载两个气象条件同时成为控制条件。两个及以上气象条件同时成为控制条件时的档距称为临界档距，用 l_{ij} 表示。当实际档距 $l < l_{ij}$ 时，架空线的最大应力出现在最低气温气象，最低气温为控制条件；当 $l > l_{ij}$ 时，最大比载为控制条件。

实际上，相当一部分气象区的最大风速和最厚覆冰的气温并不相同，不能只从比载的大小来确定二者哪一个可能成为控制条件。此外，架空线还应具有足够的耐振能力，这决定于年均运行应力的大小，该应力是根据年均气温计算的，不能大于年均运行应力规定的上限值。因此最低气温、最大风速、最厚覆冰和年均气温四种气象条件都有可能成为控制条件，是输电线路设计时必须考虑的。

四种气象条件中每两种之间存在一个临界档距，于是共可得到6个临界档距。对于某些特殊要求的档距，除上述四种气象条件外，可能还需要考虑其他的控制条件。

2. 临界档距的计算

计算临界档距 l_{ij} 时，把一种控制条件作为第Ⅰ状态，其比载为 γ_i，温度为 t_i，应力达到允许值 $[\sigma_0]_i$。另一种控制条件作为第Ⅱ状态，相应参数分别为 γ_j、t_j、$[\sigma_0]_j$。临界状态下 $l_i = l_j = l_{ij}$，代入状态方程式(2.125)得

$$[\sigma_0]_j - \frac{E\gamma_j^2 l_{ij}^2 \cos^3\beta}{24[\sigma_0]_j^2} = [\sigma_0]_i - \frac{E\gamma_i^2 l_{ij}^2 \cos^3\beta}{24[\sigma_0]_i^2} - \alpha E\cos\beta(t_j - t_i) \tag{2.133}$$

解之，得临界档距的计算公式为

$$l_{ij}=\sqrt{\frac{24\left[[\sigma_0]_j-[\sigma_0]_i+\alpha E\cos\beta(t_j-t_i)\right]}{E\left[\left(\frac{\gamma_j}{[\sigma_0]_j}\right)^2-\left(\frac{\gamma_i}{[\sigma_0]_i}\right)^2\right]\cos^3\beta}} \tag{2.134}$$

无高差时

$$l_{ij}=\sqrt{\frac{24\left[[\sigma_0]_j-[\sigma_0]_i+\alpha E(t_j-t_i)\right]}{E\left[\left(\frac{\gamma_j}{[\sigma_0]_j}\right)^2-\left(\frac{\gamma_i}{[\sigma_0]_i}\right)^2\right]}} \tag{2.135}$$

若两种控制条件下的架空线许用应力相等，即$[\sigma_0]_i=[\sigma_0]_j=[\sigma_0]$，则式(2.134) 和式(2.135) 分别为

$$l_{ij}=\frac{[\sigma_0]}{\cos\beta}\sqrt{\frac{24\alpha(t_j-t_i)}{(\gamma_j^2-\gamma_i^2)}} \tag{2.136}$$

和

$$l_{ij}=[\sigma_0]\sqrt{\frac{24\alpha(t_j-t_i)}{\gamma_j^2-\gamma_i^2}} \tag{2.137}$$

3. 有效临界档距的判定与控制气象条件

一般情况下，可能的控制条件最低气温、最大风速、最厚覆冰和年均气温之间，存在 6 个临界档距，但真正起作用的有效临界档距最多不超过 3 个。设计时，需要先判别出有效临界档距，从而得到实际档距的控制气象条件。判定有效临界档距的方法很多，这里介绍解图法和列表法。

(1) 图解法。

a. 控制条件与 F_i 值。

设有 n 个可能成为控制条件的气象条件，其相应的比载、气温和水平应力分别为 γ_i、t_i、和$\sigma_{0i}$$(i=1,2,\cdots,n)$。对于等高悬点的某一档距$l$，若将这$n$个条件分别作为已知条件，某个比载$\gamma$、气温$t$、水平应力$\sigma_{0x}$ 的气象条件作为待求条件，则可列出 n个已知条件和待求条件之间的状态方程式为

$$\sigma_{0x}-\frac{E\gamma^2l^2}{24\sigma_{0x}^2}=\sigma_{0i}-\frac{E\gamma_i^2l^2}{24\sigma_{0i}^2}-\alpha E(t-t_i) \tag{2.138}$$

整理得

$$\sigma_{0x}^2\left\{\sigma_{0x}-\left(\sigma_{0i}-\frac{E\gamma_i^2l^2}{24\sigma_{0i}^2}+\alpha Et_i\right)+\alpha Et\right\}=\frac{E\gamma^2l^2}{24}$$

令

$$F_i=-\left(\sigma_{0i}-\frac{E\gamma_i^2l^2}{24\sigma_{0i}^2}+\alpha Et_i\right) \tag{2.139}$$

则

$$\sigma_x^2\{\sigma_x+F_i+\alpha Et\}=\frac{E\gamma^2l^2}{24} \tag{2.140}$$

若以 σ_{0x} 为待求量，n 个可能控制气象条件的应力达到各自的许用应力$[\sigma_0]_i$，利用式(2.140) 可求出 n 个σ_{0xi}，其中必有一个最小值，记为σ_{0xk}，与之对应的是第k个可能控制气象条件。

若视σ_{0xk}为已知，σ_{0i}为未知，反求n个可能控制条件的σ_{0i}时，必可求得$\sigma_{0k}=[\sigma_0]_k$，而$\sigma_{0i}<[\sigma_0]_i(i\neq k)$，可能控制条件下的应力达到许用值，因此$k$个气象条件为该档距下的控制条件。从式(2.140)可以看出，使σ_{0x}最小的可能控制气象条件的F_i最大。

由此得到结论：当有多种气象条件可能成为控制条件时，F_i值最大者是该档距下的应力控制条件，其余气象条件不起控制作用。

b. F_i曲线的特点。

第i个可能控制条件的比载γ_i、气温t_i和应力$[\sigma_0]_i$已知时，F_i曲线是档距l的函数。将式(2.139)对l求导，得

$$\frac{\mathrm{d}F_i}{\mathrm{d}l}=\frac{E\gamma_i^2 l}{12[\sigma_0]_i^2} \tag{2.141}$$

从式(2.141)可以看出：

F_i曲线对l的一阶导数与l成正比，且始终为正值，说明F_i曲线是单调递增的，且随l的增大上升得越来越快，如图2.13所示。

F_i曲线对l的一阶导数仅取决于比值$\gamma_i/[\sigma_0]_i$。由此可知：(a)当$l=0$时，所有气象条件的$\mathrm{d}F_i/\mathrm{d}l=0$，记此时的值$F_i$为$F_{0i}=-([\sigma_0]_i+\alpha E t_i)$，则$F_{0i}$中最大者所对应的气象条件，必然为控制条件。(b)在$l\to\infty$的过程中，$\gamma_i/[\sigma_0]_i$较大者的F_i值上升较快。当l足够大后，由于$\gamma_i/[\sigma_0]_i$最大者的F_i必为最大，所以相应的气象条件必成为控制条件。(c)如果F_{0i}和$\gamma_i/[\sigma_0]_i$中的最大值对应的是同一气象条件，该气象条件的F_i值在所有档距下均为最大，则该气象条件为所有档距的控制条件。(d)如果某两种气象条件的F_{0i}相同，则二者中$\gamma_i/[\sigma_0]_i$较小者对应的气象条件必不为控制条件。(e)如果某两种气象条件的$\gamma_i/[\sigma_0]_i$相同，则二者中F_{0i}较小者的F_i值始终小于较大者的F_i值，F_{0i}较小者对应的气象条件不可能成为控制条件。

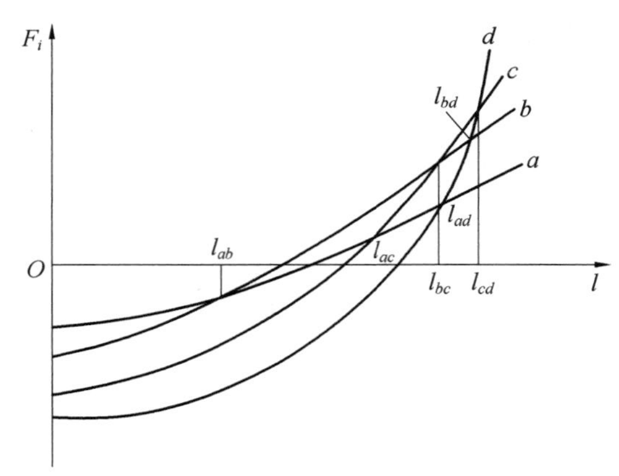

图2.13　有效临界档距和控制条件

c. 利用F_i曲线判定有效临界档距。

假设可能成为控制条件的有最低气温、年均气温、覆冰有风和最大风速四种气象条件，相应的F_i曲线为a、b、c和d，如图2.13所示。

可以看出，曲线族的上包络线的F_i最大，为控制气象条件曲线。两两曲线的交点为临界档距，其中上包络线的交点l_{ab}、l_{bc}、l_{cd}为有效临界档距，其余的交点l_{ac}、l_{ad}、l_{bd}为无效

临界档距。在图 2.13 中，当档距 $l \leqslant l_{ab}$ 时，a 气象为控制条件；$l_{ab} \leqslant l \leqslant l_{bc}$ 时，b 气象为控制条件；$l_{bc} \leqslant l \leqslant l_{cd}$ 时，c 气象为控制条件；$l \geqslant l_{cd}$ 时，d 气象为控制条件。

图解法判定有效临界档距直观易行，但受作图比例所限以及曲线间的交叉角太小，不易准确读出有效临界档距的数值，因此通常与利用式(2.134)的计算配合起来应用。

(2) 列表法。

利用列表法判定有效临界档距的步骤如下。

a. 计算各种可能控制气象条件的 $\gamma_i/[\sigma_0]_i$ 值，并按该值由小到大编以序号 $a,b,c,\cdots$，如果存在 $\gamma_i/[\sigma_0]_i$ 值相同的条件，则计算其 F_{0i} 值，取 F_{0i} 值较大者编入顺序，较小者因不起控制作用不参与判别。在这种编号情况下，后面的(序号大的)可能控制条件的 F_i 曲线上升得较快。

b. 计算可能控制条件之间的临界档距，按编号 $a,b,c,\cdots$ 的顺序排成表 2.8 的形式(表中考虑了四种可能控制条件的情况)。

c. 判别有效临界档距。

先从 $\gamma_i/[\sigma_0]_i$ 最小的 a 栏开始，如果该栏的临界档距均为正的实数，则最小的临界档距即为第一个有效临界档距(假设为 l_{ac})，其余的都应舍去。该有效临界档距 l_{ac} 是 a 条件控制档距的上限，c 条件控制档距的下限。这是因为，如果该栏的临界档距均为正的实数，说明 F_a 曲线与其他 F_i 曲线均相交，在档距较小时 F_a 值最大，a 条件为控制条件；最小的临界档距为 l_{ac}，说明在 l_{ac} 附近，小于 l_{ac} 的档距下的控制条件是 a 条件，大于 l_{ac} 的档距下的控制条件是 c 条件，l_{ac} 为第一个有效临界档距。

有效临界档距 l_{ac} 两个下标 a、c 之间的条件不起控制作用，即字母 b 代表的条件栏被跨隔，因此对第二个下标代表的条件栏进行判别，方法同 1。

如果在某条件栏中，存在临界档距值为虚数或 0 的情况，则该栏条件不起控制作用，应当舍去。这与 F_i 曲线的特点结合起来考虑是不难理解的。当某栏中的临界档距值有虚数时，说明该栏条件的 F_i 曲线与后面某栏条件的 F_j 曲线不相交，F_i 曲线始终位于 F_j 曲线的下方，该栏条件不可能起控制作用。当某栏中的临界档距值有 0 时，说明该栏条件的 F_i 曲线与后面某栏条件的 F_j 曲线相交于档距 $l=0$ 处，F_i 曲线同样始终位于 F_j 曲线的下方，该栏条件不起控制作用。

表 2.8　有效临界档距判别表

a	b	c	d
l_{ab}	l_{bc}	l_{cd}	—
l_{ac}	l_{bd}	—	—
l_{ad}	—	—	—

2.3.3　应力弧垂曲线

为了使用方便，常将各种气象条件下架空线的应力和有关弧垂随档距的变化用曲线表示出来，这种曲线称为应力弧垂曲线，亦称力学特性曲线。此外，为方便架线施工，需要制作各种可能施工温度下，架空线在无冰、无风气象下的弧垂随档距变化的曲线，称为安装曲线，亦称放线曲线。

架空线的应力弧垂曲线表示各种气象条件下应力(弧垂）与档距之间的变化关系。在确定出档距以后，很容易从曲线上得到各种气象条件下的应力和弧垂值。

架空线应力弧垂曲线的制作一般按下列顺序进行。

(1) 确定工程所采用的气象条件。

(2) 依据选用的架空线规格，查取有关参数和机械物理性能。选定架空线各种气象条件下的许用应力(包括年均运行应力的许用值)。

(3) 计算各种气象条件下的比载。

(4) 计算临界档距值，并判定有效临界档距和控制气象条件。

(5) 判定最大弧垂出现的气象条件。

(6) 以控制条件为已知状态，利用状态方程式计算不同档距、各种气象条件下架空线的应力和弧垂值(导线一般只计算最大弧垂和外过无风气象下的二条弧垂曲线)。

(7) 按一定比例绘制出应力弧垂曲线。

为保证曲线比较准确而又不使计算量过大，档距 l 的间距一般取为 50 m，但须包括各有效临界档距处的值。由于曲线在有效临界档距附近的变化率较大，此区间的取值宜密一些。在档距较大时，曲线一般变化比较平滑，可根据精确度要求的不同，适当放大取值间隔。

与导线相比，地线不输送电力，故不存在内过电压的气象情况。另外，地线的应力弧垂曲线也可以档距中央与导线之间的距离 $D \geqslant 0.012l+1$(m) 的防雷要求为控制条件，在尽量放松的前提下计算，但应校验地线的最大使用应力是否在允许值的范围内。

2.3.4 架空线的初伸长及其处理

1. 架空线的初伸长

架空线实际上并不是完全弹性体，初次受张力作用后不仅产生弹性伸长，还产生永久性的塑蠕伸长。永久性的塑蠕伸长包括 4 部分：a. 绞制过程中线股间没有充分张紧，受拉后线股互相挤压，接触点局部变形而产生的挤压变形伸长。b. 架空线的最终应力应变曲线和初始应力应变曲线不同，形成的塑性伸长。c. 金属体长时间受拉，内部晶体间的位错和滑移而产生的蠕变伸长。d. 拉应力超过弹性极限，进入塑性范围而产生的塑性伸长。

蠕变特性主要取决于材料的分子结构、结晶方式，还与外部荷载和温度有关。不同材料的蠕变特性不同。碳素钢在温度 300 ℃ 下蠕变现象极不明显，而铜、铝则比较严重。

架空线产生的永久性塑蠕伸长，在线路运行的初期最为明显，故在线路工程上称之为架空线的“初伸长”。架空线的初伸长使档内线长增加，弧垂增大，使架空线对地或跨越物的安全距离减小而造成事故，所以在线路设计时必须考虑架空线初伸长的影响。

图 2.14 是架空线的应力应变特性曲线。当架空线初受张力逐渐增大时，应力 σ 与应变 ε 沿初始应变曲线 $OJMp$ 变化。曲线上的 Oa 段斜率较小，伸长增加较快，初加张力后很快使股间错动束紧，产生永久变形 $\overline{Oa_0}$。直线段 $\overline{an}$ 为初始弹性线，其斜率为初始弹性系数 E_c。曲线段 nyp 为初始非弹性线。

张力架线时，架空线初加张拉应力达 σ_J，应变沿初始应变线变化至 J。此时若将应力降低，应变不再沿初始应变线 Ja 返回，而沿直线 $\overline{JJ_0}$ 变化，相应的弹性系数 $E_J > E_c$。$\overline{a_0J_0}$ 为相应的塑性伸长，在观测弧垂过程中自然予以消除，不影响线路的运行。

架空线架设以后，受气象条件规律性往复变化的影响，架空线的应力也阶段性地增大、减小，在最大运行应力 σ_M 及其以下往复变化。初次达到 σ_M 时，应变沿初始弹性线上升。经历若干年若干次循环的积累，工作点将沿微倾的横线由 M 移至 e，架空线产生蠕变伸长 ε_M。此后运行应力变化时，应变则往返于 ee_0 应变线，相应的斜率为最终弹性系数 E。这样架空线在运行中共产生了 $\varepsilon_0 = J_0e_0$ 的塑性和蠕变伸长，即初伸长。

架空线的初伸长通常考虑架空线在年均运行应力($0.25\sigma_p$)下，持续 10 年所产生的塑性和蠕变伸长。

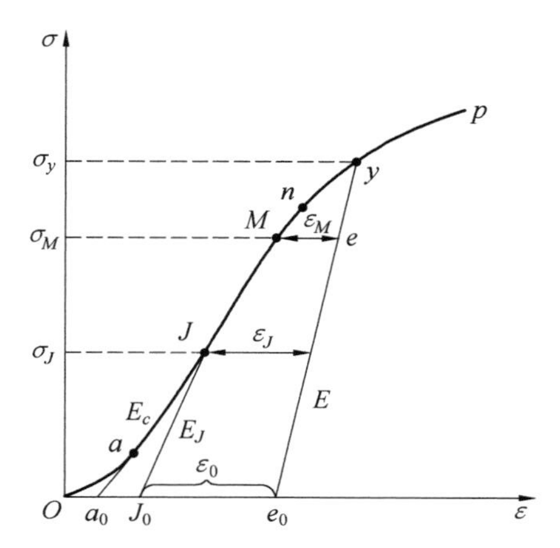

图 2.14　架空线的应力应变特性曲线

2. 补偿初伸长的方法

补偿架空线初伸长的方法主要有两种。

(1) 预拉法。

架空线的初伸长随着应力的加大，可以缩短放出的时间。在自然运行状态下，图2.14 中的塑性伸长 ε_J 可能需要数年才能发展完毕，但若将应力加大到 σ_y，则瞬时即能将初伸长拉出。因此，可在架线观测弧垂前对架空线实施大应力预拉，将其初伸长拉出，使架空线架设初期就进入“运行应变状态”，从而消除初伸长对运行弧垂的影响。

预拉应力 σ_y 的大小和时间，因架空线的最大使用应力的大小而异。对于钢芯铝绞线，可参考表 2.9 中的数值。表中 σ_p 为架空线的抗拉强度。

表 2.9　消除架空线初伸长所需预拉应力和时间

架空线安全系数	所需预拉应力和时间	
	$\sigma_y = 60\%\sigma_p$	$\sigma_y = 70\%\sigma_p$
2.0	30 min	2 min
2.5	2 min	瞬 时

在架线观测弧垂前对架空线进行预拉，挂线侧的耐张杆塔上会作用有较大的预拉张力，需要采取措施减小该杆塔承受的张力。在工厂中对架空线进行预拉，经过松弛状态下

的缠绕卷曲等的扰动，预拉出量会部分缓慢恢复，预拉效果不好。

(2) 增大架线应力法。

增大架线应力法采用在架线施工时适当增大架空线的架线应力，减小安装弧垂，其程度恰好能补偿因其初伸长导致的弧垂增大量，达到长期运行的设计弧垂要求。增大架线应力的确定方法有理论计算法和恒定降温法。

a. 理论计算法。

理论计算以架空线的应力应变特性曲线为依据，在由长期运行后的悬挂曲线长度求取原始线长的过程中，考虑减去架空线的初伸长量 ε_J，不难导出架空线的架线应力状态方程式为

$$\sigma_J - \frac{E\gamma_J^2 l^2 \cos^3\beta}{24\sigma_J^2} = \sigma_0 - \frac{E\gamma^2 l^2 \cos^3\beta}{24\sigma_0^2} - \alpha E\cos\beta(t_J - t) + E\varepsilon_J\cos\beta \tag{2.142}$$

或写成

$$\sigma_J^2\left\{\sigma_J + \left[\frac{K}{\sigma_0^2} - \sigma_0 + \alpha E\cos\beta(t_J - t)\right] - E\varepsilon_J\cos\beta\right\} = K_J \tag{2.143}$$

$$K_J = \frac{E\gamma_J^2 l^2 \cos^3\beta}{24}, K = \frac{E\gamma^2 l^2 \cos^3\beta}{24} \tag{2.144}$$

式中 σ_J、σ_0—— 考虑初伸长后的架线应力和最终运行条件下的架空线应力；

t_J、t—— 架线时和最终运行条件下的气温；

α、E—— 架空线的线性温度膨胀系数和最终弹性系数；

ε_J—— 架空线的初伸长率，按制造厂家提供的数据或通过试验确定。如无资料，可采用表 2.10 所列数值。北方气候寒冷宜采用较小值，南方天气暖和宜采用较大值。

K_J、K—— 架线时和最终运行条件下的线长系数。对斜抛物线状态方程式而言，K_J、K 按式(2.144) 计算。

表 2.10 架空线的塑性伸长率

架空线类型	铝钢截面比 $m=11.34\sim14.46$	铝钢截面比 $m=7.71\sim7.91$	铝钢截面比 $m=5.05\sim6.16$	铝钢截面比 $m=4.29\sim4.38$	钢绞线
塑性伸长率	$5\times10^{-4}\sim6\times10^{-4}$	$4\times10^{-4}\sim5\times10^{-4}$	$3\times10^{-4}\sim4\times10^{-4}$	3×10^{-4}	1×10^{-4}

b. 恒定降温法。

在式(2.142) 中，由于

$$\alpha E\cos\beta(t_J - t) - E\varepsilon_J\cos\beta = \alpha E\cos\beta(t_J - t - \varepsilon_J/\alpha) = \alpha E\cos\beta(t_J - t - \Delta t) \tag{2.145}$$

说明增大架线应力相当于将架线时的气温降低 Δt。当 ε_J 确定后，Δt 也随之确定。因此架空线的初伸长对弧垂的影响，可以采用降低架线气温 Δt 后的应力作为架线应力的方法来补偿，这就是恒定降温法。降低的温度可查表 2.11，也可计算，计算式为

$$\Delta t=\frac{\varepsilon_J}{\alpha} \tag{2.146}$$

降温后的架线应力由下式决定

$$\sigma_J^2\left\{\sigma_J+\frac{K}{\sigma_0^2}-\sigma_0+\alpha E_y\cos\beta[(t_J-\Delta t)-t]\right\}=K_J \tag{2.147}$$

我国规范推荐使用降温法消除架空线初伸长对弧垂的影响。

表 2.11　消除架空线初伸长的降温值

架空线类型	铝钢截面比 $m=11.34\sim14.46$	铝钢截面比 $m=7.71\sim7.91$	铝钢截面比 $m=5.05\sim6.16$	铝钢截面比 $m=4.29\sim4.38$	钢绞线
降温值 Δt/℃	25(或试验确定)	20 ~ 25	15 ~ 20	15	10

3. 初伸长与应力、时间的关系

试验与运行经验表明，架空线在承受张力的初期，蠕变伸长迅速，后期则越来越小。图 2.15 表示某钢芯铝绞线的 ε 随时间 τ 变化的关系，可用公式近似表示为

$$\varepsilon=C\tau^m \tag{2.148}$$

式中　C—— 某一恒定拉应力下的 1 h 塑性伸长率；

τ—— 恒定拉应力下经历的时间；

m—— 指数，在对数坐标图 2.15 中为相应直线的斜率。

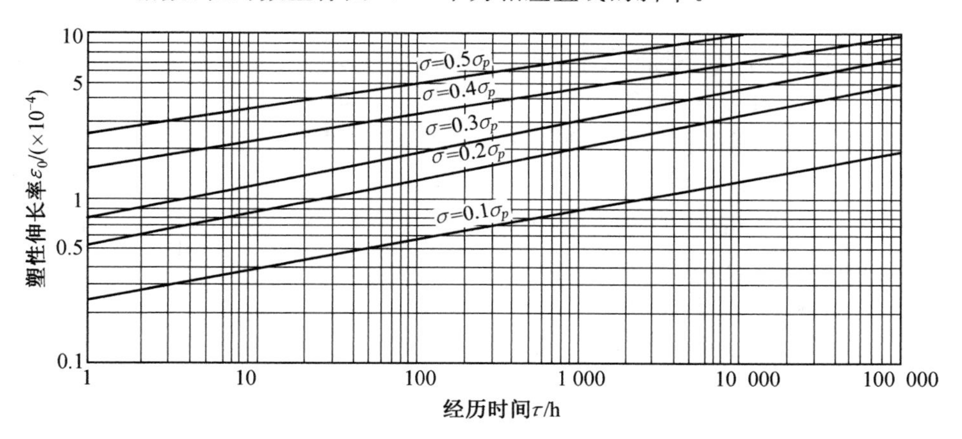

图 2.15　架空线塑性伸长与时间的关系

如施加于该试验用绞线上的应力为 $0.25\sigma_p$，从图 2.15 查得 $C=0.7\times10^{-4}$，$m\approx0.185$，根据式(2.148)，算得持续时间 τ 为 1 000 h、87 600 h(10 年)、20 年的塑性伸长率 ε 分别为 2.51×10^{-4}、5.75×10^{-4}、6.53×10^{-4}。从中可以看出，经历较长时间后，绞线的塑性放出量已十分小了，后 10 年的放出量仅为 0.78×10^{-4}，相当于最初 1 ~ 2 h 的放出量。如果观测弧垂过程中或验收弧垂前架空线承受张力的时间很长，如经数小时甚至数日，架空线的初伸长有很大一部分已放出。此时若仍按式(2.142) 或式(2.147) 决定的应力 σ_J 计算出的弧垂作为观测和验收弧垂，势必导致架空线应力过大，因此应尽量缩短架线观测

与验收之间的时间，若间隔时间过长，则应考虑已放出初伸长对弧垂的影响。

2.3.5 架空线施工中的过牵引

1. 过牵引现象

架空线施工紧线时，一般在紧线杆塔悬挂点的下方悬挂滑轮，架空线的一端通过耐张串悬挂在锚塔上，另一端则由紧线滑轮上的牵引绳牵引，提升和拉紧架空线，然后将该端耐张串挂到紧线塔的挂线孔上，如图 2.16 所示。

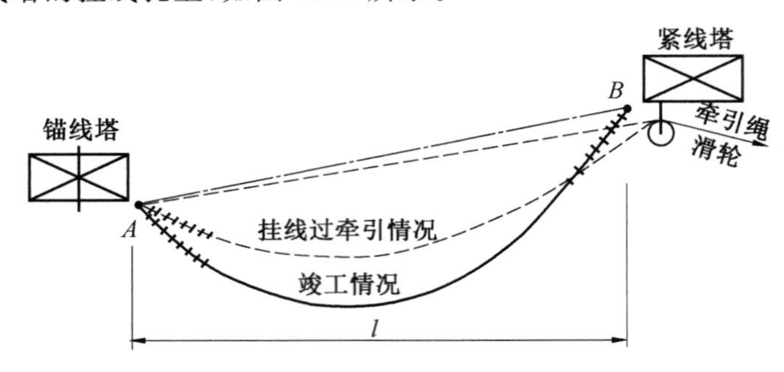

图 2.16 架空线的过牵引现象

由于紧线滑轮低于挂线孔一定距离，而耐张串质量大，在挂线过程中又不可能全部绷直达到设计长度，因此在挂线（实为挂耐张串）时，就需要将耐张串尾部的连接金具（如 U 形环）拉过头一些才能挂得上，这种现象称为架空线的过牵引。过牵引时的张力（应力）称为过牵引张力（应力），多拉出的长度称为过牵引长度。

过牵引张力的大小与档距的大小、耐张段的长度以及施工方法有关。连续档的过牵引张力一般不太大，设计时常取“过牵引系数”为 1.1，即挂线时架空线的张力允许增加 10%，有时也按与施工单位商定的允许过牵引长度，作为紧线施工设计的依据。孤立档的过牵引问题较为严重，特别是较小档距的孤立档，过牵引张力可能达到很大的数值，甚至会拉断架空线或危及杆塔、横担的安全，对此应予以重视。必要时，可采取专用工具减少过牵引长度，以降低过牵引张力。

2. 常用施工方法所需的过牵引长度

施工方法不同，需要的过牵引长度也不相同。目前我国主要采用以下三种施工紧线方法。

(1) 用钢绳绑扎在耐张线夹处牵引。这种施工方法简单、方便，但耐张串未受张力，故所需过牵引长度最长，一般为 150 ～ 200 mm。

(2) 用专用卡具张紧绝缘子金具牵引。这种施工方法由于耐张串也承受张力，拉得较直，故所需过牵引长度较短，一般为 90 ～ 120 mm。

(3) 用可调金具补偿过牵引长度。过牵引时，将调节金具调至最长，易于挂线。挂线后，调短调节金具，使架空线达到设计弧垂。调节金具的可调长度一般为 90 ～ 120 mm。这种施工方法多用于小档距的孤立档或重要交叉跨越处，过牵引长度一般为 60 ～ 80 mm。

架空地线的过牵引长度可只考虑其末端连接金具的长度，一般为 90 ～ 120 mm。

3. 过牵引的计算

过牵引应力应限制在允许值范围内，以保证过牵引时杆塔和架空线的安全。计算时，可以按选定的施工方法所需要的过牵引长度，计算相应的过牵引应力，检查杆塔和架空线等是否能承受；也可以按杆塔和架空线等所允许的最大安装应力，计算出相应的允许过牵引长度，选择施工方法。

(1) 按过牵引长度计算过牵引应力。

过牵引长度由架空线的弹性变形量、悬挂曲线的几何形状改变量以及杆塔挠曲变形等组成。

a. 过牵引时的架空线弹性伸长量。

设紧线时架空线的安装应力为 σ_0，过牵引应力为 σ_{0q}，根据胡克定律，过牵引产生的架空线伸长量为

$$\Delta L_1 = \frac{l}{E\cos\beta}\left(\frac{\sigma_{0q}}{\cos\beta} - \frac{\sigma_0}{\cos\beta}\right) = \frac{\sigma_{0q} - \sigma_0}{E\cos^2\beta} l \tag{2.149}$$

b. 过牵引时悬线几何变形产生的长度为

$$\Delta L_2 = \frac{\gamma^2 l^3 \cos\beta}{24}\left(\frac{1}{\sigma_0^2} - \frac{1}{\sigma_{0q}^2}\right) \tag{2.150}$$

c. 过牵引时挂线侧杆塔在挂线点产生的挠度为

$$\Delta L_3 = B\sigma_{0q}A \tag{2.151}$$

由于耐张杆塔的刚度一般都很大，而且施工紧线时杆塔一般都安装有临时拉线，以平衡紧线张力，因此杆塔挠度很小，工程计算中可以忽略挠度系数 B 的影响，即认为 $\Delta L_3 = 0$。过牵引计算时，架空线的蠕变伸长和耐张串的弹性长量均较小，也可忽略不计。因此过牵引长度近似为

$$\Delta L = \Delta L_1 + \Delta L_2 = \frac{\sigma_{0q} - \sigma_0}{E\cos^2\beta} l + \frac{r^2 l^3 \cos\beta}{24}\left(\frac{1}{\sigma_0^2} - \frac{1}{\sigma_{0q}^2}\right) \tag{2.152}$$

所以孤立档过牵引的应力状态方程式为

$$\sigma_{0q} - \frac{E\gamma^2 l^2 \cos^3\beta}{24\sigma_{0q}^2} = \sigma_0 - \frac{E\gamma^2 l^2 \cos^3\beta}{24\sigma_0^2} + \frac{\Delta L E\cos^2\beta}{l} \tag{2.153}$$

若采用线长系数表示，则状态方程式为

$$\sigma_{0q}^2\left\{\sigma_{0q} + \left[\frac{K_0}{\sigma_0^2} - \sigma_0 - \frac{\Delta L E\cos^2\beta}{l}\right]\right\} = K \tag{2.154}$$

式中 K_0、K—— 架空线安装时的线长系数和过牵引线长系数。

(2) 按允许安装应力计算过牵引长度。

如果施工气象条件下架空线的允许安装应力为$[\sigma_0]$，则相应过牵引长度可由式(2.153)和式(2.154)反推求得

$$\Delta L = \frac{l}{\cos\beta}\left[\frac{\gamma^2 l^2 \cos^2\beta}{24}\left(\frac{1}{\sigma_0^2} - \frac{1}{[\sigma_0]^2}\right) + \frac{[\sigma_0] - \sigma_0}{E\cos\beta}\right] \tag{2.155}$$

或

$$\Delta L = \frac{l}{E\cos^2\beta}\left[\left(\frac{K_0}{\sigma_0^2} - \frac{K}{[\sigma_0]^2}\right) + ([\sigma_0] - \sigma_0)\right] \tag{2.156}$$

由于过牵引为短期荷载，其架空线的安全系数可以比正常运行时小一些，一般取 2 即可。

2.3.6 杆塔挠度

对于角钢桁架结构的转角塔来说，挠度位移由螺栓孔隙位移和塔身外力挠度位移二者叠加，可直接采用高精度测量仪器现场测量杆塔挠度位移，或者取一个折中系数，按式 (2.157) 进行计算

$$l_{挠度}=\frac{h_{悬挂}}{200}\cos\left(\frac{180^\circ-\alpha}{2}\right) \tag{2.157}$$

式中 $l_{挠度}$—— 转角塔挠度位移值，m；

$h_{悬挂}$—— 挂线点高度，m；

α—— 线路转角。

2.4 输电线路孤立档线长与弧垂关系

架线计算的核心内容就是计算放线线长，通过计算在放线段内每档线所需使用的线长，确认在放线时各个导、地线接头的位置，并对接头位置进行校核以满足设计及规范要求。在进行放线线长计算时一般采用平抛物线近似方程计算。

每一线档放线时所需线长的计算式为

$$L_i=\frac{l_i}{\cos\varphi_i}+\frac{w^2l_i^3}{24H^2} \tag{2.158}$$

式中 L_i—— 第 i 放线所需线长；

l_i—— 第 i 线档档距；

φ_i—— 第 i 线档线悬挂点高差角，其值为 $\varphi_i=\tan^{-1}\dfrac{h_i}{l_i}$；

w—— 导(地)线单位长度重力；

h_i—— 导(地)线悬挂点间高差；

H—— 导(地)线水平放线张力。

如图 2.17 所示，设 A 点为张力场锚线点，B 点为牵引场锚线点。

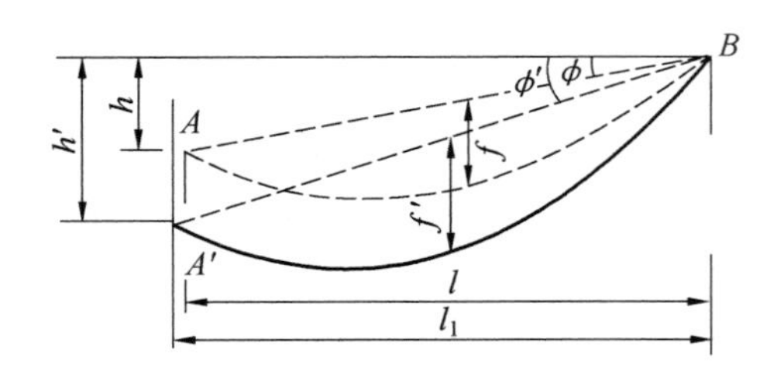

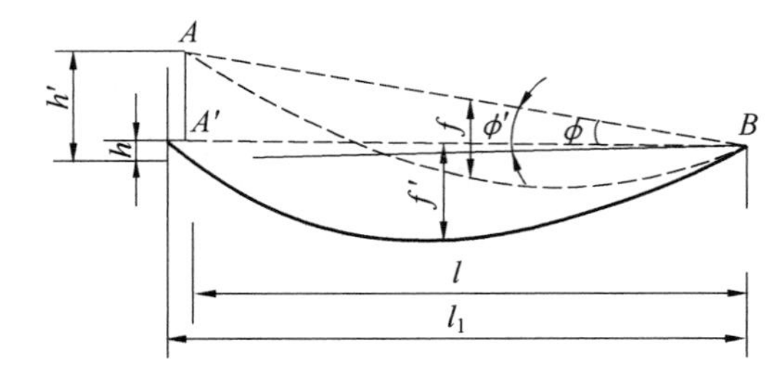

图 2.17 张力场与牵引场锚线点

根据式(2.158) 可以推导整个放线档内放线时所需线长，其计算式为

$$L_F=\frac{l_A}{\cos\varphi_A}+\frac{l_B}{\cos\varphi_B}+\sum\frac{l_A}{\cos\varphi_A}+\frac{w^2}{24}\left(\frac{l_A^3}{T_H^2}+\frac{l_B^3}{P_H^2}+\sum\frac{l_i^3}{H_i^2}\right)+C_1+C_2)\tag{2.159}$$

式中　L_F—— 施工段内每一相线所需放线长度。

l_A、l_B—— 张牵场锚线点 A、B 距相邻塔间的档距。

φ_A、φ_B—— A、B 点至相邻塔位悬挂点高差角，(°)。其值为：$\varphi_A=\tan^{-1}\frac{h_A}{l_A}$，$\varphi_B=\tan^{-1}\frac{h_B}{l_B}$。

h_A、h_B—— 锚线点至导(地)线悬挂点间高差。

T_H、P_H—— 张力机出口和牵引机入口张力的水平分力。

C_1、C_2—— 张牵场两侧锚线点预留余线长度。

其余字母所表示的含义与式(2.158)中相同。

从式(2.158)中可以看出，计算每档线长需要计算线受到的水平张力，由于在整个放线区段内每相导、地线处于滑车中，没有开断点，因此可以认为放线时整个区段内的每一相导、地线各档内的水平张力相等。在此基础上，采用平抛物线计算线长就可以得到每档线的抛物线曲率系数相同。根据此特点，可以使用透明坐标纸，通过绘制抛物线模板作为放线曲线，模板模数 K 值计算式为

$$K=\frac{W}{2T_H}\tag{2.160}$$

式中　W—— 当前环境下导(地)线的比载。

K 值取定后，其放线曲线可以用抛物线下式表示

$$Y=KX^2\tag{2.161}$$

K 值越大表示弧垂越大，张力越小。

若取张力机出口张力近似为 1 000 W，其放线曲线的模板模数经验值为 50×10^{-5}(1/m)。通常情况下考虑到放线完成后张牵机提升张力进行锚线对压接管位置的影响，其 K 值系数一般取 $35\times10^{-5}\sim45\times10^{-5}$ 之间，其中地线 K 值应小于导线 K 值。简单起见，可以统一按照导线计算线长进行布线。

在输电线路架线施工中，架空线的自重、覆冰和风压等荷载，一般可视为沿线长或档距均匀分布。但在施工中，架空线上也会出现非均布荷载，例如两基耐张杆塔相邻形成孤立档时，档距较小的情况下，必须考虑耐张绝缘子串的重量，该重量可视为在某区段上的均布荷载。输电线路中的非均布荷载可分为集中荷载和在某区段上远大于架空线自重的分布荷载两类。在档距较小、架空线截面较小的情况下，非均布荷载与架空线自重相比占有不可忽视的份量，在计算架空线的应力、弧垂和线长时，必须考虑这些荷载的影响，否则将产生不能容许的误差。

2.4.1　非均布荷载下架空线的线长与弧垂计算

输电线路中的非均布荷载可分为集中荷载和在某区段上远大于架空线自重的分布荷载两类。在档距较小、架空线截面较小的情况下，非均布荷载与架空线自重相比占有不可

忽视的份量，在计算架空线的应力、弧垂和线长时，必须考虑这些荷载的影响，否则将产生不能容许的误差。

在架空输电线路设计施工阶段，对于超高压及其以下电压等级的架空输电线路设计，在计算电线弧垂时通常不考虑耐张串的影响，因为此时的耐张串长度和自重较小，在实际的工程应用中进行简化计算能够满足安全运行的要求。随着经济的快速发展，用电量急剧增大，特高压输电工程也因此越来越多，电压等级越高，架空输电线路耐张串长度则越长，也意味着耐张串的质量越大，部分特高压输电线路耐张串长度可超过 20 m、质量达到 80 kN，此时耐张串的影响不可忽略。即使是低电压等级的孤立档，由于线档较小，耐张段绝缘子串质量对档内线长和弧垂的影响尤为突出，也不能忽略耐张绝缘子串等非均布荷载的影响。

某档作用有非均布荷载的架空线，如图 2.18 所示。其上除均布比载 γ 外，还作用有分布荷载 $p=f(x)$ 以及若干集中荷载 q_i。为使问题简化起见，假设：

(1) 架空线为理想柔索，线上各点弯矩为零；

(2) 各荷载间的水平距离不受架空线变形的影响；

(3) 各荷载的大小不受架空线变形的影响。

在所有荷载作用下，架空线在悬点 A、B 处的张力分别为 T_A 和 T_B，其垂向分力相应为 R_A 和 R_B，档距方向的水平分力为 T_0。R_A、R_B 的大小可分别对悬点 B、A 列力矩平衡方程式求出，即

$$\left.\begin{aligned}T_0 h + R_A l - \sum M_B = 0\\ T_0 h - R_B l + \sum M_A = 0\end{aligned}\right\} \tag{2.162}$$

从而得到

$$R_A = \frac{\sum M_B}{l} - T_0 \frac{h}{l} = Q_A - T_0 \tan\beta \tag{2.163}$$

$$R_B = \frac{\sum M_A}{l} + T_0 \frac{h}{l} = -Q_B + T_0 \tan\beta \tag{2.164}$$

式中 h、l、β—— 高差（右悬挂点较高时为正，反之为负）、档距和高差角。

$\sum M_A$、$\sum M_B$—— 档内全部外荷载（不包括悬挂点反力）对悬点 A、B 之矩。

Q_A、Q_B—— 档内荷载在悬挂点 A、B 引起的相当简支梁上的支点剪力。$Q_A = \sum M_B / l$，$Q_B = -\sum M_A / l$。

相当简支梁指的是两简支点间距为档距 l，受与档内架空线相同荷载作用的梁。

取架空线 AC 段为分析对象，列 C 点的力矩平衡方程，有

$$T_0 y + R_A x - \sum M_c = 0 \tag{2.165}$$

将式(2.164) 代入，可得架空线悬挂曲线方程的一般形式为

$$y = x\tan\beta + \frac{1}{T_0}\left(\sum M_c - \frac{\sum M_B}{l}x\right) = x\tan\beta - \frac{M_x}{T_0} \tag{2.166}$$

式中 $\sum M_c$——C 点左侧档内所有荷载对 C 点的力矩；

M_x—— 相当简支梁上 C 点所在截面的弯矩。$M_x = Q_A x - \sum M_c$。

应该指出，柔性架空线实际上并不存在剪力和弯矩，引入“剪力”和“弯矩”的概念，是因为其计算方法与简支梁中的剪力和弯矩的计算方法完全相同，这样悬挂曲线方程变得简练了。

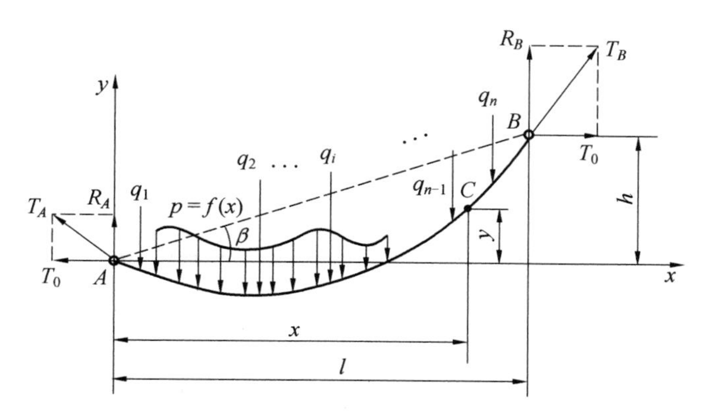

图 2.18　非均布荷载下的架空线受力图

1. 非均布荷载下架空线的弧垂

(1) 任一点的弧垂。

根据弧垂的定义，任一点 x 处的弧垂为

$$f_x = x\tan\beta - y = \frac{M_x}{T_0} \tag{2.167}$$

式(2.167) 表明，架空线任一点 x 处的弧垂与相当简支梁上该点弯矩 M_x 的大小成正比，与架空线的水平张力 T_0 成反比。不论弧垂所在平面内的荷载如何分布，只要求得 M_x 和水平张力 T_0，即可得到该点弧垂。因此可以说式(2.167) 是计算弧垂的既简单又普遍的公式。

特殊地，若荷载以集度 $p=\gamma A$ 沿斜档距均匀分布，则折算到档距上的均布荷载为 $p/\cos\beta$，那么

$$M_x = Q_A x - \frac{px^2}{2\cos\beta} = \frac{pl}{2\cos\beta}x - \frac{px^2}{2\cos\beta} = \frac{px(l-x)}{2\cos\beta} \tag{2.168}$$

于是

$$f_x = \frac{M_x}{T_0} = \frac{p}{T_0}\cdot\frac{x(l-x)}{2\cos\beta} = \frac{\gamma x(l-x)}{2\sigma_0\cos\beta} \tag{2.169}$$

式(2.169) 即为均布荷载下斜抛物线的任一点弧垂公式，这进一步说明式(2.167) 是正确的。

(2) 以相当剪力表示的弧垂公式。

运用式(2.167) 求弧垂，需要计算弯矩，有时使用起来不太方便，工程实用中最好能用具体荷载计算。根据材料力学知，简支梁任一截面处的弯矩等于相应区段剪力图下的面积，对于分布荷载可视为分段均布的情况[图 2.19(a)] 有

$$f_x = \int_0^x \frac{Q_x}{T_0}\mathrm{d}x = \frac{1}{T_0}\sum_{i=0}^{k}\frac{(Q_i + Q'_i)\Delta l_i}{2} = \frac{1}{T_0}\sum_{i=0}^{k}\frac{Q_i^2 - Q'^2_i}{2p_i} \tag{2.170}$$

式中 k—— 将均布荷载段自左向右依次编为0,1,2,…时,x处的C点所在段号,即在C点左侧共有$k+1$个均布荷载段;

Δl_i—— 第i个均布荷载段的水平长度;

p_i—— 第i个均布荷载段的荷载集度;

Q_i、Q'_i—— 相当简支梁上第i个均布荷载段左右端点处的剪力,当任一点C不位于均布荷载段的右端处时,Q'_k取C点处的剪力Q_x。

式(2.169)表明,任一点x处的弧垂,等于其左侧各个均布荷载段的平均剪力(该段左、右端处的剪力之和的一半)与该段长度的乘积之和除以水平张力,即该点左侧剪力图的总面积除以水平张力。

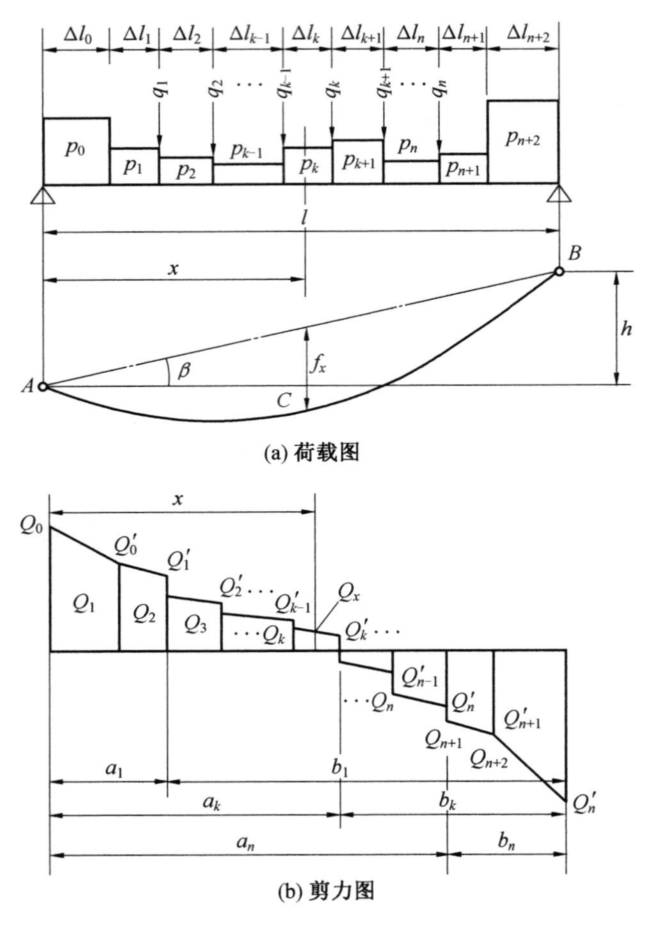

图 2.19 非均布荷载与剪力图

架空线的最大弧垂发生在最大弯矩处,即剪力为零的位置。这一位置利用剪力图很容易求得。设剪力为零的点位于区段Δl_i内,则有

$$Q_x = Q_i - p_i(x - a_{i-1}) = 0 \tag{2.171}$$

从而解得最大弧垂发生的位置

$$x_{\mathrm{m}}=a_{i-1}+\frac{Q_i}{p_i}=a_{i-1}+\Delta l_{\mathrm{c}} \tag{2.172}$$

式中　a_{i-1}—— 该均布荷载段 i 的首端(左端)位置坐标；

Δl_{c}—— 该均布荷载段的首端到剪力为零的点之间的距离。

将剪力零点左侧各段长度及首末两端的荷载剪力代入式(2.169)，即可得到最大弧垂 f_{m}。

架空线的最低点位于$\frac{\mathrm{d}y}{\mathrm{d}x}=0$处，为此对式(2.167)求导，有

$$\frac{\mathrm{d}y}{\mathrm{d}x}=\tan\beta-\frac{1}{T_0}\frac{\mathrm{d}M_x}{\mathrm{d}x}=\tan\beta-\frac{Q_x}{T_0}=0 \tag{2.173}$$

即最低点弧垂位于下面剪力处

$$Q_x=T_0\tan\beta=T_0\frac{h}{l} \tag{2.174}$$

2. 非均布荷载下架空线的张力

架空线上任一点的倾斜角或斜率为

$$\tan\theta_x=\frac{\mathrm{d}y}{\mathrm{d}x}=\tan\beta-\frac{1}{T_0}\frac{\mathrm{d}M_x}{\mathrm{d}x}=\tan\beta-T_0\frac{Q_x}{T_0} \tag{2.175}$$

当架空线的水平张力 T_0 已知时，其轴向张力 T_x 的垂向分量 T_{xv} 为

$$T_{xv}=T_0\tan\theta_x=T_0\tan\beta-Q_x \tag{2.176}$$

因而求得架空线的轴向张力为

$$T_x=\frac{T_0}{\cos\theta_x}=T_0\sqrt{1+\tan^2\theta_x}=\sqrt{T_0^2+(Q_x-T_0\tan\beta)^2} \tag{2.177}$$

将 T_0、T_{xv} 和 T_x 分别除以架空线的截面积 A，就得到水平应力 σ_0、垂向应力 σ_{xv} 和轴向应力 σ_x。

值得注意的是，在集中荷载作用点上有两个不同的剪力值，这使得架空线的垂向张力 T_{xv} 也有两个不同的值，二者之差为该集中荷载的大小。集中荷载的存在使轴向应力发生突变。

3. 非均布荷载下架空线的线长

将式(2.175)代入线长积分公式，得到

$$\begin{aligned}
L&=\int_0^l\sqrt{1+\left(\frac{\mathrm{d}y}{\mathrm{d}x}\right)^2}\,\mathrm{d}x=\int_0^l\sqrt{1+\left(\tan\beta-\frac{Q_x}{T_0}\right)^2}\\
&=\frac{1}{\cos\beta}\int_0^l\sqrt{1+\left[\left(\frac{Q_x}{T_0}\right)^2-2\frac{Q_x}{T_0}\tan\beta\right]\cos^2\beta}\,\mathrm{d}x\\
&=\frac{1}{\cos\beta}\int_0^l\left\{1+\frac{\cos^2\beta}{2}\left[\left(\frac{Q_x}{T_0}\right)^2-2\frac{Q_x}{T_0}\tan\beta\right]-\frac{\cos^4\beta}{8}\left[\left(\frac{Q_x}{T_0}\right)^2-2\frac{Q_x}{T_0}\tan\beta\right]+\cdots\right\}\mathrm{d}x\\
&=\frac{1}{\cos\beta}\int_0^l\left\{1+\frac{\cos^2\beta}{2}\left(\frac{Q_x}{T_0}\right)^2-\frac{Q_x}{T_0}\sin\beta\cos\beta-\frac{1}{2}\left(\frac{Q_x}{T_0}\right)^2\sin^2\beta\cos^2\beta+\right.\\
&\quad\left.\frac{1}{2}\left(\frac{Q_x}{T_0}\right)^3\sin\beta\cos^3\beta-\cdots\right\}\mathrm{d}x
\end{aligned} \tag{2.178}$$

忽略$\frac{Q_x}{T_0}$的高次方，有

$$L \approx \frac{1}{\cos\beta}\int_0^l \left[1+\frac{\cos^4\beta}{2}\left(\frac{Q_x}{T_0}\right)^2-\frac{Q_x}{T_0}\sin\beta\cos\beta\right]\mathrm{d}x \tag{2.179}$$

由材料力学知，简支梁的剪力图总面积为零，即$\int_0^l Q_x\mathrm{d}x=0$，同时$\frac{\mathrm{d}Q_x}{\mathrm{d}x}=-p_x$ 或 $\mathrm{d}x=-\frac{\mathrm{d}Q_x}{p_x}$，代入式(2.179)并进行分段积分可以得到

$$L=\frac{l}{\cos\beta}+\frac{\cos^3\beta}{2T_0^2}\int_0^l Q_x^2\mathrm{d}x=\frac{l}{\cos\beta}-\frac{\cos^3\beta}{2T_0^2}\int_{Q_A}^{Q_B}\frac{Q_x^2}{p_x}\mathrm{d}Q_x \tag{2.180}$$

$$=\frac{l}{\cos\beta}+\frac{\cos^3\beta}{6T_0^2}\sum_{i=0}^{n}\frac{Q_i^3-Q'^3_i}{p_i} \tag{2.181}$$

式中，Q_i、Q'_i、p_i 等的意义与式(2.170)的相同。积分段以不同均布荷载段的分界点和集中荷载的作用点为界进行划分。

若沿档距均布着集度为 $p_0=\gamma A/\cos\beta$ 的荷载，则相当简支梁在两悬挂点处的剪力分别为

$$Q_A=\frac{p_0 l}{2},Q_B=-Q_A=-\frac{p_0 l}{2} \tag{2.182}$$

代入式(2.181)，得

$$\begin{aligned}L&=\frac{l}{\cos\beta}+\frac{\cos^3\beta}{6T_0^2}\frac{1}{4p_0}(p_0 l)^3\\&=\frac{l}{\cos\beta}+\frac{p_0^2 l^3\cos^3\beta}{24T_0^2}=\frac{l}{\cos\beta}+\frac{\gamma^2 l^3\cos\beta}{24\sigma_0^2}\end{aligned} \tag{2.183}$$

式(2.183)即为斜抛物线的线长公式。

2.4.2 孤立档架空线的弧垂和线长

孤立档的两端为耐张型杆塔，架空线采用耐张线夹通过耐张绝缘子串悬挂于杆塔横担上。孤立档架空线的应力、弧垂和线长不受相邻档的影响。孤立档两端悬挂的耐张绝缘子串与架空线相比，一般较重，其比载与架空线比载有较大不同，孤立档往往还有“T”接线等集中荷载作用。在较小档距和较小架空线截面情况下，这些荷载对架空线的影响不能忽略，应当按非均布荷载计算孤立档架空线。

1. 耐张绝缘子串的比载

为了简便起见，耐张绝缘子串的比载统一以架空线的截面积为基准，即耐张绝缘子串的比载等于其单位长度上的荷载与架空线截面积之比。仿照架空线比载的定义，可以写出各种气象条件下耐张绝缘子串的比载计算公式。

(1) 耐张串的自重比载为

$$\gamma_{J1}=\frac{G_J}{\lambda A}(\mathrm{MPa/m}) \tag{2.184}$$

式中　G_J—— 耐张串的质量,N;

λ—— 耐张串的长度,m;

A—— 架空线的截面积,mm^2。

(2) 耐张串的冰重比载为

$$\gamma_{J2}=\frac{n_1G_{Jb}+n_2G_{cb}}{\lambda A}\ (\mathrm{MPa/m}) \tag{2.185}$$

式中　G_{Jb}—— 单片绝缘子覆冰质量,N。其值查表 2.12。

G_{cb}—— 单联绝缘子金具覆冰质量,N。其值查表 2.12。

n_1—— 耐张串中绝缘子的片数。

n_2—— 金具联数。

不同覆冰厚度时绝缘子和金具的覆冰质量可参考表 2.12。

(3) 耐张串的总垂直比载为

$$\gamma_{J3}=\gamma_{J1}+\gamma_{J2} \tag{2.186}$$

(4) 耐张串的无冰风压比载。

计算耐张绝缘子串上的风压荷载时,其风速不均匀系数和风载体型系数常取为 1,所以耐张串的无冰风压比载为

$$\gamma_{J4}=\frac{n_1A_J+n_2A_c}{\lambda A}W_v=0.625\frac{n_1A_J+n_2A_c}{\lambda A}v^2\ (\mathrm{MPa/m}) \tag{2.187}$$

式中　A_J、A_c—— 一片绝缘子和单联绝缘子金具的迎风面积,m^2。其值查表 2.13。

W_v—— 理论风压,Pa。

v—— 风速,m/s。

n_1、n_2—— 绝缘子的片数和金具联数。

表 2.12　绝缘子和金具的覆冰质量

绝缘子型号	一片绝缘子覆冰质量 /N	
	$b=5$ mm	$b=10$ mm
XP－70	5.49	11.66
XP－100	6.57	13.82
单联绝缘子金具	3.53	8.23

注:b 表示覆冰厚度,下同。

表 2.13　绝缘子和金具的迎风面积

绝缘子型号	一片绝缘子迎风面积 /m^2		
	$b=0$	$b=5$ mm	$b=10$ mm
XP－70	0.020 3	0.023 7	0.027 3
XP－100	0.023 9	0.027 6	0.031 6
单联绝缘子金具	单导线:0.03;双分裂:0.04;4 分裂:0.05		

(5) 耐张串的覆冰风压比载为

$$\gamma_{J5}=0.625B\frac{n_1A_{Jb}+n_2A_c}{\lambda A}v^2\ (\mathrm{MPa/m}) \tag{2.188}$$

式中　A_{Jb}—— 一片绝缘子覆冰后的迎风面积，m^2；

B—— 覆冰风载增大系数，取值同架空线。

其余各符号的意义同前。

(6) 耐张串的无冰综合比载为

$$\gamma_{J6}=\sqrt{\gamma_{J1}^2+\gamma_{J4}^2} \tag{2.189}$$

(7) 耐张串的覆冰综合比载为

$$\gamma_{J7}=\sqrt{\gamma_{J3}^2+\gamma_{J5}^2}=\sqrt{(\gamma_{J1}+\gamma_{J2})^2+\gamma_{J5}^2} \tag{2.190}$$

2. 孤立档架空线的弧垂

设孤立档的档距为 l，高差为 h，高差角为 β(参见图 2.20)；耐张绝缘子串长度分别为 λ_1、λ_2，质量分别为 G_{J1}、G_{J2}，相应的比载分别为 γ_{J1}、γ_{J2}，荷载集度分别为 p_{J1}、p_{J2}(分别对应图 2.19 中的 p_0、p_{n+2})。架空线的比载为 γ；其上作用有 n 个集中荷载 q_i，距两悬挂点 A、B 的水平距离分别为 a_i 和 $b_i(i=1,2,\cdots,n)$，见图 2.19。

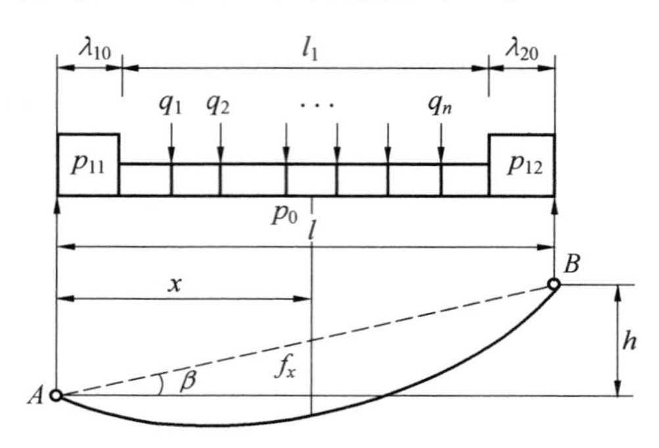

图 2.20　孤立档荷载与剪力图

为使问题简化，进一步假设：

a. 架空线和耐张串均视为理想柔索，各点实际弯矩为零。

b. 耐张串在斜档距上的投影长度等于其实际长度 λ_1、λ_2，则其水平投影长度分别为 $\lambda_{10}=\lambda_1\cos\beta$、$\lambda_{20}=\lambda_2\cos\beta$(分别对应图 2.19 中的 Δl_0、Δl_{n+2})。

c. 架空线所占档距为 $l_1=l-(\lambda_{10}+\lambda_{20})$。

d. 架空线比载 γ 和耐张绝缘子串比载 γ_{J1}、γ_{J2} 沿斜档距均布，折算到档距 l 上的集度分别为 $p_0=\dfrac{\gamma A}{\cos\beta}$，$p_{J1}=\dfrac{\gamma_{J1}A}{\cos\beta}$，$p_{J2}=\dfrac{\gamma_{J2}A}{\cos\beta}$。

(1) 两端具有等长耐张串时的弧垂。

通常孤立档两端耐张串的水平投影长度相差很小，可以认为 $\lambda_{10}=\lambda_{20}=\lambda_0$，但其质量仍保持各自的值 G_{J1}、G_{J2}，即认为耐张串等长异重，这对档中弧垂和支点反力的计算精度影响很小。分别列两悬挂点 A、B 的力矩平衡方程式，可得两悬挂点处的支反力 R_A、R_B 为

$$\begin{aligned}R_A&=\frac{1}{l}\left[G_{J1}\left(l-\frac{\lambda_0}{2}\right)+\frac{G_{J2}\lambda_0}{2}+p_0l_1\left(\lambda_0+\frac{l_1}{2}\right)+\sum_{i=1}^{n}q_ib_i\right]-T_0\frac{h}{l}\\&=G_{J1}-\frac{G_{J1}-G_{J2}}{2l}\lambda_0+\frac{p_0l}{2}-p_0\lambda_0+\frac{1}{l}\sum_{i=1}^{n}q_ib_i-T_0\frac{h}{l}\end{aligned} \tag{2.191}$$

$$R_B = \frac{1}{l}\left[\frac{G_{J1}\lambda_0}{2} + G_{J2}\left(l - \frac{\lambda_0}{2}\right) + p_0 l_1\left(\lambda_0 + \frac{l_1}{2}\right) + \sum_{i=1}^{n} q_i a_i\right] + T_0 \frac{h}{l}$$
$$= G_{J2} + \frac{G_{J1} - G_{J2}}{2l}\lambda_0 + \frac{p_0 l}{2} - p_0\lambda_0 + \frac{1}{l}\sum_{i=1}^{n} q_i a_i + T_0 \frac{h}{l} \tag{2.192}$$

相当简支梁上的剪力相应为

$$Q_0 = G_{J1} - \frac{G_{J1} - G_{J2}}{2l}\lambda_0 + \frac{p_0 l}{2} - p_0\lambda_0 + \frac{1}{l}\sum_{i=1}^{n} q_i b_i$$

$$Q'_0 = Q_0 - G_{J1} = -\frac{G_{J1} - G_{J2}}{2l}\lambda_0 + \frac{p_0 l}{2} - p_0\lambda_0 + \frac{1}{l}\sum_{i=1}^{n} q_i b_i$$

$$Q_1 = Q'_0$$

$$Q'_1 = Q'_0 - p(a_1 - \lambda_0) = -\frac{G_{J1} - G_{J2}}{2l}\lambda_0 + \frac{p_0 l}{2} - p_0 a_1 + \frac{1}{l}\sum_{i=1}^{n} q_i b_i$$

$$Q_2 = Q'_1 - q_1 = -\frac{G_{J1} - G_{J2}}{2l}\lambda_0 + \frac{p_0 l}{2} - p_0 a_1 + \frac{1}{l}\sum_{i=1}^{n} q_i b_i - q_1$$

$$Q'_2 = Q_2 - p(a_2 - a_1) = -\frac{G_{J1} - G_{J2}}{2l}\lambda_0 + \frac{p_0 l}{2} - p_0 a_2 + \frac{1}{l}\sum_{i=1}^{n} q_i b_i - q_1$$

……

$$Q_j = Q'_{j-1} - q_{j-1} = -\frac{G_{J1} - G_{J2}}{2l}\lambda_0 + \frac{p_0 l}{2} - p_0 a_{j-1} + \frac{1}{l}\sum_{i=1}^{n} q_i b_i - \sum_{i=1}^{j-1} q_i$$

$$Q_{jx} = Q_j - p(x - a_{j-1}) = -\frac{G_{J1} - G_{J2}}{2l}\lambda_0 + \frac{p_0 l}{2} - p_0 x + \frac{1}{l}\sum_{i=1}^{n} q_i b_i - \sum_{i=1}^{j-1} q_i$$

$$Q'_j = Q_j - p(a_j - a_{j-1}) = -\frac{G_{J1} - G_{J2}}{2l}\lambda_0 + \frac{p_0 l}{2} - p_0 a_j + \frac{1}{l}\sum_{i=1}^{n} q_i b_i - \sum_{i=1}^{j-1} q_i$$

……

$$Q_{n+1} = Q'_n - q_n = -\frac{G_{J1} - G_{J2}}{2l}\lambda_0 + \frac{p_0 l}{2} - p_0 a_n + \frac{1}{l}\sum_{i=1}^{n} q_i b_i - \sum_{i=1}^{n} q_i$$

$$Q'_{n+1} = Q_{n+1} - p_0(l - \lambda_0 - a_n) = -\frac{G_{J1} - G_{J2}}{2l}\lambda_0 - \frac{p_0 l}{2} + p_0\lambda_0 - \frac{1}{l}\sum_{i=1}^{n} q_i a_i$$

$$Q_{n+2} = Q'_{n+1}$$

$$Q'_{n+2} = Q_{n+2} - G_{J2} = -\frac{G_{J1} - G_{J2}}{2l}\lambda_0 - \frac{p_0 l}{2} + p_0\lambda_0 - \frac{1}{l}\sum_{i=1}^{n} q_i a_i - G_{J2} = Q_B$$

当 $a_{j-1} \leqslant x \leqslant a_j$ 时，将上面有关 Q_i、Q_i' 代入式(2.170)，整理后可以得到

$$f_x = \frac{1}{T_0}\left[\frac{p_0 x(l - x)}{2} + \frac{(G_{J1} - p_0\lambda_0)\lambda_0}{2} - \frac{(G_{J1} - G_{J2})\lambda_0}{2}\frac{x}{l} + \frac{x}{l}\sum_{i=1}^{n} q_i b_i - \sum_{i=1}^{j-1} q_i(x - a_i)\right] \tag{2.193}$$

用比载 γ、γ_{J1}、γ_{J2} 表示时，式(2.193) 可写为

$$f_x = \frac{1}{\sigma_0}\left[\frac{\gamma x(l - x)}{2\cos\beta} + \frac{(\gamma_{J1} - \gamma)\lambda_0^2}{2\cos\beta} - \frac{(\gamma_{J1} - \gamma_{J2})\lambda_0^2}{2\cos\beta}\frac{x}{l} + \frac{x}{l}\sum_{i=1}^{n} \tau_i b_i - \sum_{i=1}^{j-1} \tau_i(x - a_i)\right] \tag{2.194}$$

其中

$$\tau_i = \frac{q_i}{A} \tag{2.195}$$

式中　τ_i——集中荷载单位截面重力，与应力具有同样的单位。

式(2.194)虽然比较复杂，但物理意义仍比较直观。式中等号右边第一项是架空线比载 γ 产生的斜抛物线弧垂，第二、三项是耐张串比载对弧垂的影响，最后两项是集中荷载产生的弧垂。

当 $\lambda_0 \leqslant x \leqslant a_1$ 时，相当于式(2.194)中 $j-1=0$ 的情况，此时

$$f_x = \frac{1}{\sigma_0}\left[\frac{\gamma x(l-x)}{2\cos\beta} + \frac{(\gamma_{J1}-\gamma)\lambda_0^2}{2\cos\beta} - \frac{(\gamma_{J1}-\gamma_{J2})\lambda_0^2}{2\cos\beta}\frac{x}{l} + \frac{x}{l}\sum_{i=1}^{n}\tau_i b_i\right] \tag{2.196}$$

当 $a_n \leqslant x \leqslant l-\lambda_0$ 时，相当于式(2.194)中 $j-1=n$ 的情况，此时

$$f_x = \frac{1}{\sigma_0}\left[\frac{\gamma x(l-x)}{2\cos\beta} + \frac{(\gamma_{J1}-\gamma)\lambda_0^2}{2\cos\beta} - \frac{(\gamma_{J1}-\gamma_{J2})\lambda_0^2}{2\cos\beta}\frac{x}{l} + \frac{(l-x)}{l}\sum_{i=1}^{n}\tau_i a_i\right] \tag{2.197}$$

几种特殊情况如下。

a. 两端耐张串等长等重，且无集中荷载，如图 2.21 所示。

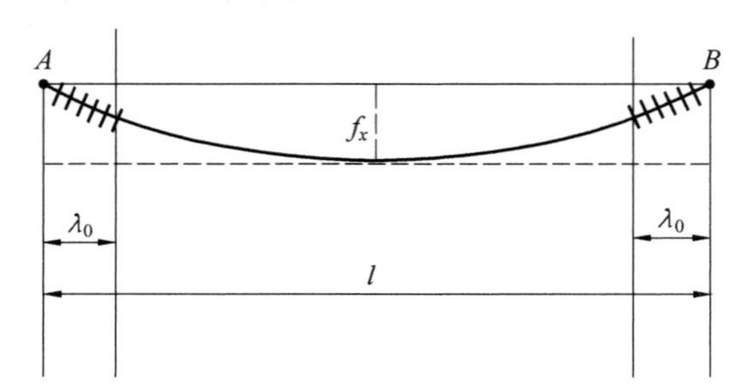

图 2.21　两端耐张串等长等重，且无集中荷载时档内弧垂示意图

当 $\lambda_0 \leqslant x \leqslant l-\lambda_0$ 时，有

$$f_x = \frac{1}{\sigma_0\cos\beta}\left[\frac{\gamma x(l-x)}{2} + \frac{(\gamma_J-\gamma)\lambda_0^2}{2}\right] \tag{2.198}$$

对式(2.198)求导，并令其等于零，可知在档距中央弧垂达到最大值为

$$f_{\mathrm{m}} = \frac{1}{\sigma_0\cos\beta}\left[\frac{\gamma l^2}{8} + \frac{(\gamma_J-\gamma)\lambda_0^2}{2}\right] \tag{2.199}$$

显然，式(2.199)中的第二项是由于耐张串的比载大于架空线的比载引起的弧垂增大。

b. 两端耐张串等长等重，且有一个集中荷载，如图 2.22 所示。

当 $\lambda_0 \leqslant x \leqslant a$ 时，有

$$f_x = \frac{1}{\sigma_0}\left[\frac{\gamma x(l-x)}{2\cos\beta} + \frac{(\gamma_J-\gamma)\lambda_0^2}{2\cos\beta} + \frac{\tau b x}{l}\right] \tag{2.200}$$

当 $a \leqslant x \leqslant l-\lambda_0$ 时，有

$$f_x = \frac{1}{\sigma_0}\left[\frac{\gamma x(l-x)}{2\cos\beta} + \frac{(\gamma_J-\gamma)\lambda_0^2}{2\cos\beta} + \frac{\tau a(l-x)}{l}\right] \tag{2.201}$$

欲求最大弧垂的位置 x_{m} 和最大弧垂 f_{m}，可令 f_x 对 x 的导数等于零，解得 x_{m}，进而求

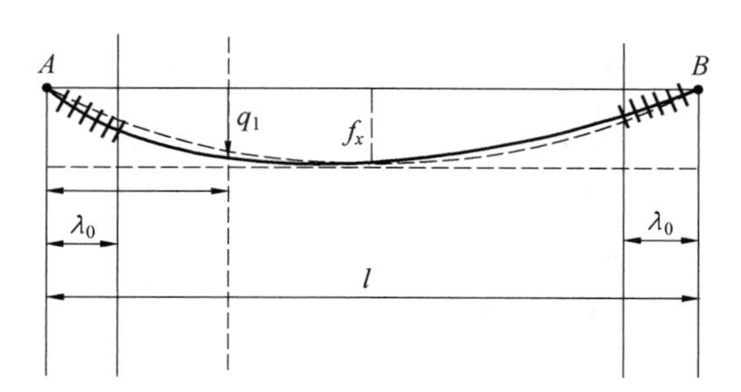

图 2.22　两端耐张串等长等重，且有一个集中荷载时档内弧垂示意图

得 f_m。

c. 只有一个集中荷载，如图 2.23 所示。

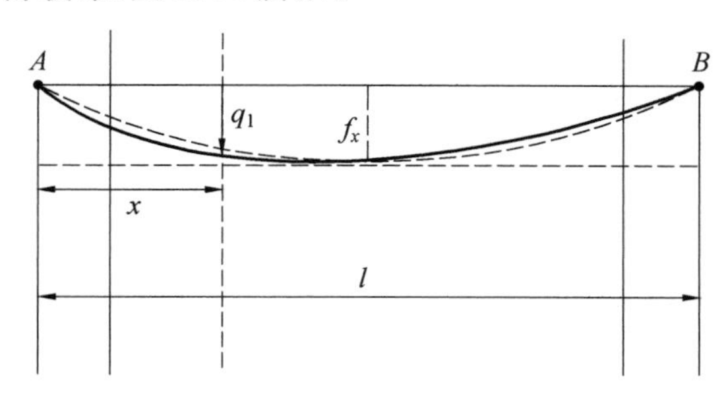

图 2.23　忽略两端耐张串，仅有一个集中荷载时档内弧垂示意图

在孤立档档距较大时，可将耐张串的比载近似为架空线的比载。在该档有“T”引线或采用飞车、爬梯作业，即类似于只有一个集中荷载的情况。

当 $0 \leqslant x \leqslant a$ 时，有

$$f_x = \frac{\gamma x(l-x)}{2\sigma_0 \cos\beta} + \frac{\tau b x}{\sigma_0 l} \tag{2.202}$$

当 $a \leqslant x \leqslant l$ 时，有

$$f_x = \frac{\gamma x(l-x)}{2\sigma_0 \cos\beta} + \frac{\tau a(l-x)}{\sigma_0 l} \tag{2.203}$$

式(2.202) 和式(2.203) 中的第二项，是集中荷载引起的弧垂增大。考虑到飞车和爬梯相对架空线悬点的位置 a 或 b 是经常变化的，则最大弧垂的位置和最大弧垂值 f_m 随之变化。当集中荷载作用在档距中央，即 $a=b=l/2$ 时，得到所有情形下的最大弧垂

$$f_m = \frac{\gamma l^2}{8\sigma_0 \cos\beta} + \frac{\tau l}{4\sigma_0} \tag{2.204}$$

(2) 仅一端具有耐张串的弧垂。

孤立档架线施工观测弧垂时，往往在挂线侧悬挂有耐张绝缘子串，而在牵引侧暂时没有耐张绝缘子串，如图 2.24 所示。

计算仅一端具有耐张串的孤立档弧垂时，可简单地将两端具有耐张串时的弧垂计算公式中相应的比载 γ_{J1}（或 γ_{J2}）代以架空线比载 γ 即可。

在左悬点紧线时，以 γ 取代式(2.194) 中的 γ_{J1}，可得到仅一端具有耐张串时任一点 $x(a_{j-1} \leqslant x \leqslant a_j)$ 处的弧垂为

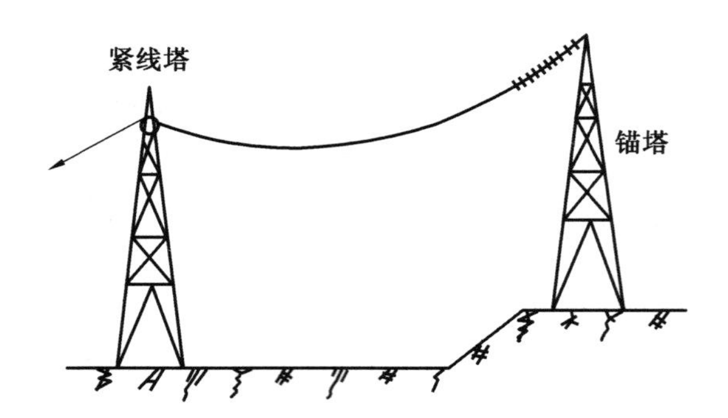

图 2.24　孤立档架线施工情况

$$f_x=\frac{1}{\sigma_0}\left[\frac{\gamma x(l-x)}{2\cos\beta}+\frac{(\gamma_J-\gamma)\lambda_0^2}{2\cos\beta}\frac{x}{l}+\frac{x}{l}\sum_{i=1}^{n}\tau_i b_i-\sum_{i=1}^{j-1}\tau_i(x-a_i)\right] \tag{2.205}$$

式中　γ_J—— 耐张串的比载。

无集中荷载时，有

$$f_x=\frac{\gamma x(l-x)}{2\sigma_0\cos\beta}+\frac{(\gamma_J-\gamma)\lambda_0^2}{2\sigma_0\cos\beta}\frac{x}{l} \tag{2.206}$$

在右悬挂点紧线时，以 γ 取代式(2.194) 中的 γ_{J2}，可得到相应的弧垂为

$$f_x=\frac{1}{\sigma_0}\left[\frac{\gamma x(l-x)}{2\cos\beta}+\frac{(\gamma_J-\gamma)\lambda_0^2}{2\cos\beta}\left(1-\frac{x}{l}\right)+\frac{x}{l}\sum_{i=1}^{n}\tau_i b_i-\sum_{i=1}^{j-1}\tau_i(x-a_i)\right] \tag{2.207}$$

无集中荷载时，有

$$f_x=\frac{\gamma x(l-x)}{2\sigma_0\cos\beta}+\frac{(\gamma_J-\gamma)\lambda_0^2}{2\sigma_0\cos\beta}\left(1-\frac{x}{l}\right) \tag{2.208}$$

无集中荷载时，最大弧垂为

$$f_m=\frac{\gamma l^2}{8\sigma_0\cos\beta}+\frac{(\gamma_J-\gamma)\lambda_0^2}{4\sigma_0\cos\beta}+\frac{(\gamma_J-\gamma)^2\lambda_0^4}{8\sigma_0\gamma l^2\cos\beta} \tag{2.209}$$

发生在 x_m 处，即

$$x_m=\frac{l}{2}+\frac{(\gamma_J-\gamma)\lambda_0^2}{2\gamma l} \tag{2.210}$$

当集中荷载为动荷载时，如飞车、滑索运输线路器材等情况，应当考虑冲击的影响。在应用上述有关公式时，将相应的集中荷载 $q(\tau)$ 增大 1.3 倍后计算，即取冲击系数为 1.3。

(3) 孤立档架空线的线长。

采用式(2.181) 计算孤立档架空线的线长，需要求得荷载剪力 Q_i、Q'_i，显得复杂。工程上常采用由荷载和档内有关参数直接表示的线长计算式，这里直接给出而不再推导。

a. 两端具有等长耐张串时的线长为(图 2.25)

$$L=\frac{l}{\cos\beta}+\frac{p_0^2\cos^3\beta}{24T_0^2}\Bigg\{l_1^2(l_1+6\lambda_0)+\frac{12}{p_0^2 l}\Bigg[\lambda_0 l\left(\frac{GG_{J1}+GG_{J2}}{2}\right.$$

$$\left.+\frac{G_{J1}^2+G_{J2}^2}{3}+G_{J1}\sum_{i=1}^{n}q_i\right)-\frac{(G_{J1}-G_{J2})\lambda_0}{2}\left(\frac{(G_{J1}-G_{J2})\lambda_0}{2}+2\sum_{i=1}^{n}q_i a_i\right)$$

$$+\sum_{i=1}^{n}(p_0 l+q_i)q_i a_i b_i+2\sum_{i=1}^{n-1}\left(q_i a_i\sum_{j=i+1}^{n}q_j b_j\right)\Big]\Big\}\tag{2.211}$$

式中　l、β——孤立档的档距和高差角。

l_1、λ_0——架空线所占档距和两端耐张串的水平投影长度。$l_1=l-2\lambda_0$。

p_0——架空线荷载集度的水平投影值。$p_0=\gamma A/\cos\beta$。

G、G_{J1}、G_{J2}——架空线的荷载和两端耐张串的荷载。$G=p_0 l_1$。

q_i、a_i、b_i——第 i 个集中荷载及该荷载至左、右悬点 A、B 的水平距离。

式(2.209)与均布荷载的斜抛物线线长公式形式上相似，只要将花括号的内容假想为某个档距的立方就可看出。该假想档距大于实际档距，表明耐张串和集中荷载使档内悬挂曲线长度有所增加。

当两端耐张串等长且等重时，有

$$L=\frac{l}{\cos\beta}+\frac{p_0^2\cos^3\beta}{24T_0^2}\Big\{l_1^2(l_1+6\lambda_0)+\frac{12}{p_0^2 l}\Big[\lambda_0 lG_J\left(G+\frac{2}{3}G_J+\sum_{i=1}^{n}q_i\right)+\sum_{i=1}^{n}(p_0 l+q_i)q_i a_i b_i+2\sum_{i=1}^{n-1}\left(q_i a_i\sum_{j=i+1}^{n}q_j b_j\right)\Big]\Big\}\tag{2.212}$$

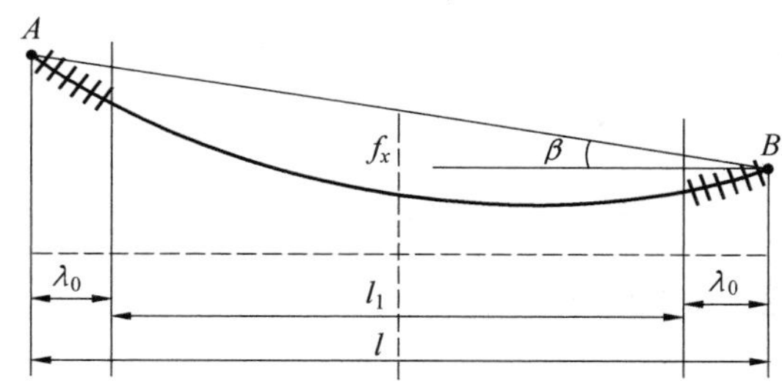

图 2.25　两端具有等长耐张串档内线长与弧垂示意图

当两端耐张串等长等重且无集中荷载时，有

$$L=\frac{l}{\cos\beta}+\frac{p_0^2\cos^3\beta}{24T_0^2}\left\{l_1^2(l_1+6\lambda_0)+\frac{12\lambda_0}{p_0^2}G_J\left(G+\frac{2}{3}G_J\right)\right\}\tag{2.213}$$

式中　G_J——耐张串的荷载。$G_{J1}=G_{J2}=G_J$。

其他符号的意义同前。

b. 仅一端具有耐张串时的线长(图 2.26)。

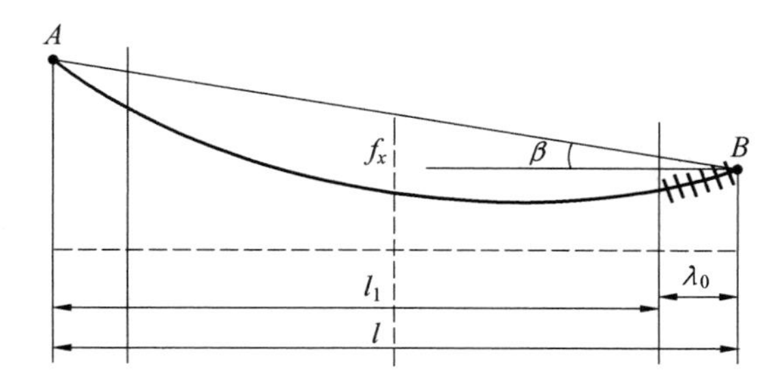

图 2.26　仅一端具有耐张串档内线长与弧垂示意图

假设选在左悬点端紧线，以 $p_0\lambda_0$ 取代式(2.211)中的 G_{J1}，便得到仅右悬挂点悬挂耐

张串时的线长。此时架空线所占档距 $l'_1=l-\lambda_0$，悬挂曲线长度的计算公式为

$$L=\frac{l}{\cos\beta}+\frac{p_0^2\cos^3\beta}{24T_0^2}\Big\{(l'_1-\lambda_0)^2(l'_1+5\lambda_0)+\frac{12}{p_0^2 l}\Big[\lambda_0 l\Big(\frac{Gp_0\lambda_0+GG_{J2}}{2}+\frac{(p_0\lambda_0)^2+G_{J2}^2}{3}+p_0\lambda_0\sum_{i=1}^{n}q_i\Big)-\frac{(p_0\lambda_0-G_{J2})\lambda_0}{2}\Big(\frac{(p_0\lambda_0-G_{J2})\lambda_0}{2}+2\sum_{i=1}^{n}q_ia_i\Big)+\sum_{i=1}^{n}(p_0l+q_i)q_ia_ib_i+2\sum_{i=1}^{n-1}\Big(q_ia_i\sum_{j=i+1}^{n}q_jb_j\Big)\Big]\Big\}$$

$$=\frac{l}{\cos\beta}+\frac{p_0^2\cos^3\beta}{24T_0^2}\Big\{(l'_1-\lambda_0)^2(l'_1+5\lambda_0)+\frac{12}{p_0^2 l}\Big[\lambda_0 l\Big(\frac{Gp_0\lambda_0+GG_{J2}}{2}+\frac{(p_0\lambda_0)^2+G_{J2}^2}{3}\Big)-\frac{(p_0\lambda_0-G_{J2})^2\lambda_0^2}{4}+\lambda_0\Big(G_{J2}\sum_{i=1}^{n}q_ia_i+\lambda_0p_0\sum_{i=1}^{n}q_ib_i\Big)+\sum_{i=1}^{n}(p_0l+q_i)q_ia_ib_i+2\sum_{i=1}^{n-1}\Big(q_ia_i\sum_{j=i+1}^{n}q_jb_j\Big)\Big]\Big\}$$

$$=\frac{l}{\cos\beta}+\frac{p_0^2\cos^3\beta}{24T_0^2}\Big\{l'^2_1(l'_1+3\lambda_0)+\frac{12}{p_0^2 l}\Big[\lambda_0 lG_{J2}\Big(\frac{p_0l'_1}{2}+\frac{G_{J2}}{3}\Big)-\frac{(G_{J2}+p_0l'_1)^2\lambda_0^2}{4}+\lambda_0\Big(G_{J2}\sum_{i=1}^{n}q_ia_i+\lambda_0p_0\sum_{i=1}^{n}q_ib_i\Big)+\sum_{i=1}^{n}(p_0l+q_i)q_ia_ib_i+2\sum_{i=1}^{n-1}\Big(q_ia_i\sum_{j=i+1}^{n}q_jb_j\Big)\Big]\Big\} \tag{2.214}$$

选在右悬点紧线时，仅左悬挂点有耐张串，可仿此方法得到该情况下的线长计算式。

2.4.3 孤立档架空线的状态方程式

建立孤立档架空线状态方程式的原则，仍以两种气象条件下档内架空线长度间的关系为基础。假设：

(1) 耐张绝缘子串的长度不受张力和气温变化的影响。一般耐张绝缘子串的长度与档内架空线的长度相比显得很短，其截面又远大于架空线截面，因此耐张绝缘子串的弹性伸长远小于架空线在相同张力下的弹性伸长，耐张绝缘子串的热胀冷缩量也远小于架空线的热胀冷缩量。

(2) 参与弹性变形和热胀冷缩的架空线长度为 $l_1/\cos\beta$，其中 l_1 为档内架空线所占档距。

(3) 以平均应力的主要部分 $\sigma_0/\cos\beta$（或张力 $T_0/\cos\beta$）代替平均应力 σ_{cp}（或平均张力 T_{cp}）计算架空线的全部弹性伸长。

(4) 假定各荷载作用区段的水平位置保持不变。

基于以上假设，参照式(2.120) 可写出孤立档架空线的基本状态方程式为

$$L_2-L_1=\frac{l_1}{EA\cos^2\beta}(T_{02}-T_{01})+\frac{\alpha l_1}{\cos\beta}(t_2-t_1) \tag{2.215}$$

式中 L_1、L_2—— 已知状态和待求状态下的架空线线长；

T_{01}、T_{02}—— 已知状态和待求状态下架空线的水平张力；

t_1、t_2—— 已知状态和待求状态下的气温。

将线长公式(2.181)表示的 L_1、L_2 代入式(2.215)，得到

$$
\begin{aligned}
&T_{02}-\frac{1}{T_{02}^2}\left(\frac{EA\cos^5\beta}{6l_1}\sum\frac{Q_{2i}^3-Q'^3_{2i}}{p_{2i}}\right)\\
&=T_{01}-\frac{1}{T_{01}^2}\left(\frac{EA\cos^5\beta}{6l_1}\sum\frac{Q_{1i}^3-Q'^3_{1i}}{p_{1i}}\right)-\alpha EA\cos\beta(t_2-t_1)
\end{aligned}
\tag{2.216}
$$

或

$$
\sigma_{02}-\frac{1}{\sigma_{02}^2}\left(\frac{E\cos^5\beta}{6l_1A^2}\sum\frac{Q_{2i}^3-Q'^3_{2i}}{p_{2i}}\right)=\sigma_{01}-\frac{1}{\sigma_{01}^2}\left(\frac{E\cos^5\beta}{6l_1A^2}\sum\frac{Q_{1i}^3-Q'^3_{1i}}{p_{1i}}\right)-\alpha E\cos\beta(t_2-t_1)
\tag{2.217}
$$

令

$$
\left.
\begin{aligned}
K_1&=\frac{E\cos^5\beta}{6l_1A^2}\sum\frac{Q_{1i}^3-Q'^3_{1i}}{p_{1i}}\\
K_2&=\frac{E\cos^5\beta}{6l_1A^2}\sum\frac{Q_{2i}^3-Q'^3_{2i}}{p_{2i}}
\end{aligned}
\right\}
\tag{2.218}
$$

K_1、K_2 分别为已知状态和未知状态下架空线的线长系数，其值的大小不仅与该气象条件下的荷载大小有关，而且与其作用位置有关。将式(2.218)代入式(2.217)，整理后得到孤立档架空线的应力状态方程式为

$$
\sigma_{02}^2\left\{\sigma_{02}+\left[\frac{K_1}{\sigma_{01}^2}-\sigma_{01}+\alpha E\cos\beta(t_2-t_1)\right]\right\}=K_2
\tag{2.219}
$$

从式(2.219)可以看出，欲求未知状态下的水平应力 σ_{02}，关键是要计算出两种状态下的线长系数 K_1、K_2。

耐张串影响档内弧垂线长线型的机理如图 2.27 所示。

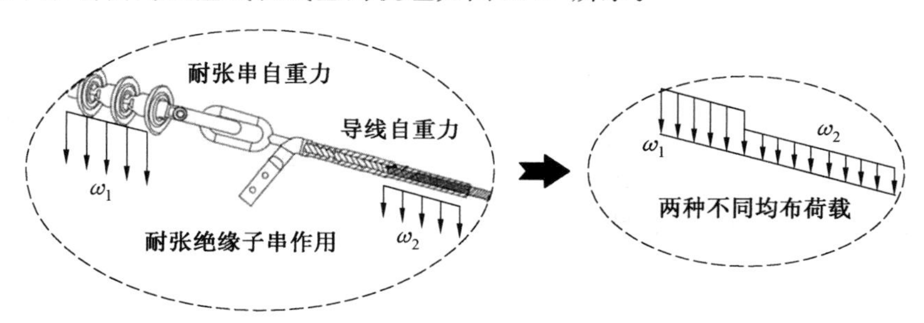

图 2.27　耐张串影响档内弧垂线长线型的机理

1. 两端具有等长耐张串时的线长系数

将线长公式(2.181)和式(2.218)对比，并注意到式(2.211)，可得两端具有等长耐张绝缘子串时的线长系数为

$$
\begin{aligned}
K=\frac{p_0^2E\cos^5\beta}{24A^2l_1}\Bigg\{&l_1^2(l_1+6\lambda_0)+\frac{12}{p_0^2l}\Bigg[\lambda_0l\left(\frac{GG_{J1}+GG_{J2}}{2}+\frac{G_{J1}^2+G_{J2}^2}{3}+G_{J1}\sum_{i=1}^{n}q_i\right)\\
&-\frac{(G_{J1}-G_{J2})\lambda_0}{2}\left(\frac{(G_{J1}-G_{J2})\lambda_0}{2}+2\sum_{i=1}^{n}q_ia_i\right)\\
&+\sum_{i=1}^{n}(p_0l+q_i)q_ia_ib_i+2\sum_{i=1}^{n-1}\left(q_ia_i\sum_{j=i+1}^{n}q_jb_j\right)\Bigg]\Bigg\}
\end{aligned}
$$

$$
\begin{aligned}
&=\frac{\gamma^2 E\cos^3\beta}{24}\Bigg\{l_1(l_1+6\lambda_0)+\frac{12}{W_1\gamma_\beta}\Bigg[\frac{\lambda_0}{A}\Bigg(\frac{W_1(G_{J1}+G_{J2})}{2}+\frac{G_{J1}^2+G_{J2}^2}{3A}+G_{J1}\sum_{i=1}^{n}\tau_i\Bigg)\\
&-\frac{(G_{J1}-G_{J2})\lambda_0}{2Al}\Bigg(\frac{(G_{J1}-G_{J2})\lambda_0}{2A}+2\sum_{i=1}^{n}\tau_i a_i\Bigg)\\
&+\sum_{i=1}^{n}\Big(\gamma_\beta+\frac{\tau_i}{l}\Big)\tau_i a_i b_i+\frac{2}{l}\sum_{i=1}^{n-1}\Big(\tau_i a_i\sum_{j=i+1}^{n}\tau_j b_j\Big)\Bigg]\Bigg\}
\end{aligned}
\tag{2.220}
$$

式中　l、β—— 孤立档的档距和高差角；

G、G_{J1}、G_{J2}—— 架空线的荷载和两端耐张串的荷载，$G=p_0 l_1$；

l_1、λ_0—— 架空线所占档距和两端耐张绝缘子串的水平投影长度，$l_1=l-2\lambda_0$，$\lambda_0=\lambda\cos\beta$，$\lambda$ 为耐张绝缘子串的实际长度；

p_0—— 架空线荷载集度的水平投影值，$p_0=\gamma A/\cos\beta$；

q_i、a_i、b_i—— 第 i 个集中荷载的量值及该荷载至左、右悬点 A、B 的水平距离；

E—— 架空线的弹性系数；

τ_i—— 集中荷载的单位截面重力，$\tau_i=q_i/A$；

n—— 集中荷载的个数；

W_1—— 架空线单位截面荷载，$W_1=\gamma l_1/\cos\beta$；

γ_β—— 架空线的水平投影比载，$\gamma_\beta=\gamma/\cos\beta$。

若两端耐张串等长且等重，即 $G_{J1}=G_{J2}=G_J$，则

$$
\begin{aligned}
K=\frac{\gamma^2 E\cos^3\beta}{24}\Bigg\{&l_1(l_1+6\lambda_0)+\frac{12}{W_1\gamma_\beta}\Bigg[\frac{\lambda_0 G_J}{A}\Bigg(W_1+\frac{2G_J}{3A}+\sum_{i=1}^{n}\tau_i\Bigg)\\
&+\sum_{i=1}^{n}\Big(\gamma_\beta+\frac{\tau_i}{l}\Big)\tau_i a_i b_i+\frac{2}{l}\sum_{i=1}^{n-1}\Big(\tau_i a_i\sum_{j=i+1}^{n}\tau_j b_j\Big)\Bigg]\Bigg\}
\end{aligned}
\tag{2.221}
$$

若两端耐张串等长等重且无集中荷载，则

$$
K=\frac{\gamma^2 E\cos^3\beta}{24}\Bigg[l_1(l_1+6\lambda_0)+\frac{12\lambda_0 G_J}{W_1\gamma_\beta A}\Bigg(W_1+\frac{2G_J}{3A}\Bigg)\Bigg]
\tag{2.222}
$$

2. 仅一端具有耐张串时的线长系数

作用有 n 个集中荷载，仅右悬挂点悬挂耐张串时的线长系数为

$$
\begin{aligned}
K&=\frac{p_0^2 E\cos^5\beta}{24A^2 l_1}\Bigg\{l_1^2(l_1+3\lambda_0)+\frac{12}{p_0^2 l}\Bigg[\lambda_0 l G_J\Bigg(\frac{p_0 l_1}{2}+\frac{G_J}{3}\Bigg)-\frac{(G_J+p_0 l_1)^2\lambda_0^2}{4}\\
&+\lambda_0\Big(G_J\sum_{i=1}^{n}q_i b_i+\lambda_0 p_0\sum_{i=1}^{n}q_i a_i\Big)+\sum_{i=1}^{n}(p_0 l+q_i)q_i a_i b_i+2\sum_{i=1}^{n-1}\Big(q_i a_i\sum_{j=i+1}^{n}q_j b_j\Big)\Bigg]\Bigg\}\\
&=\frac{\gamma^2 E\cos^3\beta}{24}\Bigg\{l_1(l_1+3\lambda_0)+\frac{6\lambda_0 G_J}{W_1\gamma_\beta A}\Bigg(W_1+\frac{2G_J}{3A}\Bigg)-\frac{3\lambda_0^2(W_1+G_J/A)^2}{W_1\gamma_\beta l}\\
&+\frac{12}{W_1\gamma_\beta}\Bigg[\frac{\lambda_0}{l}\Bigg(\frac{G_J}{A}\sum_{i=1}^{n}\tau_i b_i+\lambda_0\gamma_\beta\sum_{i=1}^{n}\tau_i a_i\Bigg)+\sum_{i=1}^{n}\Big(\gamma_\beta+\frac{\tau_i}{l}\Big)\tau_i a_i b_i+\frac{2}{l}\sum_{i=1}^{n-1}\Big(\tau_i a_i\sum_{j=i+1}^{n}\tau_j b_j\Big)\Bigg]\Bigg\}
\end{aligned}
\tag{2.223}
$$

式中　l_1—— 架空线所占档距，$l_1=l-\lambda_0$。

G_J—— 耐张串的质量。

W_1—— 架空线的单位截面荷载，$W_1=p_0 l_1/A=\gamma l_1/\cos\beta$。

γ_β—— 架空线的水平投影比载，$\gamma_\beta=\gamma/\cos\beta$。

A—— 架空线的截面积。

其他符号的意义同前。

当无集中荷载时，式(2.223)变为

$$K=\frac{\gamma^2 E\cos^3\beta}{24}\left\{l_1(l_1+3\lambda_0)+\frac{6\lambda_0 G_J}{W_1\gamma_\beta A}\left(W_1+\frac{2G_J}{3A}\right)-\frac{3\lambda_0^2\ (W_1+G_J/A)^2}{W_1\gamma_\beta l}\right\} \tag{2.224}$$

2.5　输电线路连续档线长与弧垂高度关系

2.5.1　输电线路架线施工过程中采用放线滑车时连续档架空线的有关计算

在架线施工中，架空线的一端通过耐张绝缘子串固定在一端的杆塔上，中间各杆塔上暂时用滑轮托起架空线，在另一端的紧线杆塔上进行紧线，同时观测弧垂，调整至设计值；然后进行画印；最后把导线由各滑轮移入线夹中。在高压输电线路的某些大跨越档，为了降低跨越杆塔的高度，改善架空线悬挂点处受力等，有时直接使用滑轮线夹悬挂导线。我国数条长江大跨越采用了这种形式。在采用滑轮线夹的耐张段，导线在耐张杆塔上的悬挂方式一般有两种：两端均通过耐张串锚固在耐张杆塔上；一端锚固在耐张杆塔上，另一端通过耐张杆塔上的支撑滑轮，悬吊一个可运动的平衡锤来拉紧导线。

采用滑轮线夹时悬垂串偏移量与应力的关系：假设滑轮无转动摩擦力，则只要滑轮两侧导线的张力不相等，滑轮就要向张力大的一侧转动，通过导线长度的调整，使滑轮两侧张力趋于相等，滑轮停止转动。因此，正常情况下滑轮线夹两侧出口处导线张力总是相等的。但这并不能保证悬垂绝缘子串总处于铅垂状态。当滑轮线夹两侧导线的悬垂角 θ_i 与 θ_{i+1} 不相等时，即使两侧出口处的导线张力(应力)相等，但因各自的水平应力分量不等，悬垂绝缘子串仍将向水平应力较大的一侧偏斜，直至达到受力平衡为止。图 2.28 是将导线应力等效到滑轮轴后的悬垂绝缘子串受力情况。图中 F 为滑轮线夹的重力，P_i 为导线等效在滑轮轴上的垂直荷载，G_J 为悬垂绝缘子串除滑轮外的重力，R 是滑轮的半径，A 是导线的截面积，λ_i 是悬垂绝缘子串的长度，δ_i 是悬垂绝缘子串顺线路方向的偏移量，φ_i 是相应的偏斜角。

视悬垂绝缘子串为刚性直棒，列上悬挂点的应力矩平衡方程，得

$$(\sigma_{(i+1)0}-\sigma_{i0})\sqrt{\lambda_i^2-\delta_i^2}\,\frac{\lambda_i+R}{\lambda_i}-\frac{P_i+F}{A}\delta_i\,\frac{\lambda_i+R}{\lambda_i}-\frac{G_J}{2A}\delta_i=0$$

整理，解得

$$\delta_i=\frac{(\sigma_{(i+1)0}-\sigma_{i0})\lambda_i}{\sqrt{\left[\dfrac{P_i}{A}+\dfrac{F}{A}+\dfrac{G_J}{2A}\dfrac{\lambda_i}{\lambda_i+R}\right]^2+(\sigma_{(i+1)0}-\sigma_{i0})^2}} \tag{2.225}$$

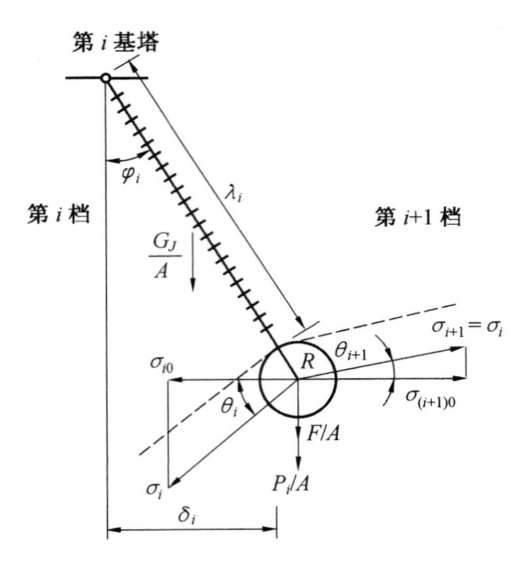

图 2.28 采用滑轮线夹时的悬垂绝缘子串受力图

其中

$$\begin{aligned}\frac{P_i}{A} &= \sigma_{(i+1)0}\tan\theta_{i+1} + \sigma_{i0}\tan\theta_i \\ &\approx \left(\frac{\gamma_i l_{i0}}{2\cos\beta_{i0}} + \frac{\sigma_{i0} h_{i0}}{l_{i0}}\right) + \left(\frac{\gamma_{i+1} l_{(i+1)0}}{2\cos\beta_{(i+1)0}} - \frac{\sigma_{(i+1)0} h_{(i+1)0}}{l_{(i+1)0}}\right)\end{aligned} \tag{2.226}$$

根据架空线悬点应力计算公式，得

$$\sigma_{iB} = \frac{\sigma_{i0}}{\cos\beta_i} + \frac{\gamma_i^2 (l_{i0} + \Delta l_i)^2}{8\sigma_{i0}\cos\beta_i} + \frac{\gamma_i (h_{i0} + \Delta h_i)}{2}$$

$$\sigma_{(i+1)A} = \frac{\sigma_{(i+1)0}}{\cos\beta_{i+1}} + \frac{\gamma_{i+1}^2 (l_{(i+1)0} + \Delta l_{i+1})^2}{8\sigma_{(i+1)0}\cos\beta_{i+1}} - \frac{\gamma_{i+1}(h_{(i+1)0} + \Delta h_{i+1})}{2}$$

根据滑轮线夹两侧出口处导线的应力相等，即 $\sigma_{iB} = \sigma_{(i+1)A}$，进而得到

$$\begin{aligned}\sigma_{(i+1)0} = \cos\beta_{i+1}\Bigg[&\frac{\sigma_{i0}}{\cos\beta_i} + \frac{\gamma_i^2 (l_{i0} + \Delta l_i)^2}{8\sigma_{i0}\cos\beta_i} + \frac{\gamma_i (h_{i0} + \Delta h_i)}{2} \\ &- \frac{\gamma_{i+1}^2 (l_{(i+1)0} + \Delta l_{i+1})^2}{8\sigma_{(i+1)0}\cos\beta_{i+1}} + \frac{\gamma_{i+1}(h_{(i+1)0} + \Delta h_{i+1})}{2}\Bigg]\end{aligned}$$

式中，$\Delta h_i = (\lambda_i - \sqrt{\lambda_i^2 - \delta_i^2}) - (\lambda_{i-1} - \sqrt{\lambda_{i-1}^2 - \delta_{i-1}^2}) \approx \frac{1}{2}\left(\frac{\delta_i^2}{x_i} - \frac{\delta_{i-1}^2}{\lambda_{i-1}}\right)$ (2.227)

对于图 2.29 所示的连续倾斜档，耐张绝缘子串固定在横担位置使得悬垂绝缘子串偏移量 $\eta_0 = 0$、$\eta_n = 0$，这使得连续档内档距变量 Δl_i 的总和为 0，即

$$\eta_n = \sum_{i=1}^{n} \Delta l_i = 0 \tag{2.228}$$

若用第 1 档的水平应力 σ_{10} 表示任一档的水平应力 σ_{i0}，其公式为

$$\begin{aligned}\sigma_{i0} = \cos\beta_i\Bigg\{&\frac{\sigma_{10}}{\cos\beta_1} + \gamma_1\left[\frac{\gamma_1 (l_{10} + \Delta l_1)^2}{8\sigma_{10}\cos\beta_1} + \frac{(h_{10} + \Delta h_1)}{2}\right] \\ &+ \sum_{j=2}^{i}\gamma_j (h_{j0} + \Delta h_j) - \gamma_i\left[\frac{\gamma_i (l_{i0} + \Delta l_i)^2}{8\sigma_{i0}\cos\beta_i} + \frac{h_{i0} + \Delta h_i}{2}\right]\Bigg\}\end{aligned} \tag{2.229}$$

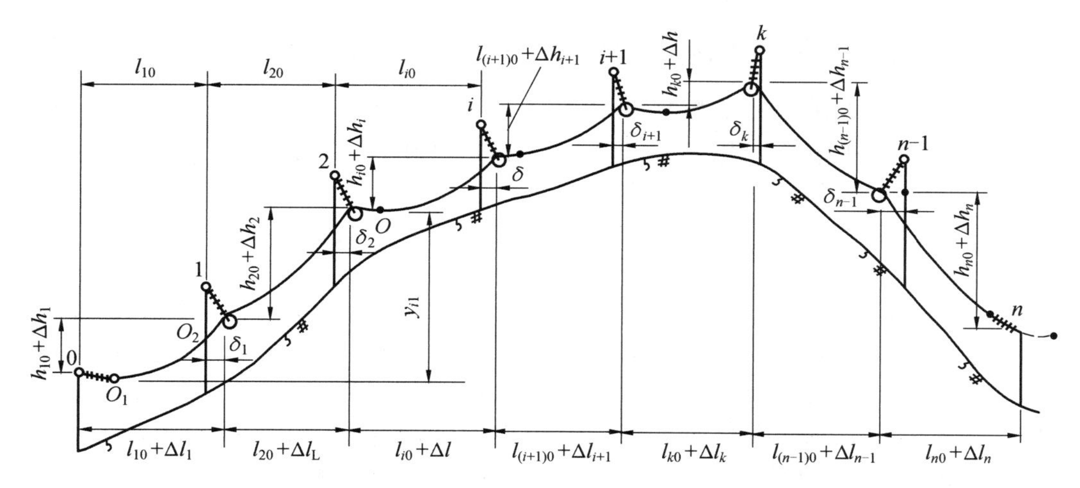

图 2.29　采用滑轮线夹的连续倾斜档

或写成

$$\frac{\sigma_{i0}}{\cos\beta_i}-\frac{\sigma_{10}}{\cos\beta_1}=\left\{\gamma_1\left[\frac{\gamma_1\ (l_{10}+\Delta l_1)^2}{8\sigma_{10}\cos\beta_1}+\frac{h_{10}+\Delta h_1}{2}\right]+\sum_{j=2}^{i}\gamma_j(h_{j0}+\Delta h_j)-\gamma_i\left[\frac{\gamma_i\ (l_{i0}+\Delta l_i)^2}{8\sigma_{i0}\cos\beta_i}+\frac{h_{i0}+\Delta h_i}{2}\right]\right\} \tag{2.230}$$

式(2.230)表明，任一档 i 的斜切点(档距中央)应力与第一档斜切点应力之差，等于该档斜切点和第一档斜切点之间的高差与其相应比载之乘积的和。进一步可知，在采用滑轮线夹的连续档内，架空线上任意两点间的应力差等于该两点间的各段高差与相应比载之乘积的和。这与同一档内任意两点间应力关系的结论是一致的。采用固定线夹的连续档不具有上述结论，这是由于固定线夹限制了架空线在连续档内的窜动，线夹两侧架空线的轴向应力一般不相等的缘故。

在采用滑轮线夹的连续倾斜档内，最高悬挂点处架空线的应力最大。为保证该最大应力不超过允许值，可取控制条件下该点应力的最大值等于悬挂点许用应力，以此为已知条件推求各档的水平应力。在图 2.29 中，第 k 基杆塔的悬挂点在耐张段内相对最高，根据两点间的应力关系，该点应力 $\sigma_{\rm k}$ 与任一档 i 水平应力 σ_{i0} 的关系式为

$$\sigma_{\rm k}=\frac{\sigma_{i0}}{\cos\beta_i}+\gamma_i\left[\frac{\gamma_i\ (l_{i0}+\Delta l_i)^2}{8\sigma_{i0}\cos\beta_i}+\frac{h_{i0}+\Delta h_i}{2}\right]+\sum_{j=i+1}^{k}\gamma_j h_j \tag{2.231}$$

解之得

$$\sigma_{i0}=\frac{1}{2}\left[\sigma_{\rm k}-\frac{\gamma_i(h_{i0}+\Delta h_i)}{2}-\sum_{j=i+1}^{k}\gamma_j h_j\right]\cos\beta_i \pm\frac{1}{2}\sqrt{\left[\sigma_{\rm k}-\frac{\gamma_i(h_{i0}+\Delta h_i)}{2}-\sum_{j=i+1}^{k}\gamma_j h_j\right]^2\cos^2\beta_i-\frac{\gamma_i^2\ (l_{i0}+\Delta l_i)^2}{2_i}} \tag{2.232}$$

式中，$h_j=h_{j0}+\Delta h_j$，且具有正负号，k 侧比 i 侧高者为正值，反之为负值。

2.5.2 架空线锚固于两端耐张杆塔时的应力、弧垂、线长和状态方程式

1. 架空线锚固于两端耐张杆塔时的应力

悬挂于滑轮线夹中的连续档架空线，各档的水平应力一般会有显著差异，不能采用代表档距法求解，否则其误差将是不可接受的。

连续档架空线锚固于两端耐张杆塔上，耐张串的偏移量 $\delta_0=0$、$\delta_n=0$，连续档的档距变化量之和 $\Sigma\Delta l_i=0$。

假定 σ_k 已知，连续档各档的水平应力 σ_{i0} 通常采用式(2.232) 求得。式中参数 γ_i、h_{i0}、l_{i0} 一般为已知量，而 σ_{i0}、Δl_i、Δh_i 都是未知量，n 档共有 $3n$ 个末知量，需要 $3n$ 个方程才能求解。按式(2.230) 可列出 n 个方程，式(2.223) 可列出 $n-1$ 个方程，式(2.227) 可列出 n 个方程，再根据“耐张段内档距改变的总和等于零”一个方程，总共可列出 $3n$ 个方程，所以 σ_{i0}、Δl_i 和 Δh_i 共 $3n$ 个未知量是可以求解的。从式(2.227) 可以看出，δ_i 引起的变化量 Δh_i 极微，一般可以认为 δ_i 的变化对其无影响，这样问题可以得到简化。

求解需借助计算机进行，最直接的方法是采用试凑递推法，架空线锚固与两端耐张段时各档应力求解的具体步骤是：

(1) 自第一档假定一个水平应力 $\sigma_{10}(\sigma_{i0})$ 之值。

(2) 利用式(2.232)，根据控制应力 σ_k 求解出相应的档距改变量 $\Delta l_1(\Delta l_i)$。

(3) 由 Δl_i 按式(2.227) 求出 δ_i。

(4) 将 σ_{i0} 和 δ_i 代入式(2.225) 计算出 $\sigma_{(i+1)0}$。

(5) 反复从步骤(2) 计算，直至得到 δ_n 为止。

(6) 若求得的 δ_n 接近于零，则可以认为上述求得各值正确。否则需要重新假定 σ_{10} 之值即从步骤(1) 重新开始。

2. 滑轮线夹、架空线两端锚固的连续档状态方程式

由于各档间的架空线可通过滑轮窜动，连续档的状态方程式需要根据耐张段内架空线总长度的变化规律导出。设已知状态 Ⅰ 下的气温为 t_1，各档的垂直比载均为 γ_1，第 i 档悬垂串未偏斜时的档距为 l_{i0}，档距增量为 Δl_{i1}，水平应力为 σ_{i01}，当将档距的改变量近似看作相应的线长变化量时，档内悬线长度可以表示为

$$L_{i1}=\frac{l_{i0}}{\cos\beta_{i0}}+\frac{\gamma_1^2 l_{i0}^3\cos\beta_{i0}}{24\sigma_{i01}^2}h_{j0}+\Delta l_{i1} \tag{2.233}$$

气象条件变化至状态 Ⅱ 时，气温为 t_2，第 i 档的垂直比载为 γ_{i2}，第 i 档的档距增量为 Δl_{i2}，水平应力为 σ_{i02}，相应的档内悬线长度为

$$L_{i2}=\Delta l_{i2}+\frac{l_{i0}}{\cos\beta_{i0}}+\frac{\gamma_{i2}^2 l_{i0}^3\cos\beta_{i0}}{24\sigma_{i02}^2} \tag{2.234}$$

两种状态下的悬线长度差等于该档架空线的弹性伸长增量、温度伸长增量与滑进档内的线长增量 ΔL_i 之和，从而得到

$$\begin{aligned}&\Delta l_{i2}-\Delta l_{i1}+\frac{\gamma_{i2}^2 l_{i0}^3\cos\beta_{i0}}{24\sigma_{i02}^2}-\frac{\gamma_1^2 l_{i0}^3\cos\beta_{i0}}{24\sigma_{i01}^2}\\&=\frac{l_{i0}(\sigma_{i02}-\sigma_{i01})}{E\cos^2\beta_{i0}}+\alpha\frac{l_{i0}}{\cos\beta_{i0}}(t_2-t_1)+\Delta L_i\end{aligned} \tag{2.235}$$

n 个档距可列出 n 个这样的方程，然后相加，并注意到 $\sum_{i=1}^{n}\Delta l_{i1}=\sum_{i=1}^{n}\Delta l_{i2}=\sum_{i=1}^{n}\Delta L_i=0$，则

$$\sum_{i=1}^{n}\frac{\gamma_{i2}^2 l_{i0}^3\cos\beta_{i0}}{24\sigma_{i02}^2}-\sum_{i=1}^{n}\frac{\gamma_1^2 l_{i0}^3\cos\beta_{i0}}{24\sigma_{i01}^2}=\sum_{i=1}^{n}\frac{l_{i0}(\sigma_{i02}-\sigma_{i01})}{E\cos^2\beta_{i0}}+\alpha(t_2-t_1)\sum_{i=1}^{n}\frac{l_{i0}}{\cos\beta_{i0}}$$

或

$$\begin{aligned}&\sum_{i=1}^{n}\frac{l_{i0}\sigma_{i02}}{\cos^2\beta_{i0}}-\frac{E}{24}\sum_{i=1}^{n}\frac{\gamma_{i2}{}^2 l_{i0}^3\cos\beta_{i0}}{\sigma_{i02}^2}\\&=\sum_{i=1}^{n}\frac{l_{i0}\sigma_{i01}}{\cos^2\beta_{i0}}-\frac{E}{24}\sum_{i=1}^{n}\frac{\gamma_1{}^2 l_{i0}^3\cos\beta_{i0}}{\sigma_{i01}^2}-\alpha E(t_2-t_1)\sum_{i=1}^{n}\frac{l_{i0}}{\cos\beta_{i0}}\end{aligned}\tag{2.236}$$

式(2.236)是采用滑轮线夹时连续档应力变化的状态方程式，式中有 n 个未知量 σ_{i02}，不能直接用于求解，一般用于最高悬挂点处的应力 σ_{k02} 假定值正确与否的判定。仍然可用上述的试凑递推法，即假定最高悬挂点处的应力 σ_{k02} 为某一值，假设第一档的水平应力为 σ_{i02}，试凑递推求出使 $\delta_n=0$ 的各档应力 σ_{i02}，然后代入式(2.236)看是否正确。若式(2.236)闭合，说明假定的应力 σ_{k02} 可以接受，解得的 n 个水平应力值 σ_{i02} 正确，否则应重新假定 σ_{k02} 再计算。

若状态 Ⅰ 为架线竣工情况，应考虑初伸长的影响。

3. 连续档架空线的线长

由于连续档各档架空线可以窜动，计算各档的线长没有具体意义，应计算连续档的总线长，供架线使用。对于具有 n 个档距的连续档，其悬线总长度为

$$L=\sum_{i=1}^{n}L_i=\sum_{i=1}^{n}\left[\frac{l_{i0}+\Delta l_i}{\cos\beta_i}+\frac{\gamma_i^2\,(l_{i0}+\Delta l_i)^3\cos\beta_i}{24\sigma_{i0}^2}\right]\tag{2.237}$$

此时，连续档各档实际水平应力下的弧垂计算式为

$$f_i=\frac{\gamma\,(l_i+\Delta l_i)^2}{8\sigma_{i0}\cos\beta_i}\tag{2.238}$$

将式(2.238)代入式(2.237)消掉各档水平应力 σ_{i0}，获得输电线路连续档架线过程中弧垂与线长关系的数学模型，即

$$L=\sum_{i}^{n}\left[\frac{l_{i0}+\Delta l_i}{\cos\beta_i}+\frac{8f_i^2\cos^3\beta_i}{3(l_{i0}+\Delta l_i)}\right]\tag{2.239}$$

若近似计算，可略去档距增量 Δl_i，即认为档距和高差不变，这样可以根据已知的 σ_k 直接利用式(2.232)解出各档应力 σ_{i0}，再将其代入式(2.239)，即可得到耐张段架空线的悬挂总线长，精度也能满足一般工程要求。实际使用时，式(2.237)还应考虑两基耐张塔上耐张绝缘子串带来的线长系数以及杆塔挠度对线长的影响。

2.5.3 连续倾斜档的架线观测弧垂及线长的调整

在输电线路上下山中，由于地形的原因，形成连续倾斜档。在紧线架线施工中，架空线悬挂于滑轮中，根据二点间应力的关系，随着线路向山顶方向延伸，架空线的水平应力逐档渐次增加，连续倾斜档的最低档的架空线水平应力最小，最高档的架空线水平应力最大。由于杆塔两侧相邻档架空线的水平张力不等，迫使其上的悬垂绝缘子串及放线滑车

向山顶方向偏斜。连续倾斜档架线施工时，需要确定的是各档的水平应力、观测弧垂以及安装悬垂线夹时的偏移画线点距离。

1.连续倾斜档紧线时各档的水平应力

在图2.29中，连续倾斜档由0号～n号杆塔间的n个档距组成，悬垂串的长度为λ_i。竣工后悬垂绝缘子串铅垂，各档档距为l_{i0}、高差为h_{i0}、高差角为β_{i0}，水平应力相等均为σ_0；紧线施工时悬垂绝缘子串偏斜，顺线路方向的偏移量为δ_i，各档参数为档距l_i、高差h_i、高差角β_i，水平应力σ_{i0}。紧线时导线在滑轮中悬挂，第i档最低点相对于第1档最低点的高度差y_{i1}为

$$y_{i1}=\frac{\sigma_{i0}}{\gamma}\left(1-\text{ch}\,\frac{\gamma a_i}{\sigma_{i0}}\right)+\sum_{j=1}^{i-1}h_j-\frac{\sigma_{10}}{\gamma}\left(1-\text{ch}\,\frac{\gamma a_1}{\sigma_{10}}\right) \tag{2.240}$$

式中　a_i——第i档最低点距该档左悬点的水平距离。

h_i——高差，有正负之分，右悬点高者取正值，反之取负值。

$$a_i=\frac{l_i}{2}-\frac{\sigma_{i0}}{\gamma}\text{arsh}\,\frac{h_i}{\dfrac{2\sigma_{i0}}{\gamma}\text{sh}\,\dfrac{\gamma l_i}{2\sigma_{i0}}} \tag{2.241}$$

$$h_i=h_{i0}+\Delta h_i\approx h_{i0}+\frac{1}{2}\left(\frac{\delta_i^2}{\lambda_i}-\frac{\delta_{i-1}^2}{\lambda_{i-1}}\right) \tag{2.242}$$

忽略滑轮的摩擦力，根据二点之间的应力关系，第i档的水平应力σ_{i0}与第1档的水平应力σ_{10}之间的关系为

$$\sigma_{i0}=\sigma_{10}+\gamma y_{i1} \tag{2.243}$$

紧线施工时一般可认为$\delta_0=0$，$\delta_n=0$。达到紧线要求时，紧线段架空线在各档水平应力σ_{i0}下的总悬挂曲线长度所对应的总原始线长，等于竣工后各档水平应力均为σ_0下的总悬挂曲线长度所对应的总原始线长，所以

$$\begin{aligned}&\sum_{i=1}^{n}\left[\sqrt{\left[\frac{2(\sigma_{10}+\gamma y_{i1})}{\gamma}\text{sh}\,\frac{\gamma l_i}{2(\sigma_{10}+\gamma y_{i1})}\right]^2+h_i^2}\times\left(1-\frac{\sigma_{10}+\gamma y_{i1}}{E\cos\beta_i}\right)\right]\\&=\sum_{i=1}^{n}\left[\sqrt{\left(\frac{2\sigma_0}{\gamma}\text{sh}\,\frac{\gamma l_{i0}}{2\sigma_0}\right)^2+h_{i0}^2}\left(1-\frac{\sigma_0}{E\cos\beta_{i0}}\right)\right]\end{aligned} \tag{2.244}$$

式中，右端各量为竣工后的值，紧线时已知，左端中σ_{10}待求。一般利用计算机采用迭代逼近法求解，步骤如下：

(1) 将竣工后的档距参数和设计应力σ_0作为初值；

(2) 利用式(2.240)、式(2.241)、式(2.242)，计算$y_{i1}(i=1,2,\cdots,n)$；

(3) 利用式(2.244)，试算逼近求得σ_{10}；

(4) 利用式(2.243)求得$\sigma_{i0}(i=1,2,\cdots,n)$。

(5) 利用式(2.225)、式(2.242)和$l_i=l_{i0}+\Delta l_i=l_{i0}+(\delta_i-\delta_{i-1})$，计算悬垂绝缘子串偏斜时的有关参数$\sigma_i$、$l_i$、$h_i$、$\beta_i(i=1,2,\cdots,n)$。

(6) 返步骤(2)反复迭代计算，直至相邻二次迭代所得σ_{10}基本不变为止。

2.连续倾斜档紧线时各档的观测弧垂

一般情况下，连续倾斜档紧线时各档的观测弧垂可用斜抛物线弧垂公式求得，即

$$f_i = \frac{\gamma l_i^2}{8\sigma_{i0}\cos\beta_i} \tag{2.245}$$

需精确计算时，可用下式

$$f_i = \frac{\sigma_{i0}}{\gamma}\left[\sqrt{1+\left(\frac{h_i}{\frac{2\sigma_{i0}}{\gamma}\text{sh}\frac{\gamma l_i}{2\sigma_{i0}}}\right)^2}\text{ch}\frac{\gamma l_i}{2\sigma_{i0}} - \sqrt{1+\left(\frac{h_i}{l_i}\right)^2} + \frac{h_i}{l_i}\left(\text{arcsh}\frac{h_i}{l_i} - \text{arcsh}\frac{h_i}{\frac{2\sigma_{i0}}{\gamma}\text{sh}\frac{\gamma l_i}{2\sigma_{i0}}}\right)\right] \tag{2.246}$$

3. 连续倾斜档的悬垂线夹的安装位置

悬垂线夹的安装位置应保证线夹安装后悬垂串铅垂，需将紧线时各档的线长调整为竣工后各档的线长，各档的线长调整量一般可用下式计算

$$\Delta L_i = \frac{\gamma^2 l_{i0}^3 \cos\beta_{i0}}{24}\left(\frac{1}{\sigma_{i0}^2} - \frac{1}{\sigma_0^2}\right) - \frac{(\sigma_{i0} - \sigma_0) l_{i0}}{E\cos^2\beta_{i0}} \tag{2.247}$$

当连续档含有大高差档或大跨距档，需要对各档的线长调整量精确计算时，可采用下式

$$\Delta L_i = \sqrt{\left(\frac{2\sigma_{i0}}{\gamma}\text{sh}\frac{\gamma l_i}{2\sigma_{i0}}\right)^2 + h_i^2} \times \left(1 - \frac{\sigma_{i0}}{E\cos\beta_i}\right) - \sqrt{\left(\frac{2\sigma_0}{\gamma}\text{sh}\frac{\gamma l_{i0}}{2\sigma_0}\right)^2 + h_{i0}^2} \times \left(1 - \frac{\sigma_0}{E\cos\beta_i}\right) \tag{2.248}$$

当 ΔL_i 为正值时，表示为调减量；ΔL_i 为负值时，表示为调增量。以山下端第 1 档 1 号杆塔处为移印的起始点，则第 i 号杆塔上安装悬垂线夹时的移印距离为

$$s_i = \sum_{j=1}^{i} \Delta L_j \tag{2.249}$$

当 s_i 为正值时表示自画印点起向左侧移印，s_i 为负值时表示自画印点起向右侧移印，如图 2.30 所示。

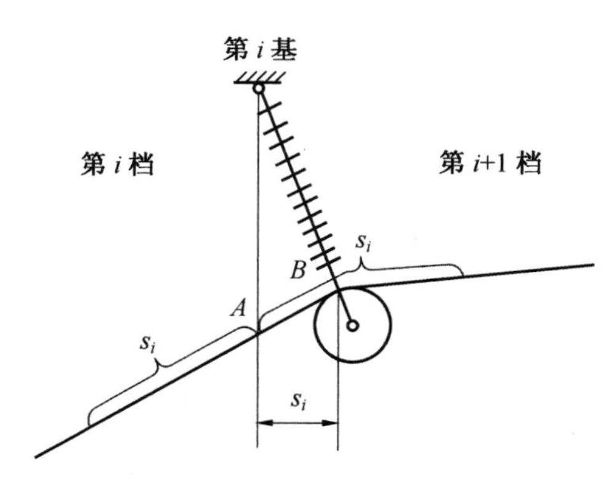

图 2.30　悬垂线夹的安装位置

当 s_i 中的 ΔL_i 采用式(2.247)计算时，垂球线与架空线相交处 A 为画印起点。当 s_i 中的 ΔL_i 采用式(2.248)计算时，由于在有关线长计算中已计及悬垂绝缘子串的偏斜量 δ_i，故应以图 2.31 中滑轮与架空线的接触点 B 点为 s_i 的画印起点。

2.5.4 线长计算软件设计

对输电线路架线施工过程中线长与弧垂关系进行细致的力学模型构建以及精准的力学分析后，采用计算机高精度电算的方式，根据架线施工过程中的导线线长的数学模型编制相关计算程序，为基于线长精确展放的输电线路架线施工智能化设备提供线长精确测量的监测范围和预警值。

本系统需要完成的功能如下：根据所编写的连续档架空线的应力精确求解程序，结合实际工况，将各数据设置或者输入进软件指定位置。根据程序运行得出悬垂绝缘子串偏移量和各档水平应力，再由各档水平应力计算出各档的精确线长，各档线长相加后得到连续档总的架空线线长。

软件主要在架空输电线路连续档架线施工时使用，为展放架空线的长度提供可靠的依据。

打开软件来到登录界面，正确输入用户名和密码，即可进入系统。由于初始密码存在一定的风险性，首次登录可以点击修改密码。修改时需要输入一次原密码和两次新密码，修改成功后再次登录即可。登录后会进入一个使用说明界面，在此界面可以了解软件的基本操作以及需要注意的地方。点击进入计算即可进入计算页面，输入数据后开始计算。

对话框是一个软件最常使用的工具，在 Microsoft Visual Studio 2010 选择新建项目，点击 MFC 中的 MFC 应用程序。进入后点击基于对话框选项，即可进行对话框的设置。本次软件开发一共用到三种类型的对话框。Static Text 为标注对话框，在实际输入输出中不起任何作用，只负责给与它对应的对话框进行标注，方便使用人员理解输入输出对话框所代表的含义。Edit Control 为输入输出对话框，此对话框一般与 Static Text 对话框配合使用。Button 为运行按钮，当所有数据输入完毕时，点击 Button 按钮即可在输出对话框里面输出结果。

对话框设置完成之后，需要对 Static Text 对话框和 Button 按钮进行命名。鼠标右键单击 Static Text 对话框和 Button 按钮，点击属性，找到 Caption，在 Caption 右侧修改你所需要的名称(例如档距、高差等)。对于 Edit Control 输入输出对话框，因为名称已用 Static Text 对话框表示，所以不需要对其名称进行考虑，只需要在属性面板修改其 ID，确保之后对话框与数据关联时不会导致数据错乱，也为接下来的关联提供便利。

解决基本界面问题之后，就需要将对话框与变量进行关联。鼠标右键单击 Edit Control 对话框，点击类向导，进入变量设置界面，在变量设置界面点击成员变量，找到修改后 ID 后的控件。例如本示例中的对档距输入对话框设置 ID 为 IDC_L，单击 IDC_L，会弹出一个设置界面，设置成员变量名称为 m_sL，变量类型选择 Value。即可完成设置。随后既用 m_sL 与程序参数进行关联(图 2.31)。

软件界面利用静态链接 MFC 进行封装，完成封装后可以使其在没有安装 Microsoft Visual Studio 2010 的电脑上运行。双击程序即可进入登录界面(图 2.32)。

输入事先设置好的账号(admin) 和密码(admin)，即可进入软件。由于账号密码为开发者设置，所以往往需要对密码进行更改。点击修改密码，会自动弹出密码修改界面，

图 2.31　成员变量设置

图 2.32　软件登录界面

如图 2.33 所示。输入账号(admin)和初始密码(admin)，以及需要修改的新密码，点击修改将再次弹出登录界面使用新密码进行登录。

登录完成之后，则会进入使用说明界面，在此界面会介绍一些基本的数据输入格式(如本软件中的档距等参数往往有多个，每个数据如何进行间隔对于没有使用过该软件的工作人员来说就显得十分困难，因此必须进行说明)。使用说明界面如图 2.34 所示。

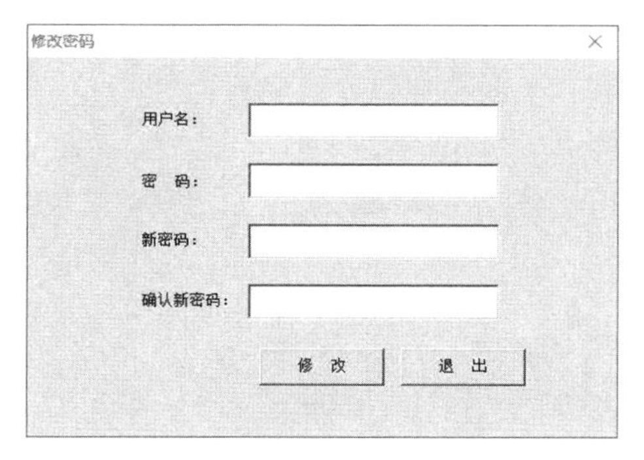

图 2.33　密码修改界面

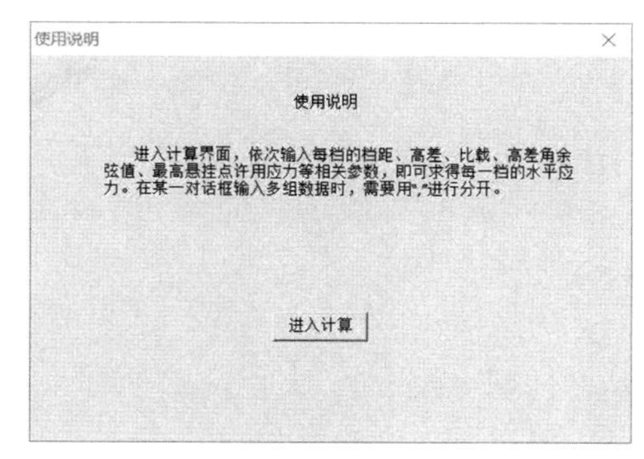

图 2.34　软件使用说明

在仔细阅读使用说明后，点击进入计算，就可以进入计算界面(图 2.35)。

在软件计算界面，依次输入“导线截面积”“滑轮线夹滑轮半径”“悬垂绝缘子串长”“耐

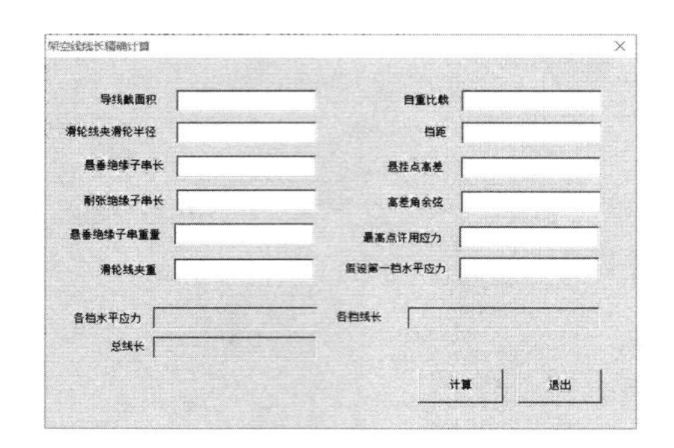

图 2.35　软件计算界面

张绝缘子串长”“悬垂绝缘子串重量”“滑轮线夹重量”“（架空线的）自重比载”“档距”“悬挂点高差”“高差角余弦值”“最高点许用应力”和“假设第一档水平应力”，点击“计算”即可得到所需要的各档水平应力和每一档的精确线长，以及整个连续档总的线长。

第3章　导线智能化测长装置的研发

根据第2章架空输电线路弧垂—线长数学模型特性，基于线长精确展放导线的架线施工需要研制智能化施工设备，本章拟研制出基于线长精确展放导线的导线智能化测长装置。拟采用编码器、编码盘等传感器为辅的多传感测长系统，实现对导线展出长度实时精准测量；拟将样机安装在张力放线机出线口附近，通过模糊预测喷漆画印时间控制精确画印系统喷漆，实现档内导线在地面的精准画印，避免了传统人工画印需弧垂观测的烦琐性及画印的复杂性，将复杂的弧垂观测过程转化为较为简便的线长测量过程，通过对放线长度进行精确控制，挂线后就可得到相应的弧垂，最终要保证弧垂的相对偏差最大值满足架空输电线路施工及验收规范规。

研究思路和方法：

(1) 测长单元研制。

对比接触测长和非接触测长，选择合适的测长方式。最终选择采用接触式测量进行测长，即采用导线带动滚轮旋转，测量编码器所旋转的角度的方法实现对导线的长度精确测量。

(2) 精准画印单元研制。

当单个档内导线展放长度达到预设长度时，需要对满足这一长度导线所处的点进行准确标记(即画印工作)。考虑到实际施工过程中导线展放的连续性，本章拟采用非接触式喷漆装置对导线进行画印。

(3) 预警制动单元研制。

当整个耐张段内导线展放完毕时，一旦导线的展放长度达到预警长度，展放设备控制端通过无线发射器发出制动预警信号(根据具体的预警距离会设置不同的预警信号或不同的闪烁方式)，牵引设备端接收到预警信号后，开启预警指示灯闪烁。牵引场施工人员根据不同的预警信号，待命或对牵引设备进行停机，从而实现牵引设备的远距离制动。

3.1　测长单元

3.1.1　功能概述

在传统的紧线施工中，施工单位一般使用等长法、角度法进行弧垂观测，这两种方法各有其适用范围。等长法，又称平行四边形法，是最常用的观测弧垂的方法之一，即在观测档的两基杆塔上绑上弧垂板，然后利用三点一线的原理看弧垂。绑弧垂板时，根据实际情况先绑在相对较高的杆塔上，然后再绑相对较低的杆塔；观察弧垂时站在相对较低的杆塔，由低处向高处看，这时面向对应的背景是天空，视线要更好一些。另外，观察时所站的基杆塔，应将弧垂板绑在与观测杆塔相邻的一个面上，而自己站在绑弧垂板相对应的那个面，一定不要紧贴弧垂板观看，这样人和弧垂板保持了一定的距离，极大减少了眼离弧垂板太近而产生一种影响视觉的虚光，就大大提高了观测弧垂的准确性。角度法是指用观测架空线弧垂的角度以替代观测垂直距离，实现用经纬仪在地面直接控制架空线的弧垂。又以档端法和档外法这两种观测法最为大家所熟悉。

在上述观测弧垂的方法中，由于观测弧垂时存在许多不确定因素，在施工时施工人员需要根据实际情况以及自身经验进行相应调整，弧垂观测设备必不可少，且操作较为烦琐。为解决紧线施工过程中弧垂观测操作烦琐的问题，输电线路架线施工智能化设备应运而生(图 3.1)。基于线长和弧垂高度关系的精确数学模型，可将紧线施工中的弧垂观测转化为档内长度测量，智能化设备测长单元能通过光电编码器(一种传感器)传过来的信号，对导线展放长度进行测量，再与智能化设备精准画印单元配合即可确定耐张段档内长度，大大缩短了原本弧垂观测所消耗的时长。测长单元根据硬件结构主要分为编码器信号采集部分、编码器信号处理换算部分、液晶模组数据显示部分。编码器信号采集部分是将光电编码器传来的信号进行整形滤波，方便单片机对信号的抓取。编码器信号处理换算部分是将编码器所旋转的角度换算为导线展放长度，以 STC 单片机为数据处理核心，通过 UART 串口通信方式将处理过的数据传输给液晶驱动模块。液晶模组数据显示部分是在液晶显示屏中显示导线展放长度数据，以 STC 单片机为数据处理核心，驱动液晶显示屏显示正确的长度数据。

图 3.1　智能化设备展示

3.1.2　非接触式测长方案

测长方式可分为非接触式测量和接触式测量。非接触测量方法在理论上能达到较高的精度，它的核心设备是激光测速仪。该方法能避免与导线的接触，减少导线磨损，但是实际上由于各种测量条件的限制，且激光测量方法主要是对速度的测量，在低速或静止条件下进行测量时，可能会对线长测量产生一定的误差。为保证测量的精准性，在采用非接触测量方法的基础上，采用接触式测量进行辅助测长，即采用导线带动滚轮旋转，滚轮内附带旋转编码器，已知滚轮周长的情况下，测量编码器所旋转的角度再加以换算即可实现导线的长度精确测量。下面对非接触测量做出简短介绍，详细说明接触式测量。

3.1.2.1　多普勒测长

激光多普勒测速是20世纪70年代随着激光技术的发展而建立起来的高精度激光流体测速技术。当光射向一个运动着的物体时，从观察者（或光电接收器）看来，由运动物体散射的光将产生频率变化，它与物体的运动速度、方向、入射光的波长、方向和观察者的位置有关，如果后几个因素都是已知的，那么只要测得其频率变化，就能推算出物体的运动速度。利用这一原理来处理遇到物体、流体和气体速度的技术就被称为多普勒测速技术。

激光多普勒测速仪（Laser Doppler Velocimetry，LDV）是利用激光多普勒效应来测量流体或固体运动速度的一种仪器，通常由五个部分组成：激光器，入射光学单元，接收或收集光学单元，多普勒信号处理器和数据处理系统或数据处理器，主要优点在于非接触测量，线性特性，较高的空间分辨率和快速动态响应，采用近代光－电子学和微处理机技术的LDV系统，可以比较容易地实现二维、三维等流动的测量，并获得各种复杂流动结构的定量信息。由于上述潜在的独特功能，激光多普勒技术吸引了大量的实验流体力学和其他学科的研究工作者去研究和解决这些问题，使激光测速技术得到飞速发展，成为流动测量实验的有力工具。由于是激光测量，对于流场没有干扰，测速范围宽，而且由于多普勒频率与速度是线性关系，和该点的温度、压力没有关系，是目前世界上速度测量精度最高的仪器。

3.1.2.2　激光多普勒测速仪（图3.2）的特点

（1）属于非接触测量。激光束的焦点就是测量探头，它不影响流场分布，可以方便地测定消毒、高温、具有腐蚀性的气体、液体的滚度场，利用激光良好的传输特性，可以测量较远距离的速度场分布或狭窄流道中的速度场。

（2）测量精度高。光路中的一些参数一经确定，多普勒频率与速度的关系就被精确地确定，基本上与流体的其他特点如温度、压力、密度等参数无关。其速度测定精确主要取决于多普勒信号的处理。目前，已研制出的二次仪表精度一般都可达1%～2%。由于激光多普勒测量装置一般都没有机械磨损部分，所以只要光学元件的相对位置一经固定，就不必经常进行校正。

（3）空间分辨率高。由于激光束可以聚焦在很小的区域之内，所以可以测量很小体积内的流速，目前的技术已可测直径10 μm、深度几十微米的小体积流速。这十分适合边界层、细小管道中的流速测量。经过特殊设计，可以用来测量微血管中的血流速度。

（4）测速范围广。从光路系统看，可测的速度范围可称是“无限大”。实际上，其测速范围主要取决于信号处理机。目前世界上已有的产品和实验装置的测速范围低至每秒百分之几毫米，高达每秒几个马赫。

（5）动态响应快。速度信息以光速传播，惯性极小，采用性能较好的信号处理机，如频率跟踪器等，可以进行实时测量，是研究湍流、测量脉动速度的有效手段。

（6）具有良好的方向灵敏度并可以进行多维测量。在光路中加入 频移装置，可以方

图 3.2　激光测速仪

便地辨别被测物体的流向。光学系统的设计，可以满足二维或三维流场的测量，这些都是其他传统的流速方法难以解决的。

3.1.2.3　激光多普勒测速原理

激光照射在运动物体上，在物体表面发生漫反射现象。从运动物体散射回来的光波相对于入射光波频率会发生一定的频率偏移，这种频率变化即为多普勒频移。

光源发出的一束单色激光，设其频率为 f_0，将这束激光投射到以速度 v 运动的示踪粒子上，而示踪粒子接收到的频率并不是 f_0，此时光波发生了一次多普勒效应；要想测得这个频移，需要用光检测器来探测运动粒子的散射光，如果该光检测器是静止的，则接收到的频率发生第二次多普勒效应。

对于静止光源，运动着的观察者所接收到的光波的频率为

$$f=\frac{1\pm\frac{v}{c}}{\sqrt{1-\frac{v^2}{c^2}}}f_0 \tag{3.1}$$

观察者背离波源取负号。

图 3.3 所示为静止光源 O、运动的示踪粒子 P 和静止光检测器 S 三者之间相对关系及相对位置情况。

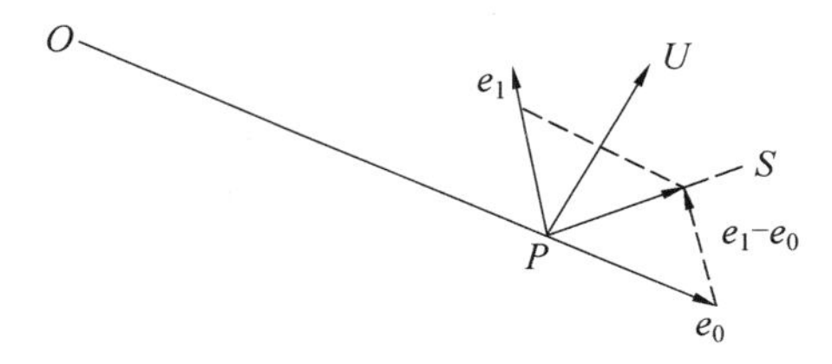

图 3.3　光的多普勒效应图

光源与运动的示踪粒子在发生多普勒效应之后，根据爱因斯坦的相对论变换公式，光检测器接收到的散射光的频率为

$$f_p=f_0\frac{c-U\cdot e_0}{\sqrt{c^2-(U\cdot e_0)^2}}=f_0\frac{1-U\cdot e_0/c}{\sqrt{1^2-\left(\frac{U\cdot e_0}{c}\right)^2}} \tag{3.2}$$

$$f_s=f_p\left(1+\frac{U\cdot e_s}{c}\right) \tag{3.3}$$

依据是：如果波源和观察者设置在一条直线上，并且两者之间发生了相对运动。在这个运动中涉及三个速度，一是波源相对于介质的运动，设速度为 u；二是观察者相对于介质的运动，设速度为 v；三是波源本身在该介质中有传播速度，设速度为 V。设波源的波长为 λ，波源的频率 f_0，以下是运动的其中一种情况。

激光的光源不动，光检测器与介质之间以速度 v 发生相对运动（$u=0, v\neq 0$），则光检测器接收到的散射光的频率为

$$f=\frac{V\pm v}{\lambda}=\left(1\pm\frac{v}{V}\right)f_0 \tag{3.4}$$

根据爱因斯坦的相对论变换，运动着的示踪粒子 P 所接收到的光波频率 f_p 近似为

$$f_p=f_0\left(1-\frac{v\boldsymbol{e}_0}{c}\right) \tag{3.5}$$

设 $\boldsymbol{e}_0$ 为光源入射光方向的单位向量，c 代表在介质中的光速。利用光探测器来接收散射粒子，所测得的散射光的频率为

$$f_s=f_p\left(1+\frac{v\boldsymbol{e}_s}{c}\right) \tag{3.6}$$

光检测器的方向应当与粒子散射光的方向一致，$\boldsymbol{e}_s$ 是指向光检测器方向的单位向量。

$$f_s=f_0\left(1-\frac{v\boldsymbol{e}_0}{c}\right)\left(1+\frac{v\boldsymbol{e}_0}{c}\right)\approx f_0\left[1+\frac{v(e_s-e_0)}{c}\right] \tag{3.7}$$

多普勒频移就是光探测器所接收到的散射光的频率减去入射光光波的频率，则多普勒频移 f_D 为

$$f_D=f_s-f_0=f_0\ \frac{v(\boldsymbol{e}_s-\boldsymbol{e}_0)}{c} \tag{3.8}$$

也可以利用波长来表示

$$f_D=\frac{1}{\lambda}\left|v(\boldsymbol{e}_s-\boldsymbol{e}_0)\right| \tag{3.9}$$

式中，λ 为入射光波波长，$c=\lambda f$。

即使确定了光源、运动的示踪粒子和光电探测器三者之间的相对位置，也只能确定速度的大小，而不能判断速度的方向。但是如果所在的场的速度方向本来就是已知的话，那么上述三者可以如图 3.4 所示进行布置。

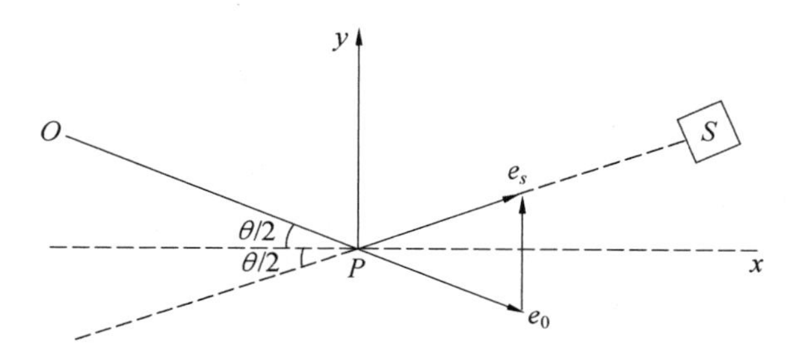

图 3.4　激光多普勒测速的特殊布置

$$|(\boldsymbol{e}_s - \boldsymbol{e}_0)| = 2\sin\frac{\theta}{2} \tag{3.10}$$

$$f_D = \frac{1}{\lambda}|v(\boldsymbol{e}_s - \boldsymbol{e}_0)| = \frac{2\sin\frac{\theta}{2}}{\lambda}|v_y| \tag{3.11}$$

θ 表示入射光向量与散射光向量之间的夹角，由式(3.11)可以知道多普勒频移 f_D 的大小与示踪粒子的运动速度成正比，因此要想得到示踪粒子运动的速度，就要测得多普勒频移 f_D，这是求出速度的关键部分。

3.1.2.4　激光测长存在的问题

激光测长属于非接触测量，精度高，优点十分明显。在精确测长方案设计中充分考虑并调试了一款型号为LM61－LDV－3的基于多普勒激光测长系统，调试过程中多普勒激光测长系统的缺点也尤为明显，使激光测长无法应用于智能化设备的设计中，下面详细说明采用激光测长进行设计遇到的难题。

(1) 激光测长受测长对象限制。智能化设备测长的对象是输电线，输电线一般采用的是钢丝铝绞线，钢丝铝绞线表面粗糙、不规则。若使用激光测长，激光的光路无法准确地预测。激光器发出激光，激光照射在运动中的输电线上，由于钢丝铝绞线表面的问题，散射光从许多不同方向射出，这些方向无法确定，具有一定的随机性。这种情况下光接收器的安放位置成了一个难题，不利于智能化设备的设计。除了光接收器的位置问题，该状况下的光能利用率较低，会增加智能化设备的功耗，同样不利于设计。

(2) 激光测长受外界环境的影响较大。架设输电线路的过程中，施工方经常遇到各种各样的天气现象，其中不乏恶劣天气，例如大雾、下雨、下雪等，恶劣天气可能影响激光测速仪的正常工作。恶劣天气会使激光穿梭的介质发生变化，光接收器接收的光信号因此变得不理想，测长的误差也较大。若将激光测长部分放置在智能化设备壳内，无疑将增大智能化设备的体积，增加费用。除了介质的问题，恶劣天气还会在输电线上附着雨水、雪，这改变了输电线的表面，同样会影响激光测长。

(3) 激光测长的光干扰会使集成电路无法工作。光学上抗干扰的措施主要是使干涉仪光学系统置于密封的暗箱内，箱内衬有黑绒布，此外，干涉仪测量光束出口和入口均加遮光筒，以削去大部分杂散光线。若使用激光测长，需对光学测长系统的空间进行合理的规划和设计，避免光对集成电路的干扰，工作量较大，相比之下，非接触测长是更好的选择。

3.1.3　接触式测长方案

3.1.3.1　编码器的分类

编码器是将信号(如比特流)或数据进行编制、转换为可用以通信、传输和存储的信号形式的设备。编码器把角位移或直线位移转换成电信号，前者称为码盘，后者称为码尺。

(1) 编码器以读出方式来分，有接触式和非接触式两种。接触式采用电刷输出，电刷接触导电区或绝缘区来表示代码的状态是“1”或“0”；非接触式的接受敏感元件是光敏元件或磁敏元件，采用光敏元件时以透光区或不透光区来表示代码的状态是“1”或“0”。

(2) 按照工作原理编码器可分为增量式和绝对式两类。增量式编码器是将位移转换成周期性的电信号，再把这个电信号转变成计数脉冲，用脉冲的个数表示位移的大小。绝对式编码器的每一个位置对应一个确定的数字码，因此它的示值只与测量的起始和终止位置有关，而与测量的中间过程无关。

a. 增量式编码器：就是每转过单位的角度就发出一个脉冲信号（也有发正余弦信号，然后对其进行细分，斩波出频率更高的脉冲），通常为 A 相、B 相、Z 相输出，A 相、B 相为相互延迟 1/4 周期的脉冲输出，根据延迟关系可以区别正反转，而且通过取 A 相、B 相的上升和下降沿可以进行 2 或 4 倍频；Z 相为单圈脉冲，即每圈发出一个脉冲。一般意义上的增量编码器内部无存储器件，故不具有断电数据保持功能，数控机床必须通过“回参考点”操作来确定计数基准与进行实际位置“清零”。

b. 绝对式编码器：就是对应一圈，每个基准的角度发出一个唯一与该角度对应二进制的数值，通过外部记圈器件可以进行多个位置的记录和测量。绝对值编码器的输出可直接反映 360° 范围内的绝对角度，绝对位置可通过输出信号的幅值或光栅的物理编码刻度鉴别，前者称旋转变压器；后者称绝对值编码器。

增量型与绝对型存着最大的区别：在增量编码器的情况下，位置是从零位标记开始计算的脉冲数量确定的，而绝对型编码器的位置是由输出代码的读数确定的。在一圈里，每个位置的输出代码的读数是唯一的。因此，当电源断开时，绝对型编码器并不与实际的位置分离。如果电源再次接通，那么位置读数仍是当前的，有效的。不像增量编码器那样，必须去寻找零位标记。

(3) 编码器以检测原理可分为：光电式、磁电式和触点电刷式。

a. 光电编码器光栅盘和光电检测装置组成。体积小，精密，本身分辨度可以很高，无接触无磨损，同一品种既可检测角度位移，又可在机械转换装置帮助下检测直线位移，多圈光电绝对编码器可以检测相当长量程的直线位移。寿命长，安装随意，接口形式丰富，价格合理。技术成熟，多年前已在国内外得到广泛应用。但对户外及恶劣环境下使用提出较高的保护要求，量测直线位移需依赖机械装置转换，需消除机械间隙带来的误差，检测轨道运行物体难以克服滑差。

b. 磁电式编码器应用较多的是静磁栅绝对编码器，该编码器体积适中，直接测量直线位移，绝对数字编码，理论量程没有限制，无接触无磨损，抗恶劣环境，可水下 1 000 m 使用，接口形式丰富，量测方式多样，价格尚能接受。但分辨度（1 mm）不高，测量直线和角度要使用不同品种，不适于在精小处实施位移检测。

触点电刷式由码盘和电刷组成。该编码器高精度、高分辨率、高可靠性，能直接输出某种码制的数码，能方便地与微机和数字系统连接，使用十分灵活方便，主要用于各种位移量的测量。但分辨率受到电刷的限制，不能做到很高，接触产生磨擦，使用寿命较短，触点接触，不允许高速运转。

相对于绝对式编码器，增量式光电编码器（图 3.5）的码盘轨道更少，这样它的导线数、滑环数、读出器、电路和显示元件保持最低，使得系统可靠性增大，成本降低。因此，现代系统多倾向采用增量编码器。

图 3.5　增量式光电编码器

3.1.3.2　增量式光电编码器特性

增量式光电编码器主要由发光二极管、棱镜、固定光栅(检测光栅)、光敏管(光电检测器件)、数字转化电路、光栅板(码盘)、轴承和旋转轴组成。该编码器实际上是一种旋转式角位移检测装置,它根据轴所转过的角度,输出一系列脉冲能将机械转角变换成电脉冲,其输出信号为A、B相相位相差90°的正交方波脉冲串,每个脉冲代表被测对象旋转了一定的角度,两相之间的相位关系反映了被测对象的旋转方向。光栅板(码盘)上刻有一系列等节距的径向辐射状透光间隙,相邻的两个透光间隙表示一个信号增量;检测(固定)光栅上刻有A、B两组透光间隙,并与码盘上的透光缝相对应。发光二极管和光敏管之间的光线在经过码盘和检测光栅时,受两者透光间隙的阻止或允许通过。码盘和检测光栅上的相邻两条透光缝隙之间的节距相等,且A、B两组透光缝隙在相对位置上错开1/4节距,使得光线通过码盘和检测光栅时,A、B两路光路存在90°的相位差。工作过程中,固定检测光栅,光栅板随着旋转轴转动,光线经过码盘和检测光栅在光敏元件上形成两组明暗相间相位差90°的光信号,光信号经过光敏管等光电检测器转换为数字信号(正弦方波形式)输出(图3.6)。

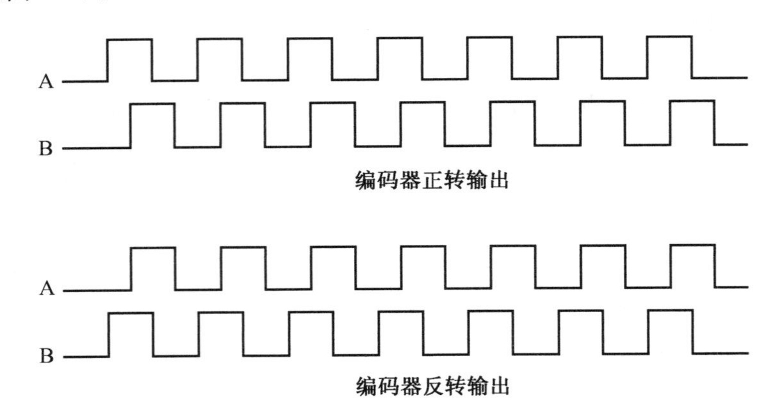

图 3.6　编码器输出波形

由于实际应用的需求千变万化,对增量式光电编码器的特性要求也不尽相同。增量式光电编码器的特性大致可以归结为以下几个方面。

1. 分辨率

增量式光电编码器的分辨率指的是编码器的连接轴转动一圈所输出的脉冲信号周期数，即脉冲数／转(PPR)。从机械结构上来说，增量式光电编码器的分辨率就是指码盘上的缝隙数，缝隙越密越多，编码器的分辨率就越高。在一些实际的工业应用中，增量式光电编码器的分辨率通常在 100～5 000 PPR 范围内，在一些特殊应用中，增量式光电编码器的分辨率可以达到几万 PPR。普通直流电机控制系统通常使用分辨率在几百或者上千左右的编码器，而在一些要求较高的交流电机伺服控制系统中，分辨率则通常都在 2 000 以上。另外由于大多数光电编码器的输出为两路相位相差 90° 的方波信号，因此可以使用简单的逻辑电路对方波信号进行 2 细分或者 4 细分，进而可以有效地提高编码器的分辨率。

2. 精度

增量式光电编码器的精度与它的分辨率是两个完全不同的概念。这两个概念的不同和用枪打靶时的精确度和准确度类似。由于编码器码盘加工的透光缝隙的质量参差不齐，码盘与连接轴安装的同心度、垂直度等误差的存在，编码器实际定位角度和输出的角度之间存在差值，这个差值就是所说的精度，差值越小，表示精度越高。通常用度、分或秒来表示精度。另外，机械旋转带来的的振动，空气温度湿度等环境条件的改变也会对编码器的精度产生影响。

3. 响应频率

光电编码器的响应频率主要由光电传感器件的灵敏度以及电子处理电路的响应速度来决定。当编码器的码盘高速旋转时，光电检测器件输出信号的频率会比较高，对于灵敏度较低的器件此时信号的幅度通常会由于内部 PN 结电容较大而降低，进而增大了后续处理电路对信号进行放大整形的难度。此时，后续处理电路的响应速度要求也较高，放大整形等电路都必须采用高速的运算放大器才能跟上光电检测器件输出信号的速度。如果后续处理电路速度较慢，则会出现信号畸变，丢失脉冲等问题，从而限制了编码器所能正常工作的转速范围。

4. 输出信号的形式

编码器输出信号的形式指的是编码器输出的电路信号的形式。不同分辨率和精度的编码器输出形式也不尽相同。最简单的增量式光电编码器只有一路方波脉冲信号输出，为了辨识转动的方向，通常采用两路相位相差 90° 的脉冲信号。不同传输距离的编码器脉冲信号的电气规范也不相同，传输通常采用单端信号，而距离较长时通常采用差分线传输，以保证信号在传输过程中的完整性。对于分辨率较高且转速较快的编码器，即信号的频率较高时，即使板级的信号传输，通常也采用差分信号的形式。在选择编码器时，要充分考虑到输出信号的形式与现有系统的匹配性。

5. 输出信号的稳定性

编码器输出信号的稳定性指的是编码器在实际运行过程中，输出信号的精度保持在给定的一个范围内。输出信号的稳定性主要取决于机械和电子两个方面。机械方面的因素主要有编码器的码盘随外界压力而产生的变形和温度变化所引起的热胀冷缩。电路方面则主要是由于电子器件随温度变化而产生的漂移、外界的静电脉冲对电路产生的干扰，这些通常都是设计编码器时需要充分考虑的因素，但作为使用者，充分了解其特性才能更好发挥编码器原有的性能。

3.1.3.3 增量式光电编码器基本原理

增量式光电编码器基本原理的码盘比绝对式编码器的码盘简单得多，一般只需三、四条码道。增量式编码器的码盘存储的不是角位置信息，而是角度增量信息，即码盘上只有一圈等间隔的线条，每个线条表示一个角度增量，这样的码盘实际上是一个圆光栅，当轴旋转过一线条时，透过码盘的光向接收元件透射一次光脉冲。通过计数器记下工作过程中的脉冲数，就可算出总的旋转角度。因此，增量式光电编码器的核心部分是由圆光栅盘和指示光栅组成的光栅付，在外围信号处理电路配合下，对光栅盘产生的光电信号进行周期计数，这个数值与轴转动的角位移量是成比例的。

在码盘上设计了按一定周期等分圆周的辐射状等间隔的明暗刻线，在和光栅盘平行而有微小间隙的位置安置一个和光栅盘等周期图案的指示狭缝光栅盘。狭缝都是由与圆光栅盘相同周期的多线狭缝组成，这样做既可以平均掉光栅盘刻线图案的周期误差，又可以使光电信号幅度增强，提高可靠性。在设计上保证狭缝之间的相位相互错开 1/4 周期。在码盘的一个侧面安置光源，另一个侧面安置光电转换元件，当码盘旋转时，圆光栅盘和指示光栅重叠便产生莫尔条纹。圆光栅盘固定在转轴上。因此，这种装置可以将转轴旋转的角度量变换为莫尔条纹信号，再通过狭缝和光电器件便可转换为光电信号。

分辨率较低的编码器，不是通过莫尔条纹提取信号，而是在圆光栅盘上刻制四圈或三圈码道（图 3.7），在每个码道上通过狭缝安放一个光电器件，每个光电器件输出的光电信号近似为正弦信号。由于每圈刻线依次错开 1、4 周期，所以输出的四相光电信号在相位上一次错开 90°，即四个码道上的光电信号的初相位为 0°、90°、180°、270°。

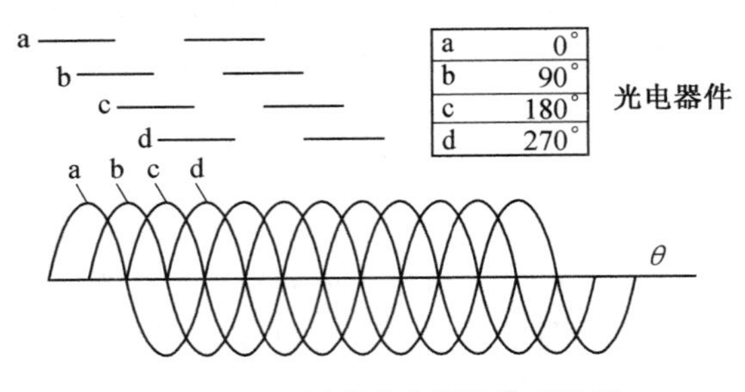

图 3.7 四圈码道光栅及信号波形

在光电读数里面安装有光源、透镜、光栅付、遮光板、光栏（狭缝）、光电器件和前置放大器。

前置放大器一般采用运算放大器进行差分放大，光电信号通过差分放大合成后，能抑制共模干扰和消除信号中的直流分量及偶次谐波成分，进而提高信号质量。从判定位移和位移方向出发，前置放大器至少得输出 $\sin\theta$ 和 $\cos\theta$ 两路信号，也就是说前置放大器应该由两路放大器所组成。从细分（插补）出发，应有四路信号 $\sin\theta$、$\cos\theta$、$-\sin\theta$、$-\cos\theta$，所以要有四路放大器。

为了保证合成后差放的质量，对前置差放提出以下具体要求。

(1) 要求每个差分放大器有相等的幅频特性和相频特性,并要求每个差放应该便于调整。

(2) 放大器的上限频率要满足位移速度要求,一般为几百 kHz。

(3) 莫尔条纹信号中存在共模电压,因此对前放的共模抑制比有一定要求,一般约为 100 dB,细分越多对共模抑制比的要求也越高。

(4) 前置有较大的动态输出范围,一般不应低于 $-5\sim+5$ V。前置放大器的输入和输出阻抗应考虑前后匹配。

光电信号的质量不能只由前置放大器来决定。而是光、机、电的综合结果,比如在光栅付安装质量不好的情况下,无法在满光栅长度上保证调整的结果。另外,光学与机械系统的精调也要依靠前置放大器输出信号的波动情况来加权判断。因此,在实际工作中,当光、机、电各部分调整一定程度,达到各自指标后,然后把它们联合起来进行调整,称为变换器的光、机、电联合调整。

为了减小轴系统晃动及光栅盘安装偏心的影响,在编码器中,一般都采用对边读数,数字量相加平均(如绝对式逻辑电路)或模拟量相加平均。

在对径位置处安放两个读数头,共八个光电器件,先把 0°、90°、180°、270° 的同相信号两两相加,然后把所得到的四路信号分别加到两个差分放大器的输入端,其布置如图 3.8 所示。则在差放的输出端得到 0° 和 90° 信号。再把 0° 信号倒相得到 180° 信号作为零位脉冲信号,于是便得到 0°、90° 和 180° 的三路信号。由于 0° 和 90°(设为 A 和 B) 两相相差 90 度,可通过比较 A 相在前还是 B 相在前,以判别编码器的正转与反转,通过零位脉冲,可获得编码器的零位参考位。

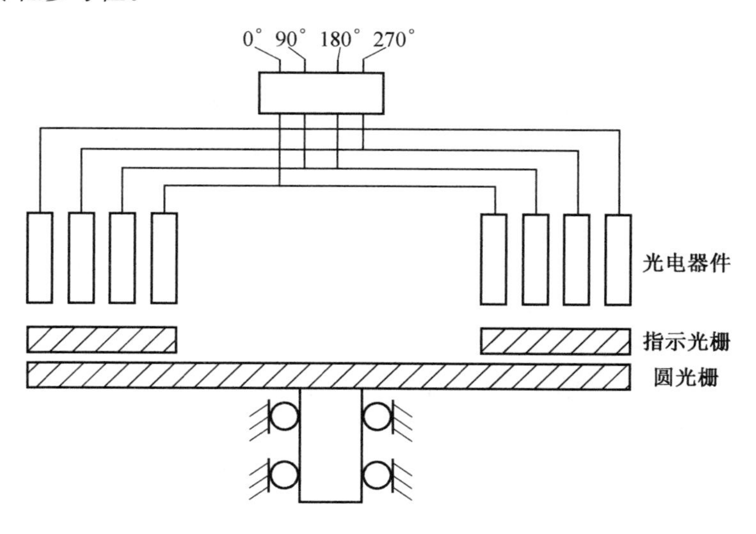

图 3.8　模拟对径相加平均结构

为简化问题,以 0° 相位信号为例进行分析。在轴转角为 θ 时,两读数头输出的光电信号完全相同,其信号幅值为 $U_{\mathrm{m}}\sin\theta$,相加后得 $2U_{\mathrm{m}}\sin\theta$。若轴系晃动引起对径信号相对于 θ 角相移为 θ_0,则两光电信号的幅值分别为 $U_{\mathrm{m}}\sin(\theta+\theta_0)$ 和 $U_{\mathrm{m}}\sin(\theta-\theta_0)$,其模拟量相加得

$$U_m \sin(\theta+\theta_0)+U_m \sin(\theta-\theta_0)=2U_m \cos\theta_0 \sin\theta \tag{3.12}$$

显然，由于轴系晃动使合成信号的幅度由 $2U_m$ 降为 $2U_m\cos 90°$，而相位角仍为 θ_0，如果光电信号的模数变换采用鉴零电路时，信号幅值下降将不能产生相角误差；如果采用鉴幅电路，则信号幅值下降将必然带来相角误差。例如，采用 BG307 作为鉴零器，由于其滞后电压 $U_0<200$ mV，放大器输出幅度 $U_m=5$ V。那么，在轴系晃动量为 3～4 μm时，仅产生 0.1°～0.2°的误差。如果减小 U_0 值这项误差将更小。但是，为了抑制干扰信号，往往采用鉴幅器，有 l V 左右的鉴幅电平。这样一来由于信号幅值的下降必然产生相角误差。

可见，采用对径模拟量相加方案，既可提高编码器的精确度又可使系统较为简单。

上文所述的 A、B 两路信号经过前置放大器、电压比较器及施密特电路整形后，变成了方波信号。当光电编码器的轴转动时有 A、B 两脉冲输出，A、B 两相脉冲相差 90° 相位角，如果 A 相脉冲比 B 相脉冲超前则光电编码器为正转，否则为反转。Z 线为零脉冲线，光电编码器每转一圈产生一个脉冲，主要用作计数。A 线用来测量脉冲个数，B 线与 A 线配合可测量出转动方向。

3.1.4 测长单元主板硬件选型

3.1.4.1 单片机选型

各单片机的特性和功能略有不同，具体情况如下。

1. 8501 单片机

最早由 Intel 公司推出的 8051/31 类单片机，是世界上使用量最大的几种单片机之一。由于 Intel 公司将重点放在 186、386、奔腾等与 PC 类兼容的高档芯片开发上，8051 类单片机主要有 Philips、三星、华帮等公司接手。这些公司在保持与 8051 单片机兼容的基础上改善了 8051 的许多特点，提高了速度，降低了时钟频率，放宽了电源电压的动态范围，降低了产品价格。

2. Atmel 单片机

ATMEL 公司是世界上著名的高性能低功耗非易失性存储器和数字集成电路的一流半导体制造公司。ATMEL 公司最令人注目的是它的 EEPROM 电可擦除技术、闪速存储器技术和质量高可靠性的生产技术。在 CMOS 器件生产领域中，ATMEL 的先进设计水平、优秀的生产工艺及封装技术一直处于世界领先地位。这些技术用于单片机生产使单片机也具有优秀的品质，在结构性能和功能等方面都有明显的优势。ATMEL 公司的单片机是目前世界上一种独具特色而性能卓越的单片机，它在计算机外部设备通信、设备自动化工业控制、宇航设备仪器仪表和各种消费类产品中都有着广泛的应用前景。其生产的 AT90 系列是增强型 RISC 内载 FLASH 单片机，通常称为 AVR 系列；AT91M 系列是基于 ARM7TDMI 嵌入式处理器的 ATMEL16/32 主控单片机系列中的一个新成员，该处理器用高密度的 16 位指令集实现了高效的 32 位 RISC 结构且功耗很低。另外，ATMAL 的增强型 51 系列单片机目前在市场上仍然十分流行，其中 AT89S51 十分活跃。

3. MSP430 系列单片机

MSP430系列单片机是由TI公司开发的16位单片机。其突出特点是超低功耗，非常适合于各种功率要求低的场合。有多个系列和型号，分别由一些基本功能模块按不同的应用目标组合而成。典型应用是流量计、智能仪表、医疗设备和保安系统等方面。由于其较高的性能价格比，应用已日趋广泛。

4. Motorola 单片机

Motorola是世界上最大的单片机厂商之一，品种全，选择余地大，新产品多，在8位机方面有68HCO5和升级产品68HC08，68HC05有30多个系列200多个品种，产量超过20亿片。8位增强型单片机68HC11有30多个品种，年产量1亿片以上，升级产品有68HC12。16位单片机68HC16有10多个品种，32位单片机683XX系列也有几十个品种。近年来以PowerPC、Codfire、M. CORE等作为CPU，以DSP作为辅助模块集成的单片机也纷纷推出，目前仍是单片机的首选品牌。Motorola单片机的特点之一是在同样的速度下所用的时钟较Intel类单片机低得多，因而使得高频噪声低，抗干扰能力强，更适合用于工控领域以及恶劣环境。Motorola 8位单片机过去策略是掩膜为主，最近推出OTP计划以适应单片机的发展，在32位机上，M. CORE在性能和功耗上都胜过ARM7。

5. STC 单片机

STC单片机完全兼容51单片机，并有其独到之处，其抗干扰性强，加密性强，超低功耗，可以远程升级，内部有MAX810专用复位电路，价格也较便宜，由于这些特点使得STC系列单片机的应用较为广泛。

不同单片机如图3.9所示。

图3.9　不同单片机展示

由上述对比可知，STC单片机的超低功耗、抗干扰性强、可远程升级等特点适用于输电线路架线施工智能化设备的性能要求。

在此计数处理单片机选择STC8G1K08，SOP8封装，除了电源(VCC)，底线(GND)之外，其余管脚都可以使用，除了可以做普通的IO之外，还可以为内部的AD、TIMER、

SPI、I2C、CCP 等模块提供外部端口。

数据处理和液晶驱动单片机选择 STC8G2K64S4、LQFP32 封装。STC8G 系列单片机是不需要外部晶振和外部复位的单片机，是以超强抗干扰、超低价、高速、低功耗为目标的 8051 单片机，在相同的工作频率下，STC8G 系列单片机比传统的 8051 约快 12 倍(速度快 11.2～13.2 倍)，依次按顺序执行完全部的 111 条指令，STC8G 系列单片机仅需 147 个时钟，而传统 8051 则需要 1 944 个时钟。STC8G 系列单片机是 STC 生产的单时钟 / 机器周期(1T) 的单片机，是宽电压、高速、高可靠、低功耗、强抗静电、较强抗干扰的新一代 8051 单片机，超级加密。指令代码完全兼容传统 8051。单片机 STC8G1K08 引脚图如图 3.10 所示。

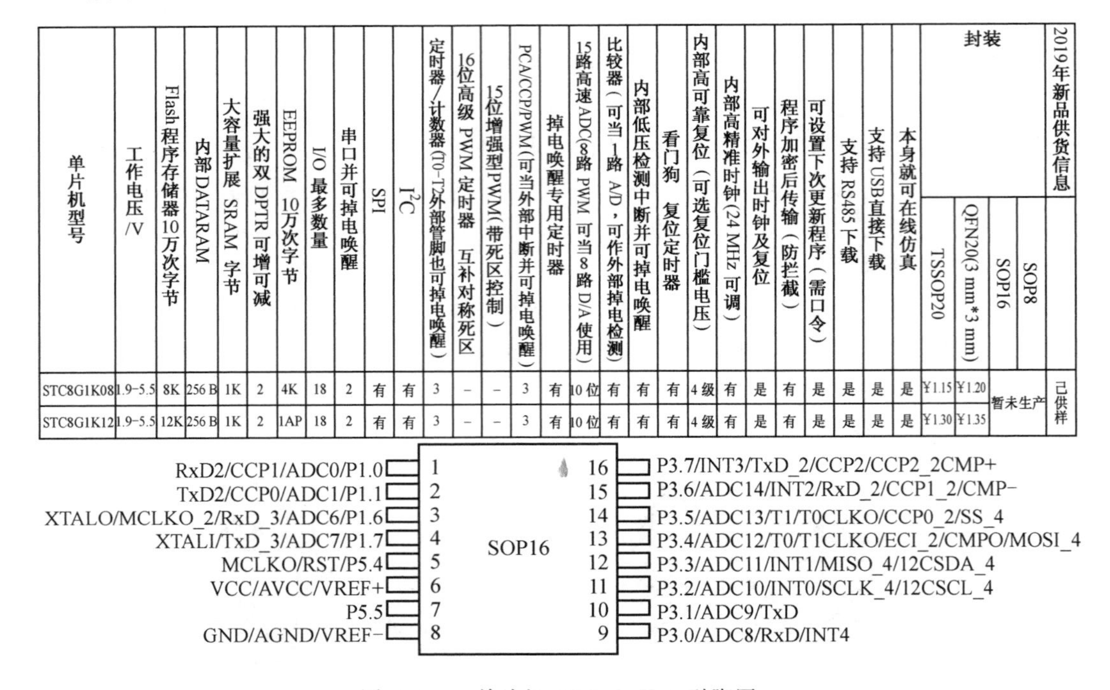

单片机型号	工作电压/V	Flash程序存储器10万次字节	内部DATARAM	大容量扩展 SRAM 字节	强大的双 DPTR 可增可减	EEPROM 10万次字节	I/O 最多数量	串口并可掉电唤醒	SPI	I²C	定时器/计数器(T0–T2外部管脚也可掉电唤醒)	16位高级 PWM 定时器 互补对称死区	15位增强型PWM(带死区控制)	PCA/CCP/PWM(可当外部中断并可掉电唤醒)	掉电唤醒专用定时器	15路高速ADC(8路 PWM 可当8路 D/A 使用)	比较器(可当1路 AD，可作外部掉电检测)	内部低压检测中断并可掉电唤醒	看门狗 复位定时器	内部高可靠复位(可选复位门槛电压)	内部高精准时钟(24 MHz 可调)	可对外输出时钟及复位	程序加密后传输(防拦截)	可设置下次更新程序(需口令)	支持 RS485 下载	支持 USB 直接下载	本身就可在线仿真	封装				2019年新品供货信息
																												TSSOP20	QFN20(3 mm*3 mm)	SOP16	SOP8	
STC8G1K08	1.9~5.5	8K	256 B	1K	2	4K	18	2	有	有	3	–	–	3	有	10 位	有	有	有	4 级	有	是	有	是	是	是	是	¥1.15	¥1.20	暂未生产		已供样
STC8G1K12	1.9~5.5	12K	256 B	1K	2	1AP	18	2	有	有	3	–	–	3	有	10 位	有	有	有	4 级	有	是	有	是	是	是	是	¥1.30	¥1.35			

图 3.10 单片机 STC8G1K08 引脚图

3.1.4.2 存储芯片选型

编码器信号处理换算是将编码器所旋转的角度换算为导线展放长度，以单片机为数据处理核心。为保证断电后重新上电测长单元仍能记录并显示断电前的导线展放长度数据，除了用于数据处理的单片机，编码器信号处理换算部分还需要一种掉电后数据不丢失的存储芯片。

存储器实际上是时序逻辑电路的一种。按存储器的使用类型可分为只读存储器(ROM) 和随机存取存储器(RAM)，两者的功能有较大的区别，因此在描述上也有所不同。

存储器是许多存储单元的集合，按单元号顺序排列。每个单元由若干二进制位构成，以表示存储单元中存放的数值，这种结构和数组的结构非常相似，故在 VHDL 语言中，通常由数组描述存储器。存储器是用来存储程序和各种数据信息的记忆部件。存储器可分为主存储器(简称主存或内存)和辅助存储器(简称辅存或外存)两大类。和CPU直接交换信息的是主存。主存的工作方式是按存储单元的地址存放或读取各类信息,统称访问存储器。主存中汇集存储单元的载体称为存储体,存储体中每个单元能够存放一串二进制码表示的信息,该信息的总位数称为一个存储单元的字长。存储单元的地址与存储在其中的信息是一一对应的,单元地址只有一个,固定不变,而存储在其中的信息是可以更换的。

指示每个单元的二进制编码称为地址码。寻找某个单元时,先要给出它的地址码。暂存这个地址码的寄存器叫存储器地址寄存器(MAR)。为可存放从主存的存储单元内取出的信息或准备存入某存储单元的信息,还要设置一个存储器数据寄存器(MDR)。

随机存取存储器(RAM)在计算期间被用作高速暂存记忆区。数据可以在RAM中存储、读取和用新的数据代替。当计算机在运行时RAM是可得到的。它包含放置在计算机此刻所处理的问题处的信息。大多数RAM是“不稳定的”,这意味着当关闭计算机时信息将会丢失。存储单元的内容可按照需要随机取出或存入,且存取的速度与存储单元的位置无关。这种存储器在断电时,将丢失其存储内容,所以主要用于存储短时间使用的程序。它主要用来存储程序中用到的变量。凡是整个程序中,所用到的需要被改写的量(包括全局变量、局部变量、堆栈段等),都存储在RAM中。

只读存储器(ROM)是稳定的。它被用于存储计算机在必要时需要的指令集。存储在ROM内的信息是硬接线的(即它是电子元件的一个物理组成部分),且不能被计算机改变(因此称为“只读”)。可变的ROM,称为可编程只读存储器(PROM),可以将其暴露在一个外部电器设备或光学器件(如激光)中来改变。

在本书中存储芯片一般指的是只读存储器。只读存储器(Read-Only Memory,ROM)以非破坏性读出方式工作,只能读出无法写入信息。信息一旦写入后就固定下来,即使切断电源,信息也不会丢失,所以又称为固定存储器。ROM所存数据通常是装入整机前写入的,整机工作过程中只能读出,不像随机存储器能快速方便地改写存储内容。ROM所存数据稳定,断电后所存数据也不会改变,并且结构较简单,使用方便,因而常用于存储各种固定程序和数据。除少数种类的只读存储器(如字符发生器)可通用之外,不同种类的只读存储器功能不同。为便于用户使用和大批量生产,进一步发展出可编程只读存储器(PROM)、可擦可编程序只读存储器(EPROM)和带电可擦可编程只读存储器(EEPROM)等不同的种类(图3.11)。ROM应用广泛,诸如Apple Ⅱ或IBMPCXT/AT等早期个人电脑的开机程序(操作系统)或是其他各种微电脑系统中的韧体(Firmware),所使用的硬件都是ROM。

ROM有多种类型,且每种只读存储器都有各自的特性和适用范围。从其制造工艺和功能上分,ROM有五种类型,即掩膜编程的只读存储器MROM、可编程的只读存储器PROM、可擦除可编程的只读存储器EPROM、电可擦可编程只读存储器EEPROM和快擦除读写存储器(FlashMemory)。

1.掩膜只读存储器

掩膜只读存储器(MaskROM,MROM)中存储的信息由生产厂家在掩膜工艺过程中“写入”。在制造过程中,将资料以一特制光罩(Mask)烧录于线路中,有时又称为“光罩式只读内存"(MaskROM),此内存的制造成本较低,常用于电脑中的开机启动。其行线和列线的交点处都设置了 MOS 管,在制造时的最后一道掩膜工艺,按照规定的编码布局来控制 MOS 管是否与行线、列线相连。相连者定为1(或0),未连者为0(或1),这种存储器一旦由生产厂家制造完毕,用户就无法修改。

图 3.11 不同只读存储器展示

MROM 的主要优点是存储内容固定,掉电后信息仍然存在,可靠性高。缺点是信息一次写入(制造)后就不能修改,很不灵活,且生产周期长,用户与生产厂家之间的依赖性大。

2. 可编程只读存储器

可编程只读存储器(ProgrammableROM,PROM)允许用户通过专用的设备(编程器)一次性写入自己所需要的信息,其一般可编程一次,PROM存储器出厂时各个存储单元皆为1,或皆为0。用户使用时,再使用编程的方法使 PROM 存储所需要的数据。

PROM 的种类很多,需要用电和光照的方法来编写与存放程序和信息。但仅仅只能编写一次,第一次写入的信息就被永久性地保存起来。例如,双极性PROM有两种结构:一种是熔丝烧断型,一种是 PN 结击穿型。它们只能进行一次性改写,一旦编程完毕,其内容便是永久性的。由于可靠性差,又是一次性编程,较少使用。PROM 中的程序和数据是由用户利用专用设备自行写入,一经写入无法更改,永久保存。PROM 具有一定的灵活性,适合小批量生产,常用于工业控制机或电器中。

3. 可编程可擦除只读存储器

可编程可擦除只读存储器(Erasable Programmable Read-Only Memory,EPROM)可多次编程,是一种以读为主的可写可读的存储器;是一种便于用户根据需要来写入,并能把已写入的内容擦去后再改写的 ROM。其存储的信息可以由用户自行加电编写,也可以利用紫外线光源或脉冲电流等方法先将原存的信息擦除,然后用写入器重新写入新的信息。EPROM 比 MROM 和 PROM 更方便、灵活、经济实惠。但是 EPROM 采用 MOS 管,速度较慢。

擦除远存储内容可以采用以下方法:电的方法(称电可改写 ROM)或用紫外线照射的方法(称光可改写 ROM)。光可改写 ROM 可利用高电压将资料编程写入,抹除时将线路曝光于紫外线下,则资料可被清空,并且可重复使用,通常在封装外壳上会预留一个石英透明窗以方便曝光。

4. 电可擦可编程只读存储器

电可擦可编程序只读存储器(Electrically Erasable Programmable Read-Only Memory,EEPROM)是一种随时可写入而无须擦除原先内容的存储器,其写操作比读操作时间要长得多,EEPROM 把不易丢失数据和修改灵活的优点组合起来,修改时只需使用普通的控制、地址和数据总线。EEPROM 运作原理类似于 EPROM,但抹除的方式是使用高电场来完成，因此不需要透明窗。EEPROM比EPROM贵，集成度低，成本较高，一般用于保存系统设置的参数、IC卡上存储信息、电视机或空调中的控制器。但由于其可以在线修改，所以可靠性不如EPROM。

5. 快擦除读写存储器

快擦除读写存储器(FlashMemory)是Intel(英特尔)公司于20世纪90年代中期发明的一种高密度、非易失性的读/写半导体存储器，它既有EEPROM的特点，又有RAM的特点，是一种全新的存储结构，俗称快闪存储器。快闪存储器的价格和功能介于EPROM和EEPROM之间。与EEPROM一样，快闪存储器使用电可擦技术，整个快闪存储器可以在一秒至几秒内被擦除，速度比EPROM快得多。另外，它能擦除存储器中的某些块，而不是整块芯片。然而快闪存储器不提供字节级的擦除，与EPROM一样，快闪存储器每位只使用一个晶体管，因此能获得与EPROM一样的高密度(与EEPROM相比较)。“闪存”芯片采用单一电源(3 V或者5 V)供电，擦除和编程所需的特殊电压由芯片内部产生，因此可以在线系统擦除与编程。“闪存”也是典型的非易失性存储器，在正常使用情况下，其浮置栅中所存电子可保存100年而不丢失。

由上述对比可知，EEPROM可以在掉电的情况下保存数据，它在特定引脚上施加特定或使用特定的总线擦写命令就可以在在线的情况下方便地完成数据的擦除和写入，便于设备的调试，适用于输电线路架线施工智能化设备的性能要求。

EEPROM存储芯片选择24C02(图3.12)。24C02是一个2 KB的串行EEPROM存储芯片，可存储256个字节数据。工作电压范围为1.8～6.0 V，具有低功耗CMOS技术，自定时擦写周期，1 000 000次编程/擦除周期，可保存数据100年。24C02有一个16字节的页写缓冲器和一个写保护功能。通过I2C总线通信读写芯片数据，通信时钟频率可达400 kHz。

24C02属于CMOSEEPROM压系列。它是串行接口器件，其地址、数据信息都在同一条线路上传送。当串行总线上挂有多个芯片时，每个芯片必须具有唯一的器件地址。24C系列芯片的器件地址由7位数据位和一位读写位组成，其中高4位为24系列的协议格式，由厂家确定，24C02的型号地址为1010；之后的3位A0、A1、A2为可编程地址位，最后一位是读写控制位R/W，当该位为高电平“1”时，表示当前的操作是读操作，该位为低电平“0”时，表示当前的操作是写操作。因此24C02的器件寻址为1010A2A1A0R/W。

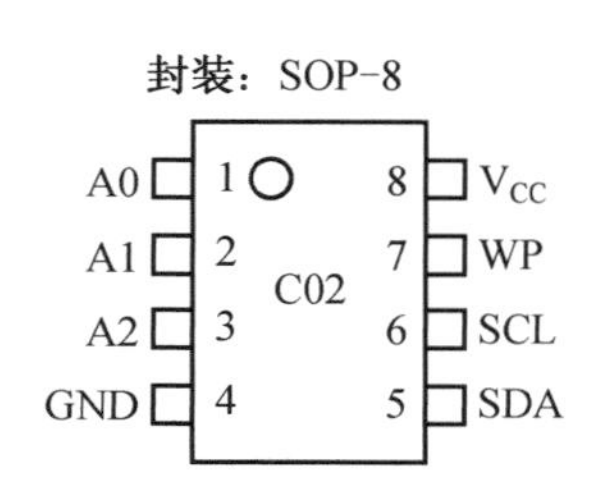

图3.12　存储芯片24C02展示

24C02严格遵守12C总线的时序和数据格式。它通过两根线(SDA，串行数据线；SCL，串行时钟线)在连到总线上的器件之间传送信息，根据地址识别每个器件，根据器件的功能可以分为发送工作方式和接收工作方式。SDA和SCL都是双向I/O线，通过上拉电阻接正电源。当总线空闲时，2根线都是高电平。当总线传输数据时，首先由主器件发起始信号，数据传输结束时由主器件发停止信号表示数据传输的结束。

24C02 的读写约定步骤为：主器件发送起始信号，占据串行总线，随后发送 7 位从器件地址和一位读写方向位。从器件接收到主器件发送的器件寻址信号后，将在 SDA 总线上返回主器件一个确认信号 A(低电平有效)，表示做好读写准备。主器件在收到从器件的确认信号后，向从器件发送要访问的数据地址(即片内地址)，从器件收到后又向主器件返回一个确认信号 A，至此 EEPROM 的读写准备工作完成。若为写 EEPROM，则主器件向从器件发送所写数据；若是读 EEPROM，则由主器件接收从器件发送的指定单元的 8 位数据。数据读写操作结束，主器件将发送停止信号。

在对 I2C 总线的器件进行读写操作时最重要的是时序的产生，具体操作时一定要查看所用芯片的参数，注意它对时钟的频率，高、低电平的保持时间，时钟上升沿、下降沿的时间要求，以便给出适当的延时，避免器件得不到正确的时钟信号，无法完成读写操作。

带有 I2C 总线接口的 EEPROM 虽然没有并行总线那样大的吞吐能力，但由于连接线和连接引脚少，因此其构成的系统价格低，器件间总线简单，结构紧凑，而且在总线上增加器件不影响系统的正常工作，系统修改和可扩展性好。

3.1.4.3 液晶显示屏选型

显示屏主要分为 CRT 显示屏(映象管显示器) 和 LCD 显示屏(液晶显示器) 两大类，其中液晶显示屏主要用于数字型钟表和许多便携式计算机。液晶显示器，英文通称为 LCD(Liquid Crystal Display)，是属于平面显示器的一种，依驱动方式来分类可分为静态驱动(Static)、单纯矩阵驱动(Simple Matrix) 以及主动矩阵驱动(Active Matrix) 三种。其中，被动矩阵型又可分为扭转式向列型(Twisted Nematic，TN)、超扭转式向列型(Super Twisted Nematic，STN) 及其他被动矩阵驱动液晶显示器；而主动矩阵型大致可区分为薄膜式晶体管型(Thin Film Transistor，TFT) 及二端子二极管型(Metal/Insulator/Metal，MIM) 两种方式。TN、STN 及 TFT 型液晶显示器因其利用液晶分子扭转原理之不同，在视角、彩色、对比及动画显示品质上有高低层次之差别，使其在产品的应用范围分类亦有明显区隔。以液晶显示技术所应用的范围以及层次而言，主动式矩阵驱动技术是以薄膜式晶体管型(TFT) 为主流，多应用于笔记型计算机及动画、影像处理产品。而单纯矩阵驱动技术则以扭转向列(TN) 及超扭转向列(STN) 为主，应用多以文书处理器以及消费性产品为主。在这之中，TFT 液晶显示器所需的资金投入以及技术需求较高，而 TN 及 STN 所需的技术及资金需求则相对较低。数码相机与传统相机最大的一个区别就是它拥有一个可以及时浏览图片的屏幕，称之为数码相机的显示屏，一般为液晶结构。它一种是采用了液晶控制透光度技术来实现色彩的显示器。

在设计中，液晶显示屏选择 19264 液晶模组(图 3.13)。19264 是一种图形点阵液晶显示器。与同类液晶显示模块相比，具有显示信息量大、亮度高、功耗低、体积小、质量轻等诸多优点，在移动通信、仪器仪表、电子设备、家用电器等各方面有着十分广泛的用途。它主要采用动态驱动原理，由行驱动控制器和列驱动器两部分组成了 192(列) × 64(行) 的全点阵液晶显示。此显示器采用了 COB 的软封装方式，通过导电橡胶和压框连接 LCD，使其寿命长，连接可靠。液晶模块选用带背光的型号。大部分为 LED 背光方式供电的电源为 3.8 ～ 4.3 V 直流电源，严格限制 5 V 电源直接供电，否则不仅会增加功耗，更会增加损坏背光灯的可能性，缩短液晶模块的使用寿命。

19264 液晶屏由左中右相同的三个屏组成，每一屏包含 64×64 点阵，其点阵显示结构为：每一屏的点阵包含 8 页、64 列，从上到下依次为第 0 ～ 7 页，每一页包含 8 行。每屏内有三个寄存器，分别为页(X) 地址寄存器、列(Y) 地址计数器、显示起始行(Z) 寄存器。页地址寄存器用来设定内部显示数据 RAM 的页地址，列地址计数器设定内部显示数据 RAM 的列地址，显示起始行寄存器设定显示 RAM 的起始行，可设定滚屏功能。页地址、显示起始行以及列地址可以通过向模块写入控制指令来寻址定位，每读或写 1 个显示字节数据操作后列地址计数器自动加 1。

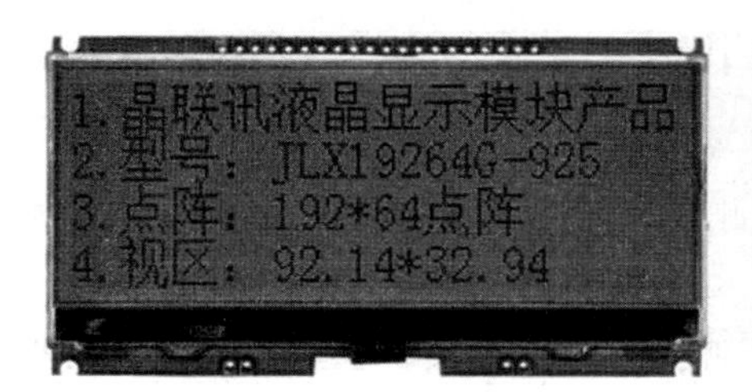

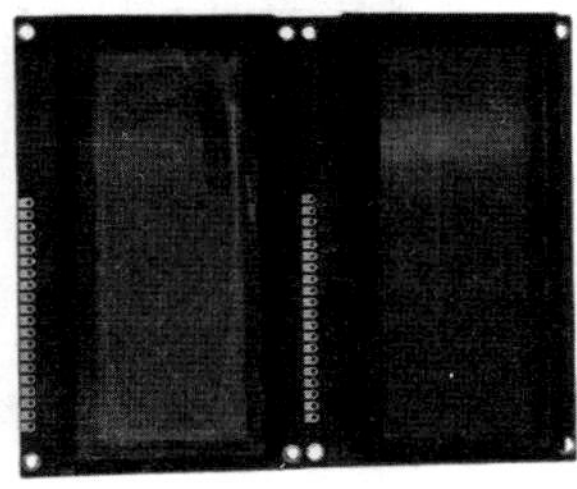

图 3.13　液晶模组 19264

模块内部图形数据存储器中每个单元的 8 位二进制数据对应显示屏上一页中的一列 1×8 点阵，为“1”的位(BIT) 对应的点显示，为“0”的位对应点不显示。字节中的高位对应的点在下，低位在上。当确定要在显示屏上某页某列写某个内容时，只需使 MCU 将对应的数据写入显示 RAM 的同一页同一列的地址处即可，然后该模块就会自动将显示 RAM 内容送往液晶屏，以完成相应的显示。因此，19264 模块类似于常见的键盘显示接口芯片 8279，由于它内部不仅有自己的显示 RAM 区用于存储欲写到液晶屏上的数据，而且有自己的操作控制，因此它能根据主控制器 MCU 写入到该模块的各种命令字及显示 RAM 数据，自动对液晶屏进行一系列操作而不再需要主控制器 MCU 的参与。如果将每个 RAM 单元对应的点阵定义为“条”，那么，一幅 64×64 的图像由 512 个“条”组成，对于 19264 模块而言，这些“条”竖向排列，显示顺序是由左至右显示一页后再下移一页。显然，对应每屏，模块内部有 512 个字节 RAM，而要使 19264 显示更新左屏画面，实际上就是把图像点阵数据顺序地写入模块内部这 512 个字节 RAM 缓冲区，写入的数据顺序显然应按“条”的顺序排列：即从第 0 页的第 0 列的“条”所对应的头一个显示 RAM 开始，按照从左到右，从上到下，直到后一个字节。

3.1.5　测长单元主板硬件设计

单片机选型完成后，即需对测长单元硬件电路进行设计，电路包含编码器信号采集、编码器信号处理换算、液晶模组数据显示三部分，除此之外还有电源模块，这是测长单元、精准画印单元、预警制动单元工作的前提。

3.1.5.1　电源模块

电源管理芯片(Power Management Integrated Circuits)，是在电子设备系统中担负起对电能的变换、分配、检测及其他电能管理的职责的芯片，主要负责识别 CPU 供电幅值，产生相应的短矩波，推动后级电路进行功率输出。

电源管理的范围相对较广，包括电源转换（DC－DC、AC－DC和DC－AC）、电源分配和检测，以及结合了电源转换和电源管理的系统。相应地，电源管理芯片的分类也包括这些方面，例如线性电源芯片、电压基准芯片、开关电源芯片、LCD驱动芯片、LED驱动芯片、电压检测芯片、电池充电管理芯片、栅极驱动器、负载开关、宽带隙开关等。电源管理芯片的应用范围十分广泛，发展电源管理芯片对于提高整机性能具有重要意义，对电源管理芯片的选择与系统的需求直接相关。基于电感的DC/DC芯片的应用范围最广泛，应用包括掌上电脑、相机、备用电池、便携式仪器、微型电话、电动机速度控制、显示偏置和颜色调整器等。主要的技术包括：BOOST结构电流模式环路稳定性分析，BUCK结构电压模式环路稳定性分析，BUCK结构电流模式环路稳定性分析，过流、过温、过压和软启动保护功能，同步整流技术分析，基准电压技术分析。

电源管理的形式多种多样，现代电源发展的两个主要方面是开关电源和线性电源。开关电源以功耗小、效率高、体积小、重量轻的优势几乎席卷了整个电子界，一经出现就迅猛地抢占了线性电源的市场地位。现代开关电源分为直流开关电源和交流开关电源两类，前者输出质量较高的直流电，后者输出质量较高的交流电。开关电源的核心是电力电子变换器。电力电子变换器是应用电力电子器件将一种电能转变为另一种或多种形式电能的装置，按转换电能的种类，可分为以下四种类型。

（1）直流－直流（DC－DC）变换器，它是将一种直流电能转换成另一种或多种直流电能的变换器，是直流开关电源的主要部件。

（2）逆变器，是将直流电转化为交流电的电能变换器，是交流开关电源和不间断电源UPS的主要部件。

（3）整流器，是将交流电转换为直流电的电能变换器。

（4）交交变频器，是将一种频率的交流电直接转换为另一种恒定频率或可变频率的交流电，或是将变频交流电直接转换为恒频交流电的电能变换器。

这四类变换器可以是单向变换的，也可以是双向变换的。随着电池供电便携式设备的广泛应用，作为开关电源主要研究对象之一的DC－DC变换器，适应了其宽泛的输入电压范围、稳定的输出电压、高效的能量传输这三点要求，得到了飞速发展。相关设计技术近年来逐渐成为研究的热点话题。

DC－DC电源是将直流电压变换成其他直流电压，也称为直流斩波器。可以将DC－DC电源芯片分成三类：线性集成稳压器、开关电源、电荷泵电路。

线性集成稳压器的优点是稳压性能好，输出纹波电压小，电路简单，成本低廉。主要缺点是调整管的压降较大，功耗高，稳压电源的效率比较低，一般为45%左右。新型线性稳压器应用在为减小压差而开展的工作。1997年前的低压差的水平是相对于几百毫安输出的LDO电源IC，可以做到100 mA输出时压差为100 mV左右的水平（压差的大小与输出电流几乎成正比关系）。1999年可以做到60～80 mV/100 mA，但到2000年已能做到每100 mA输出压差为40～50 mV（典型值）的水平。线性集成稳压器主要包括两种：固定输出式（含三端固定式、多端固定式、低压差固定式），可调输出式（含三端可调式、多端可调式、低压差可调式）。按照输出电压的特点来划分，又有正压输出、负压输出、跟踪式正、负压输出三种形式。

开关电源 SMSP(Switch Mode Power Supply) 被誉为高效节能电源,它代表着稳压电源的发展方向,现在已经成为稳压电源的主流产品。开关电源内部调整管工作在高频开关状态,其等效电阻很小,当流过大的电流时,消耗在调整管上的能量很小,所以电源效率可以达到 70% ~ 90%,比普通线性稳压电源提高近一倍。开关电源集成电路主要包括以下四种:脉冲宽度调制(简称脉宽调制 PWM) 器、脉冲频率调制(简称脉频调制 PFM) 器、单片开关式稳压器、单片开关电源。

电荷泵电路主要用于电压反转器,即输入正电压,输出为负电压,它可以在便携式产品中省去一组电池,由于工作频率采用 2 ~ 3 MHz,因此电容容量较小,可采用多层陶瓷电容(损耗小、ESR 低),不仅可提高效率及降低噪声,并且可减小电源的空间。近年来,利用电荷泵倍压的功能加稳压电路组成正输出的稳压电源,其效率高于 LDO 线性稳压器。例如 MAX1730 降压式电荷泵加稳压的器件,可输出 1.8 V 或 1.9 V 电压及 50 mA 电流,其峰值效率可大于 85%。LTCl503 电荷泵加线性稳压器输出 2 V、100 mA,其典型效率比 LDO 高 25%。

在选择外围电路的器件参数时,需要考虑以下几点;

(1) 根据工作模式和调整管电流能力选择电感型号,包括最大饱和电流、电感值、电感等效电阻等参数。电感应选用直流电阻较低、饱和电流较大的功率电感,这种电感一般为缠绕在铁氧体磁芯上的线圈。当流经电感的电流较大时由于磁芯的饱和将使实际电感值下降,所以应选用饱和电流大于实际流过电感的峰值电流的电感。一般来讲 20% 的轻度饱和电感量下降 20% 是可以接受的,电感值一般可在 10 至 300 μH 之间选择。过小的电感量将会使电感电流不连续造成电流输出能力降低,输出纹波增大,并有可能在限流比较器关断功率开关之前,使电感电流增加到很大值而造成 DC－DC 转换器的损坏。电感值过大则会造成瞬间响应变差并增加 DC－DC 转换器体积。电感值的选取应当以实际输入输出条件及对输出纹波瞬态响应等要求为依据。

(2) 综合考虑电源纹波、体积和成本,选择电容容量适中、泄漏电流小的电容。

(3) 合理选择电流能力适中、正向压降小、反向恢复快的续流二极管,使电源效率得到提高。在所有的损耗中,续流二极管引入的损耗对效率的影响最大,当调整管截止时,电感电流使二极管导通,压降为 0.7 V 左右,电流等于电感电流,因此引起很大的功耗。用肖特基二极管可以将正向压降减小为 0.3 V,可以节约部分功耗。另外二极管由导通到关断需要时间抽出少数载流子,所以关断时将存在反向导通,同样消耗部分功率,使用反向恢复快二极管可以改善反向特性。

电源作为电子设备的重要组成部分之一,其质量对电子设备的稳定性、安全性和可靠性有重要影响。计算机设备、高效便携式电子产品的小型化、高功耗发展对其电池供电系统的体积、质量、效率等提出了更高的要求。

在本设计的电源模块中,由于外接电源电压为 12 V,而测长单元中的 CMOS 器件和画印单元中控制喷头伸缩的芯片 TXS0104EPWR 需 5 V 电压,EEPROM 存储芯片、LoRa 模块和主板中所用的 STC 单片机均需要 3.3 V 电压,因此需采用 DC－DC 电源管理芯片将电压进行转换。

在此采用 NB680GD 和 SX1308 芯片。NB680 是一个高频、同步、整流、降压、开关模式转换器，具有固定的 3.3 V 输出电压，NB680GD 升降压芯片的间歇运行模式可降低系统待机时的功耗，内置高压启动模式块，以确保系统可以快速启动。它提供了非常紧凑的解决方案，在宽输入范围内可实现高达 8 A 的连续电流和 10 A 的峰值电流，具有极好的负载和线性调节性能。NB680 基于 MPS 独有的开关损耗降低技术和低 Ron（导通电阻）功率 MOSFET，能在宽输出电流负载范围内高效工作。自适应恒定导通时间控制模式（COT）提供了快速瞬态响应，并使环路更易稳定。DC 自动调节环路提供了较好的负载和线性调节能力。

NB680 提供了固定 3.3 V LDO，可为外围设备供电，如笔记本电脑的键盘控制器；提供 250 kHz CLK，其输出可驱动外部电荷泵，在不降低主转换器效率的前提下，为负载开关生成栅极驱动电压；全方位保护，包括过流限制、过压保护、欠压保护和过温保护。NB680 采用 QFN 2 mm×3 mm 封装，最大限度地减少了外部元器件的使用数量。

NB680GD 电路设计中，降压转换器的输入电流是不连续的，因此需要一个电容来向降压转换器提供交流电流，同时保持直流输入电压。在此使用陶瓷电容，X5R 和 X7R 陶瓷电介质的电容会比较好，它们在温度波动下相当稳定。NB680GD 还需要输出电容来维持输出电压，这里使用陶瓷电容或高分子有机半导体固体电容，当使用陶瓷电容时，切换频率下的阻抗由电容主导，当使用高分子有机半导体固体电容器时，ESR 在切换频率下的阻抗占主导地位。设计中电感是必要的，由输入电压驱动，提供恒定的电流给输出负载。电感值较大会导致纹波电流更少，得到一个较低的输出纹波电压，但是这样的电感会占较多的物理面积，它的串联电阻也会要求很大，因此电感值需要合理的设计。NB680 的参考电路如图 3.14 所示；NB680GD 电路设计如图 3.15 所示。

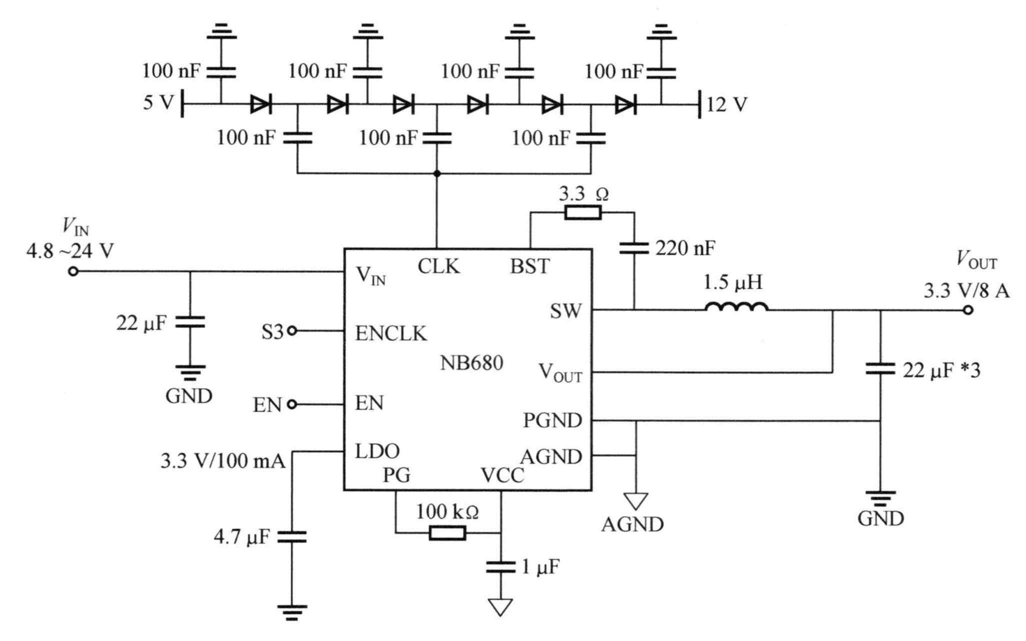

图 3.14　NB680 参考电路

SX1308（图 3.16）是一款恒定频率、6 引脚 SOT23 电流模式升压转换器，用于小型、

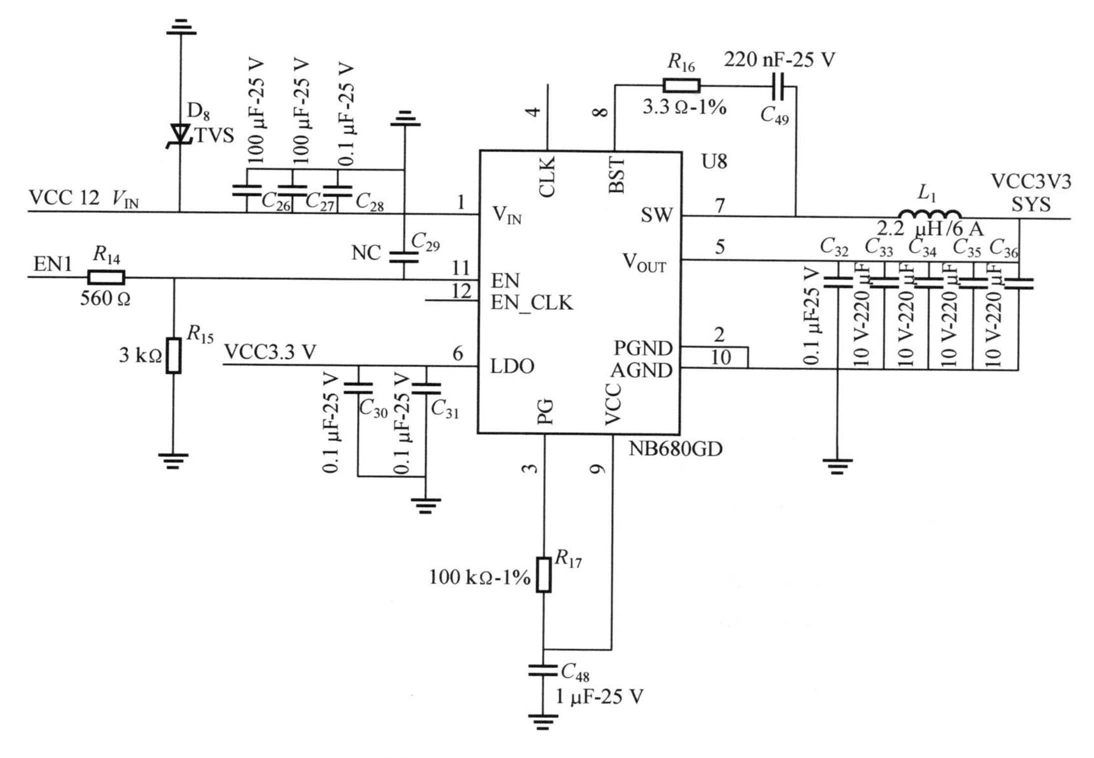

图 3.15　NB680GD 电路设计

低功率应用，包括欠压锁定、电流限制和热过载保护，以防止在输出过载时发生损坏。在 SX1308 应用中，电感值为 4.7 μH，电容使用 22 μF 的输入和输出陶瓷电容，为了获得更好的电压滤波效果，陶瓷电容使用具有低 ESR 的产品。二极管选择肖特基二极管，它具有低正向压降和快速反转恢复的特点。其电路设计如图 3.17 所示。

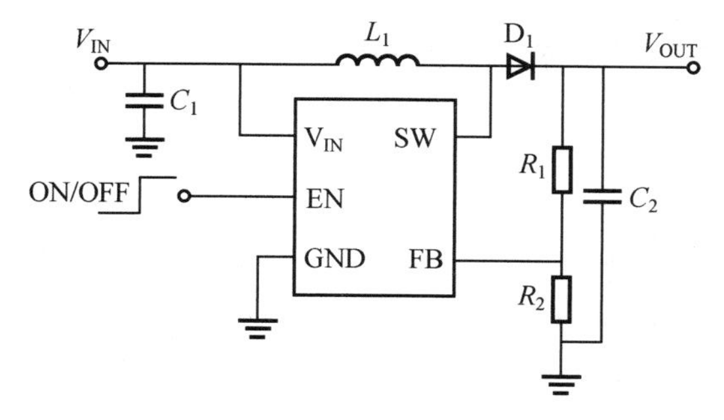

图 3.16　SX1308 参考设计

同时硬件中增添了 EC190707 － 14D8 － 17FE 芯片，该芯片为一键开关机芯片（图 3.18），长按 2 秒开关机。电子开关 IC 芯片，工作电压：DC 2.2 ～ 5.0 V。按键轻触开关，控制一路 IO 输出，上电不工作，长按按键 2 秒开机，IO 输出高电平有效。工作中长按按键 2 秒关机，IO 输出是低电平。

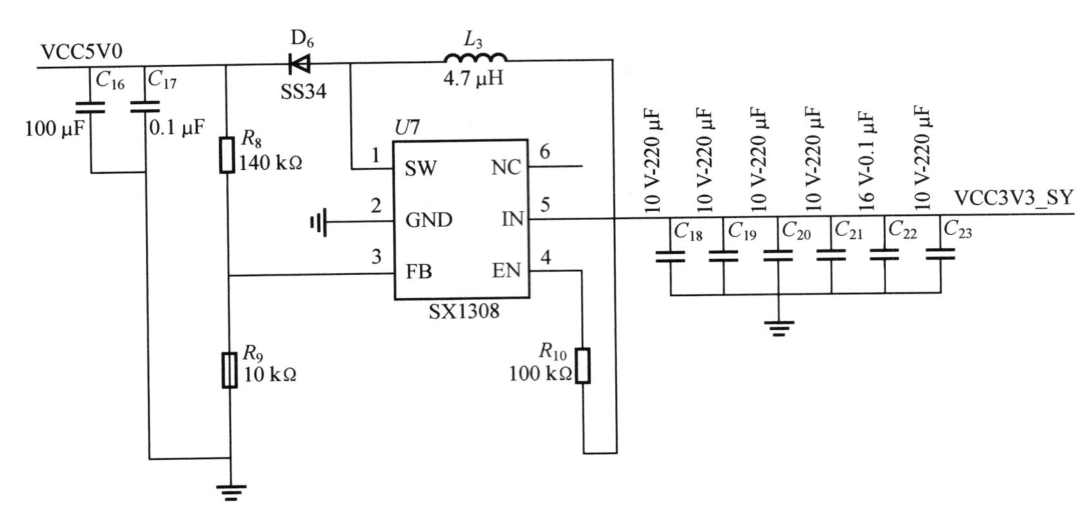

图 3.17　SX1308 电路设计

3.1.5.2　编码器信号采集

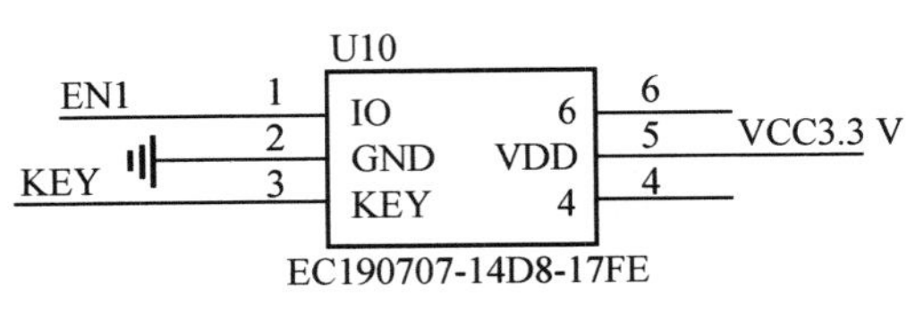

图 3.18　一键开关机芯片

一般的光电编码器给出的信号幅度比较小，幅值也不是定值，所以首先必须进行放大整形，得到标准的方波信号，这样单片机才能识别。传统整形电路一般会用到电压比较器或施密特触发器。

电压比较器是对输入信号进行鉴别与比较的电路元件，是组成非正弦波发生电路的基本单元电路元件。电压比较器可用作模拟电路和数字电路的接口，还可以用作波形产生和变换电路等。利用简单电压比较器可将正弦波变为同频率的方波或矩形波。电压比较器结构简单，灵敏度高，但是抗干扰能力差。

当任何波形的信号进入由施密特触发器构成的电路时，输出在正、负饱和之间跳动，产生方波或脉波输出。不同于比较器，施密特触发电路有两个临界电压且形成一个滞后区，可以防止在滞后范围内之噪声干扰电路的正常工作。如遥控接收线路、传感器输入电路都会用到它整形。

本书选择施密特触发器作为波形整形电路，施密特触发器具有滞回特性，有良好的抗干扰能力。测长单元主板采用 74HC14(图 3.19) 作为整形电路。74HC14 由高速 CMOS 工艺生成，功耗低，是集成 6 路独立的反相的施密特触发器，可将缓慢变化的输入信号转换成清晰、无抖动的输出信号。其结构如图 3.20 所示。

增量式轴角编码器中光电信号的辨向与计数是实现光电信号动态测量的关键性一步。因为光电信号的数字测量必须要经过辨向电路和脉冲计数电路才能转化为数字信息输出，因此，在光电信号的动态测量中，必须掌握光电信号的辨向与计数技术。常规的辨向计数电路结构复杂，所需元器件多，功耗大、干扰大。设计的计数辨向电路是用几个与门和非门等简单的逻辑器件组成的，具有体积小、功耗小、电路简单等特点。

本设计采用数字型电路即 D 触发器作为延迟环节来检测边沿的变化，A、B 相倍频脉

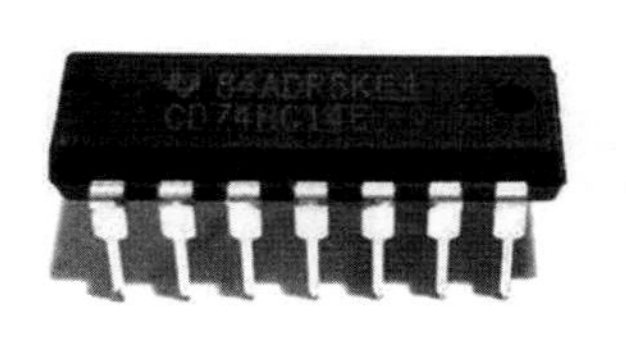

图 3.19　器件 74HC14 外观图

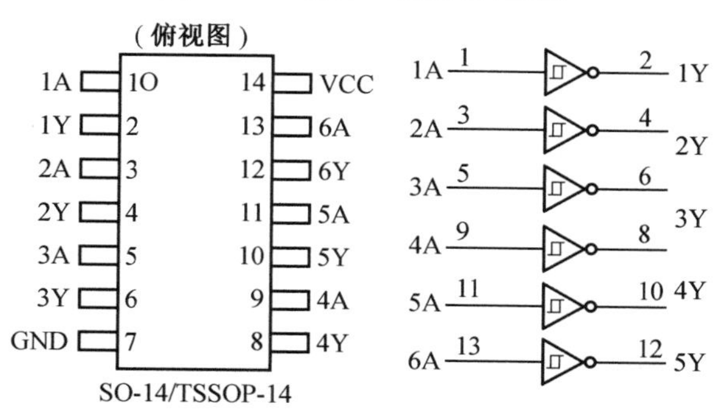

图 3.20　器件 74HC14 结构

冲宽度和延时时间均由时钟控制，倍频后的脉冲宽度一致，可以有效地克服传统 RC 微分型或积分型边沿检测电路的不足。

根据 A、B 两相信号波形的特点，可由 D 触发器和门电路组成方向判别及计数电路。旋转编码器应用于角度测量时，由于外力作用引起旋转轴的晃动从而输出波形，将引发误计数现象，在这种情况下，需要设计抗抖动电路，以自动消除抖动造成的误计数输出，利用电路对信号的延迟和门电路的逻辑运算能力可消除振动引起的高频方波干扰脉冲。

本书中 D 触发器选择了 74HC74(图 3.21)。74HC74 为单输入端的双 D 触发器。一个芯片封装着两个相同的 D 触发器，每个触发器只有一个 D 端，它们都带有直接置 0 端 RD 和直接置 1 端 SD，为低电平有效。CP 上升沿触发。74HC74 时钟输入的施密特触发功能使得电路对于缓慢的脉冲上升和下降具备更高的容差性。其结构如图 3.22 所示。

图 3.21　器件 74HC74 外观示意图

门电路选择了 74HC10(图 3.23)。74HC10 是低功耗、高速 CMOS 器件，内含 3 个与非门。其结构如图 3.24 所示。

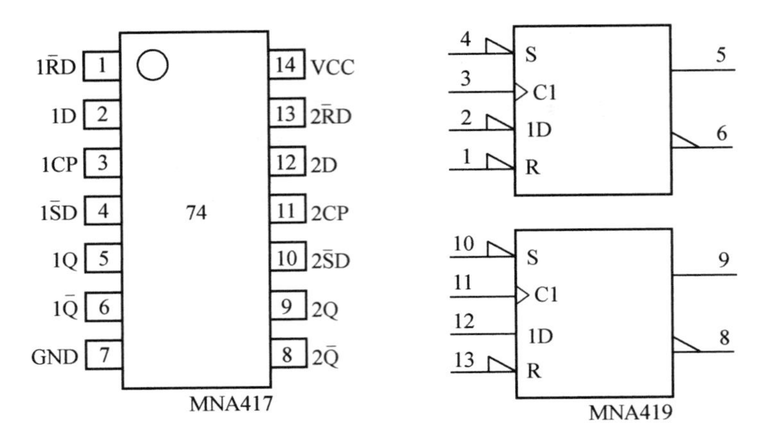

图 3.22　74HC74 结构图

图 3.23　器件 74HC10 外观图

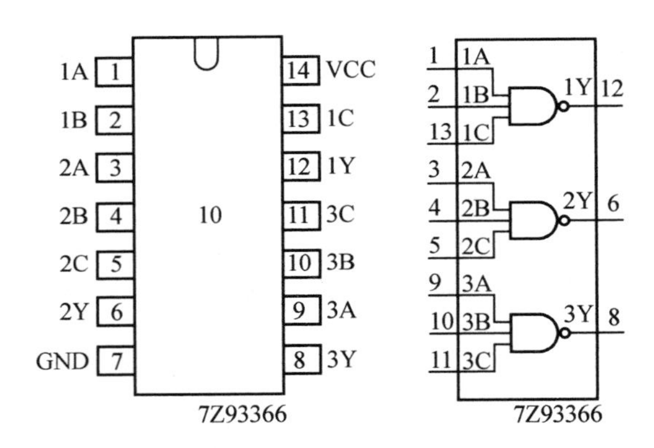

图 3.24　器件 74HC10 结构图

编码器信号采集(图 3.25) 以 74HC 系列 COMS 器件为核心,编码器初始信号进入主板,先通过一个保护后经整形、滤波后直接与信号处理单片机连接。

当增量式光电编码器的码盘旋转时,从光电转换器检出的周期信号是具有 90° 位相差的近似正(余) 弦波。A、B 两路信号经过施密特触发器放大、整形后,转变成分别用 A1、B1 表示的方波。正转时,B1 信号超前 A1 信号 90° 相位;反转时,A1 信号超前 B1 信号 90° 相位。用 B1 信号控制脉冲电路。在正转时,只能输出脉冲 INT3,反转时只能输出脉冲 INT4。用计数器对脉冲 INT3 和 INT4 进行计数,由两计数器之差(INT3 − INT4) 就可以计算出轴的旋转角位移值。

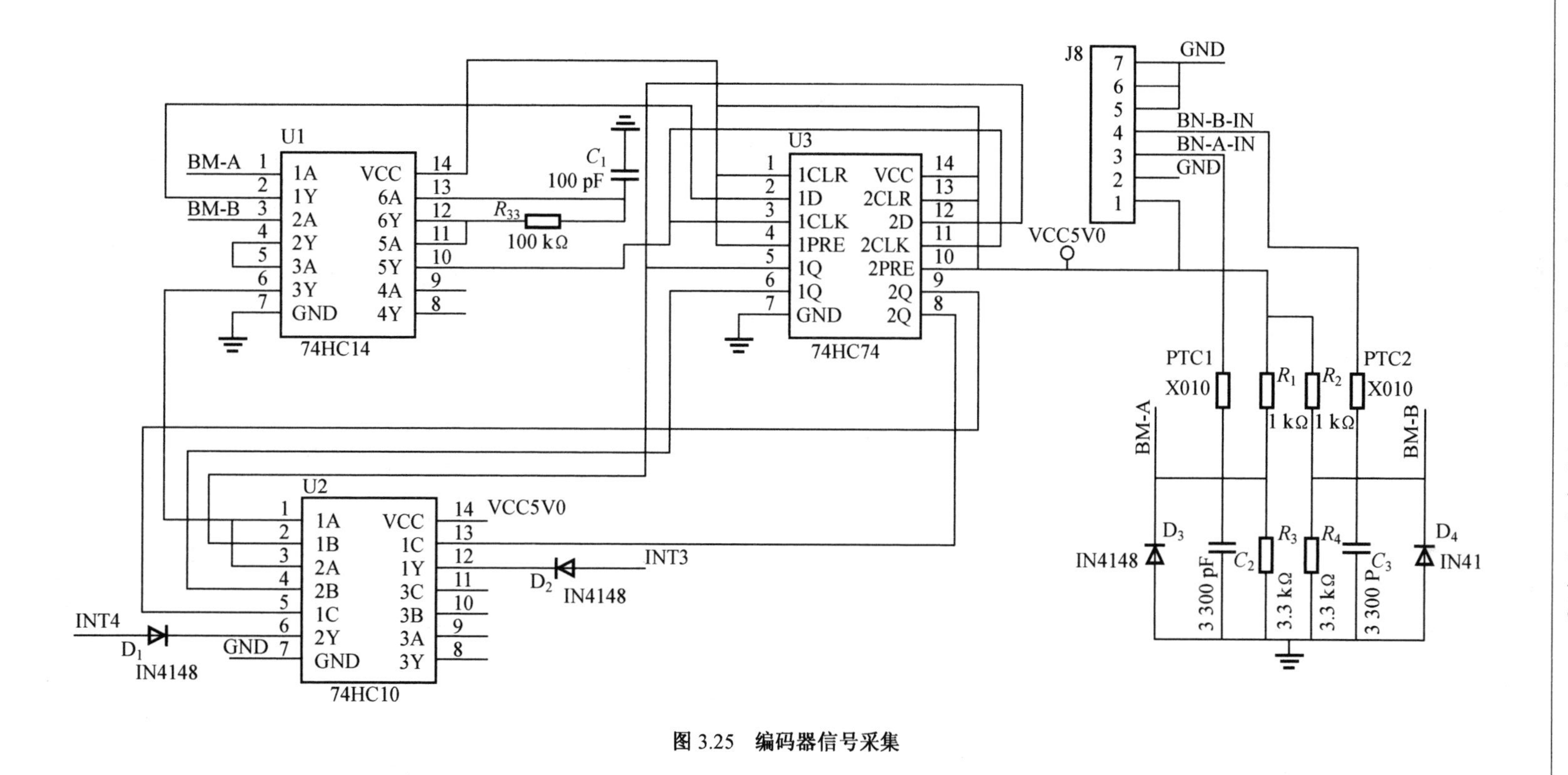

图 3.25　编码器信号采集

3.1.5.3 编码器信号处理换算

编码器信号经过整形、滤波后与编码器信号处理换算部分相连，编码器信号处理换算以STC单片机为数据处理核心，单片机根据波形，可得到光电编码器所旋转的角度，联系编码器滚轮的周长，能将波形处理换算为导线展放长度数据。为保证掉电后数据不丢失，STC单片机通过I2C通信方式与EEPROM存储芯片相连，根据数据手册，可设计出如图3.26所示的电路。

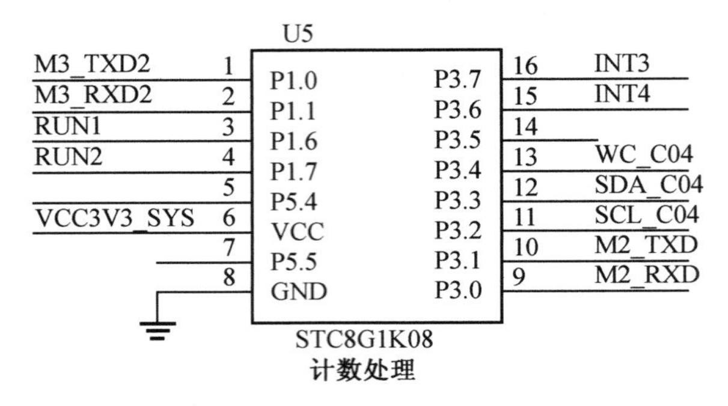

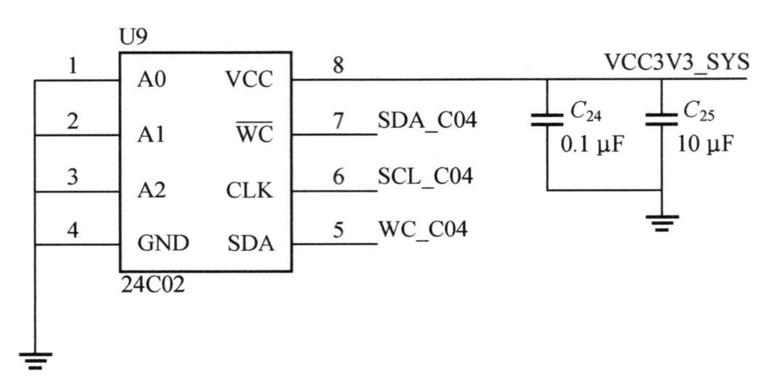

图 3.26　编码器信号计数

STC单片机会根据编码器的转向(正向或反向)，在智能化设备中点亮不同的指示灯，如图3.27所示。

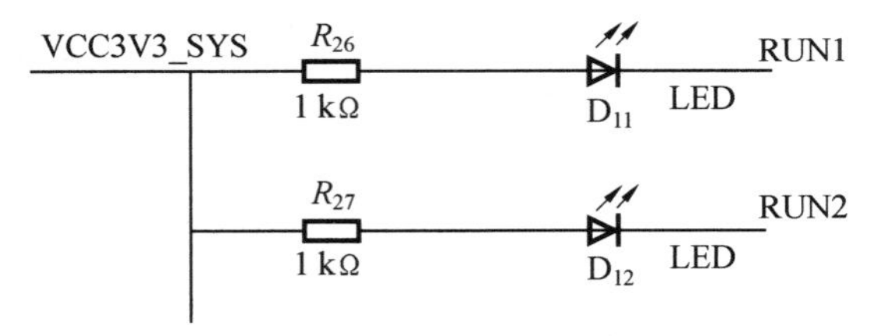

图 3.27　指示灯驱动

3.1.5.4 液晶模组数据显示

液晶模组数据显示以STC单片机为数据处理核心，驱动液晶显示屏显示长度数据。用于计数处理的STC8G1K08通过UART串口通信与STC8G2K64S4单片机相连。STC8G2K64S4单片机通过数据并行方式与19264液晶模组通信，驱动显示屏显示数据。

液晶显示模块与单片微控制器(MCU)的接口信号包括 8 根数据线和 6 根控制线。8 根数据线是 I/O 信号,6 根控制线都是输入信号。8 根三态数据线 DB0－DB7 用于 I。CM 与 MCU 之间传输数据、命令和状态。片选线 CSB、CSA 组和功能定义是:00 时选中左屏,01 时选中中屏,10 时选中右屏,11 时不选中。命令数据线 RS 为 1 时 D7－D0 是要显示的 RAM 数据,RS 为零时 D7－D0 是要写入的命令。读写控制线 R/W 为 1 时是读模式,此时使能线 E 应为 1,数据线上信号流向是从 LCM 到 MCU;R/W 为零时是写模式,数据线上信号流向是从 MCU 到 LCM,当 E 从 1 变为 0 时 DB0－DB7 上的数据写入 LCM。复位信号线 RSTB 为 0 时显示屏关断,显示起始行寄存器内容为 0,此时 LCM 不能接收命令。RSTB 为 1 时 LCM 正常运行。

当液晶模组数据显示部分能正常工作时,会有对应的指示灯在智能化设备上点亮。为保证液晶模组显示数据在夜晚能被人识别,主板外连了光学传感器,与 STC8G2K64S4 单片机以 I2C 通信方式连接,单片机判别光学传感器信号给液晶模组发送一个照明灯点亮的信号,液晶模组本身自带照明灯,只需单片机传输点亮信号即可。整体电路设计如图 3.28 所示。

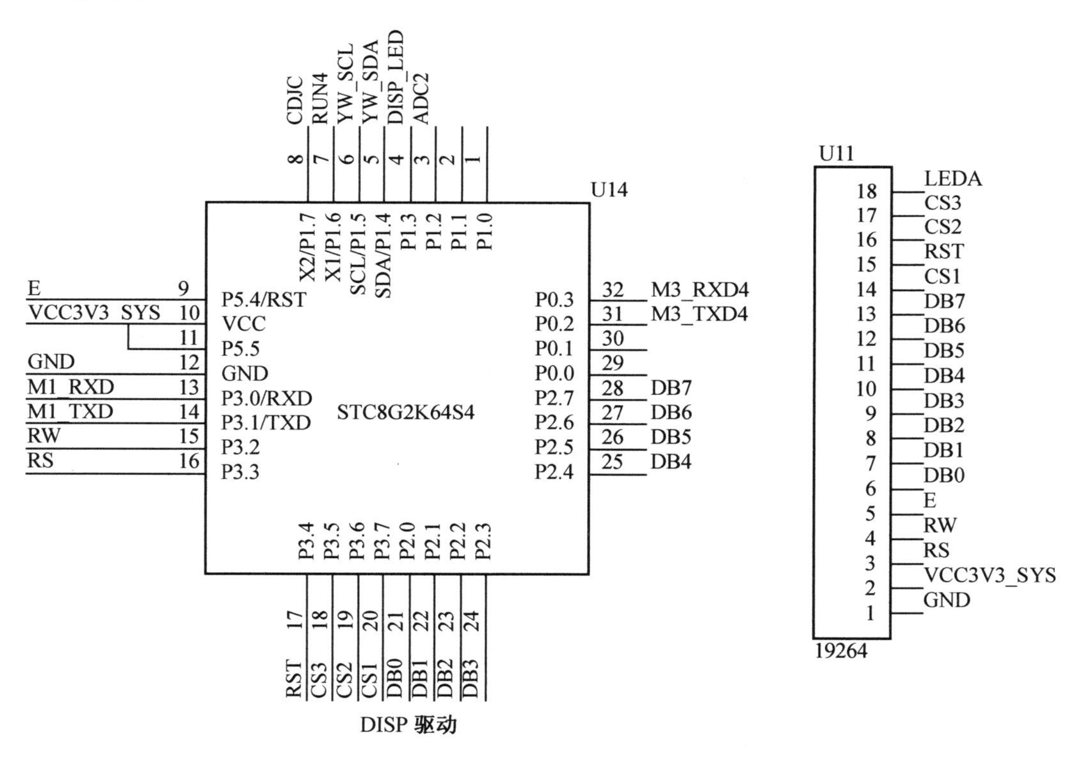

图 3.28　液晶显示设计

3.1.6　测长单元软件设计

测长单元软件设计可分为计数、数据存储调用、驱动显示三部分。

计数:编码器信号进入主板,经过保护电路、辨向计数电路,传输给计数单片机

STC8G1K08,向计数单片机输入的是一个方波脉冲,单片机需对该脉冲进行计数,从而得到展放导线长度数据。软件程序设计如图 3.29 所示。

```
;-------------------光电编码器检测加运算BCD---------------
JCJY:
        MOV R2,#4         ;参与运算的字节数
        MOV R0,#34H       ;设置的计数比率
        MOV R1,#3AH       ;显示缓存数据
        CLR C             ;
JCJY1:
        INC R0            ;调整数据指针
        INC R1            ;调整数据指针
        MOV A,@R0
        ADDC A,@R1        ;按字节相加
        DA A              ;十进制调整
        MOV @R1,A         ;和存回[R1]中
        DJNZ R2,JCJY1     ;处理完所有字节
        RET
;-------------------光电编码器检测减运算BCD---------------
JCJQY:
        MOV R2,#4         ;参与运算的字节数
        MOV R0,#40H       ;设置的计数比率补码
        MOV R1,#3AH       ;显示缓存数据
        CLR C             ;
JCJQY1:
        INC R0            ;调整数据指针
        INC R1            ;调整数据指针
        MOV A,@R0
        ADDC A,@R1        ;按字节相加
        DA A              ;十进制调整
        MOV @R1,A         ;和存回[R1]中
        DJNZ R2,JCJQY1    ;处理完所有字节
        RET
```

图 3.29　计数程序编写

数据存储调用:要求中智能化设备不会因为掉电,而丢失计数。因此采用了 EEPROM 存储芯片,该芯片不因掉电丢失数据,计数单片机与存储芯片 24C02 有数据的流通,计数完成后,即刻存储数据,保证掉电后,单片机能从存储芯片读取以前的数据,计数不会清零。软件程序设计如图 3.30 所示。

```
;-------------------------读取存储的计算参数数据-------------------------
DATA_RD:;读取内数据存储器数据
    MOV IAP_ADDRH,#00H        ;设置扇区高8位地址
    MOV IAP_ADDRL,#00H        ;设置扇区低8位地址
    MOV IAP_CONTR,#10000001B;允许ISP/IAP操作,设置等待时间
    MOV IAP_CMD,#00000001B    ;送字节读命令
    MOV IAP_TRIG,#05AH        ;先送05AH触发
    MOV IAP_TRIG,#0A5H        ;再送0A5H触发
    NOP
    MOV A,IAP_DATA
    MOV DATA_1,A                  ;存储的参数送入缓存

    MOV IAP_ADDRH,#00H        ;设置扇区高8位地址
    MOV IAP_ADDRL,#01H        ;设置扇区低8位地址
    MOV IAP_CONTR,#10000001B;允许ISP/IAP操作,设置等待时间
    MOV IAP_CMD,#00000001B    ;送字节读命令
    MOV IAP_TRIG,#05AH        ;先送05AH触发
    MOV IAP_TRIG,#0A5H        ;再送0A5H触发
    NOP
    MOV A,IAP_DATA
    MOV DATA_2,A              ;存储的参数送入缓存
    RET
```

图 3.30　存储程序编写

驱动显示：计数完毕后，脉冲数转化为展放导线长度数据。单片机驱动液晶模组显示该数据，单片机根据液晶模组类型将展放导线长度数据转换为特定数据信号，该信号可使液晶模组显示正确的数字。软件程序设计如图 3.31 所示。

```
;---------------------运行参数载入-------------------------
YXCSZR:
    MOV  A,YX_DATA_2  ;取第二个字节高位做为LED1的显示数据
    SWAP A            ;高低4位交换
    ANL A,#00FH       ;屏蔽高四位置0
    MOV LED1,A        ;显示数据送入显存
    MOV  A,YX_DATA_3  ;
    ANL A,#00FH       ;屏蔽高四位置0
    MOV LED2,A        ;显示数据送入显存
    MOV  A,YX_DATA_3
    SWAP A            ;高低4位交换
    ANL A,#00FH       ;屏蔽高四位置0
    MOV LED3,A        ;显示数据送入显存
    MOV  A,YX_DATA_4  ;
    ANL A,#00FH       ;屏蔽高四位置0
    MOV LED4,A        ;显示数据送入显存
    MOV  A,YX_DATA_4
    SWAP A            ;高低4位交换
    ANL A,#00FH       ;屏蔽高四位置0
    MOV LED5,A        ;显示数据送入显存
    RET
```

图 3.31　显示程序编写

3.2　精准画印单元

3.2.1　功能概述

在传统的输电线路紧线施工中，同一耐张段弧垂调整完毕后，施工人员应立即在本紧线段内所有直线塔、耐张塔上同时画印。画印分为直线塔画印和耐张塔画印。

直线塔画印：用垂球将横担挂线孔中心投影到任一子导线上，将直角三角板的一个直角边贴紧导线，另一直角边对准投影点，在其他子导线上画印，使各印记点连成的直线垂直于导线。

耐张塔画印：耐张塔采用“比量画印法”画印，即在紧线操作时，将耐张绝缘子串、耐张金具通过“通用锚线工具”串接在紧线耐张段内导线和耐张塔挂线点之间，并在此状态下，调整本耐张段导、地线弧垂，当耐张段弧垂达标后，拉紧导线尾部和耐张线夹钢锚，在相应位置画印。

传统紧线施工中，画印这一操作均需要施工人员在塔上进行人工作业才能完成，塔上操作无疑会增加施工人员作业的难度，并带来一定的安全风险。为解决塔上操作存在的问题，输电线路架线施工智能化设备应运而生。根据智能化设备所形成的新架线工艺，画印流程被放置在架线施工放线流程中，并且画印作业由处于地面展放控制端的智能化设备智能完成。

地面画印是将常规架线施工时操作塔上的高空紧线滑车降至接近地面适当的高度来

进行紧线、测控弧垂、画印，从而避免了高空画印后松线时，由于陡峭地形引起架空线窜落过大而使割线、连接金具绝缘子的困难。

智能化设备能有效地减少施工人员的工作量，并避免塔上画印作业内含的安全风险。智能化设备精准画印单元以STC单片机为数据处理核心，由于智能化设备画印涉及到导线展放长度，因此智能化设备精准画印须以测长单元为前提。基于线长和弧垂高度关系的精确数学模型，施工人员提前计算出档内长度，根据档内长度设置合理的预设长度数据。通过终端的无线通信，智能化设备主板LoRa模块能接收到预设长度数据，并把数据传递给主板精准画印单元。以测长单元为基础，实时监控导线展放长度，待展放长度达到预设长度，主板精准画印单元会对外发出驱动信号，外部电动喷漆响应这些信号，做出喷头伸缩、喷涂的动作。

3.2.2 精准画印单元主板硬件选型

精准画印单元硬件可分为单片机、通信芯片（无线收发数据）、驱动芯片（用于驱动外部电动喷漆）。

3.2.2.1 单片机选型

传感器接收的数据经单片机信号接收、处理，通过UART串口通信传输至M－HL10无线模块，实现了数据的无线传输。相应的，终端将数据无线传输给M－HL10无线模块，这样能实现数据的无线接收，综上完成人机交互。单片机在该无线通信系统中起着控制核心的作用。因此，单片机进行选型对硬件设计与实现具有关键作用。

考虑到在本硬件设计中，所选的单片机应具备ADC采样、PWM波输出功能，引脚至少18个以上，同时应具备高速、低功耗、易开发的特点。

STC8G系列单片机具有4个全双工异步串行通信接口。每个串行口由2个数据缓冲器、一个移位寄存器、一个串行控制寄存器和一个波特率发生器等组成。每个串行口的数据缓冲器由2个互相独立的接收、发送缓冲器构成，可以同时发送和接收数据。STC8G系列单片机的串口1有四种工作方式，其中两种方式的波特率是可变的，另两种是固定的，以供不同应用场合选用。串口2、串口3、串口4都只有两种工作方式，这两种方式的波特率都是可变的。用户可用软件设置不同的波特率和选择不同的工作方式。主机可通过查询或中断方式对接收／发送进行程序处理，使用十分灵活。

而现有的STC8G2K64S4系列单片机是STC生产的单时钟／机器周期（1T）的单片机，支持10位精度15通道（通道0～通道14）的模数转换，45组15位增强型PWM，是低功耗、超强抗干扰的新一代8051单片机，指令代码完全兼容传统8051，但速度快12倍以上，易于开发与应用。

因此，本书选择STC8G2K64S4单片机作为智能化设备精准画印单元的控制核心。

3.2.2.2 通信芯片选型

采用智能化设备架设输电线路过程中，为实现智能化设备在远距离下，数据稳定、可靠、实时传输，需对无线传感器网络通信技术进行选取。在通信技术选取时，主要依据以下两个原则：一是无线网络组建的性能要求，如传输距离、数据传输速率、可靠性、稳定性等;另一方面是通信技术能否满足现场施工需求。采用智能化设备架设输电线路过程中,需要进行现场数据实时传输,施工现场需要的是具有相对较远的通信距离、易扩展、功耗较低的无线通信技术,即组建局域网所需满足的条件。

当前,无线通信技术包括红外线技术(Infrared Data Association,IrDA)、蓝牙(Blue Tooth)、Wi-Fi(Wireless Fidelity)、ZigBee,以及射频技术(Radio Frequency,RF) 等。

1. 红外线技术

IrDA(图 3.32) 是一种利用红外线方式进行点到点的无线通信技术。最初,采用IrDA 标准的无线设备仅能在 1 m 范围内以 115.2 KB/s 速率传输数据,后来速率又很快发展到 4 MB/s。目前软硬件发展都很成熟,主要应用在 PDA、手机等数码产品上。

IrDA 的主要优点在于它无须申请频率使用权,因而成本低廉,还具备移动通信产品所需的低功耗、连接方便等特点,高速的传输速率,适用于传输多媒体数据。此外,由于红外线使用的发射角度很小,传输安全性高。IrDA 的不足之处是它的视距传输,通信的 2 台设备必须对准,中间必须无阻挡物,因而导致该技术只能用于 2 台设备间的直线距离传输。

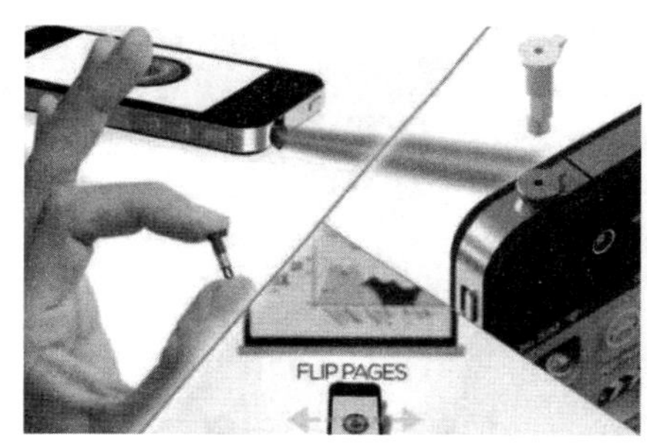

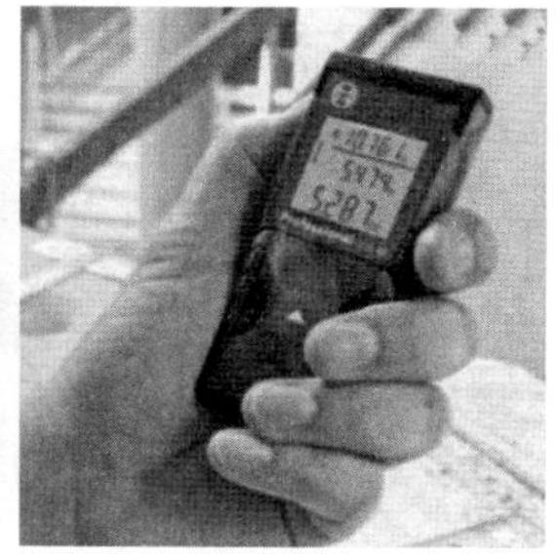

图 3.32　红外线技术通信

2. 蓝牙

蓝牙(Blue Tooth) 是一种小型化、低成本、微功率的无线通信技术。最新的蓝牙通信标准中,蓝牙的基带传输速率已达 1 MB/s,工作频率为 2.4 GHz,数据最大传输距离已从原来的 10 m 发展到 100 m。蓝牙通信网络的基本单元是微微网,多个微微网之间可以形成分布式网络,但是每个微微网中的主设备可以同时最多连接 7 个处于激活状态的从设备,且其通信距离较短,这大大制约了它在大型无线组网中的应用。目前,蓝牙技术主要应用在手机、耳机、平板电脑、汽车电子、医疗保健等领域。如图 3.33 所示。

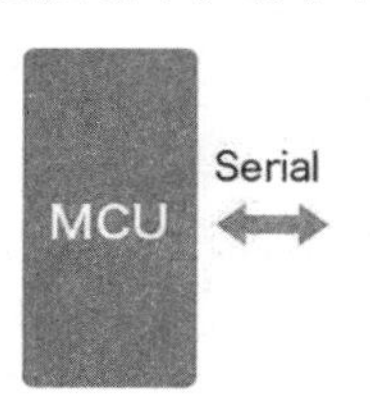

图 3.33　蓝牙通信

3. Wi-Fi

Wi-Fi(图 3.34)是 WirelessFidelity 的英文缩写,中文译为无线高保真,也是一种无线通信技术,正式名称为 IEEE802.11b,它是 IEEE802.11 网络规范的变种,最高带宽为 11 MB/s。在信号较弱和有干扰的情况下,带宽可自动降低,保证网络的稳定性和可靠性。其主要特征为:速度快、可靠性高,在开放性区域中,通信距离可达 100 m,在封闭性区域中的通信距离为 50 m 左右,方便与有线以太网整合,从而降低组网成本。Wi-Fi 无线高保真技术与蓝牙技术一样,同属于在办公室和家庭中使用的短距离无线技术。该技术使用的是 2.4 GHz 附近的频段,是无须许可的无线频段。Wi-Fi 规定了协议的物理层和媒体接入控制层,并依赖 TCP/IP 作为网络层。由于其优异的带宽以高功耗(通常发射功率为 100 mW)为代价,大多数的 Wi-Fi 便携设备需要经常性充电,这也阻碍了其在工业场合的推广和应用。

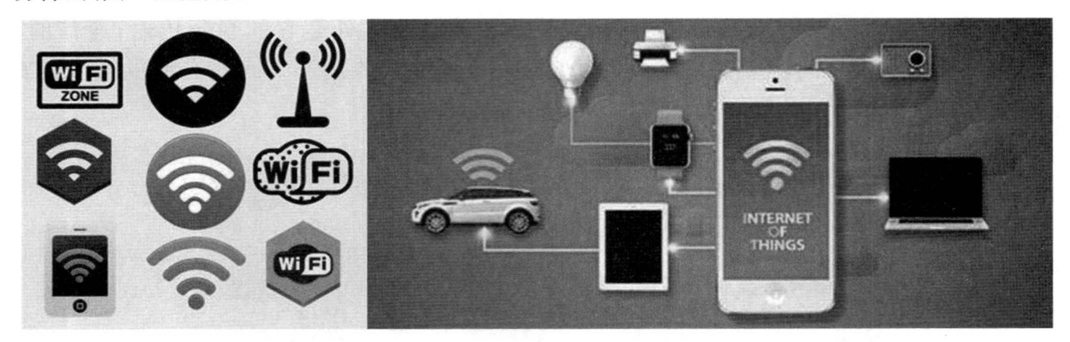

图 3.34　Wi-Fi 通信

4. ZigBee

ZigBee 也称紫蜂,是一种新兴的近程(10 ~ 100 m)、低速率(250 KB/s 标称速率)、低功耗的无线网络技术,底层是采用 IEEE802.15.4 标准规范的媒体访问层与物理层。主要特色有低耗电、低成本、支持大量网上节点、支持多种网上拓扑、低复杂度、快速、可靠、安全。主要适合应用于自动控制和远程控制等领域,可以嵌入各种设备。简而言之,ZigBee(图 3.35)就是一种便宜、低功耗、自组网的近程无线通信技术。

但 ZigBee 仍存在以下问题:在数据传输方面,虽然 ZigBee 的射频传输速率为 250 KB/s,但多次传输后的实际可用速率会大大降低。在通信稳定性方面,目前国内 ZigBee 技术主要使用 ISM 频段的 2.5 G 频率,一般采用信号反射传输,其衍射能力并不强。在此期间,由于建筑物等障碍物的阻碍,信号大大减弱,因此需要使用更多的网络节点进行数据传输。这个问题的解决方案是使用放大器来增加 ZigBee 网络节点的传输距离。然而,这种解决方案将大大增加网络节点的功耗和成本,ZigBee 所具有的低成本、低功耗的优势将不复存在。在 ZigBee 技术成本和工作量方面,由于 ZigBee 中的每个节点都参与自动组网和动态路由的工作,每个网络节点的 MCU 都变得非常复杂,成本也相应会增加。而对于成本敏感、节点众多的智能家居来说,成本就更显得尴尬,同时导致基于 ZigBee 网络的具体应用的开发工作量也更大。

5. 射频技术(RF)

射频技术(Radio Frequency,RF)是近年来发展起来的一种短距离无线通信技术(图

图 3.35　ZigBee 通信

3.36)。该技术一般采用无线射频收发一体型芯片，再加上微控制器和少量外围元件即可组成专用或通用射频通信模块。用于处理无线通信的外围模块都集成在芯片内部，用户不必对无线通信技术和工作机制有深刻的理解，只需对芯片接口进行操作，即可实现数据的无线通信。目前，使用的 RF 射频芯片普遍工作在 433 MHz、868 MHz、915 MHz 频段，主要开放给工业、科学、医学三大主要机构使用，频段无须授权(Free License)。

图 3.36　射频技术

6. 低功耗广域网(Low Power Wide Area Network，LPWAN)

LPWAN 技术是一种革命性的物联网无线接入新技术，与 Wi-Fi、蓝牙、ZigBee 等现有成熟商用的无线技术相比，具有远距离、低功耗、低成本、覆盖容量大等优点，适合于在长距离发送小数据量且使用电池供电方式的物联网终端设备。LPWAN 作为一个新兴的、刚起步的技术，其市场普遍被看好，各厂商争先研究 LPWAN，参与标准制定，设商用试点，市场呈现百家争鸣、蓬勃发展的态势。LPWAN 技术从频谱角度上可分为授权频谱和非授权频谱两种。截至目前，低功耗广域网络大部分部署在非授权频谱，即人们熟悉的 ISM 频段。一旦基于蜂窝网络的 LPWAN 技术成熟，授权频谱在未来也会成为 LPWAN 的选择之一。讨论重点主要是非授权频谱的 LPWAN 技术，包括 LoRa、SigFox、OnRamp、NWave、Platanus 等，相对授权频谱的 LPWAN 技术，非授权频谱的 LPWAN 技术具有搭建网络灵活、快速、技术种类多等特点，部署成本低、商品化速度快。

2013 年 8 月，Semtech 公司向业界发布了一种新型的基于 1 GHz 以下频谱的超长距低功耗数据传输技术(LoRa，LongRange)的芯片。LoRa 主要面向物联网应用，其接收灵敏度可达 −148 dBm，与业界其他先进水平的 Sub−GHz 芯片相比，最高的接收灵敏度改善了 20 dB 以上，确保了网络连接的可靠性。LoRa 功耗极低，一节五号电池理论上可供终端设备工作10年以上。同时,LoRa使用线性调频扩频调制技术,即可保持像频移键控(FSK,Frequency Shift Keying)调制相同的低功耗特性,又明显增加了通信距离,提高了网络效率并消除了干扰(不同扩频序列的终端即使使用相同的频率同时发送也不会相互干扰),因此在此基础上研发的集中器/网关能够并行接收并处理多个节点的数据,大大扩展了系统容量。LoRa是基于Semtech公司开发的一种低功耗局域网无线标准,其目的是解决功耗与传输距离的矛盾问题。一般情况下,低功耗则传输距离近,高功耗则传输距离远,通过开发出LoRa技术,解决了在同样的功耗条件下比其他无线方式传播的距离更远的技术问题,实现了低功耗和远距离的统一。

LoRa作为非授权频谱的一种LPWAN无线技术,相比于其他无线技术(如Sigfox、NWave等),其产业链更为成熟、商业化应用较早。LoRa技术经过Semtech、美国思科、IBM、荷兰KPN电信和韩国SK电信等组成的LoRaAlliance国际组织进行全球推广后,目前已成为新物联网应用和智慧城市发展的重要基础支撑技术。作为LPWAN技术之一,LoRa具备长距离、低功耗、低成本、易于部署、标准化等特点。

LoRa采用线性扩频调制技术,高达157 dB的链路预算使其通信距离可达15 km以上(与环境有关),空旷地方甚至更远。相比其他广域低功耗物联网技术(如Sigfox),LoRa终端节点在相同的发射功率下可与网关或集中器通信更长距离。LoRa采用自适应数据速率策略,最大网络优化每一个终端节点的通信数据速率、输出功率、带宽、扩频因子等,使其接收电流低达10 mA,休眠电流小于200 nA,低功耗从而使电池寿命有效延长。LoRa网络工作在非授权的频段,前期的基础建设和运营成本很低,终端模块成本约为5美元。LoRaWAN是联盟针对LoRa终端低功耗和网络设备兼容性定义的标准化规范,主要包含网络的通信协议和系统架构。LoRaWAN的标准化保证了不同模块、终端、网关、服务器之间的互操作性,物联网方案提供商和电信运营商可以加速采用和部署。

根据LoRa技术的关键特点可知,LoRa非常适用于要求具备功耗低、距离远、容量大以及可定位跟踪等特点的物联网应用,如智能抄表、智能停车、车辆追踪、宠物跟踪、智慧农业、智慧工业、智慧城市、智慧社区等应用和领域。

M－HL10(图3.37)是专门针对物联网应用而设计的一款超低功耗LoRa模组,采用CortexM0＋处理器及SX1268,支持低功耗串口及无线休眠唤醒,休眠功耗低至2 μA,供电范围支持2.2～3.7 V,是电池供电物联网应用的优选方案。M－HL10默认出厂含LoRa透传固件,也可支持二次开发,外部多达11个IO(含串口)可以使用,最大发射功率

图3.37　M－HL10模块展示

22 dBm，接收灵敏度－142 dBm，通信距离远，常规可视通信距离可达 3～5 km。其内部框图及最小系统如图 3.38、3.39 所示。

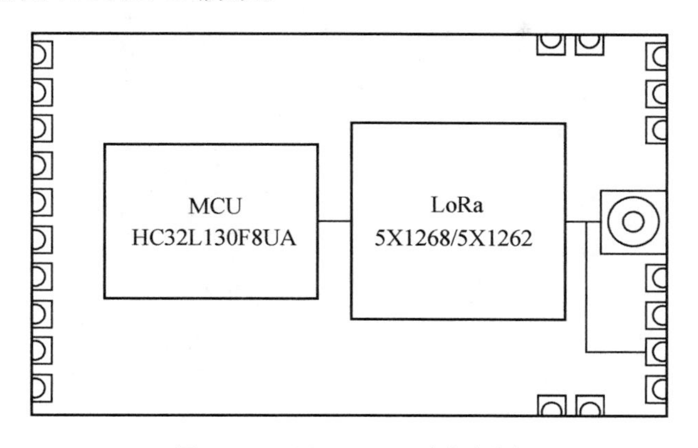

图 3.38　M－HL10 内部框图

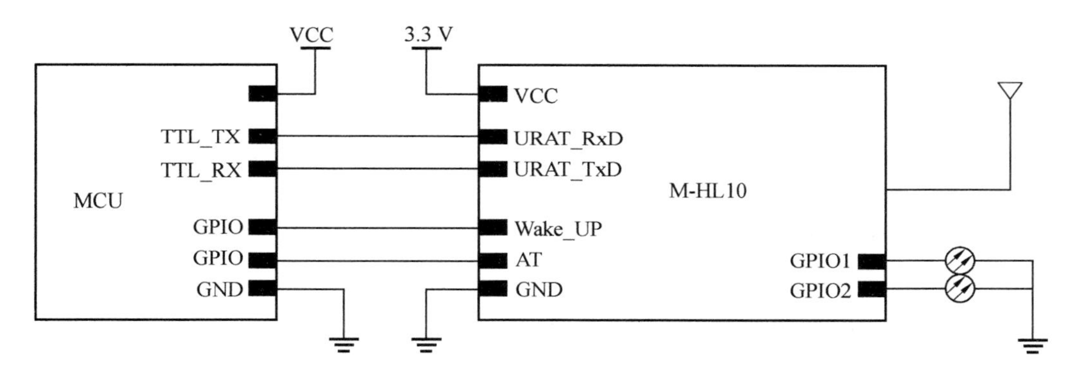

图 3.39　M－HL10 最小系统

PCB 布板（图 3.40）时，模块建议放置在 PCB 边缘，尽量缩短到天线距离，减少对信号的衰减。射频线路保证 50 Ω 阻抗匹配，避免因阻抗不连续导致信号衰减。射频线路应远离电源，时钟信号等可能会产生干扰的信号源，射频信号下面的平面层必须是完整的接地平面，形成微带线结构。

3.2.2.3　驱动芯片选型

STC 单片机本身只能输出 3.3 V 的小电流信号，并不足以驱动外部电动喷漆做出伸缩、喷涂的动作，因此主板需要使用电机驱动芯片。

电机驱动芯片是集成有 CMOS 控制电路和 DMOS 功率器件的芯片，利用它可以与主处理器、电机和增量型编码器构成一个完整的运动控制系统。可以用来驱动直流电机、步进电机和继电器等感性负载。驱动芯片主要有驱动作用，将输入的弱电信号放大成足够强，用于外部设备的强电信号。需要安培级的驱动电流一般是驱动电机或者电力电子设备等，根据用户产品具体用途才可能选择具体的芯片，比如耐压，稳态 / 暂态性能等要求。电机驱动芯片采用标准的 TTL 逻辑电平信号控制，具有两个使能控制端，在不受输入信号影响的情况下允许或禁止器件工作，有一个逻辑电源输入端，使内部逻辑电路部分

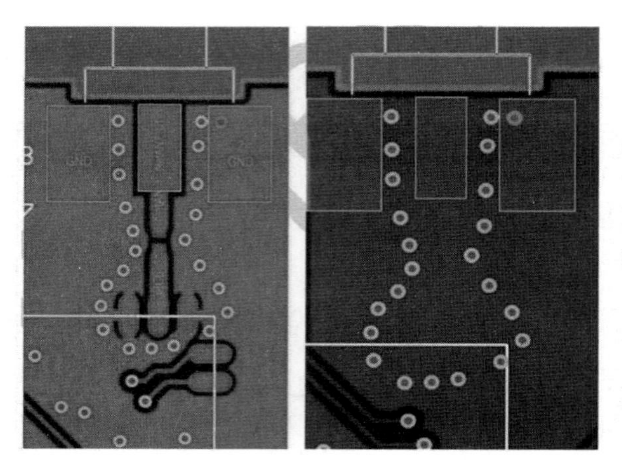

图 3.40　M－HL10PCB 布板

在低电压下工作；可以外接检测电阻，将变化量反馈给控制电路。

由于驱动芯片只是用于控制电动喷漆动作，因此对输出电流的要求并没有正常电机那么大，本书选择 YX－2530AM 为驱动芯片。

YX－2530AM 是一款 DC 双向马达驱动电路，它适用于玩具等类的电机驱动、自动阀门电机驱动、电磁门锁驱动等。它有两个逻辑输入端子用来控制电机前进、后退及制动。该电路具有良好的抗干扰性，微小的待机电流、低的输出内阻，同时，它还具有内置二极管能释放感性负载的反向冲击电流。其工作电压范围为 3.0 ～ 25 V，最大输出电流为6 A，有紧急停止、过热保护、过流嵌流及短路保护功能。

3.2.3　精准画印单元主板硬件设计

依据硬件功能可将精准画印单元划分为通信模块、数据处理模块、驱动模块。

3.2.3.1　通信模块

本书使用 M－HL10 作为通信模块。M－HL10 模块基于高度集成化的设计（图 3.41），结构简单，使用方便。

电源电压 VCC 的输入范围是 2.2 ～ 3.7 V，电源必须干净、稳定，一般来说，在条件允许的情况下，输出电流能力需要大于峰值电流的 2 倍。如果电流余量有限，至少也需要 1.5 倍峰值电流以上。模块峰值电流最大为 120 mA，电源设计需要留有余量。

模块接口与 3.3 V 单片机直接相连，无须串接电阻。M－HL10 模块通信串口为低功耗串口，支持波特率可调，设置范围 1 200 B/s 到 115 200 B/s。当使用波特率不高于 9 600 B/s 时，可在休眠状态下接收并响应用户的串口数据，无须额外唤醒操作。

为识别模块的工作状态，引脚 GPIO1 和 GPIO2 与指示灯 LED 相连，当模块处于数据发送时，GPIO1 一直处于高电平状态，其他时间一直处于低电平状态。外接 LED 信号灯，可根据信号灯闪烁，判断发送是否完成。当模块处于持续接收模式，成功接收到无线数据时，GPIO2 会输出持续时间约 100 ms 的高电平脉冲，外接 LED 信号灯，可根据信号灯闪烁，判断模块是否接收到数据。引脚 AT 和 Wakeup 接地，表示未使用配置模式功能和唤醒功能。

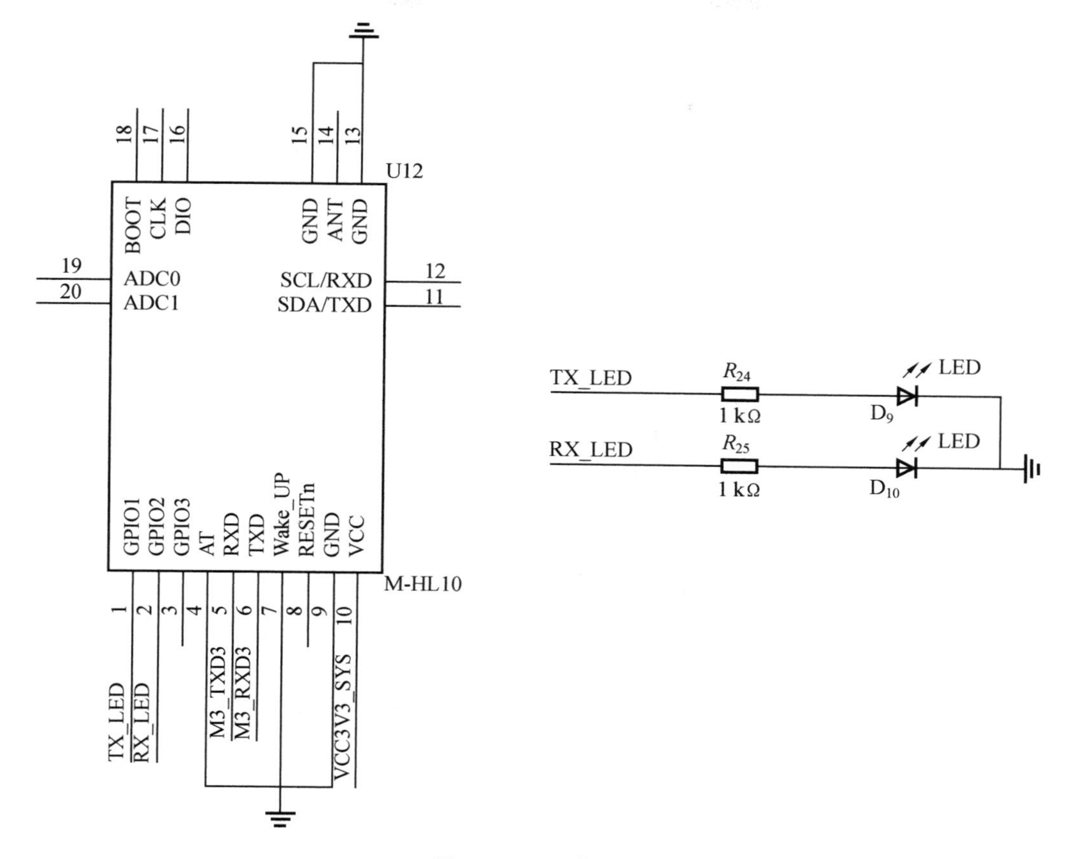

图 3.41　通信设计

3.2.3.2　数据处理模块

精准画印单元以 STC8G2K64S4 单片机为数据处理核心，主要功能是控制外部电动喷漆进行喷头伸缩、喷涂的动作。LoRa 模块通过 UART 串口通信将预设长度数据传输给 STC 单片机，测长单元硬件部分也通过 UART 串口通信将导线展放长度数据传输给 STC 单片机，单片机将这两组数据比较，一旦导线展放长度数据达到预设长度数据，单片机发出指令信号。

单片机 STC8G2K64S4 型号内部集成了一个 LED 驱动器。LED 驱动电路包含一个时序控制器、8 个 COM 输出引脚及 8 个 SEGMENT 输出引脚。每一个引脚有一个对应的寄存器使能位，能独立控制该引脚使能与否，没使能的引脚能当作 GPIO 或其他功能的引脚。LED 驱动支持共阴、共阳、共阴 / 共阳三种模式，同时能选择 1/8 ～ 8/8 占空比来调节灰度，因此仅需通过软件即可调节 LED 及数码管的亮度。上电复位后，LEDON 使能位为 0，LED 驱动电路关闭。配置 LEDON 为 1 使能 LED 驱动电路，当 LEDMODE＝00 时，驱动电路工作于共阴模式，此时被选中的 COM 输出低电平，被选中的 SEGMENT 设定为 LED 发亮则输出高电平，因此 SEGMENT 与 COM 两端点间的 LED 顺向偏压导通发亮。同理，当 LEDMODE＝01 时，驱动电路工作于共阳模式，此时被选中的 COM 输出高电平，被选中的 SEGMENT 设定为 LED 发亮则输出低电平，因此 SEGMENT 与 COM 两端点间的LED顺向偏压导通发亮。当LEDMODE=10时，驱动电路工作于共阴/共阳分时驱动模式，COM的电平为低电平与高电平分时交错，LED导通发亮原理与共阴、共阳是相同的。

引脚P2.4、P2.5、P2.6、P2.7输出控制喷头伸缩的指令信号，P2.2、P2.3输出控制电动喷漆喷涂的指令信号。P3.2与LED灯相连，当单片机能正常工作时，会给P3.2一个高电平，外部指示灯点亮，提示数据处理模块能正常运行。数据处理模块设计如图3.42所示。

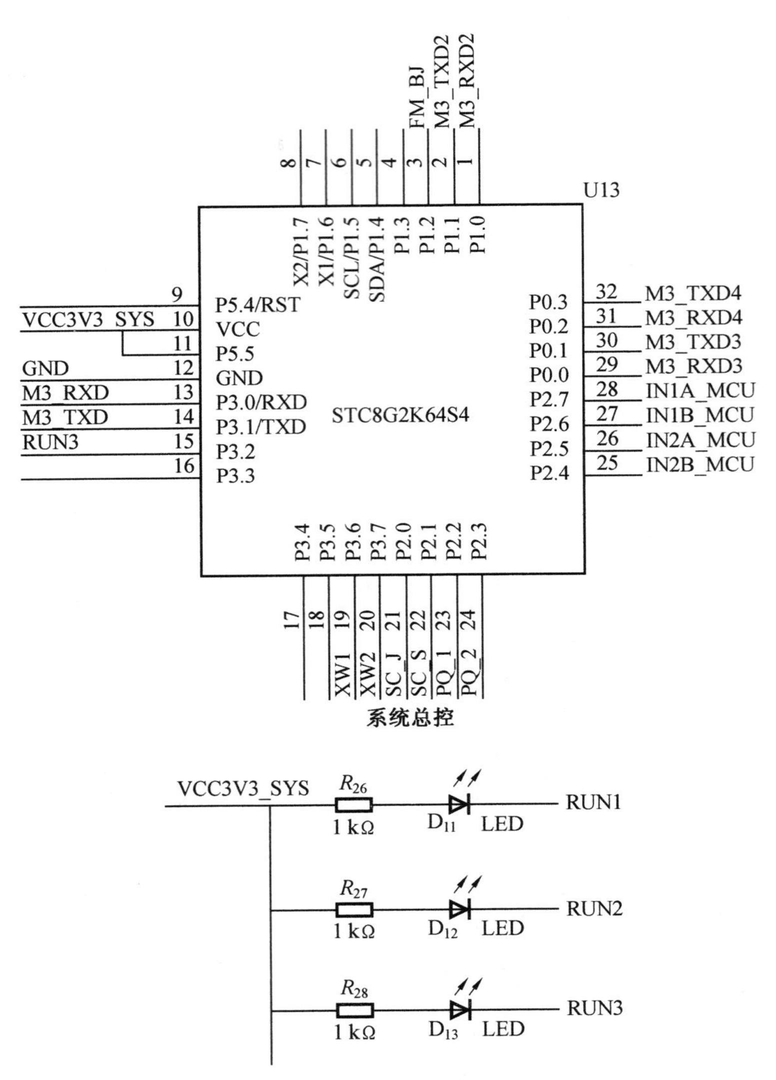

图3.42 数据处理模块设计

3.2.3.3 驱动模块

一旦导线展放长度数据即将达到或超过预设长度数据，单片机向芯片TXS0104EPWR(图3.43)发出指令信号，进而控制外部电动喷漆的伸缩。芯片

TXS0104EPWR 是一个电平转换器，主控 CPU 和外设的工作电压不同，因此需要电平转换器来实现两者之间通信控制的电平转换。TXS0104EPWR 是 4 位非反相转换器，使用两个独立的可配置的电源。A 端口被设计为电源 VCCA，VCCA 接受 1.65 ~ 3.6 V 的任何电源电压。VCCA 必须小于或等于 VCCB。B 端口被设计为电源 VCCB。VCCB 接受 2.3 ~ 5.5 V 的任何电源电压。芯片允许双向在任何 1.8 V、2.5 V、3.3 V 和 5 V 电压节点之间转换。TXS0104E 的使能引脚 OE 输入电源由 VCCA 提供。为确保在上电或断电期间处于高阻抗状态，OE 应通过一个下拉电阻连接到 GND；该电阻的最小值由驱动器的电流源能力决定。转换器引脚定义如表 3.1 所示。

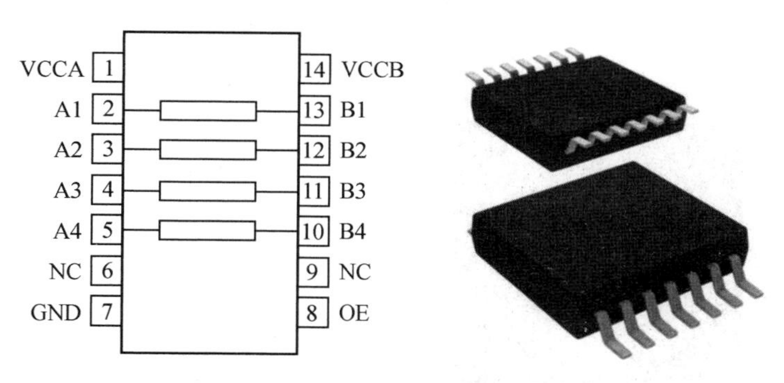

图 3.43　电平转换器 TXS0104EPWR

表 3.1　电平转换器引脚定义

PIN 码		类型	说明作用
名称	编号		
A1	2	I/O	Input/output A1. Referenced to VCCA
A2	3	I/O	Input/output A2. Referenced to VCCA
A3	4	I/O	Input/output A3. Referenced to VCCA
A4	5	I/O	Input/output A4. Referenced to VCCA
B1	13	I/O	Input/output B1. Referenced to VCCB
B2	12	I/O	Input/output B2. Referenced to VCCB
B3	11	I/O	Input/output B3. Referenced to VCCB
B4	10	I/O	Input/output B4. Referenced to VCCB
GND	7	—	Ground
OE	8	I	3 — state output — mode enable. Pull OE low to place all outputs in 3 — state mode. Referenced to VCCA.
VCCA	1	—	A — port supply voltage. 1.65 V ≤ VCCA ≤ 3.6 V and VCCA ≤ VCCB.
VCCB	14	—	B — port supply voltage. 2.3 V ≤ VCCB ≤ 5.5 V.
Thermal Pad	—	—	For the RGY package, the exposed center thermal pad must be connected to ground

当线展放长度数据将达到预设长度数据时，单片机端口 PQ1、PQ2 电平一高一低，这两端口直接与驱动芯片 YX－2530AM 相连，YX－2530AM 可驱动外部电机正转或反转，从而控制电动喷漆喷涂。喷漆口由继电器控制，YX－2530AM 的 6 A 电流足以驱动继电

器。如图 3.44 ～ 3.46 所示。

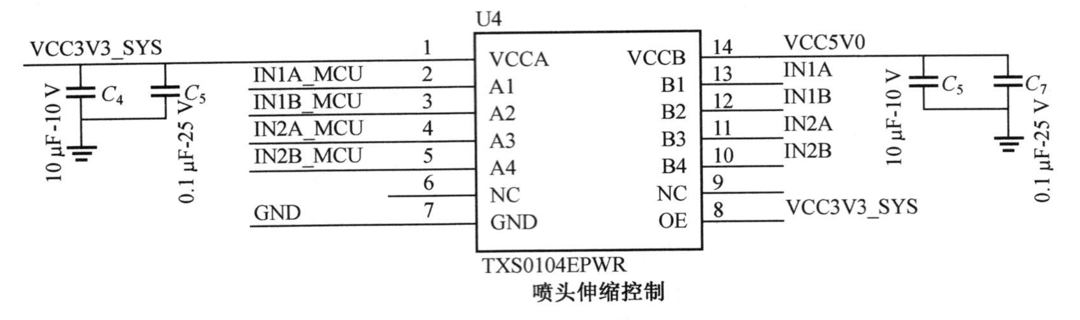

图 3.44　TXS0104EPWR 电路设计

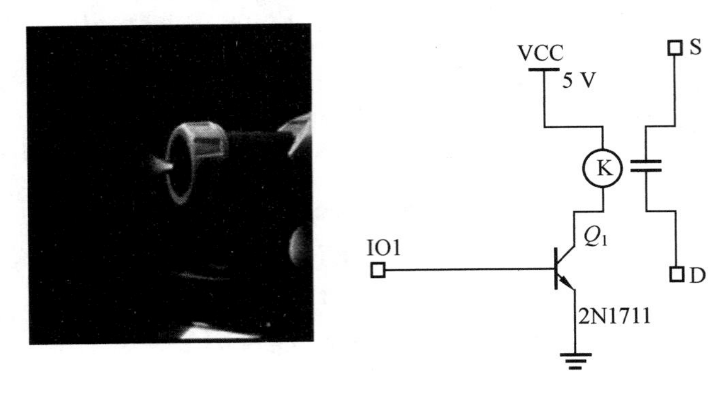

图 3.45　喷漆口示意图

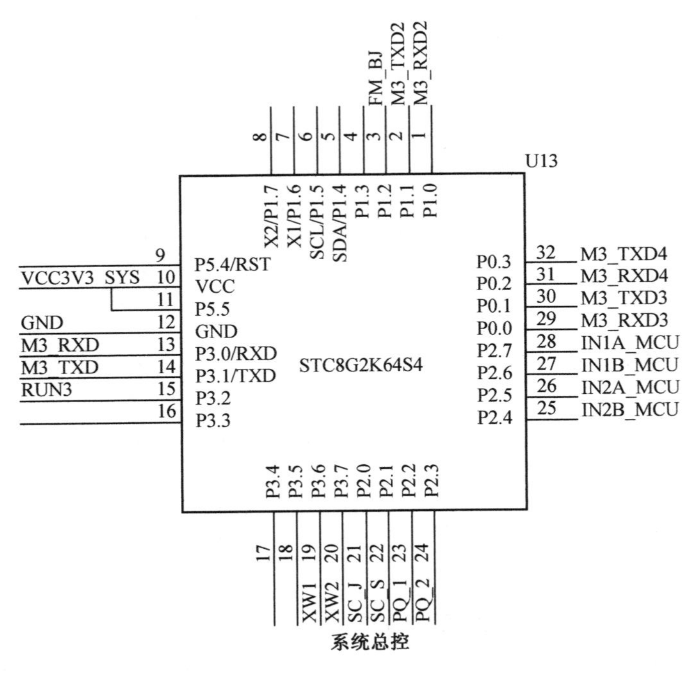

图 3.46　喷涂的控制电路

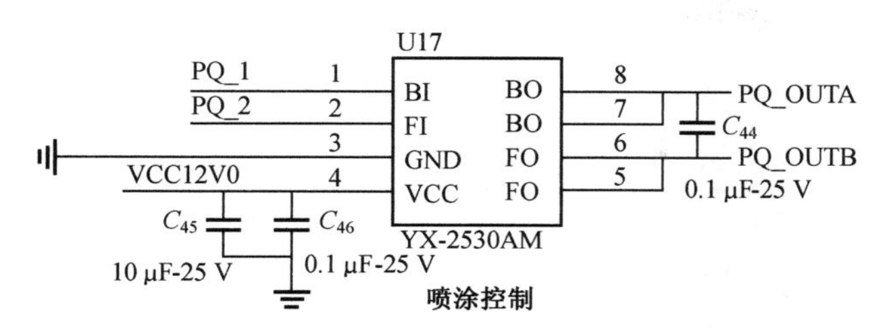

续图 3.46

3.2.3.4　精准画印单元软件设计

精准画印单元软件设计可分为数据接收、信号输出。预设长度数据与展放长度数据对比，单片机输出不同指令信号，通过驱动，间接控制外部电动喷漆的各种动作。

数据接收：手持终端通过无线通信的模式将预设长度数据发送给通信芯片，单片机从通信芯片接收预设长度数据，将该数据与导线长度数据对比。软件程序设计如图 3.47 所示。

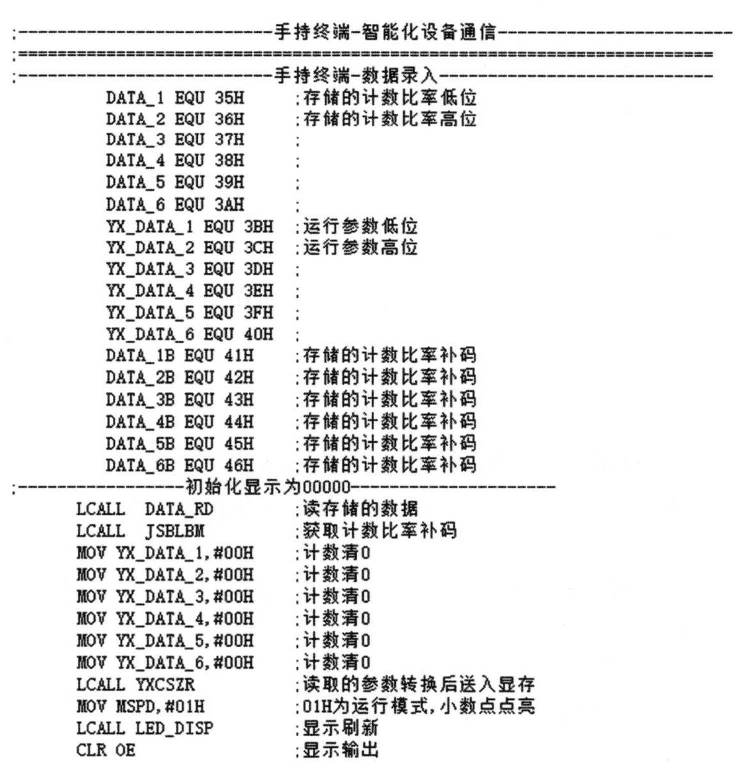

```
;--------------------------手持终端-智能化设备通信-------------------------
;========================================================================
;--------------------------手持终端-数据录入-----------------------------
          DATA_1 EQU 35H      ;存储的计数比率低位
          DATA_2 EQU 36H      ;存储的计数比率高位
          DATA_3 EQU 37H      ;
          DATA_4 EQU 38H      ;
          DATA_5 EQU 39H      ;
          DATA_6 EQU 3AH      ;
          YX_DATA_1 EQU 3BH   ;运行参数低位
          YX_DATA_2 EQU 3CH   ;运行参数高位
          YX_DATA_3 EQU 3DH   ;
          YX_DATA_4 EQU 3EH   ;
          YX_DATA_5 EQU 3FH   ;
          YX_DATA_6 EQU 40H   ;
          DATA_1B EQU 41H     ;存储的计数比率补码
          DATA_2B EQU 42H     ;存储的计数比率补码
          DATA_3B EQU 43H     ;存储的计数比率补码
          DATA_4B EQU 44H     ;存储的计数比率补码
          DATA_5B EQU 45H     ;存储的计数比率补码
          DATA_6B EQU 46H     ;存储的计数比率补码
;-----------------初始化显示为00000---------------------
       LCALL  DATA_RD             ;读存储的数据
       LCALL  JSBLBM              ;获取计数比率补码
       MOV YX_DATA_1,#00H         ;计数清0
       MOV YX_DATA_2,#00H         ;计数清0
       MOV YX_DATA_3,#00H         ;计数清0
       MOV YX_DATA_4,#00H         ;计数清0
       MOV YX_DATA_5,#00H         ;计数清0
       MOV YX_DATA_6,#00H         ;计数清0
       LCALL YXCSZR               ;读取的参数转换后送入显存
       MOV MSPD,#01H              ;01H为运行模式,小数点点亮
       LCALL LED_DISP             ;显示刷新
       CLR OE                     ;显示输出
```

图 3.47　数据接收程序编写

信号输出：预设长度数据与展放长度数据对比后，一旦预设长度数据与展放长度数据相等，单片机会发出喷涂指令，电动喷漆的喷涂控制由电机马达控制，电机马达正转可以使电动喷漆完成喷涂动作，电机马达反转可以使电动喷漆停止喷涂动作。软件程序设计如图 3.48 所示。

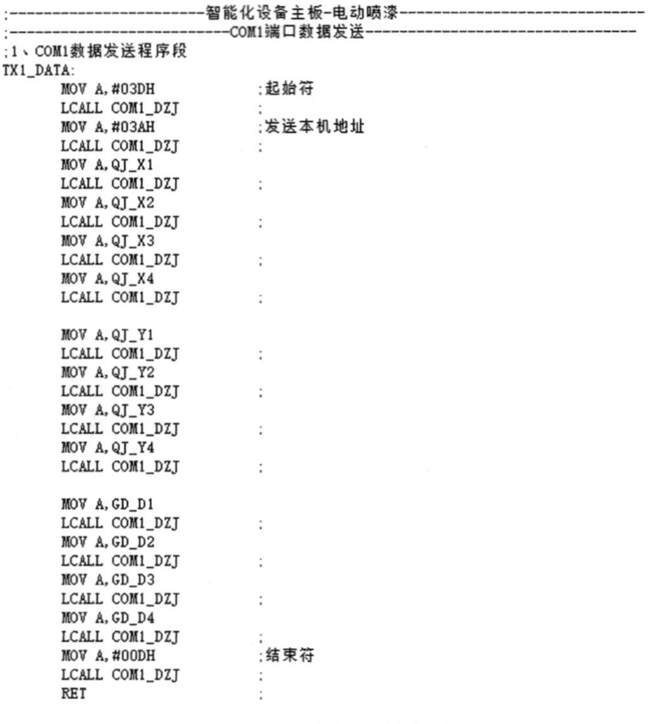

```
;------------------------智能化设备主板-电动喷漆------------------------------
;--------------------------COM1端口数据发送---------------------------------
;1、COM1数据发送程序段
TX1_DATA:
        MOV A,#03DH             ;起始符
        LCALL COM1_DZJ          ;
        MOV A,#03AH             ;发送本机地址
        LCALL COM1_DZJ          ;
        MOV A,QJ_X1
        LCALL COM1_DZJ          ;
        MOV A,QJ_X2
        LCALL COM1_DZJ          ;
        MOV A,QJ_X3
        LCALL COM1_DZJ          ;
        MOV A,QJ_X4
        LCALL COM1_DZJ          ;

        MOV A,QJ_Y1
        LCALL COM1_DZJ          ;
        MOV A,QJ_Y2
        LCALL COM1_DZJ          ;
        MOV A,QJ_Y3
        LCALL COM1_DZJ          ;
        MOV A,QJ_Y4
        LCALL COM1_DZJ          ;

        MOV A,GD_D1
        LCALL COM1_DZJ          ;
        MOV A,GD_D2
        LCALL COM1_DZJ          ;
        MOV A,GD_D3
        LCALL COM1_DZJ          ;
        MOV A,GD_D4
        LCALL COM1_DZJ          ;
        MOV A,#00DH             ;结束符
        LCALL COM1_DZJ          ;
        RET                     ;
```

图 3.48　信号输出程序编写

3.3　预警制动单元

3.3.1　功能概述

依输电线路架设智能化设备所形成的新工艺与传统工艺不同，它用线长测量替代了弧垂观测，进入紧线环节时，不需要大规模地调整输电线路，只要找到放线阶段智能化设备画印的标记，锚固即可。因此新工艺中张力机、牵引机不能像传统工艺一样在全部牵引绳收回之后停止工作，若以牵引绳全部回收为张力机、牵引机停止工作的时机，这会使画印标记与对应的杆塔有较大的偏移距离，增加施工人员找印记、线路调整的时间。因此智能化设备需要自带制动报警的功能，完成智能化放线制动，也就是预警制动单元。

预警制动单元是在测长单元的基础上以 STC 单片机为数据处理核心研发的。通过终端的无线通信，将预警长度数据传输给硬件中的 LoRa 模块，LoRa 模块会以 UART 串口通信方式将数据传输给单片机。预警制动单元会将该数据与测长单元的测量长度对比，一旦导线的展放长度达到预警长度，预警制动单元将驱动蜂鸣器报警，展放设备控制端通过 LoRa 模块发出制动预警信号，牵引设备端接收到预警信号后，开启预警指示灯闪烁。牵引场施工人员根据不同的预警信号，待命或对牵引设备进行停机，从而实现牵引设备的远距离制动。

3.3.2　远距离通信设计

预警制动单元硬件需用于处理数据的单片机、LoRa模块(无线收发数据)。实际上,预警制动单元与精准画印单元共用同一个单片机、LoRa模块,引脚和内存是足以支持精准画印单元中的单片机增添预警制动功能的。精准画印单元中,LoRa模块与终端之间传输预设长度数据,且无传输距离要求。与精准画印单元不同,预警制动单元中,终端传输给LoRa模块预警长度数据,LoRa模块会向牵引机、张力机、终端发送报警信号,传输距离要求较长,应满足输电线路架设的实际情况。在此详细介绍LoRa技术。

3.3.2.1　扩频通信技术

扩频通信即扩展频谱通信(Spread Spectrum Communication),是一种通信方式。扩频技术早在20世纪40年代就被提出,最早应用在军事和空间通信中,之后便在民用领域得到广泛应用。

其特点是信息传输所占用的带宽远大于信息本身传输所需要的最小带宽。香农公式给出了最大信息传输速率与带宽、信噪比的关系,即

$$C=B\log_2\left(1+\frac{S}{N}\right) \tag{3.13}$$

式中　B—— 频带的带宽;

S—— 有用信号功率;

N—— 噪声功率;

C—— 最大信息传输速率;

S/N—— 信噪比。

通过式(3.13)可知,最大信息传输速率C由带宽B与信噪比S/N决定。在最大信息传送速率C(信道容量)一定的情况下,信噪比S/N与带宽B成反比,带宽增加则信噪比减小,即提高信道带宽可降低对信噪比的要求。扩频技术通过扩大信号带宽来降低接收机对信噪比的要求,在特定情况下即使信号功率接近噪声,甚至小于噪声情况下接收机也可正确提取信号,显著提升接收灵敏度,从而提升通信的性能。这就是扩频通信技术的基本原理。

扩频通信技术有着抗衰落、抗多径干扰等优点,具有很强的干扰能力。LoRa技术正是通过扩频调制技术将原始信号通过扩频编码以提升信号带宽完成通信。

3.3.2.2　扩频因子

LoRa扩频调制技术使用多个信息码片(chip)来表示负载信息的每一比特,系统经过扩频把原有比特信息转换为信息码片,拓展了需要发送信息的比特数。LoRa扩频信息发送速率称为符号速率(Rs),而扩频后的码片速率与标称的符号速率之比就是扩频因子(Spreading Factor,SF),即为每个信息比特位被转化成的码片的数目,计算式为

$$扩频因子=\frac{码片速率}{符号速率} \tag{3.14}$$

通俗来讲,当系统扩频因子为"1"时,传输1比特数据只需要发送1比特即可完成通信。当扩频因子选择为"7"时,发送1比特数据需要用7个比特才能完成通信。扩频因子

选定越高，信息通过扩频后被展宽的位数越多，相对应的发送速率就越慢，但是扩频传输可以降低对信噪比的要求，增加了无线覆盖范围，提升通信质量。LoRa 调制扩频因子 SF 可以从 6～12 共 7 个等级选取，每个等级所代表的扩频因子和解调器典型信噪比如表 3.2 所示。

表 3.2 扩频因子取值范围

扩频因子设定值	扩频因子 （码片速率 / 符号速率）	解调器信噪比（SNR）/dB
6	64	－5
7	128	－7.5
8	256	－10
9	512	－12.5
10	1 024	－15
11	2 048	－17.5
12	4 096	－20

3.3.2.3 编码率

编码率（Code Rate，CR）又称编码速率或编码效率，是数据流中有用信息占用整体的比率。LoRa 调制解调技术通过在传输的信息中加入循环纠错编码进行前向纠错（Forward Error Correction，FEC），进一步提高了通信系统的鲁棒性，但是采用这样的编码后会增加传输开销，发送速率有所降低。LoRa 技术提供了四种不同的编码率，可供在不同信道条件选择不同编码率，使得通信效率达到最高。如表 3.3 所示。

表 3.3 循环编码开销

编码率	循环编码率	开销比率
1	4/5	1.25
2	4/6	1.5
3	4/7	1.75
4	4/8	2

3.3.2.4 信号带宽

信号带宽（BW）是指信号传输所占用频带的宽度，计算公式为

$$W = f_2 - f_1$$

即信号的上限频率 f_2 与下限频率 f_1 之差为该信号占有的频率范围。增加信号占用的带宽可以提高信息传送的速度，减少无线传输消耗占用的时间，但增加带宽就会降低部分接收机灵敏度。许多国家对信号带宽设有严格要求，LoRa 提供了 10 种不同带宽可供选择，可根据实际应用环境来选择合适带宽，以达到通信速度与通信质量最佳效果。表 3.4 列出了在扩频因子 SF 为 12，编码率 CR 为 4/5 时，不同带宽相对应的标称比特率。

表 3.4　LoRa 不同带宽相对应的标称比特率

带宽 /kHz	标称比特率 /(B·s^{-1})
7.8	18
10.4	24
15.6	37
20.8	49
31.2	73
41.7	98
62.5	146
125	293
250	586
500	1 172

3.3.2.5　LoRaWAN 网络架构

LoRaWAN 网络架构是一个典型的星形拓扑结构。星形的拓扑结构中的各节点通过点到点的方式连接到一个中央节点上，由该中央节点向目的节点传送信息。这种结构较为简单，且节点不会因为接受和转发不相关的信息而增加网络容量，降低电池寿命。因此，采用星形拓扑结构适合低功耗、远距离的无线网络传输。理论上单个 LoRa 主节点可以支持约上万个从节点，但是当网关节点接入较多的终端设备时会导致网络拥塞，使得网关节点任务过重。因此实际应用中可对安防监控区域进行分区管理，不同区域设备设定不同频率，以降低节点间干扰和网络通信时延。

对于当前自组网无线系统应用中，在时延要求较低的场景，可采用主机轮询或时分复用的组网方式。对于实时性要求较高情况可采取从机主动上报的方式，根据不同场合选用不同组网方式，提高组网效率。

1. 主机轮询方式

主机轮询方式(图 3.49)是最常用的组网方式，即主机通过广播发送特定设备 ID 号请求其发送数据，从机收到主机的命令后再将数据上报给主机。之后主机再以相同方式去请求其他从机上报数据。这种组网方式设备间不易发生冲突，但设备数量庞大时轮询耗时较长，适合对实时性要求不高的应用场景。

2. 时分复用方式

时分复用方式(图 3.50)相对于主机轮询方式速度要快，这种组网方式首先需要由主机向各个节点广播时间同步信号，使得各个节点的时间统一与主机保持同步。时间同步完成后，各个节点根据事先划分的时间点来上报数据。这种组网方式可以避免两个节点同时发送数据导致的冲突，但是此方式对系统时钟精度要求比较高。

3. 从机主动上报方式

主动上报方式(图 3.51)要求从机在发送数据之前先监听信道，当信道空闲时候再发送数据，同时主机收到正确数据后向从机发送 ACK 回应。从机在数据发送完成后等待主

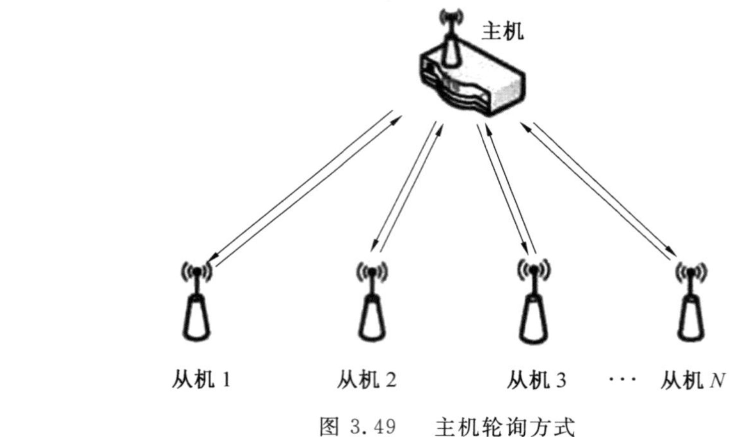

图 3.49　主机轮询方式

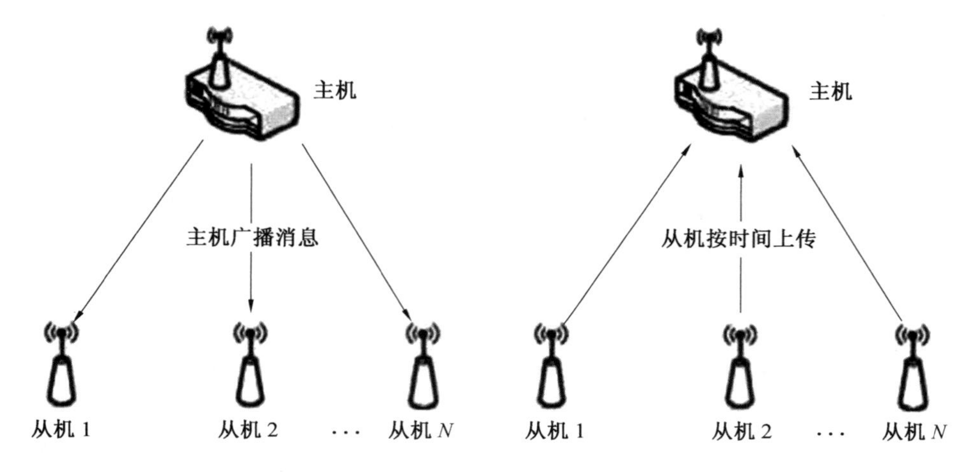

图 3.50　时分复用方式

机的响应报文，以决定是否再次重传。

3.3.2.6　终端工作模式

LoRa 终端有三种不同的工作模式，即 ClassA、ClassB 和 ClassC，但一个时间内终端只能工作于一个模式，每种模式由软件程序进行设置。不同的模式适用于不同的业务场景和省电模式，目前广泛使用的为 ClassA 类工作模式，以适应 IoT 应用省电的需求。

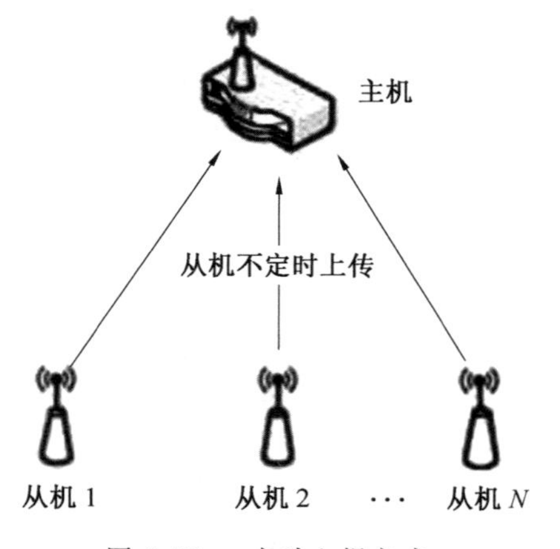

图 3.51　主动上报方式

ClassA（双向终端设备）：A 类终端设备提供双向通信，但不能进行主动的下行链路发送。每个终端节点的上行链路传输会跟随两次很短的下行链路接收窗口。传输时隙由终端设备调度，基于其自身的通信需求并有一个基于随机时基的微小变化，因此A类终端最省电。

ClassB(支持下行时隙调度的双向终端设备):B类终端兼容A类终端,并且支持接收下行Beacon信号来保持和网络的同步,以便在下行调度的时间上进行信息监听,因此功耗会大于A类终端。

ClassC(最大接收时隙的双向终端设备):C类终端仅在发射数据的时刻停止下行接收窗口,适用于大量下行数据的应用。相比A类和B类终端,C类终端最耗电,但对于服务器到终端的业务,C类模式的时延最小。

LoRa设计终端采用的是ClassA类工作模式。根据本课题低功耗和双向通信的要求,ClassA结合终端的需求和微小的不定变量来判定下行发送的时间间隙,由于ClassA不能主动下行发送,所以终端在发送信息时要通过两次短时间的下行接收窗口来实现。

3.3.3　预警制动单元主板硬件设计

依据硬件功能可将精准画印单元划分为通信模块、数据处理模块。通信模块与前文3.2.3.1一致,在此只讨论数据处理模块。

预警制动单元以STC8G2K64S4单片机为数据处理核心,主要功能是控制蜂鸣器、对外发出制动信号。LoRa模块通过UART串口通信将预警长度数据传输给STC单片机,测长单元硬件部分也通过UART串口通信将导线展放长度数据传输给STC单片机,单片机将这两组数据比较,一旦导线展放长度数据达到预警长度数据,单片机会驱动蜂鸣器发出警报,同时通过UART串口通信给LoRa模块发送报警信号,LoRa模块发出制动预警信号,牵引设备端接收到预警信号后,开启预警指示灯闪烁。牵引场施工人员根据不同的预警信号,待命或对牵引设备进行停机,从而实现牵引设备的远距离制动。

一旦导线展放长度数据达到预警长度数据,单片机还会输出制动信号,从引脚P2.0、P2.1传输到驱动芯片YX－2530AM,驱动芯片可以驱动外部制动设备的相应动作。预警制动的主电路及驱动电路如图3.52、3.53所示。

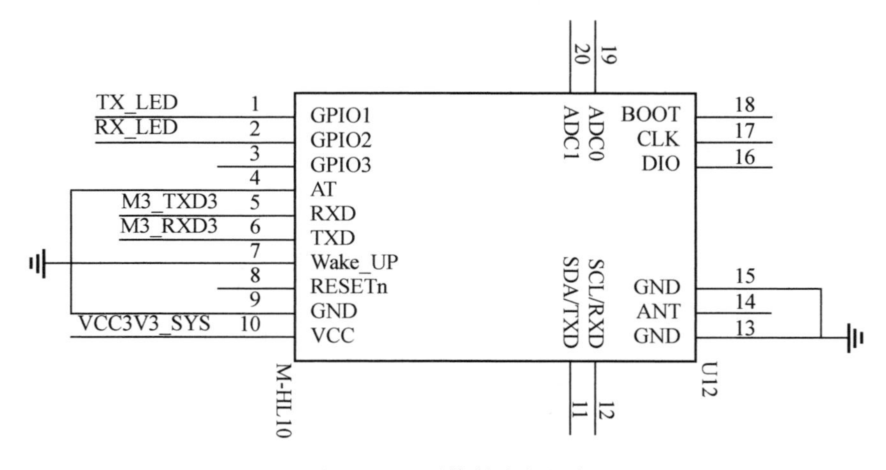

图3.52　预警制动主电路

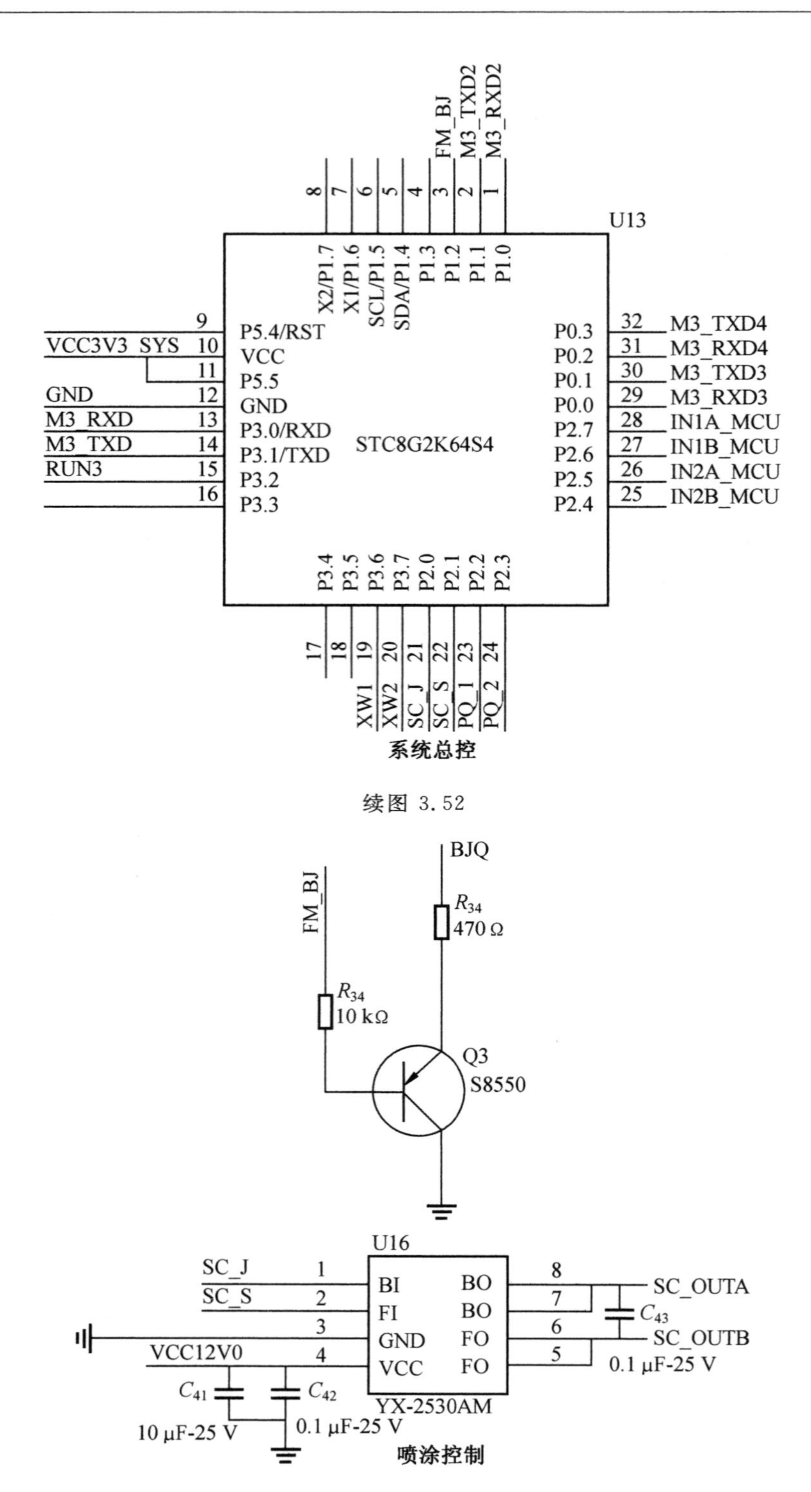

续图 3.52

图 3.53　驱动电路

3.3.4 预警制动软件设计

预警制动软件设计分为数据接收、信号输出两部分。预警长度数据与导线展放长度数据对比，一旦两者数据相同，单片机发出预警信号，该信号通过无线通信模块发出，与此同时，单片机发出驱动信号，驱动蜂鸣器报警。

数据接收：手持终端通过无线通信的模式将预警长度数据发送给通信芯片，单片机从通信芯片接收预警长度数据，将该数据与导线长度数据对比。如图 3.54 所示。

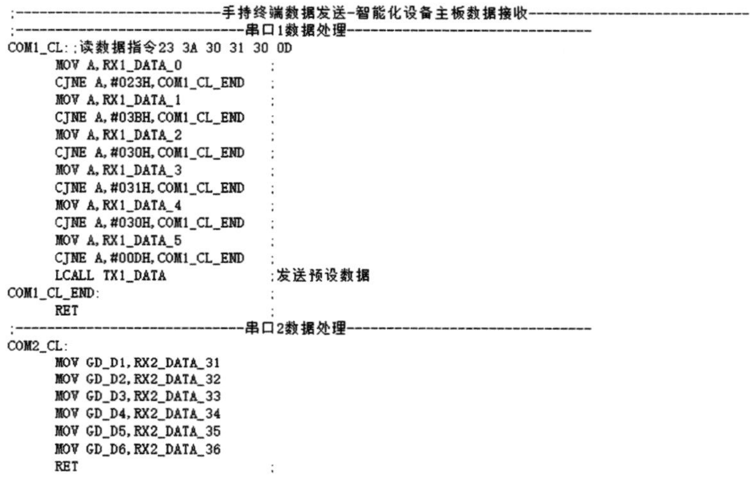

```
;------------------------手持终端数据发送-智能化设备主板数据接收---------------------------
;-----------------------------串口1数据处理------------------------------
COM1_CL:;读数据指令23 3A 30 31 30 0D
      MOV A,RX1_DATA_0                  ;
      CJNE A,#023H,COM1_CL_END          ;
      MOV A,RX1_DATA_1                  ;
      CJNE A,#03BH,COM1_CL_END          ;
      MOV A,RX1_DATA_2                  ;
      CJNE A,#030H,COM1_CL_END          ;
      MOV A,RX1_DATA_3                  ;
      CJNE A,#031H,COM1_CL_END          ;
      MOV A,RX1_DATA_4                  ;
      CJNE A,#030H,COM1_CL_END          ;
      MOV A,RX1_DATA_5                  ;
      CJNE A,#00DH,COM1_CL_END          ;
      LCALL TX1_DATA                    ;发送预设数据
COM1_CL_END:                            ;
      RET                               ;
;-----------------------------串口2数据处理------------------------------
COM2_CL:
      MOV GD_D1,RX2_DATA_31
      MOV GD_D2,RX2_DATA_32
      MOV GD_D3,RX2_DATA_33
      MOV GD_D4,RX2_DATA_34
      MOV GD_D5,RX2_DATA_35
      MOV GD_D6,RX2_DATA_36
      RET                               ;
```

图 3.54　数据接收

信号输出：预设长度数据与展放长度数据对比后，一旦预设长度数据与展放长度数据相等，单片机会发出报警指令，单片机直接通过三极管驱动蜂鸣器，并对外发出制动信号（单片机中关于蜂鸣器驱动的软件设计如图 3.55 所示）。单片机发出的报警指令会通过

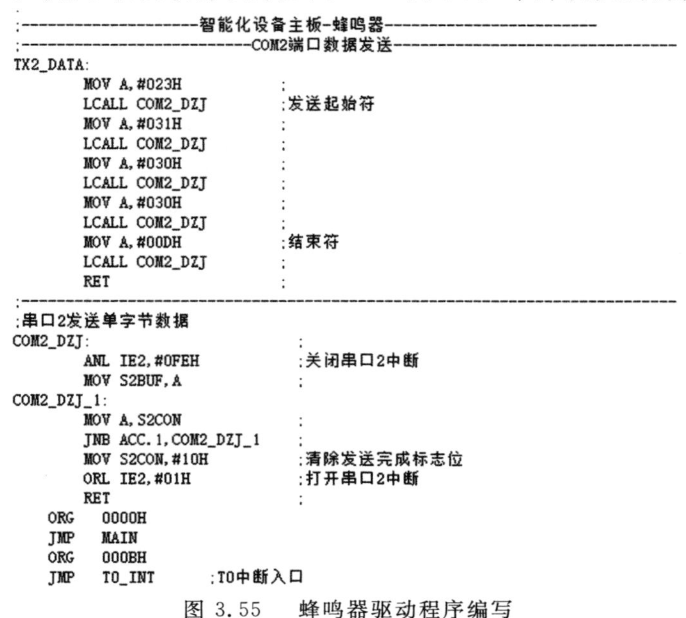

```
;--------------------智能化设备主板-蜂鸣器------------------------
;-------------------------COM2端口数据发送---------------------------------
TX2_DATA:
        MOV A,#023H             ;
        LCALL COM2_DZJ          ;发送起始符
        MOV A,#031H             ;
        LCALL COM2_DZJ          ;
        MOV A,#030H             ;
        LCALL COM2_DZJ          ;
        MOV A,#030H             ;
        LCALL COM2_DZJ          ;
        MOV A,#00DH             ;结束符
        LCALL COM2_DZJ          ;
        RET                     ;
;----------------------------------------------------------------------
;串口2发送单字节数据
COM2_DZJ:                         ;
        ANL IE2,#0FEH             ;关闭串口2中断
        MOV S2BUF,A               ;
COM2_DZJ_1:
        MOV A,S2CON               ;
        JNB ACC.1,COM2_DZJ_1      ;
        MOV S2CON,#10H            ;清除发送完成标志位
        ORL IE2,#01H              ;打开串口2中断
        RET                       ;
    ORG   0000H
    JMP   MAIN
    ORG   000BH
    JMP   T0_INT        ;T0中断入口
```

图 3.55　蜂鸣器驱动程序编写

通信芯片以无线通信的方式传输给终端、牵引机、张力机。通信芯片中的程序编写如图 3.56 所示。

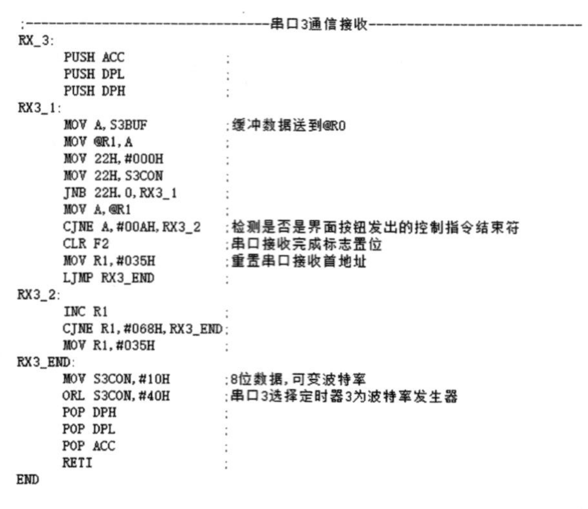

```
;-------------------------------串口3通信接收-----------------------------
RX_3:
        PUSH ACC              ;
        PUSH DPL              ;
        PUSH DPH              ;
RX3_1:
        MOV A,S3BUF           ;缓冲数据送到@R0
        MOV @R1,A             ;
        MOV 22H,#000H         ;
        MOV 22H,S3CON         ;
        JNB 22H.0,RX3_1       ;
        MOV A,@R1             ;
        CJNE A,#00AH,RX3_2    ;检测是否是界面按钮发出的控制指令结束符
        CLR F2                ;串口接收完成标志置位
        MOV R1,#035H          ;重置串口接收首地址
        LJMP RX3_END          ;
RX3_2:
        INC R1                ;
        CJNE R1,#068H,RX3_END;
        MOV R1,#035H          ;
RX3_END:
        MOV S3CON,#10H        ;8位数据,可变波特率
        ORL S3CON,#40H        ;串口3选择定时器3为波特率发生器
        POP DPH               ;
        POP DPL               ;
        POP ACC               ;
        RETI                  ;
END
```

图 3.56　通信程序编写

3.4　智能化设备样机智能手持终端

考虑到牵张场场地相距太远,传统无线通信技术不能有效做到对架线施工中导线展放的可视化操作,为了更好地协调配合牵张场工作人员的施工,额外研发了与基于线长精确展放的输电线路架线施工智能化设备配套的智能手持式控制终端,用于基于线长精确展放的输电线路架线施工过程中的施工配合。如图 3.57、3.58 所示。

智能化设备样机的智能手持终端,主要通过 LoRa 远程无线通信模块实时传输架线施工智能化设备的架线数据,如前文所述,LoRaWAN 网络架构是一个典型的星形拓扑结构,采用星形拓扑结构适合低功耗、远距离的无线网络传输。实际应用中可对安防监控区域进行分区管理,不同区域设备设定不同频率,以降低节点间干扰和网络通信时延,理论预警延时 100 ms,能充分配合牵张设备和架线施工智能化设备实施自动制动操作。

利用 LoRa 远程无线通信模块的远距离和低延时的特点,对施工过程进行数据收集,进行简单的可视化 LCD 屏显示,具有更大的可预见性,将改变传统的施工计划、组织模式。数据在当下互联网快速发展下变的维度更广,智能手持终端 LCD 屏显示能促进施工过程中的有效交流,它是目前评估施工方法、发现问题、评估施工风险简单、经济、安全的方法。

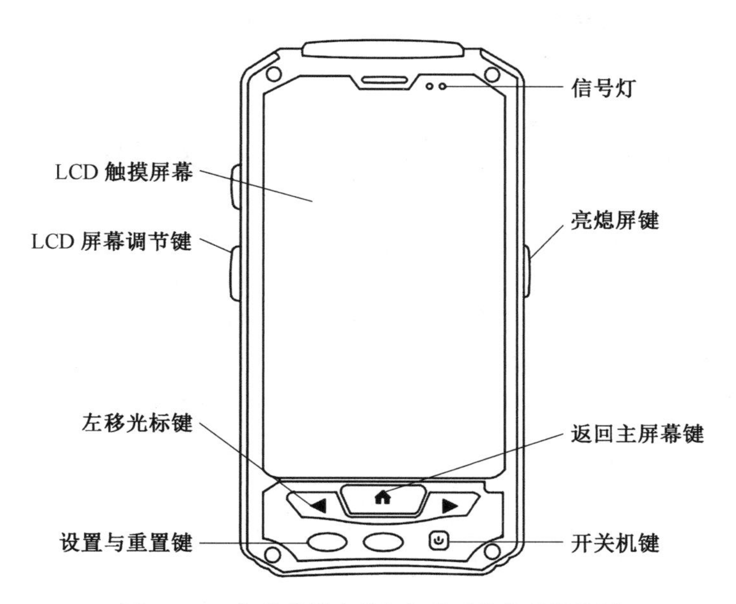

图 3.57　智能化设备样机智能手持终端设计图

图 3.58　智能化设备样机智能手持终端样机

第4章　弧垂智能化感知装置

根据第2章架空输电线路弧垂－线长数学模型特性，基于线长精确展放导线的架线施工需要研制智能化施工设备，本书拟研制出基于线长精确展放导线的弧垂智能化感知装置。拟采用北斗定位模组、激光雷达等传感器为辅的多传感弧垂感知系统，实现对架线施工弧垂的实时精准测控；拟将样机安装在张力放线区段观测档导线上，通过推导弧垂在线实时监测值求解连续档放线实际线长的公式，采用北斗精确定位技术和激光雷达技术，实现档内导线弧垂的精准感知，避免了传统人工弧垂观测的烦琐性，将复杂的弧垂观测过程转化为较为简便的线长测量过程，通过对放线长度进行精确调整，挂线后就可得到相应的弧垂，最终要保证弧垂的相对偏差最大值满足架空输电线路施工及验收规范。

设计时要保证智能化设备与环境之间的良好反应能力，同时在总体上具备足够的智能性。分层递阶控制结构能合理安排各子系统模块功能，使它们能在不同层次上发挥各自的作用。

其中，在分层递阶控制结构中，组织级由主控单片机、手动控制终端、无线通信模块等装置组成；在对底层传感器信息进行处理和综合分析后，对外部信息进行数据处理，然后通过无线通信模块传输到手持终端，最后由现场工作人员通过现场数据对弧垂智能化感知装置进行精准控制，并调控架线设备完成架线任务。

研究思路和方法：

(1) 行走测量单元研制。

对比其他小型机械行走方式，选择合适工作在架空输电导线上的机械行走方式。最终选择采用接触式轮压马达进行行走测量，即采用轮压马达带动滚轮旋转，搭载倾角传感器的方法实现对设备空间位置的智能感知。

(2) 精准定位单元研制。

当连续档档内导线展放长度达到预设长度时，需要对满足这一长度导线所处的点进行准确标记，此时需要连续档架线区段观测档进行精准的弧垂无测感知。考虑到实际施工过程中导线展放的连续性，本单元拟采用高精度卫星定位模组对导线弧垂进行精准感知。

(3) 数据终端控制单元研制。

当整个耐张段内导线展放完毕时，导线上工作的弧垂智能化感知装置通过弧垂在线实时监测值求解连续档放线实际线长的公式，由数据处理主板模块处理装置采集的传感器信息，实时计算并显示导线弧垂数据、装置的状态等，还需对线上行走装置远程控制。最后能指引张牵场施工人员根据不同的信息，待命或对牵引设备进行操作，从而实现张牵设备的远距离精准调控。

4.1　智能化设备行走测量单元

4.1.1　功能概述

适用于输电线路的机械行走测量设计是集机械、电子、计算机、通信、自动化等多学科交叉的产物，相比输电线路巡线机器人，弧垂智能化感知装置的行走设计需要更稳定以便高精度测量，目前国内外尚没有成熟的技术可供借鉴，在平滑的导线上实现稳定行走与防滑自锁控制是一个亟待解决而又难度较大的研究课题。

锁死装置可同时内向运动锁死输电线，防止打滑，机械行走测量单元相比输电线路巡线机器人，增加了双侧双轮紧压线结构，其他结构相同。采用轮式驱动的斜筒式爬线机构，如图 4.1 所示，线路的适应能力较强，应用成熟。夹持机构功能高度集成，同时具备了驱动行走、防滑保护的功能。另外，夹持机构采用灵活的模块化结构，安装不同的工作头即可完成架空线设备悬停、温度测量等各种作业。

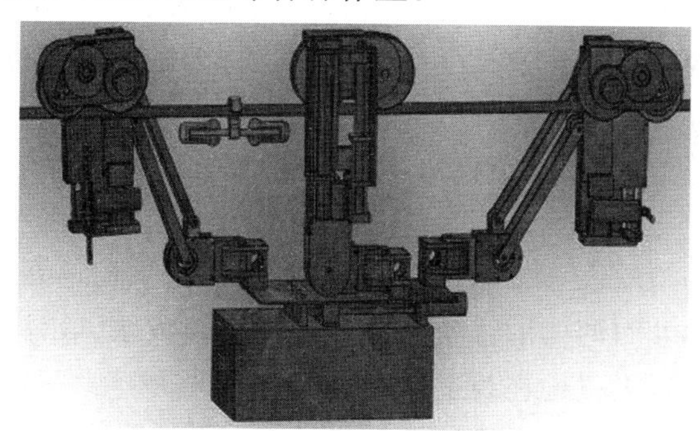

图 4.1　现有输电线路巡线机器人机械行走机构设计

为实现弧垂测量设备在导线上的移动和方便安装，应结合张力架线紧线施工的实际工况和导线自身的特性对设备的结构进行设计。弧垂智能化感知装置整体外形结构设计为半封闭式，施工人员可操纵弧垂智能化感知装置的机械结构，将导线挪至弧垂智能化感知装置中央并固定。

4.1.2　行走测量单元设计方案

4.1.2.1　机械行走结构设计方案

适用于输电线路的机械行走测量设计属于行业内特种装备，其特殊的行走环境要求机械行走测量设计需要配合输电导线的特点，机械行走结构设计方案可以借鉴现有输电线路巡线机器人。

根据 110 kV 架空输电线路的环境特点以及各项技术指标，现有一种轻量化双臂巡线机器人，机器人总体机械结构三维模型如图 4.2 所示。

该巡线机器人机械结构部分主要由机械臂、手爪及底部旋转机构组成。两机械臂的

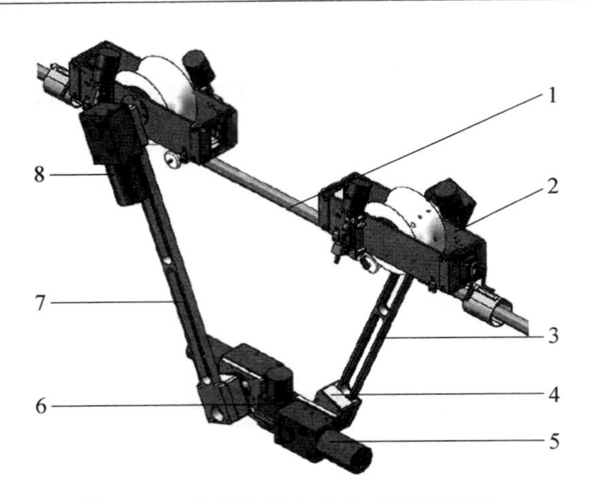

图 4.2　巡线机器人总体三维模型图

1— 架空导线；2— 手爪；3— 越障前臂；4— 轴套；5— 肩部电机；6— 底部旋转机构；7— 越障后臂；8— 腕部电机

末端分别通过蜗轮蜗杆电机与手爪相连，两机械臂之间通过底部旋转机构相连。机器人整体即为一个越障机构，当机器人进行越障作业时，两机械臂之间协同运动，调整机器人姿态。

机器人手爪包括行走机构、防坠机构、电磁能量采集机构，如图 4.3 所示。行走机构主要由一个主动轮、两个从动轮组成，其中主动轮由轮毂电机提供驱动，前后两侧从动轮的布置增加了行走机构与输电导线的接触面积，使其能更平稳地在线上爬行。防坠机构主要由布置在行走机构左右两侧的张紧轮与夹紧机构组成，其收缩均由丝杠机构控制。张紧轮的作用主要是为行走机构在线上行走时提供正压力，增大行走轮与导线之间的摩擦，提升爬坡性能，而夹紧机构则在机器人越障时将一只越障臂与导线锁紧防止其摇晃甚至坠落。电磁能量采集装置在安装磁芯后可通过电磁感应原理采集输电线上的电能，与机器人电池管理模块相互协调作为自取电模块，增加巡线机器人的线上续航能力。

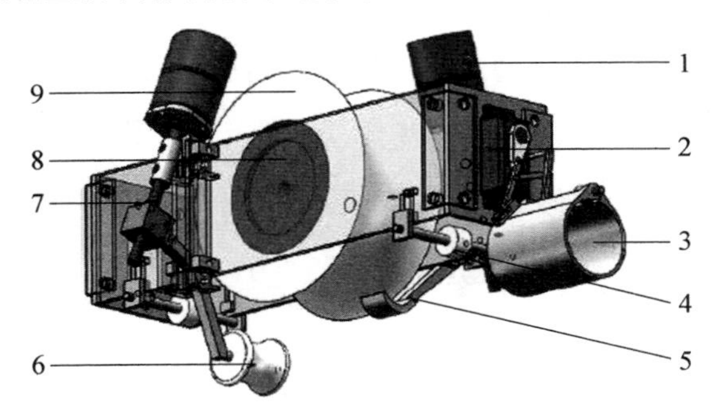

图 4.3　机器人手爪三维模型图

1— 丝杠步进电机；2— 舵机；3— 电磁能量采集机构；4— 从动轮；5— 夹紧机构；6— 张紧轮；7— 丝杠；8— 轮毂电机；9— 主动轮

整体而言,现有输电线路巡线机器人的机械行走机构为单侧滑轮设计,这一设计是为了更好地翻越障碍物,例如翻越平衡锤、间隔棒等,但是架线施工时,弧垂智能化感知装置的工作环境没有这些障碍物,并不需要考虑装置的越障功能,这就使得弧垂智能化感知装置可以采用相比现有输电线路巡线机器人更稳定的双侧滑轮设计。同时现有输电线路巡线机器人的机械行走机构还需考虑防坠设计,由于弧垂智能化感知装置采用双侧滑轮紧压导线,兼具了装置的防坠设计,这也使得机械行走机构更为简约而稳定。弧垂智能化感知装置的机械行走结构设计如图 4.4 所示。

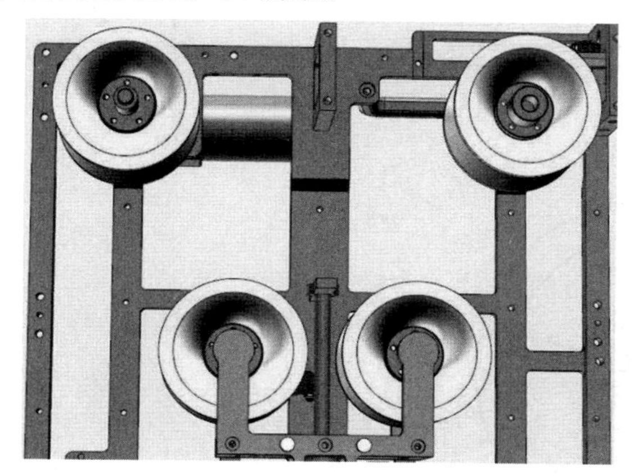

图 4.4　弧垂智能化感知装置的机械行走结构设计

为实现弧垂测量设备在导线上的移动和方便安装,应结合张力架线紧线施工的实际工况和导线自身的特性对设备的结构进行设计。整体结构由滑轮、支架组成,如图 4.5～4.7 所示。

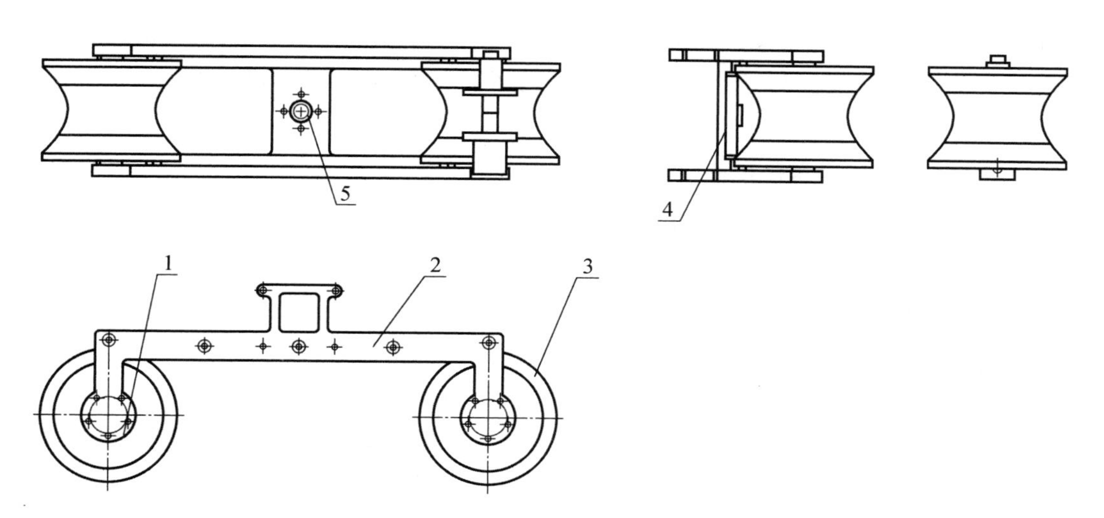

图 4.5　弧垂智能化感知装置行走轮固定机构

1— 行走轮轴心构件 1;2— 行走轮固定底座;3— 行走轮;4— 行走轮轴心构件 2;5— 行走轮固定底座构件

滑轮表面设计为凹槽以贴合导线，行走轮轴心与驱动电机相连，当设备接收到移动指令时，驱动电机带动滑轮左右转动，实现设备在导线上的行走。

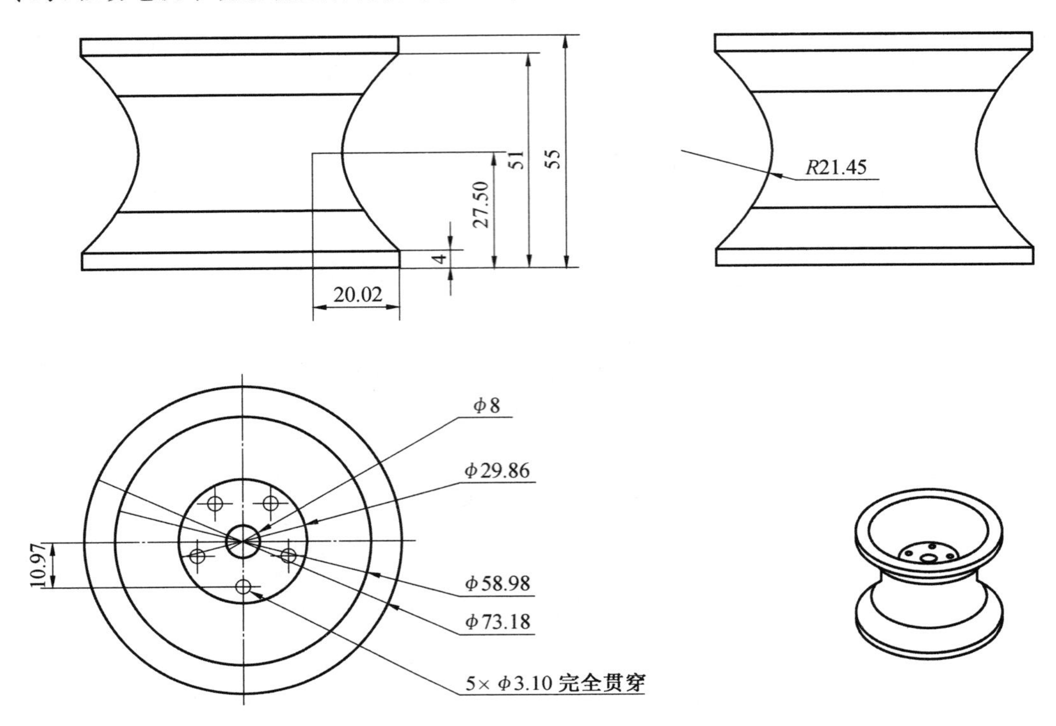

图 4.6　弧垂智能化感知装置行走轮设计

为保证行走轮动作一致，两行走轮固定在同一水平面上。支架设计为对称模型，中间设计有固定螺孔，以便行走轮平稳动作。支架设计尺寸影响到弧垂智能化感知装置的整体尺寸大小，因此在保证两行走轮不相互干涉的情况下，支架应尽可能做得小巧，同时机械强度满足装置的需求。

4.1.2.2　可调节压线机构设计方案

对于夹紧机构而言，弧垂智能化感知装置采用双侧滑轮紧压导线，根据夹紧末端的不同，夹紧机构设计同时具有下行走轮夹紧与防坠夹紧两种形式。夹紧机构主要由直流电机、蜗轮蜗杆机构以及夹紧末端组成。当电机以逆时针方向旋转时，蜗杆随之进行逆时针方向旋转的运动，此时蜗杆的行程方向向下，控制夹紧机构松开，以方便设备完成脱线或上线安装等操作；当电机以顺时针方向旋转时，蜗杆随之进行顺时针方向旋转的运动，此时蜗杆的行程方向向上，控制夹紧机构夹紧，使下行走轮夹紧输电导线，起到增加驱动轮与导线间正压力以及防坠的功能，这也使得可调节压线机构设计方案能够适合多种型号的架空输电导线。

与行走固定机构不同，紧压机构和伸缩机构中滚轮轴心与两台驱动电机相连，还有一台驱动电机用于支持压紧轮的上下移动。

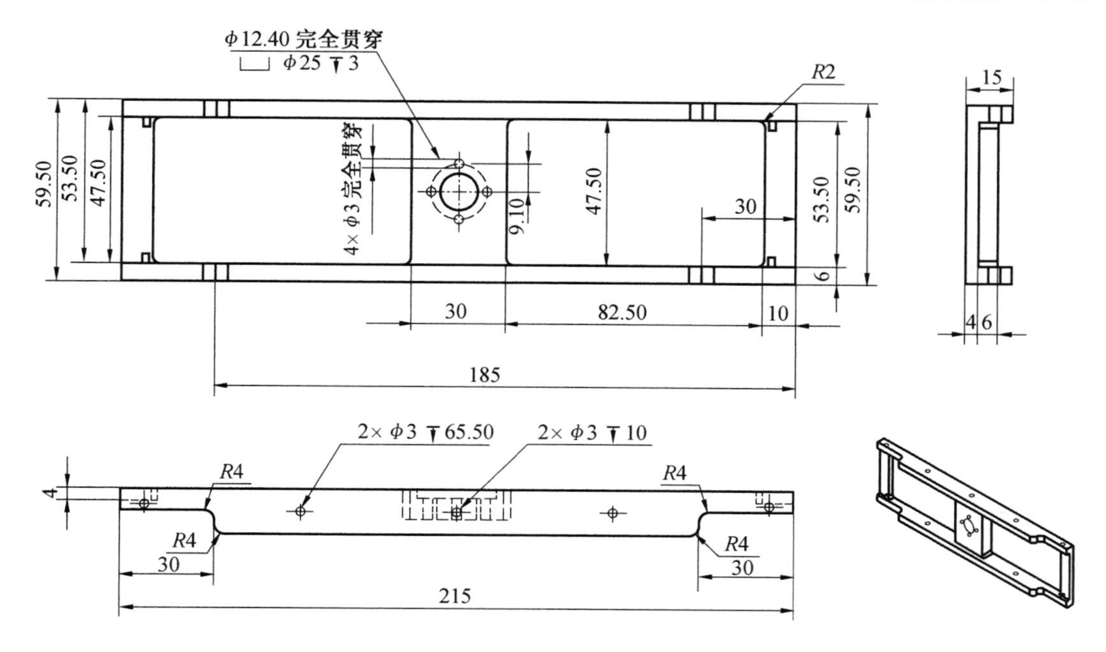

图 4.7　弧垂智能化感知装置行走轮支架设计

与行走轮固定机构支架设计不同，支架具有固定压紧轮的作用，同时还可受驱动电机驱使上下移动。因此，在支架中间需安设电机和滑动机械臂。支架上打有较小的螺孔，可保证驱动电机平稳地固定在支架上。尺寸设计参考行走轮固定机构支架大小，保证弧垂智能化感知装置的小巧和高机械强度。

4.1.2.3　停止刹车自锁机构设计方案

停止刹车自锁机构设计方案需要考虑两个方面需求。

一是要求设备有抱死输电线的能力，当突遇外界恶劣的环境时，可及时停止前进将高压线抱死，并在给地面监控端发出求救信号后在原地点等待救援，提高安全性能，这是保证装置安全的必要设计。

在此基础上，二是要求多传感器系统在测量关键工程参数时，智能化设备必须给系统提供一个平稳可靠的采集环境，这需要地面手持终端能够随时锁死机械行走测量单元，并能在智能化设备完成采集工程数据后，手动解除锁死控制，使机械行走测量单元能够正常工作。

4.1.2.4　微型电机马达选型

弧垂智能化感知装置需内置马达，马达的功能性体现在以下两方面。

(1) 驱动驱动轮向左或向右转动，以协助弧垂智能化感知装置在导线上行走。驱动压紧轮向上移动，使弧垂智能化感知装置卡滞在导线上。

(2) 推动激光雷达支架，使激光雷达可自由伸缩于弧垂智能化感知装置的外壳。

其中压紧轮马达、驱动轮马达均采用无刷电机(表 4.1)，控制电压为 16.8 V，启动电流较小，实现 PWM 平滑调速。激光雷达伸缩马达则采用的是有刷步进电机，控制电压为 12 V。雷达收缩选用有刷电机驱动，不选步进电机的原因主要是步进电机动力不够，无法将激光雷达推出保护槽。雷达收缩选用有刷电机驱动，在收缩时加上限位开关，本书选用的是机械限位，机械限位开关自带防水属性。

表 4.1 无刷电机参数参考图

型号	电压/V	空载转速/(r·min⁻¹)	额定转速/(r·min⁻¹)	额定力矩/(kg·cm)	额定电流/mA	重量/g
4058GW－3650－12 V－5	12	5	3.75	48	1 200	约380
4058GW－3650－12 V－10		10	7.5	46	1 350	
4058GW－3650－12 V－15		15	11.25	45	1 500	
4058GW－3650－12 V－28		28	21	25	1 500	
4058GW－3650－12 V－35		35	26.25	20	1 500	
4058GW－3650－12 V－50		50	37.5	11	1 000	
4058GW－3650－12 V－65		65	48.75	9	1 250	
4058GW－3650－12 V－80		80	60	8	1 500	
4058GW－3650－12 V－108		108	81	7	1 500	
4058GW－3650－12 V－132		132	99	5	1 200	
4058GW－3650－12 V－160		160	120	4	1 500	
4058GW－3650－24 V－5	24	5	3.75	52	650	
4058GW－3650－24 V－10		10	7.5	50	780	
4058GW－3650－24 V－15		15	11.25	48	850	
4058GW－3650－24 V－28		28	21	30	850	
4058GW－3650－24 V－35		35	26.25	22	850	
4058GW－3650－24 V－50		50	37.5	12	750	
4058GW－3650－24 V－65		65	48.75	10	750	
4058GW－3650－24 V－80		80	60	9	850	
4058GW－3650－24 V－108		108	81	7.5	850	
4058GW－3650－24 V－132		132	99	6	750	
4058GW－3650－24 V－160		160	120	5.5	850	

考虑动力问题时要对马达进行选型，在考虑扭矩、转速、马达自重、制动等情况后对马达型号进行综合选择，在满足动力需求的基础上尽可能减轻设计的整体重量，减少耗能。结合参数表和工程需求，无刷电机最终选择型号 4058GW－3650－12 V－108，该电机由 12 V 电源供电，额定转速可达 81 r/min，空载转速达 108 r/min。

电机马达尺寸大小符合弧垂智能化感知装置轻便的设计要求，其轴承部分可自由地伸缩长短以便于装置行走轮、压紧轮的相关设计。

考虑激光雷达支架马达时，应尽可能选择微型减速电机。微型减速电机的功率应根据产品所需要的功率来选择，尽量使微型电机在额定负载下运行。选择时应注意以下两点。

(1) 如果微型电机功率选得过小会造成微型电机长期过载,使其绝缘因发热而损坏,甚至微型电机被烧毁。

(2) 如果微型直流电机功率选得过大,其输出机械功率不能得到充分利用,功率因数和效率都不高,会造成电能浪费。

而 N20 减速电机全金属齿轮结构,力矩更大,更牢靠,噪声更低。其外观及结构设计上力求轻薄短小,紧凑并轻量化。因此激光雷达支架马达最终选择 M4 * 100 螺纹 N20 减速电机。

4.1.3　主板硬件选型

4.1.3.1　总控制单片机选型

行走测量单元中,无线通信芯片接收到地面终端发出的控制信号后,通过 UART 串口通信将控制信号传输至主控单片机。为感知压紧轮对输电线的挤压程度,压紧轮处压力传感器测得的压力信号经处理后也将串口传输给主控单片机。主控单片机接收到控制信号和压紧轮压力的反馈信号,输出端发出不同的电平信号,经过驱动进一步控制滑轮的动作。同时为节省芯片所用的数量和空间,定位单元中的雷达相关动作也由主控单片机控制。主控单片机在行走测量系统中起着控制核心的作用,选型对该系统的设计与实现具有关键作用。

所选的单片机应具备至少三组串口通信、PWM 波输出功能,同时应具备高速、低功耗、易开发的特点,还需考虑单片机引脚数量、内存是否满足设计需求。而 STC15W4K48S4 系列单片机是 STC 生产的单时钟 / 机器周期(1T) 的单片机,是宽电压、高速、高可靠、低功耗、超强抗干扰的新一代 8051 单片机,采用 STC 第九代加密技术,无法解密,指令代码完全兼容传统 8051,但速度快 8 ~ 12 倍。ISP 编程时 5 ~ 30 MHz 宽范围可设置,可彻底省掉外部昂贵的晶振和外部复位电路(内部已集成高可靠复位电路,ISP 编程时 16 级复位门槛电压可选)。8 路 10 位 PWM,8 路高速 10 位 AD 转换(30 万次 / 秒),内置 4 KB 大容量 SRAM,4 组独立的高速异步串行通信端口(UART1、UART2、UART3、UART4),1 组高速同步串行通信端口 SPI,针对多串行口通信、电机控制、强干扰场合。内置比较器,功能强大。因此,选择 STC15W4K48S4 单品机作为控制设备动作的核心处理芯片。

行走测量单元中,压力传感器发出的数据需经单片机信号接收、处理,压力传感器数据处理单片机将压力测量值与设定值比较,根据比较结果发出不同的电平信号至 STC15W4K48S4 主控单品机。该单片机决定了压紧轮压力的反馈信号,选型对压紧轮的控制非常关键。

所选的单片机应具备 4 组 ADC 采样、至少一组串口通信、PWM 波输出功能。而 STC12LE5616D 系列单片机是超强抗干扰的新一代 8051 单片机,指令代码完全兼容传统 8051,但速度快 8 ~ 12 倍。内部集成 MAX810 专用复位电路,2 路 PWM,8 路高速 8 位 A/D 转换,针对电机控制,强干扰场合,适用于压力传感器数据处理,因此选择 STC12LE5616D 单片机作为压力传感器数据采集、处理的控制核心。

4.1.3.2 驱动芯片选型

STC单片机本身只能输出3.3 V的小电流信号，并不足以驱动外部动力电机、压力轮电机动作，因此主板需要使用驱动芯片。

电机一般可由IC芯片、三极管、MOS管驱动，由于MOS管接到STC单片机3.3 V电平根本打不开，或者处于半导通状态，MOS管不予考虑。而IC芯片与STC单片机工作电平不同，两者不能直连，两者之间需增加一电平转化器。设备按照设计内部需安置三台电机，若采用IC芯片驱动，驱动电路则较为复杂且占主板面积较大。因此，选择三极管来驱动直流电机。而直流电机工作的时候，尖峰脉冲会有3～5倍电源电压的的尖峰脉冲，如果电源内阻比较大，那么这个电压就会更大程度地影响电源的供电，三极管的耐压绝对不能仅仅是略大于12 V，而是要2～3倍于这个值才会比较可靠。电机工作时，启动和堵转时电流也会比较大，最大电流可达额定电流5～8倍，最好按10倍来选型。最后确定的三极管要求：至少25 V，最好36 V以上；至少1 A，最好1.5 A以上。

S9013是一种NPN型小功率的三极管，是非常常见的晶体三极管，在收音机以及各种放大电路中经常看到它，应用范围很广。它是NPN型小功率三极管，也可用作开关三极管。S9013集电极－发射极电压可达25 V，集电极－基极电压可达45 V，适用于电机的驱动电路，因此选择三极管S9013作为动力电机、压力轮电机的驱动。

4.1.3.3 通信芯片选型

采用弧垂智能感知装置架设输电线路过程中，为实现弧垂智能感知装置在远距离下，控制数据稳定、可靠、实时传输，需对无线网络通信技术进行选取。在通信技术选取时，主要依据以下两个原则：一是无线网络组建的性能要求，如传输距离、数据传输速率、可靠性、稳定性等；另一方面是通信技术能否满足现场施工需求。本书在3.2.2.2已详细说明了现有通信技术的优缺点。相比于其他无线通信技术，LoRa具备长距离、低功耗、低成本、易于部署、标准化等特点，非常适用于要求具备功耗低、距离远、容量大以及可定位跟踪等特点的物联网应用。因此选用LoRa作为弧垂智能感知装置控制数据的无线网络通信技术。

WH－L101－L－P－H10是一个支持点对点通信协议的低频半双工LoRa模块，工作的频段为：398～525 MHz(默认频率470 MHz)。使用串口进行数据收发，降低了无线应用的门槛，可实现一对一或者一对多的通信。模块可以工作在1.8～3.6 V，休眠电流仅3.5 μA，满足电池供电需求，适合超低功耗的场合应用。模块的尺寸为26.65 mm×18.22 mm×2.60 mm，采用SMT封装，几乎可以满足所有用户应用对空间尺寸的要求，适用于控制数据的无线传输，因此选择通信芯片WH－L101－L－P－H10来完成地面终端与弧垂智能感知装置的信息交互。

4.1.4 主板硬件设计

STC15W4K48S4单片机接收到控制数据后，会跟据其内容输出不同的信号。马达受信号驱动，从而带动弧垂测量设备的四个滚轮做出相应动作。驱动轮负责设备在导线上的行走功能，压紧轮负责设备的停止刹车。依据硬件功能可将智能化设备行走测量单元分为行走模块、停止刹车模块。

4.1.4.1　行走模块设计

通信芯片 WH－L101－L－P－H10 通过串口将控制数据传输给主控单片机 STC15W4K48S4，通信芯片工作时可能会受外界干扰而导致输出信号不稳定，进而影响主控单片机，甚至会出现输出的大电平信号烧毁主控单片机的情况，因此通信芯片与主控单片机串口通信间需加装保险丝，以形成对主控单片机的保护。同时为观察数据的传输状况，通信芯片端口 HOST WAKE 处加设一发光二极管，通信芯片接收到控制数据，引脚 HOST WAKE 发出高电平使发光二极管点亮。

其中驱动轮有两个，它们驱动电路一致，下面以其中一个为例进行介绍。通信芯片 WH－L101－L－P－H10 接收到地面终端发出的控制信号后，以 UART 串口的形式将控制数据传输给主控单片机，主控单片机 STC15W4K48S4 引脚 TXD_KZ、RXD_KZ 接收到控制数据后，将从引脚 M_GW/FW1、M_PWM_1 发出相应电平，单片机引脚 M_GW/FW1、M_PWM_1 输出的小电流信号经三极管转化，可在 GW/FW1、PWM_1 端口处输出用于驱动动力电机的大电流信号。GW/FW1 输出的信号可控制动力电机的正反转，而 PWM_1 输出的 PWM 波控制动力电机的转速，同时 FG1 可反馈电机的运行情况至单片机引脚 M_FG1，单片机根据反馈情况做出及时调整。单片机接收到控制数据后通过 3 个 I/O 口即可完成对 1 个动力电机的控制，同时由于设备内含两个动力电机，两者动作应保持高度一致，单片机对电机的控制信号输出也需保持一致。行走模块通信设计及驱动设计分别如图 4.8、4.9 所示。

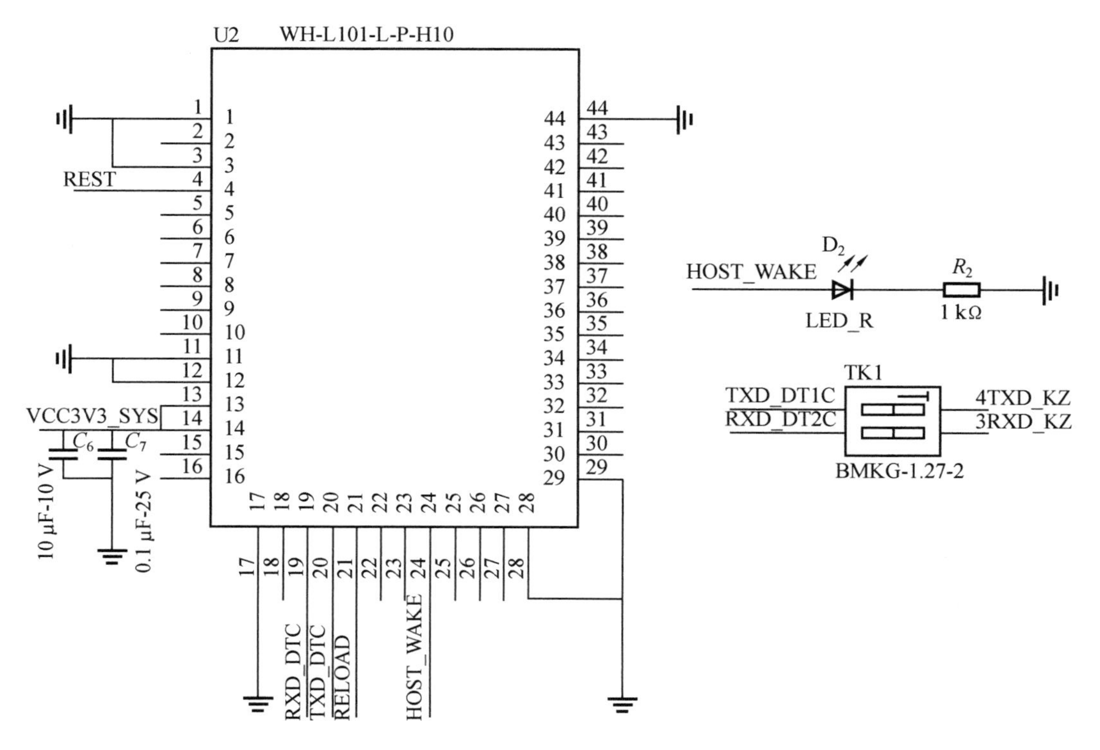

图 4.8　弧垂智能化感知装置的行走模块通信设计

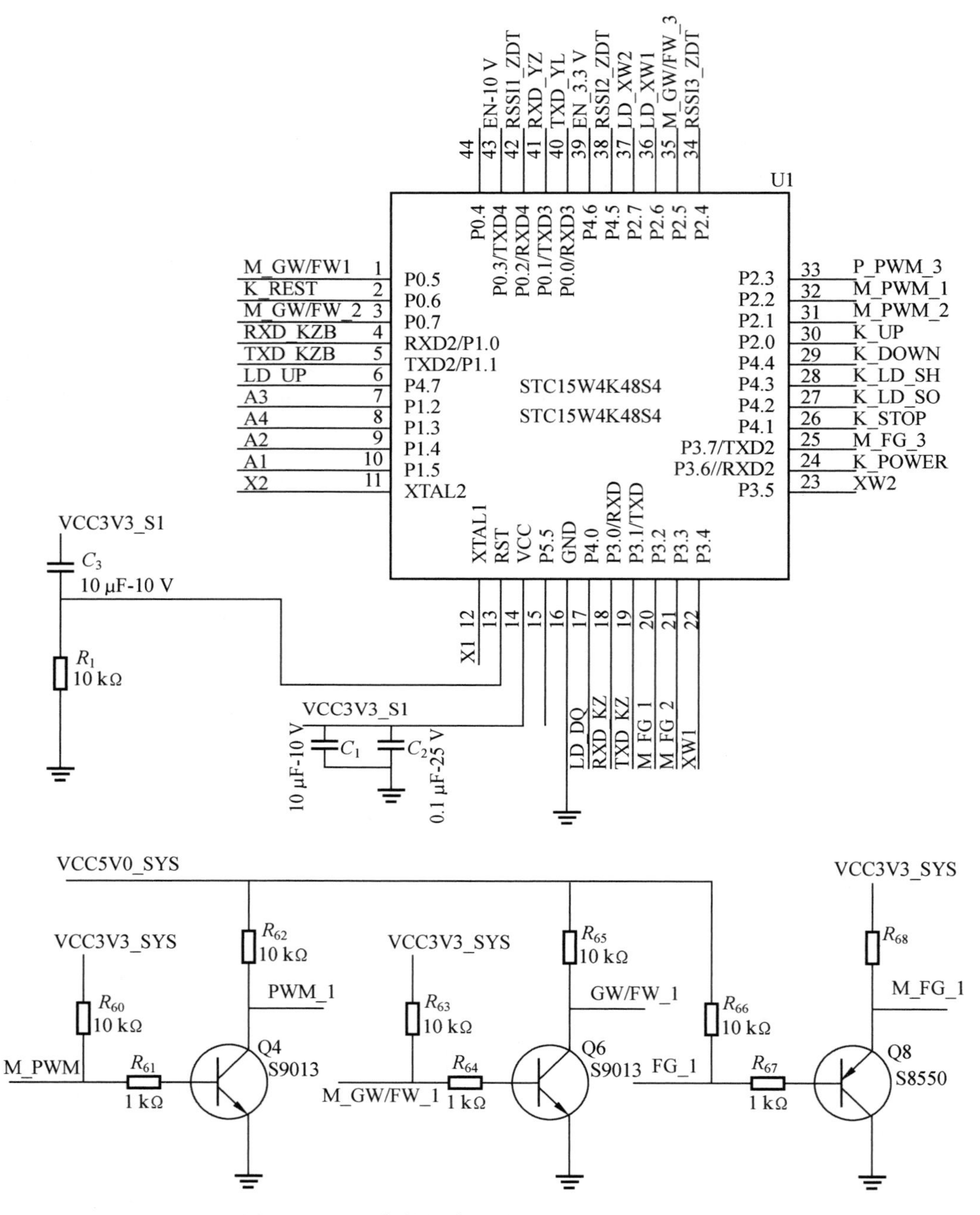

图 4.9　弧垂智能化感知装置的行走模块驱动设计

4.1.4.2　停止刹车模块

压紧轮的驱动电路与驱动轮部分类似，主控单片机接收到控制数据后，从引脚 M_GW/FW3、M_PWM_3 输出相应电平，经三极管驱动压力轮电机，同时从 M_FG3 得到电机运行状态的反馈。由于压力轮电机较驱动电机工作电压更大，马力更大，因此驱动电路上两者存在差异，经三极管转换的驱动电压发生改变。除此之外，停止刹车模块还多了一个压力反馈电路。

为防止压紧轮上移对导线挤压过度或下移与导线间产生间隙，在压紧轮处安设压力传感器。通过压力传感器的反馈，压紧轮能及时停止动作。压力传感器输出的电压信号，必须经模数转换器转化为数字信号后才能进行处理和传递。ADS1232 数模转换器从引脚 A_DO、A_SC、A_PD、A_SP 输出数字信号，数字信号需通过单片机 STC12LE5616D 处理才能得到压力值，由于 ADS1232 与 STC12LE5616D 的工作电压不同，因此两者之间还需加一电平转换器，单片机从 DO、SC、PD、SP 得到关于压力值的数字信号，处理完毕后，STC12LE5616D 单片机以串口的形式从 RXD_YL、TXD_YL 将压力值反馈给 STC15W4K48S4 主控单片机，当压力值达到阈值时，主控单片机停止输出压紧轮的动作信号，即 M_GW/FW3、M_PWM_3 的输出，使压紧轮停止动作。依据控制数据，轮压电机带动轮压马达驱动轴和压紧轮上下移动。跟驱动轮不同，对压紧轮停止动作的时机要求十分苛刻，因此弧垂测量设备通过压紧轮处安装的压力传感器实现压紧轮的停止动作。根据控制数据的指令，弧垂测量设备有停止、移动、安装三种状态，状态发生切换时压紧轮开始动作。单片机设有 3 个压力阈值 0、α、β，每一状态对应一个压力阈值。切换状态时，单片机先根据指令判断压紧轮的移动方向，后驱动轮压电机，并比较实时压力值与目标状态对应的压力阈值，两者相等时，单片机停止对轮压马达驱动轴和压紧轮的驱使。

当压力值为 0 时，压紧轮与导线无接触，两者之间存在空隙，导线可轻松放在 4 个滚轮中央，方便弧垂测量设备的安装。当压力值为 α 时，压紧轮与导线紧密接触，4 个滚轮将导线卡死，弧垂测量设备无法动作。当压力值为 β 时，滚轮压紧导线，弧垂观测设备停留在导线上，但在驱动轮的驱使下能在导线上移动。停止刹车模块的驱动电路设计如图 4.10 所示，压力反馈电路设计如图 4.11 所示。

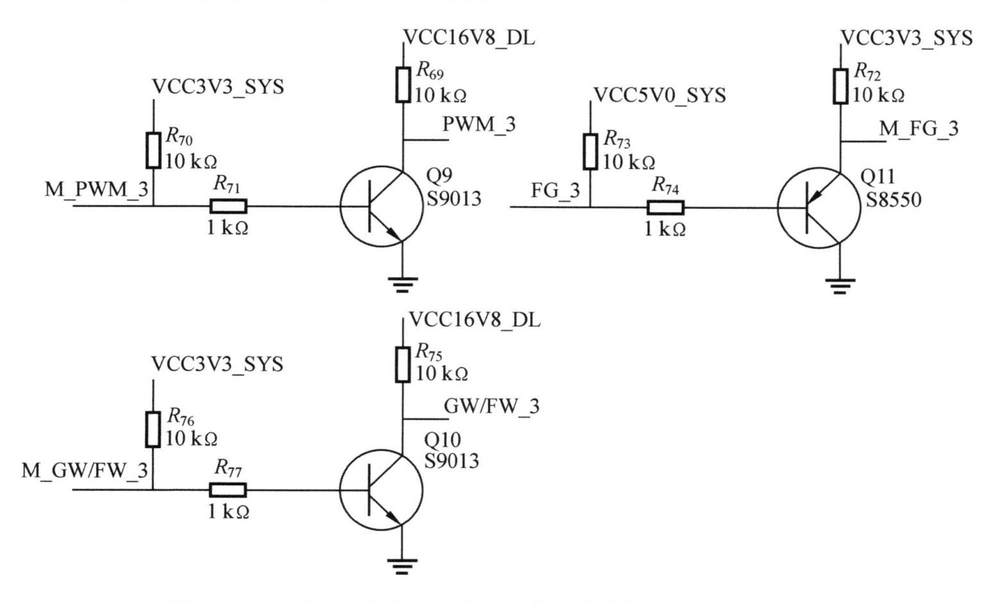

图 4.10　弧垂智能化感知装置的停止刹车模块驱动电路设计

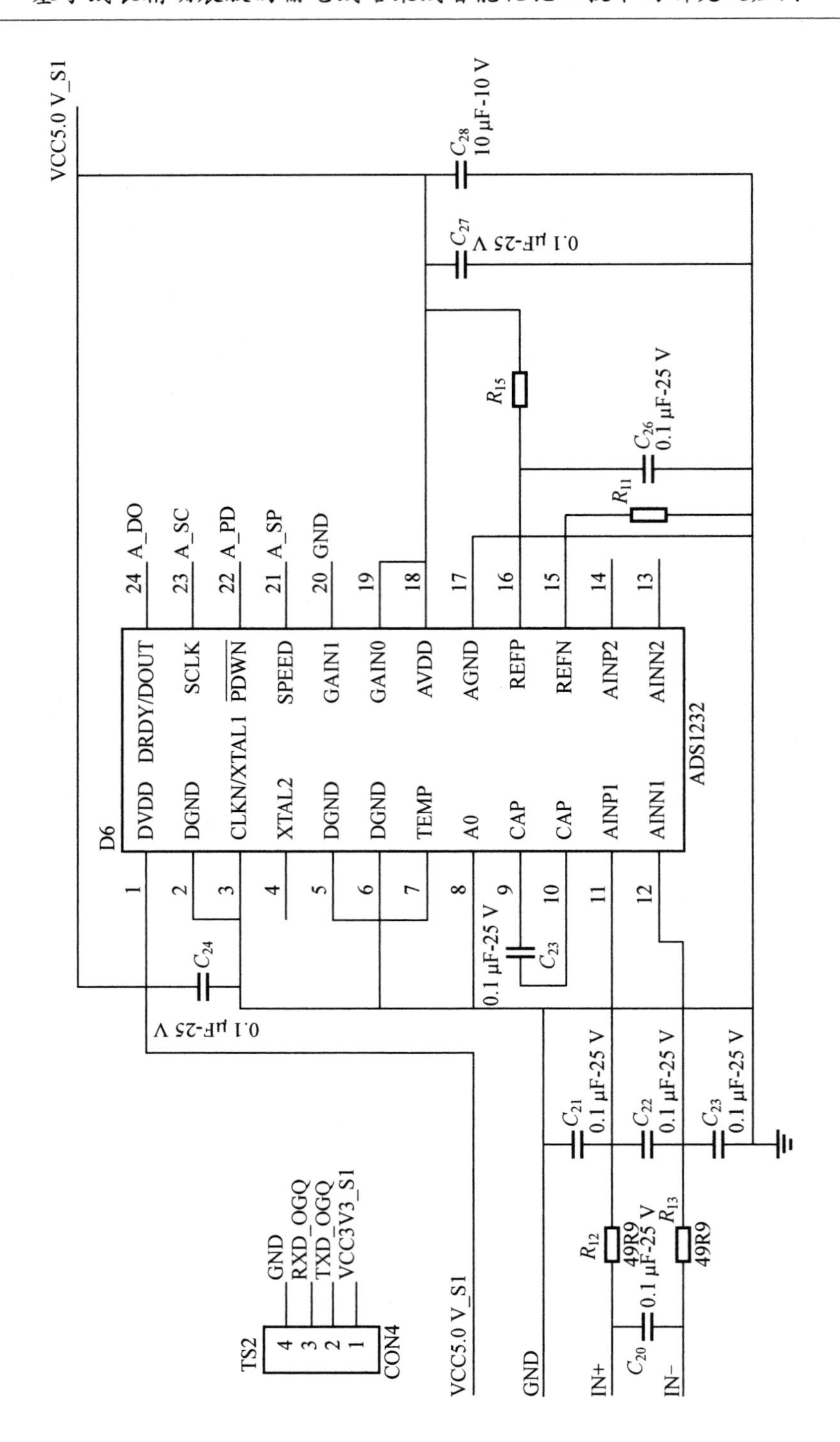

图 4.11　弧垂智能化感知装置的停止刹车模块压力反馈电路设计

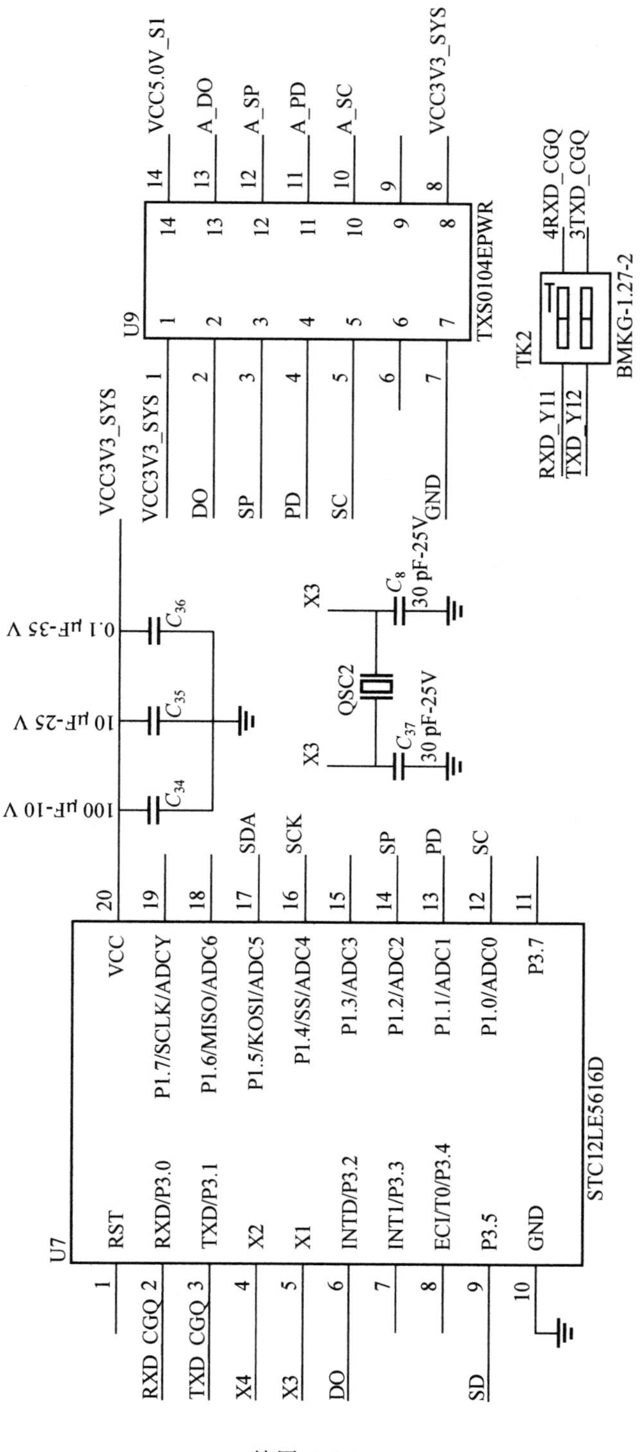
U9
TXS0104EPWR
VCC5.0V_S1
A_DO
A_SP
A_PD
A_SC
VCC3V3_SYS
VCC3V3_SYS
DO
SP
PD
SC
GND
TK2
4RXD_CGQ
3TXD_CGQ
RXD_Y11
TXD_Y12
BMKG-1.27-2
0.1 μF-35 V
10 μF-25 V
100 μF-10 V
QSC2
30 pF-25V
X3
U7
STC12LE5616D
RST
RXD/P3.0
TXD/P3.1
X2
X1
INTD/P3.2
INT1/P3.3
ECI/T0/P3.4
P3.5
GND
VCC
P1.7/SCLK/ADCY
P1.6/MISO/ADC6
P1.5/KOSI/ADC5
P1.4/SS/ADC4
P1.3/ADC3
P1.2/ADC2
P1.1/ADC1
P1.0/ADC0
P3.7
SDA
SCK
RXD_CGQ
TXD_CGQ
X4
SD

续图 4.11

4.1.5 软件设计

行走测量单元软件设计可分为滑轮驱动、压紧轮轮压检测。单片机将根据控制信号输出不同指令信号，通过驱动，间接控制外部电机左右转动。

滑轮驱动软件设计中，单片机在接收到控制信号后，首先确定电机的转动方向，延迟 300 ms后单片机发出高电平信号启动电机，驱动轮的左右转动和压紧轮的上下移动均依靠驱动软件程序完成。滑轮转动和移动的速度均由单片机输出的PWM波决定，PWM波占空比越大，滑轮转动和移动的速度就越大。如图 4.12 所示。

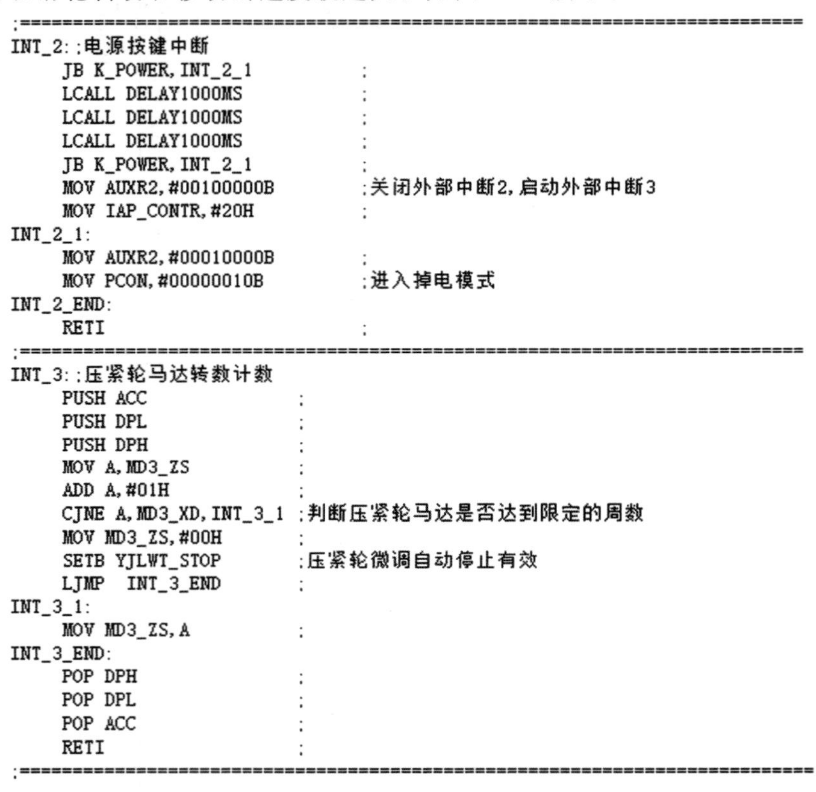

```
;==========================================================================
INT_2:;电源按键中断
     JB K_POWER,INT_2_1              ;
     LCALL DELAY1000MS               ;
     LCALL DELAY1000MS               ;
     LCALL DELAY1000MS               ;
     JB K_POWER,INT_2_1              ;
     MOV AUXR2,#00100000B            ;关闭外部中断2,启动外部中断3
     MOV IAP_CONTR,#20H              ;
INT_2_1:
     MOV AUXR2,#00010000B            ;
     MOV PCON,#00000010B             ;进入掉电模式
INT_2_END:
     RETI                            ;
;==========================================================================
INT_3:;压紧轮马达转数计数
     PUSH ACC                   ;
     PUSH DPL                   ;
     PUSH DPH                   ;
     MOV A,MD3_ZS               ;
     ADD A,#01H                 ;
     CJNE A,MD3_XD,INT_3_1 ;判断压紧轮马达是否达到限定的周数
     MOV MD3_ZS,#00H            ;
     SETB YJLWT_STOP            ;压紧轮微调自动停止有效
     LJMP  INT_3_END            ;
INT_3_1:
     MOV MD3_ZS,A               ;
INT_3_END:
     POP DPH                    ;
     POP DPL                    ;
     POP ACC                    ;
     RETI                       ;
;==========================================================================
```

图 4.12　弧垂智能化感知装置的停止刹车模块滑轮驱动软件设计

压紧轮轮压检测软件设计中，为便于设备的装卸，可通过按设备面板上的移动键或地面终端遥控的方式控制压紧轮上下移动，当压紧轮下降至限位，驱动轮与压紧轮之间有足够的空隙供导线放置，当压紧轮持续上升，直至轮压到达刹车限值，意味驱动轮与压紧轮已卡死导线，同时当设备移动时，轮压须保持在一个移动限值左右，保证设备不因驱动轮与压紧轮之间空隙过大而从导线上掉落，也不因压紧轮挤压过度使设备卡死在导线上。如图 4.13 所示。

```
;--------------------------1#测量电池电压检测A/D转换程序---------------------
      MOV    ADC_CONTR,#11101011B   ;A/D转换控制寄存器,A/D转换开始
      NOP                           ;空操作延时
      NOP                           ;
      NOP                           ;
      NOP                           ;
WAIT_1:
      MOV    A,ADC_CONTR            ;ADC_CONTR数值，为判断是否转换结束做准备
      JNB    ACC.4,WAIT_1           ;判断A/D转换是否结束
      MOV    ADC_CONTR,#11100000B   ;清除A/D转换标志位，A/D转换器电源不关闭
//b=800      ;
;0电量电压采集AD值
      MOV       YSHC_3,CL1_XZD      ;低8位
      MOV       YSHC_4,CL1_XZG      ;高8位
      LCALL DLJS                    ;调用电池电量百分比计算
      MOV CL_POWER1,YSHC_1          ;测量系统1#电池电量送入缓存
;--------------------------2#测量电池电压检测A/D转换程序---------------------
      MOV    ADC_CONTR,#11101010B   ;A/D转换控制寄存器,A/D转换开始
      NOP                           ;空操作延时
      NOP                           ;
      NOP                           ;
      NOP                           ;
WAIT_2:
      MOV    A,ADC_CONTR            ;ADC_CONTR数值，为判断是否转换结束做准备
      JNB    ACC.4,WAIT_2           ;判断A/D转换是否结束
      MOV    ADC_CONTR,#11100000B   ;清除A/D转换标志位，A/D转换器电源不关闭
//b=800      ;
;0电量电压采集AD值
      MOV       YSHC_3,CL2_XZD      ;低8位
      MOV       YSHC_4,CL2_XZG      ;高8位
      LCALL DLJS                    ;调用电池电量百分比计算
      MOV CL_POWER2,YSHC_1          ;测量系统2#电池电量送入缓存
```

图 4.13　弧垂智能化感知装置的停止刹车模块压紧轮轮压检测软件设计

4.2　精准定位单元

4.2.1　功能概述

为实现档内导线弧垂的精准感知，弧垂智能化感知装置需采集导线特殊点位的坐标信息，并将定位数据传往地面终端。地面终端软件根据现场测量数据进行转换、分析、计算，将采集到的大量离散点集以悬链线方程为基础通过曲线拟合算法构建输电线路的 2D 曲线模型，根据构建的曲线模型利用几何结构计算出弧垂值，从而达到弧垂值测量的目的。

弧垂智能化感知装置测量原理中，弧垂值的测量与确定是通过对高压输电线路设施，高压输电线路塔的高度、杆塔高差、杆塔之间的档距等在三维空间中的具体位置信息来确定的，由此确保精确的线路测量设备和准确的数据采集方式是弧垂测量的基础。

4.2.2　精准定位单元设计方案

感知设备主要功能的实现，主要依靠导线行走小车装置内所装的定位系统、倾角传感器等装置功能的实现，现对其进行介绍说明。

4.2.2.1 精准定位设计方案

1.定位系统分类

(1) 光跟踪定位技术。

光跟踪定位系统种类繁多,但都要求所跟踪目标和探测器之间线性可视,这就把它的应用局限到了仅室内的范围且须保证所监测的目标是不透明的。在某些特定环境中,需要较多的光探测器交织分布其中,以便可以确定被探测物的位置,这种方式有很大的局限性,尤其对任意移动的物体或体积较小的物体,因为想要在某一个环境中全方位监测,就需要大量的光探测器,但这是不现实的。

在视频监视系统中,往往采用在被监控的环境中安装多台摄像设备,这些摄像设备可连接到一台或几台视频监控器上,通过视频监控器,可以对观察对象进行实时动态监控,有的甚至可以进行必要的数据存储。光定位技术也被应用于机器人系统,通过固定的红外线摄像机和很多红外线发光二极管的一系列协同配合,达到定位的目的。由于其本身的特点,要实现高精度的光定位技术,其配备要求比较复杂。

(2)GPS 定位技术。

GPS 定位技术经过多年的发展,由于其定位精度高、覆盖范围广的优点,在军事中发挥着巨大的作用,近几年开始向各个领域渗透并得到广泛的应用。差分 GPS 技术可以提高 GPS 系统的定位精度。其原理是:基准接收机对自己实施定位,得到的定位结果与自己的确知的地理位置相比较得到差值,该差值被用作公共误差修正值,对与基准接收处于同一区域且共用四颗卫星进行定位的移动接收机来说,它们显然具有相同的公共误差,因此,借助于公共误差修正值可以修正移动接收机的定位结果,从而提高定位精度。

采用 GPS 对移动终端直接定位时,首次定位需要较长的时间,这对于紧急救援的业务是不允许的。A－GPS 可以有效地解决这个问题。利用辅助 GPS 进行定位时,GPS 参考网络可将辅助的定位信息通过无线通信网络传送给移动终端,这就不仅可以大大地减小搜索时间,使定位时间降至几秒钟,而且辅助的定位信息也为在信号严重衰落的市区或室内 GPS 定位技术提供了可能。另外,由于在两次定位间歇期间 GPS 接收机可处于休眠状态,所以可以降低手机的能耗。综上所述,A－GPS 对弥补传统的 GPS 定位技术的缺陷是显著的,它使得 GPS 可以突破定位界限而实现室内 GPS 定位。

(3) 超声波定位技术。

超声波定位技术由于其成本低、结构简单、易于实现而被人们广泛采用。目前,市场上的超声波收、发器技术成熟且价格低廉,因此应用较为广泛。超声波测距大都采用反射式测距法,即发射超声波并接收由被测物产生回波,根据回波与发射波的时间差计算出待测距离,有的则采用单向测距法。超声波定位系统可由若干个应答器和一个主测距器组成,主测距器放置在被测物体上,在微机指令信号的作用下向位置固定的应答器发射同频率的无线电信号,应答器在收到无线电信号后同时向主测距器发射超声波信号,从而得到主测距器与各个应答器之间的距离。当同时有三个或三个以上不在同一直线上的应答器做出回应时,可以确定出被测物体的二维坐标位置,而同时有四个或四个以上不在同一平面上的应答器做出回应时,就可以确定被测物体的三维坐标位置。

在研制的无线传感器网络下基于超声波技术的 3D 定位系统中就采用了超声波定位

技术。为了克服超声波声吸收严重而影响其传输距离的缺陷，采用单向测距法而不是反射测距法。

(4) 蓝牙定位技术。

蓝牙技术是一种短距离低功耗的无线传输技术，支持点到点、点到多点的话音和数据业务。借助于它可以实现不同设备之间的短距离无线互联。在室内安装适当的蓝牙局域网接入点，把网络配置成基于多用户的基础网络连接模式，并保证蓝牙局域网接入点始终是这个微微网(piconet) 的主设备(master)，就可以利用蓝牙网络获得用户的位置信息，从而实现利用蓝牙技术定位的目的。蓝牙定位技术可以作为其他定位方法的补充，尤其当许多定位方法对于处于室内的移动设备定位精度不佳的情况下。采用蓝牙技术做室内短距离定位的优点是容易发现设备且信号传输不受视距的影响；缺点是现在的蓝牙器件和设备价格昂贵。

(5)UWB 定位技术。

UWB 作为一种新的移动通信技术，受到很大的关注，人们把 UWB 技术的应用主要定位于短距离无线通信、短距离室内定位以及成像等领域。由于 UWB 具备精确定位的功能，可轻松地提供精确定位能力，能适应需求的不断发展变化，所以目前它被视为 802.15.4 的关键新增功能，并且是改善非视距性能的关键。

在 UWB 定位系统中，位置可从一个移动终端至多个固定参考点的信号传输时间推算出来。UWB 定位估算的精度受限于交叉曲线的宽度，而曲线宽度又是信号抵达参考点的时间不确定性的函数。

UWB 的定位精度受发射器误差、信号传输误差和接收器误差的影响。其中，发射器误差包括发射时间误差、处理延迟误差和接收时间误差。信号传输误差是指数据包在传输过程中测量值与实际值的差值，这部分误差相对较小。接收器误差包括接收时间误差和处理延迟误差。这些误差多由多径误差、非视距误差、接收器噪声、判决误差和各参考节点间的同步误差造成的。另外，各参考节点的相对位置分布以及分布密度也会对定位精度有影响。

UWB 定位技术具有突出的特点和优势，由于 UWB 系统的脉冲持续时间极短，具有较强的时间、空间分辨率，因此可以有效地对抗多径衰落，可以在测距、定位和跟踪方面实现很高的精度。有资料表明，在某些方面它具有比 GPS 更高的定位精度。

(6)Wi-Fi 定位技术

Wi-Fi 定位技术是指利用日益增多的 Wi-Fi 网络和设备来为用户提供价格低廉的定位功能。该定位技术适用于室内或室外定位、保密性好、可被应用于现有的具有 Wi-Fi 功能的设备上。在公共场合，Wi-Fi 的覆盖密度很大，只要用户的设备上有一张本地 Wi-Fi 接入点的分布图，设备就会通过接收 Wi-Fi 信标和分布图确定自己的位置，得到所处位置的信息后，用户可以根据相关信息更好地开展不同的应用。

Wi-Fi 定位技术在某些情况下具有突出的优势，比如，当采用基站的三角定位法时，如果移动终端远离基站，或者与基站之间有建筑物阻挡造成信号强度不够而无法正常工作，但是采用 Wi-Fi 定位技术就可以克服这种缺点。

著名无线局域网设备提供商 Airespace 公司于 2004 年开发出了一种利用常规的

Wi-Fi 无线网络进行个人定位的系统。这种无线定位服务采用无线电波定位的技术，其定位精度可以达到十米以内。鉴于它的突出优点以及较高的定位精度，该技术具有较多的潜在用途。

综上所述，卫星定位技术具有无法比拟的优势。目前，随着国家科学技术的发展，基于北斗卫星技术(BDS)的成熟与应用，BDS 定位技术发展已逐渐成熟，并且在国内环境下，相对于 GPS 具有很突出的性能和优点。因此导线行走小车装置内定位系统采用以 BDS 定位为主，GPS 为辅的卫星定位技术。下面将对北斗卫星定位技术的原理与设计方案做详细阐述。

2. 北斗卫星差分定位技术

(1) 差分 GNSS 简介。

差分 GNSS 是一种应用广泛并且又可有效降低甚至消除各种测量误差的方法，从而使差分定位精度明显地高于单点定位精度。目前已经有多个政府性和商业性的差分 GNSS 系统正处于研发阶段或者已经投入运行，如：美国的海事差分 GPS、局域增强系统和联合精密进近与着陆系统等，上述系统可以在水平与竖直方向上实现 1 m 之内的定位精度。

(2) 基于差分的卫星定位原理。

差分 GNSS 的基本工作原理主要是依据卫星时钟误差、卫星星历误差、电离层延时与对流层延时所具有的空间相关性和时间相关性这一事实。对于处在同一地域内的不同接收机，它们的测量值中所包含的上述四种误差成分近似相等或者高度相关。通常将其中的一个接收机作为参考之用，并称该接收机所在地为基准站(或基站)，而该接收机也就常称为基准站接收机。基准站接收机的位置是预先精确知道的，这样就可以准确计算从卫星到基准站接收机的真实几何距离。如果将基准站接收机对卫星的距离测量值与这一真实几何距离相比较，那么它们两者的差异就等于基准站接收机对这一卫星的测量误差。由于在同一时刻、同一地域内的其他接收机对同一卫星的距离测量值有相关或相近的误差，因而如图 4.14 所示，如果基准站将其接收机的测量误差通过电波发射台播送给流动站(即用户)接收机，那么流动站就可以利用接收到的基准接收机的测量误差来校正流动站接收机对同一卫星的距离测量值，从而提高流动站接收机的测量和定位的精度，这就是差分 GNSS 的基本工作原理。通常将这种由基准站播发的、用来降低甚至消除流动站 GNSS 测量误差的校正量称为差分校正量。

流动站接收机与基准站接收机之间的基线长度越短，同一卫星信号到达两个接收机的传播途径也越接近，两接收机之间测量误差的相关性通常就越强，差分系统的工作效果随之就越好。

(3) 差分算法比较及分析。

通过分析比较现有差分定位算法，将其优缺点总结如表 4.2 所示。

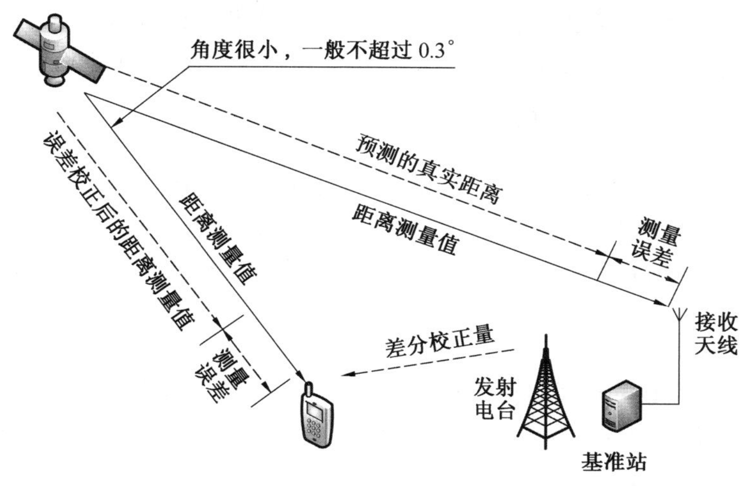

图 4.14　差分定位原理

表 4.2　差分定位算法比较

算法／优缺点	优点	缺点
位置差分	最简单的差分方法，使用于各种型号的 GPS 接收设备	由于存在时钟误差、大气影响、轨道误差、接收机噪声和多路径效应等，解算出的基准站坐标与已知坐标会存在误差
伪距差分	应用简单，移动站设备可根据校准站提供的校正数据并任意选择 4 颗及以上的卫星即可准确定位	该方法的精确度受到距离的限制，其精度会随着两站距离的增加而降低
载波相位修正法	精度比修正法高	对差分系统数据链的要求不高，用户的计算量不大
载波相位差分法	差分系统数据链的要求比较高，用户的计算量比较大	精度没有修正法高
相位平滑伪距差分	它准确地反映出了伪距的变化，因此获得了比只采用码伪距观测量更高的精度	由于与载波相位相比，码相位测量的精度低了 2 个数量级

经定位精度分析，定位精度与两个方面的因素有关：

一是测量误差：测量误差的方差越大则定位误差的方差也就越大。

二是卫星的几何分布：权系数阵 $\boldsymbol{P}$ 完全取决于可见卫星的个数及其相对于用户的几何分布，而与信号的强弱或接收机的好坏无关。权系数阵 $\boldsymbol{P}$ 中的元素值越小，则测量误差被放大成定位误差的程度就越低。测量误差的方差被权系数阵 $\boldsymbol{P}$ 放大后转变成定位误差的方差。

因此，为了提高定位精度，必须从降低卫星的测量误差和改善卫星的几何分布这两方面入手。

测量误差主要包括卫星时钟误差、卫星星历误差和与信号传播有关的误差，前两者是由于GNSS地面监控部分不能对卫星的运行轨道和卫星时钟的频漂做出绝对准确的测量、预测而引起的。

a. 卫星时钟误差。

同一卫星的时钟偏差对不同的接收机来说是相同的，故差分技术基本上能全部消除卫星时钟偏差。美国政府停止实行SA政策的一个计数上的考虑，就是出于差分技术能消除卫星时钟SA干扰对GPS测量的影响。卫星钟差变化相当缓慢，大致以1～2 mm/s的速度变化。

b. 卫星星历误差。

卫星星历误差存在着很强的空间和时间相关性。如果流动站接收机离基准站的距离(即基线长度)为100 km，那么这一距离对于运行高度约为20 200 km的中轨卫星来说，只相当于角度为0.3°的信号传播路径差别，因而卫星空间位置误差在这两个十分相近的传播路径上的投影差别也很小。如图4.15所示，点S代表某一卫星的真实位置，点S'是根据星历计算出来的卫星位置，而两者之间的差异ε_s为星历误差。假设基准站接收机R至卫星位置点S与S'的距离分别为r_u与r'_u，其中接收机至卫星的距离远大于基线长度b_{ur}，那么该卫星星历误差在点R与点U处所引起的伪距误差ε_r与ε_u分别为

$$\varepsilon_r = r'_r - r_r$$
$$\varepsilon_u = r'_u - r_u \tag{4.1}$$

而他们之间的差异为差分后的星历误差dr，即

$$dr = \varepsilon_r - \varepsilon_u \tag{4.2}$$

差分星历dr的一个保守估算公式为

$$|dr| \leqslant \frac{b_{ur}}{r_r} |\varepsilon_r| \tag{4.3}$$

式(4.3)表明差分星历误差dr与基线长度b_{ur}成正比。另外，卫星星历误差随时间的变化也很缓慢。大致在30分钟时段内，三维星历误差约以2～6 crn/min的速度线性增长。

c. 与信号传播有关的误差。

GNSS信号从卫星端传播到接收机端需要穿越大气层，而大气层对信号传播的影响表现为大气延时。大气延时误差通常被分为电离层延时和对流层延时两部分。

(a) 电离层延时误差。

若电离层与对流层相对稳定，则它们的延时随时间变化的幅度小而缓慢。对于免度差别只有0.3°的不同信号传播路径，它们的延时均具有高度的空间相关性。例如，在相距100 km的情况下，基准站和流动站所受到的电离层延时差异大致只在3 cm这一量级。这样，对于单频接收机而言，差分是一种降低电离层延时误差极其有效的手段。电离层延时还具有良好的时间相关性，它基本上在24 h内只完成一个周期的变化。

(b) 对流层延时误差。

对于高仰角卫星而言，两个不同信号传播途径方向上的对流层延时差异大致与基线长度成正比。当基线长度为100 km时，不同方向上的对流层延时差异在2 cm这一量

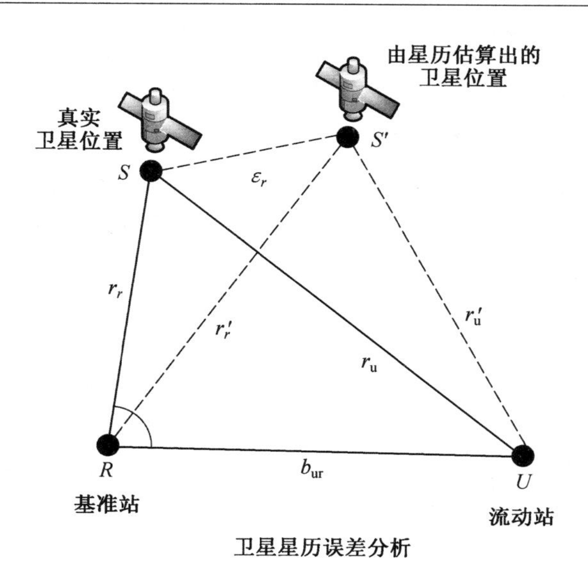

图 4.15　卫星误差分析示意图

级。当流动站与基准站处在不同高度时，差分后的对流层延时误差会增大至米级。当局部气流稳定时，对流层延时的时间相关性较高，但在气流变动激烈并且特别是对低仰角卫星来讲，对流层延时在每分钟内的变化量可达米级。

(4) 与接收机有关的误差。

接收机在不同的地点可能会受到不同程度的多路径效应和电磁干扰，而这部分误差还包括接收机噪声和软件计算误差等。

a. 多路径效应。

多路径情况在基准站和流动站两处可能完全不同，也就是说多路径的空间相关性较弱，但它有时可呈几分钟的时间相关性。不同接收机之间的接收机噪声通常不呈任何相关性，并且同一接收机中的接收机噪声在时间上也不相关，而是呈一种变化很快的随机噪声。因此，多路径与接收机噪声对 GNSS 测量值的影响不能通过差分得到改善；相反，由它们两者所引起的基准站接收机测量误差会错误地成为差分校正值的一部分而播发给各个流动站接收机，从而使得流动站接收机的这两部分测量误差不减反增。考虑到接收机噪声通常比多路径误差小，于是多路径成为差分系统特别是短基线、基于载波相位测量的差分系统的主要误差源。为了降低基准站接收机的多路径效应与接收机噪声，基准站一般配备高性能 GNSS 接收机和高性能天线，并且接收机天线通常安装在地势高而开阔的位置上。

b. 接收机噪声。

这里所指的接收机噪声具有相当广泛的含义，它包括天线、放大器和各部分电子器件的热噪声，信号量化误差，卫星信号间的互相关性，测定码相位与载波相位的算法误差以及接收机软件中的各种计算误差等。接收机噪声具有随机性，其值的正负、大小通常很难被确定。一般来说，接收机噪声引起的伪距误差在 1 m 之内，而载波相位误差约为几毫米。

通过对现有的差分定位技术进行了详细的介绍，分析了其各自的优缺点，为基于差分的北斗定位技术的智能化感知设备的设计提供了重要的理论依据。

4.2.2.2 设备空间姿态感知设计方案

感知设备在导线上工作时，因倾斜角度或运行姿态等原因，将会对测量结果产生重要影响。因此，需要加装倾角传感器，来校正测量数据。下面将对倾角传感器的类型与工作原理进行分析。

现阶段测量倾角的传感器按照其工作原理可以分为以下三类：固体摆式传感器、液体摆式传感器、气体摆式传感器。这些以重力摆为基准的摆式倾斜角传感器静态性能好、成本低，但在动态测量时，受平动加速度产生的惯性力干扰，会使其输出信号严重失真。以陀螺运动的定轴性原理制作的位置陀螺仪原理上适用于动态倾角测量，但是其成本太高。就基于固体摆、液体摆及气体摆原理研制的倾角传感器而言，它们各有所长。在重力场中，固体摆的敏感质量是摆锤质量，液体摆的敏感质量是电解液，而气体摆的敏感质量是气体。气体是密封腔体内的唯一运动体，它的质量较小，在大冲击或高过载时产生的惯性力也很小，所以具有较强的抗振动或冲击能力。但气体运动控制较为复杂，影响其运动的因素较多，其精度无法达到军用武器系统的要求。固体摆倾角传感器有明确的摆长和摆心，其机理基本上与加速度传感器相同。

1. 固体摆式传感器

固体摆在设计中广泛采用力平衡式伺服系统，其由摆锤、摆线、支架组成，摆锤受重力 G 和摆拉力 T 的作用(图 4.16)，其合外力 F 为

$$F=G\sin\theta=mg\sin\theta \tag{4.4}$$

其中，θ 为摆线与垂直方向的夹角。在小角度范围内测量时，可以认为 F 与 θ 成线性关系。如应变式倾角传感器就是基于此原理。

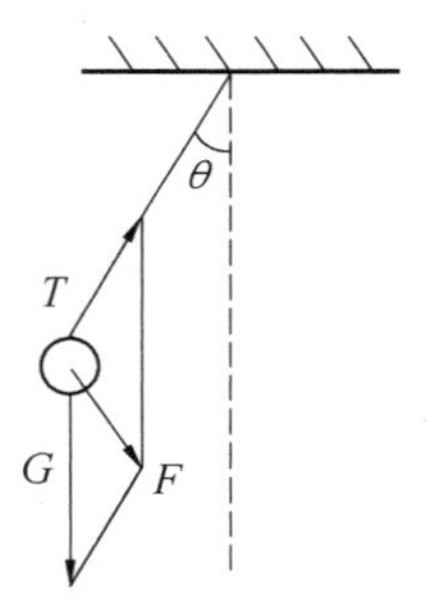

图 4.16 固体摆原理示意图

2. 液体摆式传感器

液体摆的结构原理(图 4.17) 是在玻璃壳体内装有导电液，并有三根铂电极和外部相连接，三根电极相互平行且间距相等。当壳体水平时，电极插入导电液的深度相同。如果在两根电极之间加上幅值相等的交流电压，电极之间会形成离子电流，两根电极之间的液体相当于两个电阻 R_{I} 和 R_{III}。若液体摆水平，则 $R_{\mathrm{I}}=R_{\mathrm{III}}$。当玻璃壳体倾斜时，电极间的导电液不相等，三根电极浸入液体的深度也发生变化，但中间电极浸入深度基本保持不变。左边电极浸入深度小，则导电液减少，导电的离子数减少，电阻 R_{I} 增大，相对极则导

电液增加，导电的离子数增加，而使电阻 $R_{Ⅲ}$ 减少，即 $R_{Ⅰ} > R_{Ⅲ}$。反之，若倾斜方向相反，则 $R_{Ⅰ} < R_{Ⅲ}$。

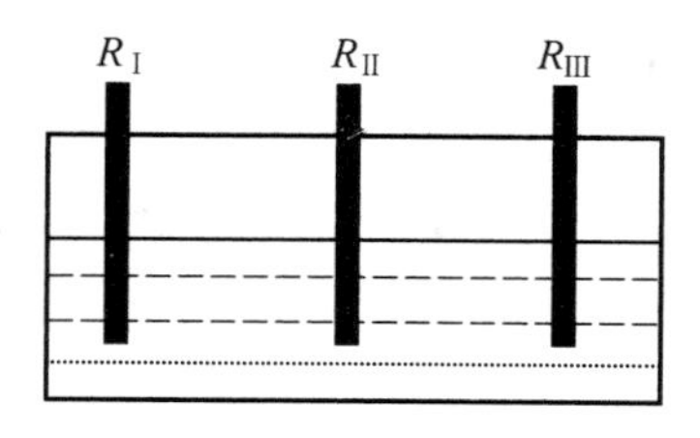

图 4.17　液体摆原理示意图

在液体摆的应用中也有根据液体位置变化引起应变片的变化，从而引起输出电信号变化而感知倾角的变化。在实用中除此类型外，还有在电解质溶液中留下一气泡，当装置倾斜时气泡会运动使电容发生变化而感应出倾角的“液体摆”。

3. 气体摆式传感器

气体在受热时受到浮升力的作用，如同固体摆和液体摆也具有的敏感质量一样，热气流总是力图保持在铅垂方向上，因此也具有摆的特性。“气体摆”式惯性元件由密闭腔体、气体和热线组成。当腔体所在平面相对水平面倾斜或腔体受到加速度的作用时，热线的阻值发生变化，并且热线阻值的变化是角度 θ 或加速度的函数，因而也具有摆的效应。其中热线阻值的变化是气体与热线之间的能量交换引起的。其原理如图 4.18 所示。

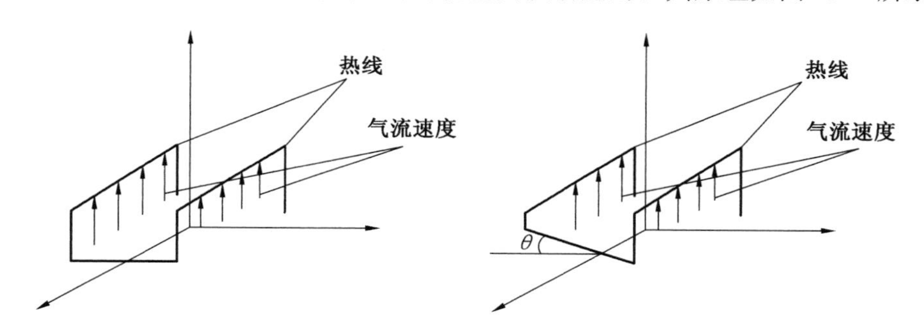

图 4.18　气体摆原理示意图

“气体摆”式惯性器件的敏感机理基于密闭腔体中的能量传递，在密闭腔体中有气体和热线，热线是唯一的热源。当装置通电时，对气体加热。在热线能量交换中对流是主要形式。

弧垂智能化感知装置以各种姿态在导线上行走时，倾角传感器受重力影响有掉落的倾向，因此需将倾角传感器固定安装在弧垂智能化感知装置上，因此，倾角传感器的安装部位与所采用的倾角传感器外形结构应相契合，安装后，可保证倾角传感器稳定固定在在弧垂智能化感知装置上。

4.2.2.3　激光雷达设计方案

现高电压采用的相导线基本均为分裂导线，为避免对某一相子导线的反复测量，需实时测量各子导线之间的间距。

目前主要测距手段有高精度摄像头系统、毫米波雷达以及激光雷达等。摄像头使用机器视觉系统采集环境图像，以此进行障碍物识别与检测，可以方便识别出分裂子导线，但是这种方法受环境光线以及探测范围影响较大。毫米波雷达是利用毫米量级的电磁波差频信号来测障，具有较强的透过率，但易受到地面电磁波信号的干扰，从而产生误操作。激光雷达是利用特定波长的激光信号对障碍物表面进行主动式扫描来获取障碍物表面信息的，因此其不易受环境光的影响，抗干扰能力强，具有良好的方向性及相干性，可以实现高精度测量，因此激光雷达技术在障碍探测以及环境重建方面具有明显的优势，激光雷达以激光作为辐射源能对目标障碍物进行高精度距离测量。

激光测距的关键技术就是利用脉冲式或连续式激光来获取激光往返时间，进而得到目标物的距离参量，具体是指发射系统向目标物发出一束连续型或者脉冲型激光信号，经目标物反射后的回波信号被接收系统接收，根据回波信号的相关特征得到目标物到发射源之间的距离。

激光测距方式主要有三角法、干涉法以及激光飞行时间（TOF）法，其中三角法和干涉法激光测距虽然精度很高，但是其一般应用于测量物体微小位移，在探测距离上受到很大限制，无法满足导线测距的要求。目前比较常用的激光测距方法为 TOF 法，按照激光调制信号的不同，激光 TOF 法主要可以分为脉冲式激光测距和相位式激光测距。

1. 脉冲式激光测距

脉冲式激光测距是指激光器发射脉冲激光束，经过分光镜分出一小部分激光作为计时开始信号触发计数器，其他大部分激光被发射向大气中的待测目标，反射后的回波光信号被接收系统接收，紧接着对此信号进行一系列信号调理，最终鉴别出停止时刻来终止计时，这样就得到了激光往返的时间差，根据式(4.5) 即可计算出待测物的相对距离 D，即

$$D=\frac{\Delta t}{2}\times c=\frac{T_{\mathrm{stop}}-T_{\mathrm{start}}}{2}\times c \tag{4.5}$$

式中 c—— 光速；

T_{start}—— 起始时刻；

T_{stop}—— 计时终止时刻。

脉冲式激光测距的特点是定峰值功率高、测量范围大、实时性好并且抗光干扰能力强等，其测量原理见图 4.19。

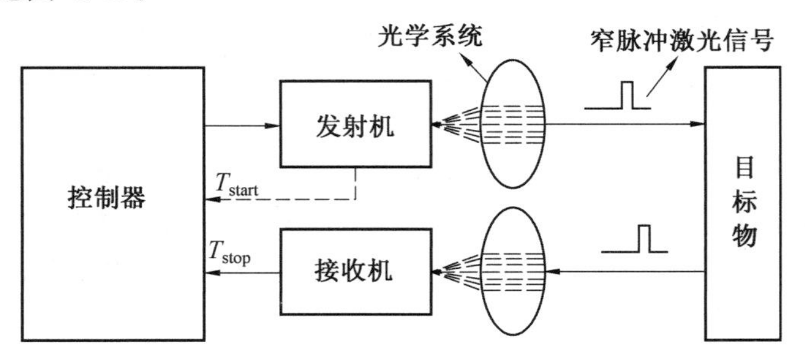

图 4.19 脉冲激光测距示意图

脉冲式激光测距系统主要包括控制器、发射机、接收机、光学系统等。影响脉冲式激光测距精度的因素主要分为系统误差和随机误差两种，其中系统误差包括大气折射率、系统时钟频率、电光误差等；大气折射率一般对远距离测量有较大影响，障碍物探测的距离

一般较近，可以通过提高半导体激光器的峰值功率来减小这种影响。而随机误差大致分为前沿时刻鉴别误差、时间差测量误差、系统噪声等。一般在对精度要求不是很高的远距离测距系统中，测量误差主要取决于系统时钟频率，可以通过提高计数频率来减小测量误差。但是对于精度要求较高的近距离测距系统，不仅要考虑计数频率，同时还要对时刻鉴别、时间间隔测量等这些方法进行优化改进，提高距离测量精度。其中激光脉冲上升沿的陡峭程度决定了时刻鉴别的精度，上升沿越陡，测量精度越高。接收系统中，信号需要不失真的传输，就需要接收通道具有很大的带宽，但是带宽太大又会引入不必要的背景噪声信号，降低系统的信噪比，对有用回波信号的调理产生不利影响。因此，准确的时刻鉴别、高精度时间间隔测量以及合适的增益带宽决定了脉冲激光测距的测量精度。

2. 相位式激光测距

相位式激光测距属于连续式激光测量的一种，相对于脉冲式测距具有更高的精度，市面上常用的手持式测距仪就是利用相位测距原理研制而成的。相位测距是利用特定调制频率信号对发射光的强度（幅度）进行调制，测量调制光往返一次产生的相位延迟，再根据调制信号的波长，换算此相位延迟所对应的距离。相位式激光测距示意图如图 4.20 所示。

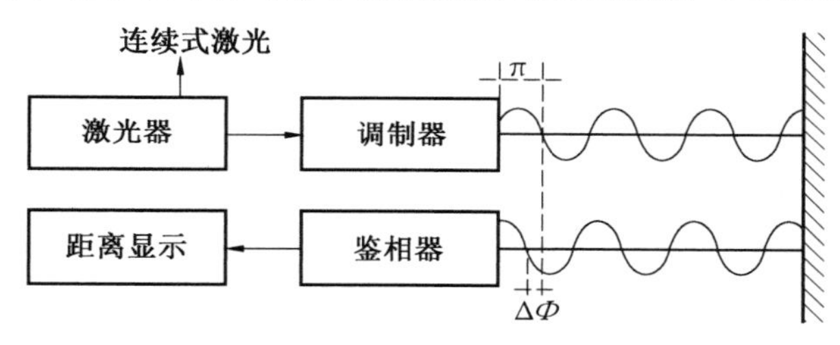

图 4.20　相位式激光测距示意图

相位差测量误差可以间接造成测距误差，因此提高测相精度对于测量结果至关重要。而调制频率的大小直接影响相位差测量时间，从而影响测量精度：频率越低，相位差测量精度越高，而为了实现较远距离测量，其调制信号频率一般很高。基于上述两方面原因，一般利用差频测相技术将高频调制信号转换为低频信号，保留了原相位信息，以便对其进行相位差测量，提高测量精度。这样虽然可以实现远高于脉冲式测距的测量精度，但是利用差频测相延长了相位差测量周期，导致其测量速度远远慢于脉冲激光雷达，难以满足扫描式激光雷达实时性的探测要求。

综上，为实时测量各子导线之间的间距，应采用脉冲式激光测距。

弧垂智能化感知装置以各种姿态在导线上行走时，激光雷达、北斗系统受重力影响有掉落的倾向，因此需将两者固定安装在弧垂智能化感知装置上，因此，激光雷达、北斗系统的安装部位与所采用的外形结构应相契合，安装后，可保证激光雷达、北斗系统稳定固定在弧垂智能化感知装置上，激光雷达可从圆孔中识别远处的子导线。

4.2.2.4　基站设计方案

目前，差分 GPS 测量系统（Diferential Global Positioning System，DGPS）主要是单基准站差分 GPS 系统。所谓单基准站 DGPS，就是使用两台 GPS 接收机，一台设置为已知点作为基准站，一台装于移动目标上，两台接收机同步跟踪观测相同的 GPS 卫星，通过实时或事后数据差分处理，可以获得高精度的移动目标定位数据。

差分 GPS 技术之所以能提高测量精度，主要是因为基准接收机和用户接收机具有一些共同的(即相关的)误差(如卫星和接收机钟差、星历误差、电离层和对流层延迟误差等)，用户接收机能够将它们消除掉。单基站差分 GPS 系统的优点是结构和算法都较为简单，但是该方法的前提是要求用户站误差和基准站误差具有较强的相关性。当两个观测站相距较近时，由于同一组卫星信号到达这两个测站所经过的介质状况相似，各项误差相关性很好，在两测站之间对同一组卫星的同步观测值求差，可消弱电离层延迟等各项系统性误差的影响。

4.2.3 主板硬件选型

4.2.3.1 单片机选型

为节省芯片所用的数量和空间，激光雷达支架电机的动作也由主控单片机控制，与行走测量单元公用单片机 STC15W4K48S4。其特点于 4.1.3.1 已有介绍，此处不再赘述。

4.2.3.2 通信芯片选型

LoRa 具备长距离、低功耗、低成本、易于部署、标准化等特点，非常适用于要求具备功耗低、距离远、容量大以及可定位跟踪等特点的物联网应用。

精准定位单元的通信芯片同样选择 LoRa 为无线传输方式。为更好地识别定位数据和控制数据，定位模块单独占用一块通信芯片，而不是与控制模块共用。与控制数据相比，定位数据更为繁杂，因此设计时不仅要考虑功耗、性能，还应注意缓存容量。

XBee－PRO 900HP 是星型组网模块，工作在 433 MHz 频段，发射功率 1 W；模块集主机(协调器)、终端为一体。具有长距离、高速率两种传输模式。一个主机(协调器)支持多达 200 个节点与其通信，所有操作配置采用行业标准 AT 指令，极大简化用户操作，适用于多种无线通信组网场景。XBee－PRO 900HP 是在国内首个可以支持 200 节点并发的 433 MHz 无线模块，解决了传统 433 MHz 无线数传无法并发而引起的一系列问题。可以并发后，用户无须再花费精力处理复杂组网协议，从而大大降低了客户的开发难度，缩短了用户的开发周期；其协议保证了整个无线通信系统的稳定性、得包率。

综上通信芯片选择 XBee－PRO 900HP，该芯片与控制模块的通信芯片工作频段不同，范围为 431～446.5 MHz，支持低功耗模式，适用于电池应用，缓存容量高达 512 B，能很好地完成定位数据无线传输的工作。

4.2.3.3 驱动芯片选型

STC 单片机本身只能输出 3.3 V 的小电流信号，并不足以驱动激光雷达支架电机做出伸出、缩回动作。主控 CPU 和外设的工作电压不同，因此需要电平转换器来实现两者之间通信控制的电平转换，而芯片 TXS0104EPWR 可满足这点。

TXS0104EPWR 是 4 位非反相转换器，使用两个独立的可配置的电源。A 端口被设计为电源 VCCA，VCCA 接受 1.65 ～ 3.6 V 的任何电源电压。VCCA 必须小于或等于 VCCB。B 端口口被设计为电源 VCCB。VCCB 接受 2.3～5.5 V 的任何电源电压。芯片允许双向在任何 1.8 V、2.5 V、3.3 V 和 5 V 电压节点之间转换。TXS0104E 的使能引脚

OE 输入电源由 VCCA 提供。为确保在上电或断电期间处于高阻抗状态，OE 应通过一个下拉电阻连接到 GND；该电阻的最小值由驱动器的电流源能力决定。

4.2.4　主板硬件设计

4.2.4.1　电源模块

电源模块的设计取决于行走单元、定位单元主要的电力电子器件。

控制模块中，在考虑功耗的情况下，为让单片机充分发挥性能，STC 单片机工作电压均为 3.3 V，而无线通信芯片 WH－L101－L－P－H10 工作电压与主控单片机保持一致，也为 3.3 V，以方便数据的传输。由于压力传感器的分辨率与模数转换器供电电压成正比，为保证压力测量值的精度，模数转换器 ADS1232 采用适于电子器件工作的 5 V 高电平。定位模块中，通信芯片 E70－433NW30S 支持 3.3～5.5 V 供电，5 V 供电时可保证最佳性能。

综上本设备的硬件中，工作电压一共需要两种，即 3.3 V(图 4.21) 和 5 V(图 4.22)，而外接电源采用常见且易于携带的 16.8 V 锂电池供电，因此需要选用合适的降压芯片来满足设计要求。在输出电压、误差、功耗等的考虑下，采用 NB680GD 开关降压稳压器和 RT8272 降压转换器。

NB680GD 固定输出 3.3 V，在此用于系统 3.3 V 供电，输出电压误差不超过±4%，具有 100 μA 的低静态电流，峰值输出电流可达 10 A，线性调节和负载调节能力强。内设的过流限制、过压保护、欠压保护和过温保护可对稳压器形成全方面保护。RT8272 降压转换器输出电压可调节，用于系统 5 V 供电。输出电流可至 3 A，因为它本身只需为压力传感器模数转换器和定位模块中的通信芯片供电，3 A 完全满足负载要求。该芯片具有低功耗的 25 μA 待机电流，具有热关断及电流限制保护，而且效率高。

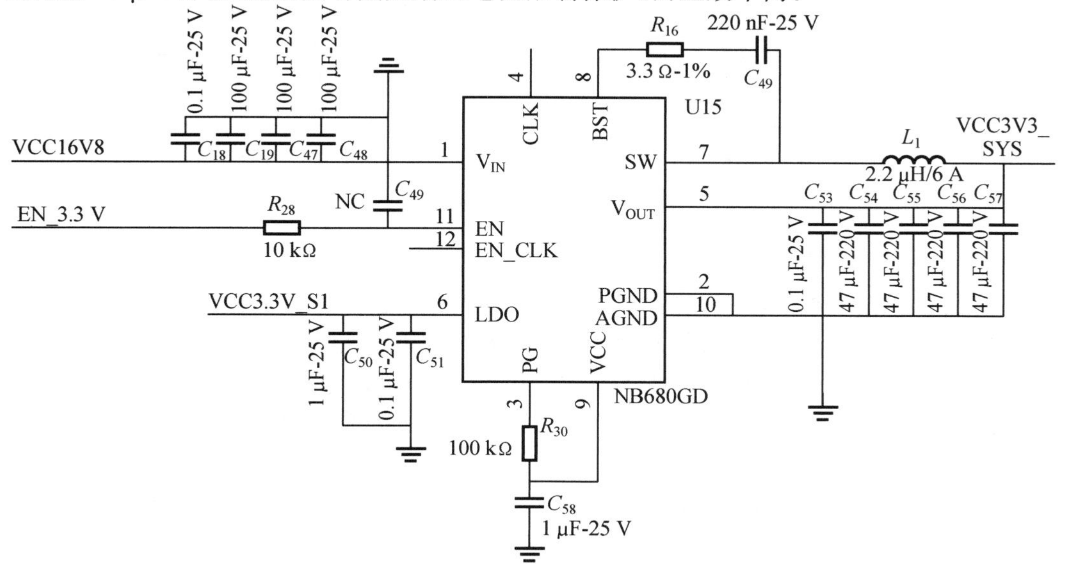

图 4.21　电源模块 3.3 V 供电原理图

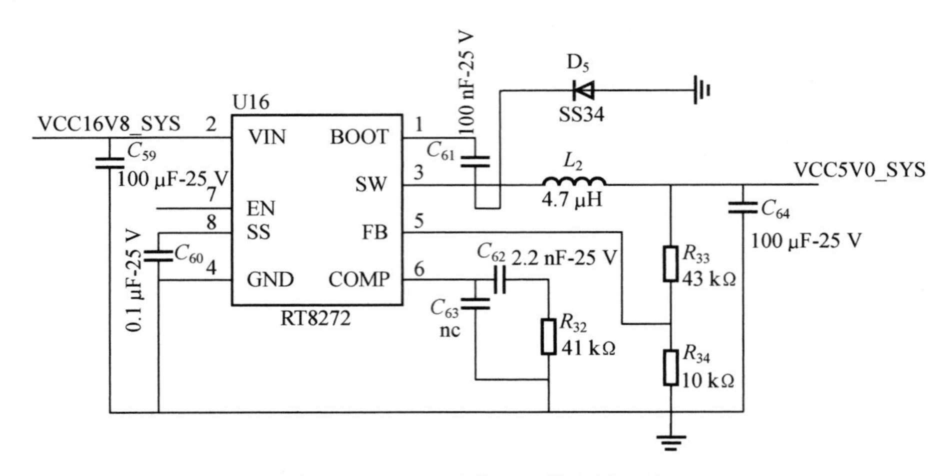

图 4.22　电源模块 5 V 供电原理图

为实时了解外接电源的电量状况，总控单片机 STC15W4K48S4 将从引脚 A1、A2、A3、A4 识别外接电源经过电阻分压后的电压值。单片机对电压值按照阻值比进行处理，即可得到现在外界电源的电压，再通过通信芯片无线传输给地面数据监控终端，便可实现对电源电量的实时监测，如图 4.23 所示。

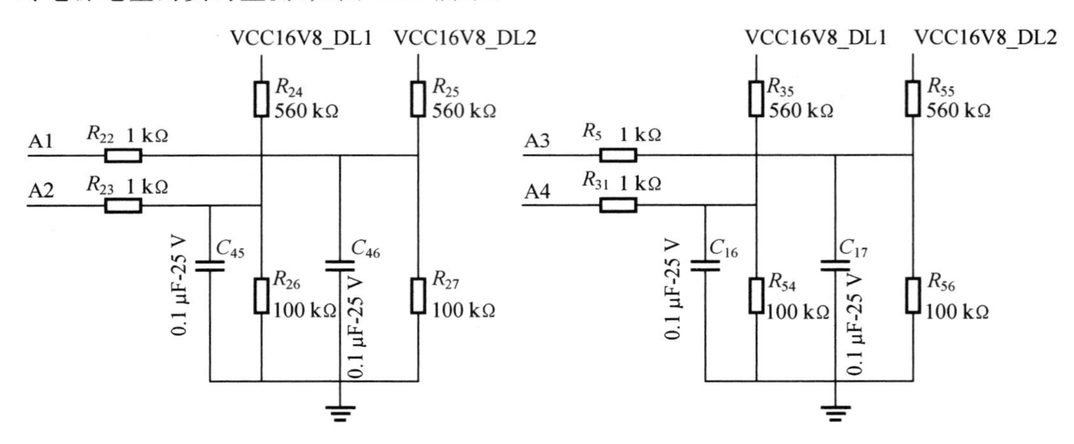

图 4.23　电池电压数据采集

4.2.4.2　通信模块

弧垂智能化感知装置内设安卓板，安卓板直接接收北斗定位模块发出的定位数据，并根据北斗差分定位传出的信号和倾角传感器发出的倾角数据，对定位数据进行修正。定位数据经安卓板修正后，通过 UART 串口从引脚 RXD_TXDT 和 TXD_TXDT 传输至测量数据通信芯片 XBee－PRO 900HP。之后，XBee－PRO 900HP 利用天线以无线传输的方式将定位数据传递给地面手持终端。

为实时监测定位数据的传输情况，XBee－PRO 900HP 芯片引脚 TXLED、RXLED 分别与发光二极管相连。当通信芯片向手持终端成功发出定位数据，引脚 TXLED 输出高电平，二极管闪烁。同时，当手机终端成功接收到通信芯片发出的定位数据，将向通信芯片发出一个反馈信号，引脚 RXLED 输出高电平，二极管闪烁。

除此之外，还需通信芯片 XBee－PRO 900HP 不工作的功耗。为此，在引脚！CONFIG 处连接一个按键开关，通信芯片本身只有在引脚！CONFIG 处低电平时才能工作，当按键开关断开！CONFIG 与地的连接，通信芯片将不予工作，从而不产生消耗。如图 4.24 所示。

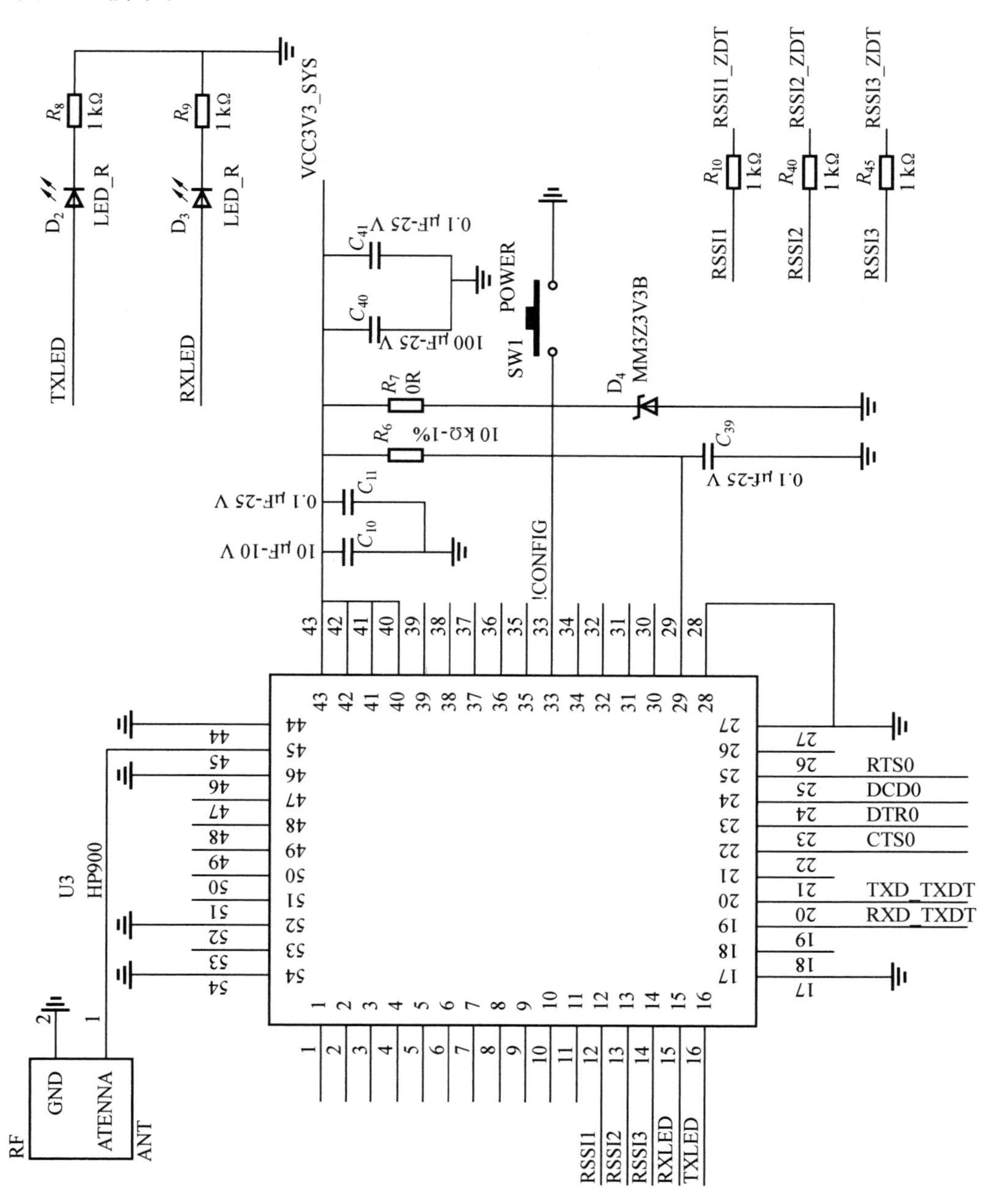

图 4.24 通信模块硬件设计

4.2.5 软件设计

精准定位单元软件设计主要是对激光雷达的控制(图 4.25)。单片机将根据控制信号输出不同指令信号,通过驱动电路,控制电机推动激光雷达支架,进而使激光雷达可在工作时伸出装置外部,非工作状态缩回装置内部,最大可能免受外部环境对激光雷达的损坏、侵蚀。

```
;------------------------------------------------------------------
COM1_CL_5: ;激光雷达推出、缩回指令判断、处理
      CJNE A,#04H,COM1_CL_6          ;判断控制指令是否是激光雷达推出指令
      ;LCALL JGLD_TC                 ;调用激光雷达推出程序
      LCALL TX1_DATA_OK              ;反馈操作成功
      LJMP COM1_CL_END               ;
COM1_CL_6:
      CJNE A,#05H,COM1_CL_7          ;判断控制指令是否是激光雷达缩回指令
      ;LCALL JGLD_SH                 ;调用激光雷达缩回程序
      LCALL TX1_DATA_OK              ;反馈操作成功
      LJMP COM1_CL_END               ;
;------------------------------------------------------------------
```

图 4.25　激光雷达控制软件设计

同时为实时了解外接电源的电量状况,总控单片机 STC15W4K48S4 将识别外接电源经过电阻分压后的电压值。单片机对电压值按照阻值比进行处理,即可得到外界电源的实时电压,再通过通信芯片无线传输给地面数据监控终端,便可实现对电源电量的实时监测(图 4.26)。

```
;-------------------------------------------------------------------------
DLJS: ;电池电量百分比计算
;计算方法采用10位AD转换取AD转换值
;使用当前被测电压AD值-电池放电最低电压(12.4V)AD值/2即为电池电压电量百分比
;电压取值监测范围12.1V-16.8V
//a=65535   ;
;满电量电压采集AD值
    CLR     A
    MOV     YSHC_1,ADC_RESL     ;低8位
    MOV     YSHC_2,ADC_RES      ;高8位
//b=,每个采集通道单独修正赋值
//c=a-b     ;
    CLR     C
    MOV     A,YSHC_1        ;
    SUBB    A,YSHC_3        ;
    MOV     YSHC_1,A        ;计算结果低8位
;
    MOV     A,YSHC_2        ;
    SUBB    A,YSHC_4        ;
    MOV     YSHC_2,A        ;计算结果高8位
;判断是否是负数,是负数强制电量为0,如不是负数则进行除2计算
    JNB ACC.7, DLJS_1       ;
    MOV A,#000H             ;
    MOV YSHC_1,A            ;
    LJMP DLJS_END           ;
;电压差除以2表示电量百分比
DLJS_1:
    MOV A,YSHC_1            ;
    MOV B,#02H              ;
    DIV AB                  ;
    MOV YSHC_1,A            ;
;判断是否超出100%,超出100%,强制为100%,
    CJNE A,#064H,DLJS_2     ;如果=64H直接退出,不等于64H进行减064H运算,如果产生进位则采集的AD值比064H小
    LJMP DLJS_END           ;缓存数据为实际测量值,不产生进位为测量值比064H大,强制缓存数据为064H
DLJS_2:
    CLR C                   ;
    SUBB A,#064H            ;
    JC DLJS_END             ;
    MOV YSHC_1,#064H        ;
DLJS_END:
    RET                     ;
```

图 4.26　电池电压数据软件设计

4.3　数据终端控制单元

4.3.1　功能概述

考虑到弧垂智能化感知装置工作时悬挂于空中，数据传输线难以搭接且易发生损坏，因此采用无线通信技术实现数据的传输。为便于工作人员对弧垂智能化感知装置的控制，实现数据的可视化处理，额外研发了与弧垂智能化感知装置配套的智能手持式控制终端，用于基于线长精确展放的输电线路架线施工过程中的施工配合。

智能化设备样机的智能手持终端，主要通过 LoRa 远程无线通信模块实时传输架线施工智能化设备的架线数据。利用 LoRa 远程无线通信模块的远距离和低延时的特点，对施工过程进行数据收集，进行简单的可视化 LCD 屏显示，具有更大的可预见性，将改变传统的施工计划、组织模式。数据在当下互联网快速发展下变得维度更广，智能手持终端 LCD 屏显示能促进施工过程中的有效交流，它是目前评估施工方法、发现问题、评估施工风险简单、经济、安全的方法。

4.3.2　数据终端控制单元设计方案

4.3.2.1　设备显示器方案

显示屏主要分为 CRT 显示屏(映象管显示器) 和 LCD 显示屏(液晶显示器) 两大类，其中 LCD 液晶显示屏寿命长，易于彩色化。在节能方面可谓优势明显，它属于低耗电产品，可以做到完全不发烫，相对于 CRT 显示器，因显像技术不可避免产生高温。在使用中不会产生软 X 射线或电磁波辐射，自身具有高精细的画质。由于其原理问题，所以不会出现任何的几何失真和线性失真，并且也不会因供电不足导致画面色彩失真。机身薄，节省空间，与比较笨重的 CRT 显示器相比，液晶显示器只要前者三分之一的空间。显示信息量大，与 CRT 相比液晶显示器件没有荫罩限制。像素点可以作得更小，更精细。

近些年来，智能手机、智能交互终端迅速发展，它们的出现改变了传统按键这一人机交互模式，用户逐渐习惯于触屏操作这种新的交互方式，触摸屏用模拟按键替代了传统的物理按键，不仅降低了空间占用还减少了硬件成本。触屏操作交互方式上手简单、灵活方便、反应迅速、支持多点操作，只需手指轻轻触碰，即可完成所有操作，且屏幕尺寸大，显示内容丰富，带给用户一种轻松愉悦的人机交互体验。鉴于此，人机交互部分选择了触摸屏方式，工作人员可以直接通过触摸屏对手持终端进行操作，及时查看监测设备发来的文字和图像信息。液晶触摸屏选用了正点原子公司的 TFTLCDMODULE V1.6，屏幕分辨率为 800 * 480，可满足显示高清图片的要求，刷屏速度可达 78.9 帧 / 秒，触屏反应迅速，且自带驱动，接口简单，使用方便。

4.3.2.2　终端控制设计方案

手持终端系统由系统硬件平台和系统软件两部分组成，它们通过系统驱动程序交互作用，共同完成手持终端系统的所有功能。

系统硬件平台是以高性能的嵌入式处理器为核心，辅以 USB、网口、串口、LCD 屏、功能键盘等外围设备组成，为终端系统实现各种功能提供必要的硬件运行平台。

采用导线智能化测长装置和弧垂智能化感知装置进行架线施工时，导线智能化测长装置对导线展放的长度进行采集然后借助 LoRa 自组网通信网络传送至手持终端设备，施工人员可在终端设备上实时查看导线的展放情况，并跟据展放长度，通过手持终端控制导线智能化测长装置画印。弧垂智能化感知装置对装置的运行状态、GPS 信息进行采集，然后经 LoRa 自组网通信网络传送至手持终端设备，施工人员可在终端设备上实时查看导线的弧垂信息，使施工人员可直观全面地了解架线施工地导线状态信息。手持终端将多组导线点位的坐标信息整合，推算出导线的弧垂。为让导线弧垂满足工程需求，架线施工需进行多次弧垂测量。施工人员通过手持终端控制弧垂智能化感知装置在导线上不断移动，进而更新导线的弧垂状态。因此，手持终端是设备研制的核心一环。

手持终端的整体开发选择了硬件和软件相结合的方式，总体框架为分层设计，主要包括实现信息采集的嵌入式硬件系统和实现信息处理与传递的嵌入式软件系统。上层为应用软件层和操作系统层构成的嵌入式软件系统层，下层是由硬件平台搭建而成的嵌入式硬件系统，手持终端的总体架构如图 4.27 所示。

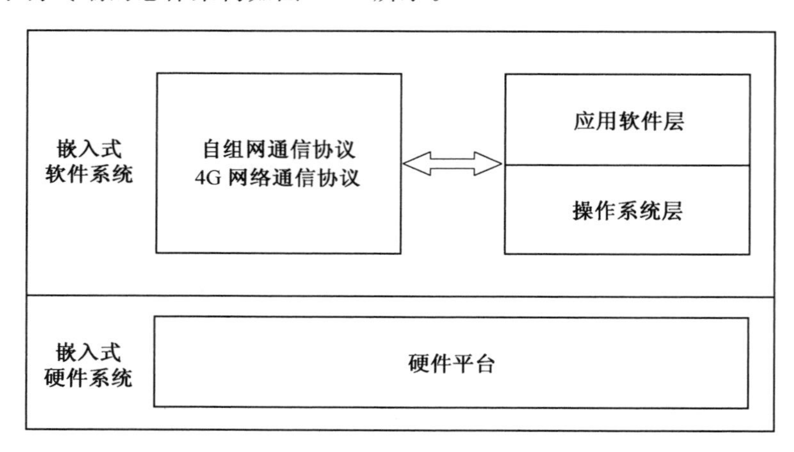

图 4.27　手持终端整体架构

嵌入式硬件平台主要为了实现监测弧垂的状态信息以及实现信息的传递，主要包括：MCU 核心处理器、LoRa 自组网通信、人机交互、信息存储以及电源管理等单元。基于 uC/Os－Ⅱ 的操作系统层是手持终端设备的核心部分，主要为设备提供正常运行所必需的内核时钟和各接口硬件驱动。基于 emwin 图形界面库的应用软件层主要通过软件协调各个硬件模块实现人机交互等其他功能，为使用人员提供良好的人机交互体验。操作系统层和应用软件层共同构成了手持终端的嵌入式软件系统。

4.3.3　主板硬件选型

4.3.3.1 主控单片机选型

主控单片机是整个手持终端系统的运算控制部分，起着处理实时数据、执行逻辑运算、协调组织各外围电路相互配合的重要作用,主控单片机的性能直接关乎到设备能否高效运行。目前可供选择的主控单片机从 8 位、16 位到 32 位,从低速到高速,从低频到高频,种类繁多,数量庞大,它们在运行速度、外设接口、片内资源上各有千秋。51 单片机因其结构简单、功能齐备、容易上手,时至今日仍然被广泛使用,但是运行速度过慢且外设接口较少。PIC 单片机因其 IO 口有相当强的驱动能力且具有较好的抗干扰能力,非常适合用于工业控制领域,但是对于 C 语言支持性不高,开发难度比较大。AVR 单片机以其高可靠性著称,片内 Flash 和 EEPROM 容量较大且均支持反复烧写,但是不支持位操作,修改寄存器比较烦琐。近些年来,意大利 ST(意法半导体)公司推出的基于 ARM 架构的 32 位单片机凭借着出色的运算能力、功耗控制能力以及极高的性价比,迅速席卷了单片机市场,在嵌入式应用和手持设备中得到广泛应用。

研制的手持终端含有较多的外设功能模块,并且需要同监测设备和后台云服务器一直保持数据通信,对于处理器通信接口和数据运算能力具有较高要求。综上比较,最终选用了 ST 公司生产的基于 Coretex－M4 内核的 STM32F429IGT6 芯片,该芯片工作频率最高可达 180 MHz,支持 DSP 指令集和 FPU 浮点运算,具有较高的信息处理和数据运算能力;内部集成了高达 2 MB 的高速 Flash 存储器和 256 KB 的片内 SRAM,与 51 单片机和 AVR 单片机相比,内存资源相当丰富;ADC 采样率高达 2.4 Msps,拥有 20 个高速通信接口,自带 LCD 控制器和 SDRAM 接口,可以满足用户驱动大屏或扩充内存的需求;并且支持常见的嵌入式操作系统和 GUI 图形界面库移植。

4.3.3.2　通信芯片选型

LoRa 具备长距离、低功耗、低成本、易于部署、标准化等特点,非常适用于要求具备功耗低、距离远、容量大以及可定位跟踪等特点的物联网应用。

终端控制单元的通信芯片同样选择 LoRa 为无线传输方式。手持终端与监测设备之间选择了自组网通信方式,自组网模块选择了成都亿百特公司最新推出的 E32－433T30D 远距离 LoRa 通信模块。该模块采用了在 LoRa 通信领域具有领导性地位的 SX1278 射频芯片,此芯片内置 PA 和 LNA,支持 FEC 前向纠错,使通信距离和稳定性得到大幅度提高。具有一般、唤醒、待机和睡眠四种模式,适用于电池应用方案。透明传输方式,1 W 发射功率,工作在 410 ～ 441 MHz 频段(默认 433 MHz),LoRa 扩频技术,TTL 电平输 出,兼容 3.3 V 与 5 V 的 IO 口电压。

具有功率密度集中,抗干扰能力强的优势。模块具有软件 FEC 前向纠错算法,其编码效率较高,纠错能力强,在突发干扰的情况下,能主动纠正被干扰的数据包,大大提高可靠性和传输距离。在没有 FEC 的情况下,这种数据包只能被丢弃。模块具有数据加密和压缩功能。模块在空中传输的数据,具有随机性,通过严密的加解密算法,使得数据截获失去意义。而数据压缩功能可减少传输时间,降低受干扰的概率,提高可靠性和传输效率。

4.3.4　主板硬件设计

4.3.4.1　电源模块

手持终端采用了 8.4 V 锂电池供电方式,由于每个模块的供电电压不尽相同,其中,

LoRa自组网通信模块为5 V供电，而主控单片机需要3.3 V供电，所以需要进行电压转换电路设计。

选择了MP2359直流降压转换器构成5 V电压转换电路(图4.28)，输入电压范围为4.5～24 V，最大可输出电流为1.2A。其中，D1为续流二极管，与电感L15和电容C_{88}、C_{89}构成典型的BUCK回路；从另一个角度看，电感L_{15}和电容C_{88}、C_{89}又组成低通滤波器，使得输出端持续稳定输出直流电压。D2为防反接二极管，可以在外部电源接反的情况下反向截止，阻断回路导通，从而避免对电路造成损坏。在电源输入引脚之前加入电容C_{92}和C_{93}可有效限制外部电源接入瞬间引起浪涌电流和开关噪声，布线时这两个电容要尽可能布置在输入引脚和地引脚附近。EN为芯片使能引脚，只有在高电平时有效，通过外接上拉电阻R_{31}使芯片处于工作状态。通过改变外部分压电阻R_{29}和反馈电阻R_{34}的大小可以调整输出电压值V_{out}，反馈电阻R_{34}还可以通过MP2359内部补偿电容设置反馈回路带宽。

3.3 V电压转换电路如图4.29所示，选用了AMS1117－3.3降压稳压器，稳压精度为3%，输出电容C_{97}和C_{98}主要起滤波作用，可为主控单片机及各种存储器芯片提供更加平稳的3.3 V电压。

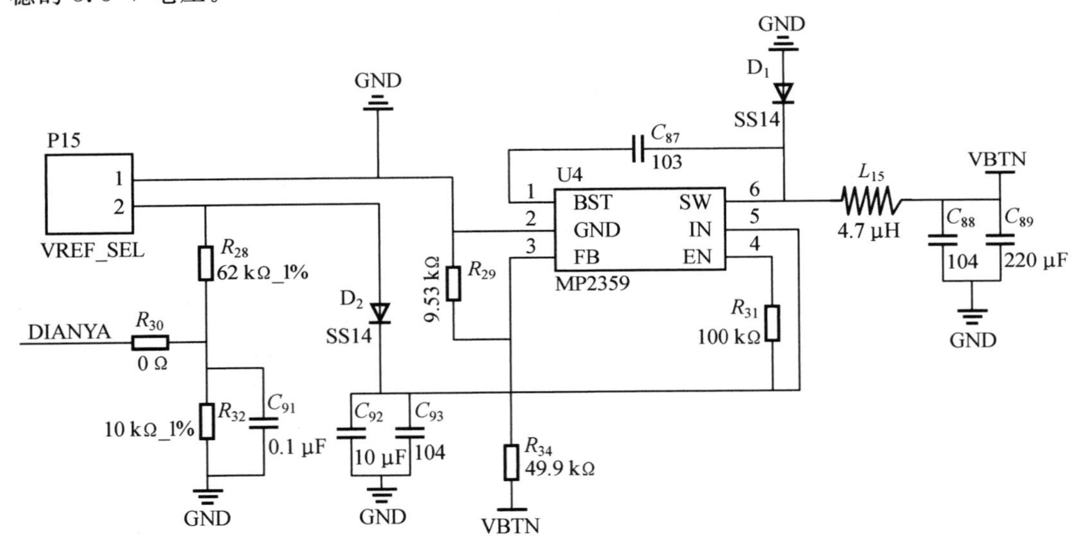

图4.28　5 V电压转化硬件设计

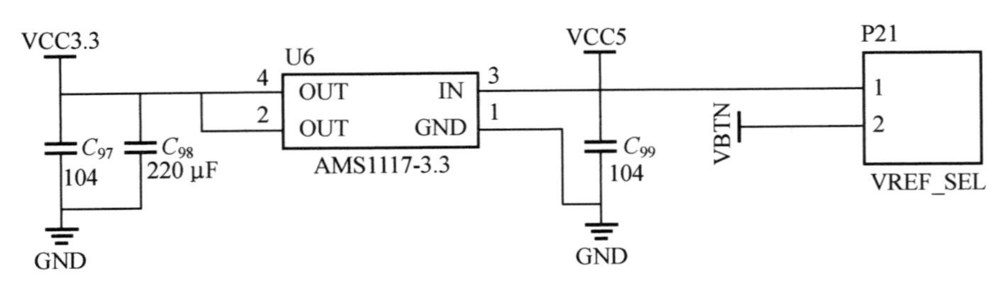

图4.29　3.3 V电压转化硬件设计

4.3.4.2　数据处理模块

为了提高液晶触摸屏的响应速度，使用 STM32F429 芯片自带的 FSMC 接口驱动液晶屏显示部分。FSMC 即静态存储控制器，一般用来外接各种存储芯片，通过对时序寄存器进行配置，可直接通过访问地址进行读写操作，具有极高的通信速度。由于 TFTLCD 液晶显示屏的操作时序和 SRAM 时序十分接近，使用时唯一区别在于 SRAM 有地址线，而 LCD 有 RS(数据 / 命令) 信号线，但是从作用上，两者是一致的，都决定访问数据的位置。若假定 SRAM 仅一根地址线 A0，则说明数据位置仅有两个，通过地址线 A0 取 0 和取 1，区分访问的数据访问地址；而 LCD 的 RS 取 0 和取 1，也说明有两个存储空间，即 LCD 寄存器的 GRAM。显然，当把 RS 理解成一根地址线时，可以把 LCD 看作一个外部 SRAM 使用。液晶屏触摸部分采用了 I2C 控制接口，只需四根线即可对触摸屏进行操作，接线简单，中断响应速度快。人机交互模块的接口电路如图 4.30 所示。其中 FMC_EN1 为液晶屏的片选信号线，当被拉低时表示液晶屏被选中；FMC_A18 为数据 / 命令控制信号线，当处于高电平时，表示传输的是数据信号，低电平时，表示传输的命令信号，默认情况下为低电平；FMC_NOE 和 FMC_NWE 为读写使能信号线，均为低电平有效；FMC_D[15:0] 为 16 位双向数据传输线，负责液晶屏与主控单片机之间的数据传送与接收。T_PEN 为中断信号输出线，当触摸屏被按下时，将中断信号传送给主控单片机；T_CS 为复位信号线，触摸屏初始化时使用；T_CLK 和 T_MOSI 分别为 IIC 通信的串行时钟线和串数据线。

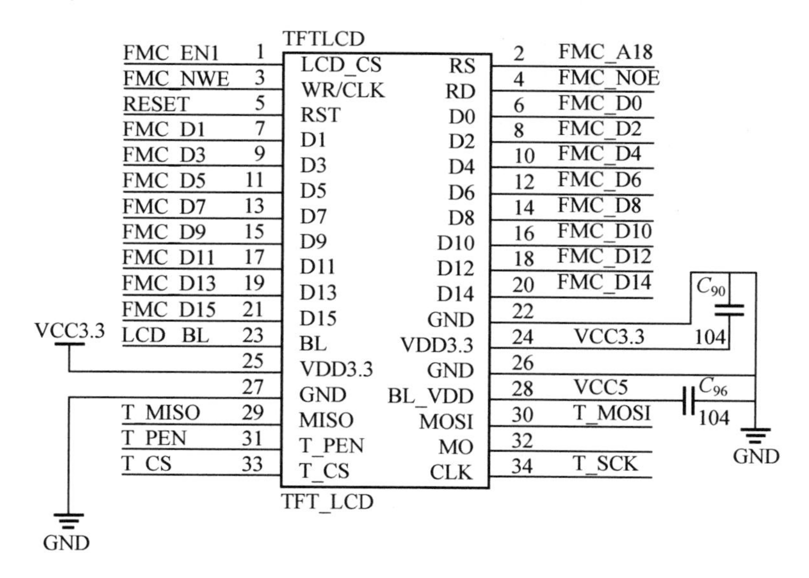

图 4.30　液晶显示硬件设计

STM32F429IGT6 芯片内部集成了高达 2 MB 的高速 Flash 存储器和 256 KB 的片内 SRAM，对于普通用户开发来说，内存和存储资源已经相当丰富，但是设计的手持终端涉及数据采集、分析等需要占用大量内存和存储空间的任务，且为了能够快速显示各种文字信息，需要内嵌中文字库，显然单凭芯片自带的资源已经无法满足手持终端对内存和存储空间的需求，所以需要外加存储器进行扩容。

SD存储卡是常见的一种大容量、易携带的存储设备，是目前使用最广泛的一种存储介质，它具有体积小、容量大、数据下载方便和随插随用的特点，在数码相机、音乐影像设备领域中备受欢迎。设计的手持终端需要对历史作业信息进行存储，以备后续查询调用，对存储空间的大小和数据导出的简便性具有较高要求，因此选取了SD卡存储方式，设计的SD卡存储电路如图4.31所示。

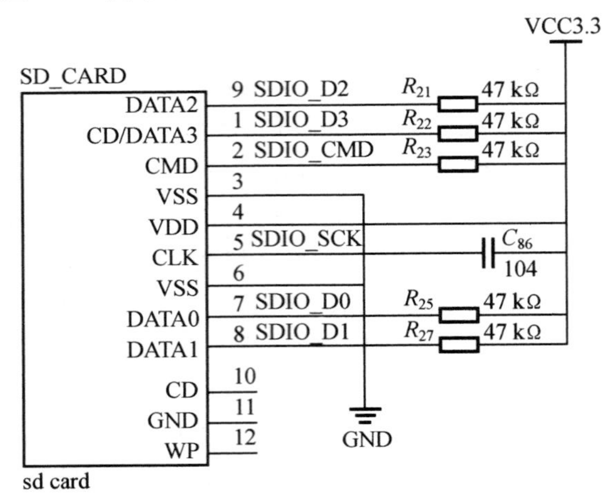

图4.31　SD存储电路硬件设计

主控单片机与SD卡之间采用SDIO通信方式，只需6根线连接即可，支持1位、4位和8位三种数据总线模式，理论通信速度可达48 MHz。SDIO_SCK接口用来传输时钟信号，同步手持终端和SD卡时钟，SDIO_CMD主要传输命令信号并使能SD卡，SDIO_D[0:3]为数据传输线，实现SD卡与主控单片机间的双向数据通信。为了防止在没有插卡时出现总线浮动，SD卡存储电路各接口均接入了外部上拉电阻。

4.3.4.3　通信模块

LoRa自组网通信模块与主控单片机采用了串口连接方式，其连接示意图如图4.32所示。其中，RXD和TXD是数据通信引脚，AUX引脚用来指示收发缓存状态；当有数据未处理完时输出低电平，代表模块处于繁忙状态；当没有正在处理的数据时输出高电平，表示模块处于空闲状态，可以接收信息。主控单片机通过控制MO和M1的高低电平组合，可以切换模块的工作模式。VCC和GND用来提供模块工作所需的电源。

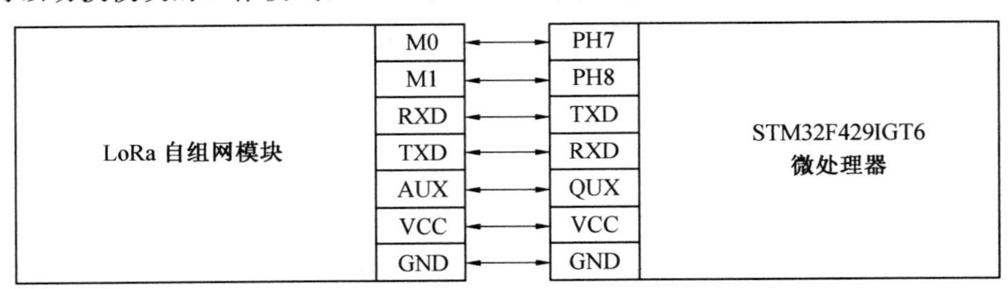

图4.32　LoRa模块与单片机的连接图

为实时监测定位数据的传输情况，E32－433T30D芯片引脚ACK、AUX分别与指示灯相连。当手机终端成功接收到通信芯片发出的定位数据，引脚 ACK 输出高电平，指示灯闪烁。当手机终端成功向通信芯片发送的控制数据，引脚 AUX 输出高电平，指示灯闪烁。同时，引脚LINK处也连接一指示灯，当通信模块正常工作时，LINK处的指示灯保持点亮的状态，以上指示灯有助于施工人员了解手持终端的无线通信情况。若终端与弧垂智能化感知装置的通信存在故障，可从指示灯的亮灭情况锁定故障根源。通信模块硬件设计如图 4.33 所示。

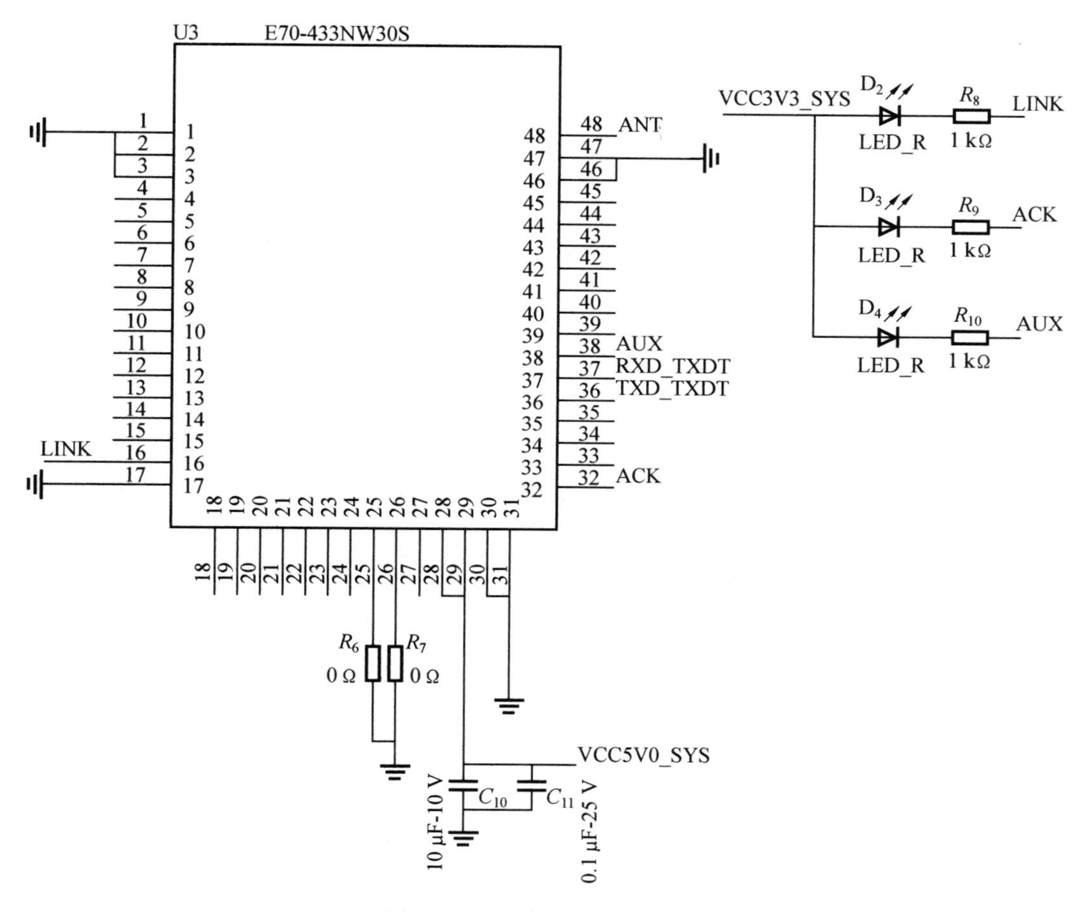

图 4.33　通信模块硬件设计

4.3.5　主板软件设计

地面数据监控终端的软件系统主要分为导线管理、任务管理、数据管理、通信设置、用户管理、用户登录、修改密码等功能。

由于智能化设备包含导线智能测长装置和弧垂智能感知装置，对应的软件系统应该有两种。原计划是将两种软件系统 App 集成于一个手持终端，但后续开发中发现这不利于施工现场的分工作业。导线智能测长装置作业位置在展放场，而弧垂智能感知装置作业位置位于观测档，两者之间存在一定的距离。若两种软件系统 App 集成于一个手持终端，将导致终端硬件要求提高，同时导线展放完毕后，施工人员需立即前往观测档，弧垂感知不能立即进行。因此，施工时测长和弧垂感知需由两批人分工完成，终端共有两种，每种自带一种系统软件 App，有利于提供高施工效率。

4.3.5.1 弧垂感知终端系统开发

MFC 全称 Microsoft Foundation Classes，是由美国微软公司开发的一个 C++ 类库。因其具有很好的层次结构组织，在各层次都封装了大量的 Windows API 函数和控件，不仅提供了图形环境下应用程序的框架，而且提供了创建应用程序的组件，因此广受软件开发初学者的青睐。MFC 对于程序员来说也是一个不错的选择，它会提供大量的基类供程序员进行开发扩充，在不同运行环境下 MFC 也允许在程序编写过程中自定义类。同时，MFC 移植性较强，能适用于多种不同运行环境，而且具有很好的向下兼容性。由于可以使用 MFC 直接进行编辑、编译和调试，而不用其他中间工具，因此该软件具有极大的灵活性。在 Microsoft Visual Studio 2010 中构建新的 MFC 项目时，开发环境会自动生成许多文件并使用 mfcxx. dll。因为要封装 MFC 内核，所以编译的代码不能在原始 SDK 编程中看到，如图 4.34 所示。

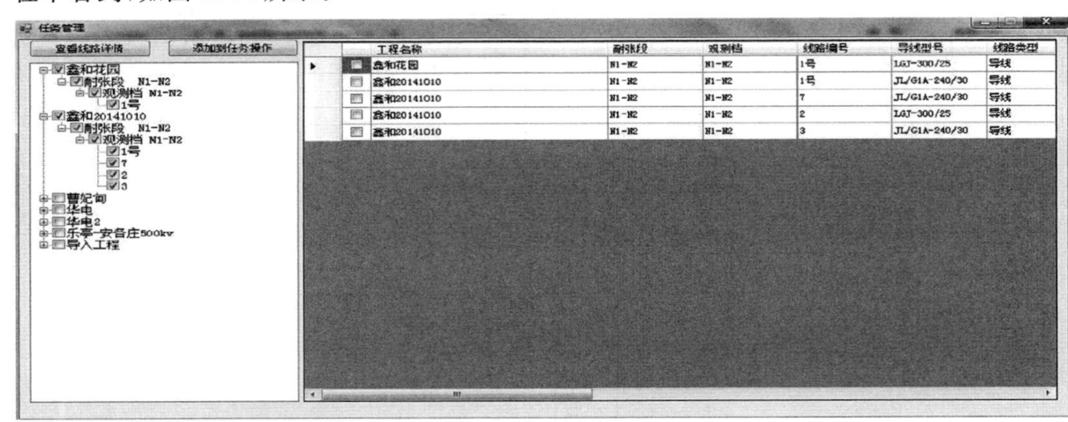

图 4.34 软件参数输入端口的设计

1. 基于 BD 定位系统的架空输电线悬链线拟合技术

在求解各档观测档内最大弧垂时需要进行大量的数据采集与实时输入，如图 4.35 和 4.36 所示。而 Microsoft Visual Studio 2010 里面的 MFC 工程，可以很好的将采集与输入过程进行一个封装。通过简洁、整齐的界面，可以使操作人员能够准确进行数据输入，得到输出结果。

基于以上原因分析，连续档架空线线长的计算软件采用 64 位 Windows10 系统上的 Microsoft Visual Studio 2010 进行开发。计算程序使用 Microsoft Visual Studio 2010 中的 Visual C++ 进行编写，软件界面使用 Microsoft Visual Studio 2010 中的 MFC 进行设计和开发。界面集成登录板块、使用说明板块、计算板块、通信板块，如图 4.37 所示，为连续档精确计算提供一个简洁便利的操作界面。

（1）使用软件时，首先打开主装置控制面板与手持终端，分别将两者装载的弧垂观测软件打开，装置全部启动后，倾斜主装置，观察倾角度数是否变更，以及变更及时性；激光雷达伸出后，在激光雷达侧面用木棍等长条状物品模拟导线，观察“导线位置栏”有无变

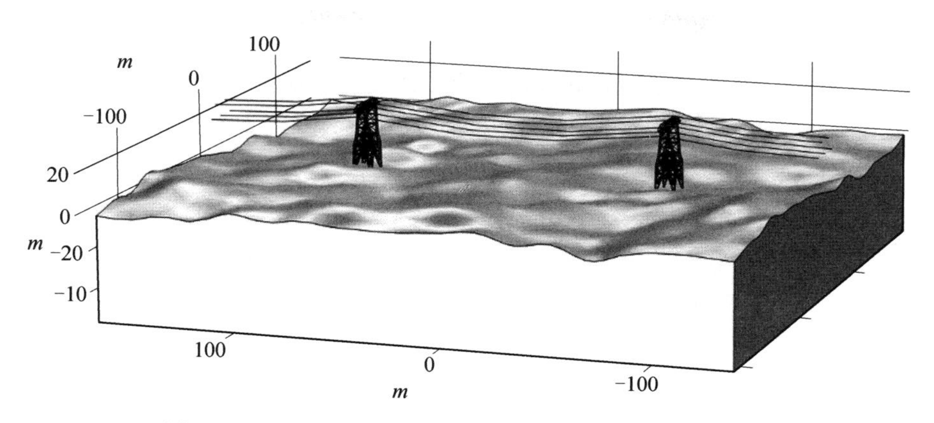

图 4.35　基于 BD 定位系统的架空输电线悬链线拟合技术

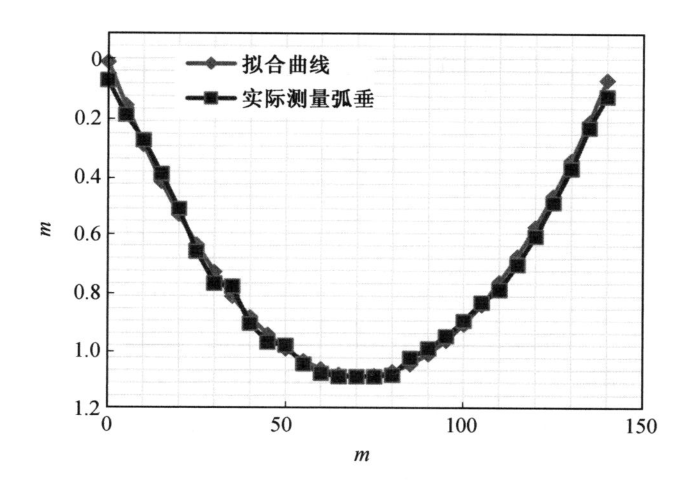

图 4.36　Microsoft Visual Studio 2010 对拟合的悬链线进行数据处理

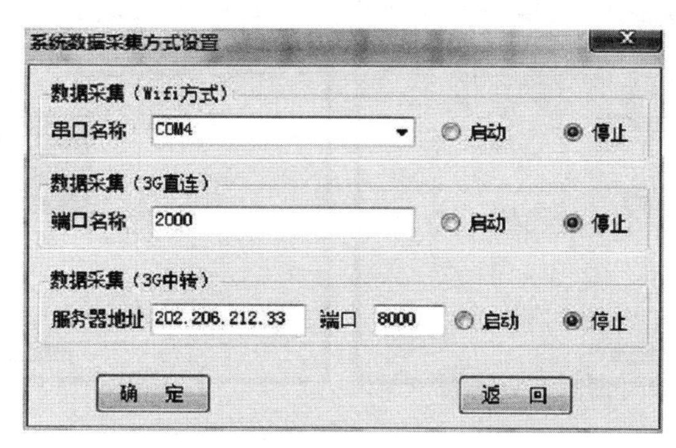

图 4.37　通信测试时系统数据采集方式设置

化，确保激光雷达工作正常。确定两者信号连接后，在手持终端上需要输入对应杆位的工程参数并提交。

(2) 点击运行软件进入操作页面(图 4.38)，工程列表栏储存已输入的工程参数。

(3) 点击"添加工程"按钮即显示对话框，输入待测工程名称，点击"确定"进行保存

(图 4.39)。

图 4.38　登录界面示意图

图 4.39　添加工程界面示意图

(4) 点击工程名称进入杆塔信息待录入页面，点击“添加杆塔”可进入杆塔数据输入页面，按要求输入待测观测档的信息参数(图 4.40)。

图 4.40　杆塔信息录入页面示意图

a. 直线－直线档。

A 塔参数：塔位中心 01 坐标($x1$、$y1$、$z1$)，铁塔最低腿基面高差 $h011$，铁塔呼高 $h012$，滑车串长 $h013$，滑车宽度 $y01$，横担长度 $a01$，横担宽度 $b01$。

B 塔参数：塔位中心 02 坐标($x2$、$y2$、$z2$)、铁塔最低腿基面高差 $h021$、铁塔呼高 $h022$、滑车串长 $h023$、滑车宽度 $y02$，横担长度 $a02$，横担宽度 $b02$。

b. 直线 — 耐张档。

相比直线 — 直线档增加输入参数：A 塔位转角度数 $\alpha01$（面向线路前进方向右转为正数，左转为负数），B 塔位转角度数 $\alpha02$（面向线路前进方向右转为正数，左转为负数），子导线边距 $X0$，区分左右相。

c. 耐张 — 耐张档。

耐张 — 耐张档计算参照直线 — 耐张档，重档距中间将耐张 — 耐张档分解为两个档，分别计算各自档距。

线路参数：档距 L，导线比载 r，导线张力 T，导线直径 D；小车激光雷达设备到滑轮的距离 h，卫星定位设备高于导线 $h0$，设计子导线间距。

(5) 按照要求填写完成必要工程参数后点击"提交工程数据" 按钮（图 4.41），即完成信息录入工作，在杆塔信息待录入页面出现观测档杆位编号。

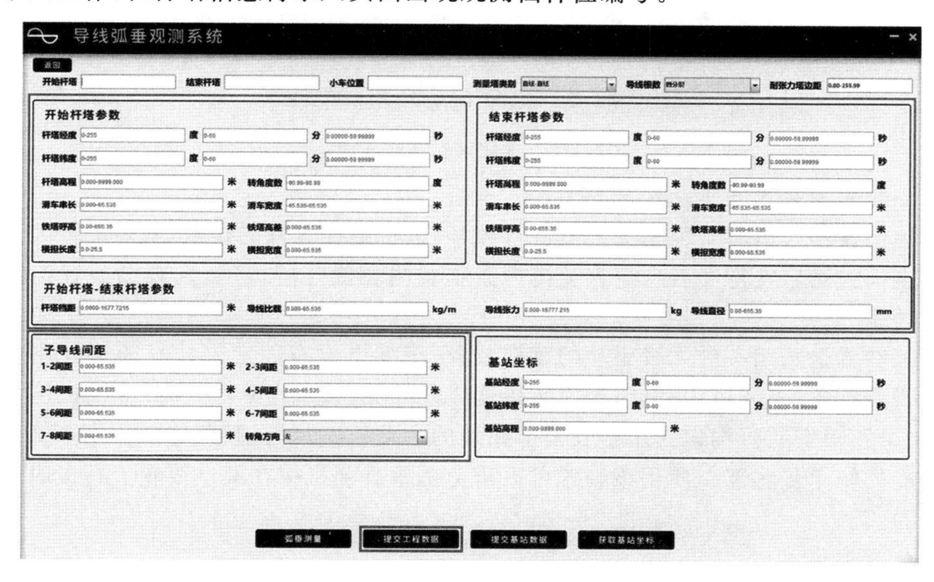

图 4.41　数据提交

2. 建立地面参考站

首先将差分定位器安装至三脚架上，调整三脚架保证定位器底座与地面水平。长按定位器上的红色按键，当电池灯光及蓝牙灯光均亮起时，说明设备工作正常。

在杆位附近设置卫星定位通信基站，建立通信连接系统。杆位附近设置卫星定位通信基站，差分定位后的坐标通过无线电台和蓝牙传输到观测装置处理器中，经过运算处理后返回到手持终端的显示页面，从而实时观测到导线的运动状态、各子导线弧垂以及测量装置实时位置和倾角。

3. 连接调试系统

地面参考站设置完成后，在手持终端上的杆塔数据输入页面中连接参考站，如图4.42所示，将参考站坐标进行手动修正为参考站实际坐标后点击提交按钮，将数据返回给参考站，对系统进行调试，确保数据连接正常后，进行下一步工序。

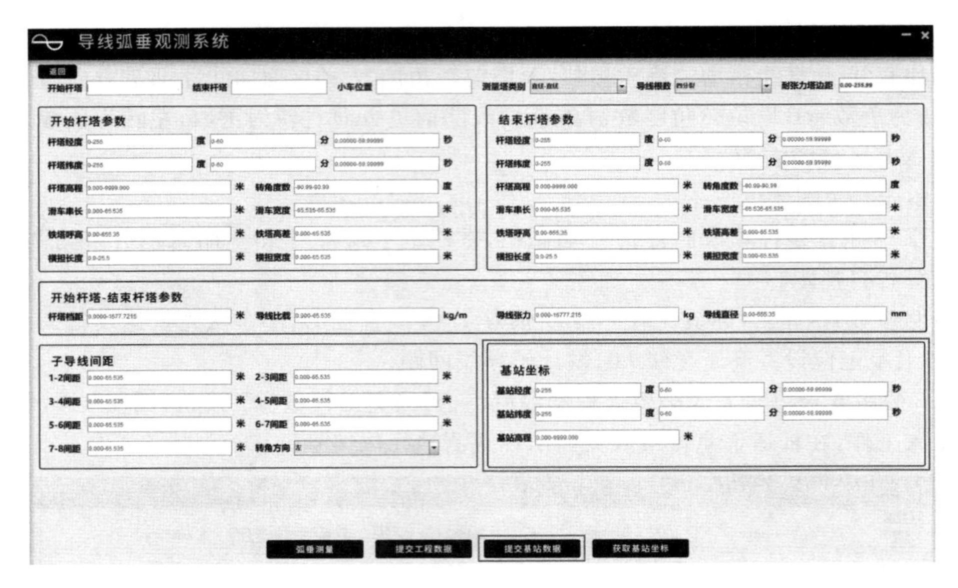

图 4.42　连接调试系统示意图

4. 安装测控装置至导地线上

在地面技术人员对安装施工人员进行教学，讲解测控装置的构造、安装测控装置要点及注意事项。然后安排 2 名高空人员携带弧垂观测装置登塔，将弧垂观测装置按照要求安装到导线上。

测控装置是采用一种无级驱动的车架装置，车架上设有固定安装有能够伸出或缩回车架的激光雷达、走线机构、电路板安装机构以及倾角传感器安装机构，走线机构上设有走线轮，电路板安装机构包括用于安装电路板的电路板安装板，倾角传感器用于检测车架倾斜角度的倾角传感器。使用该装置可以避免弧垂观测机构在架空线轮上行走时从架空线路上脱落。

5. 信号调试

测控装置安装完毕后，开始调试测控装置与手持终端的信号连接是否顺畅。通过将地面设备电源接通，卫星地面信息参考站自动搜索卫星信号，卫星信号搜索定位成功后通过无线申台自动发送定位信息修正数据。

6. 动态测控

手持终端上的小车控制模块可以控制弧垂观测装置在导线上前行、倒退或停止，同时还可以控制装置压紧轮收紧或释放。

把小车安放在需要观测弧垂的导线上，接通供电电源，通过地面监测终端可遥控小车在导线上自由行走，将小车遥控至合适位置后将小车停止。弧垂观测装置自身嵌入倾角传感器，倾角数值可实时观测。其主要用于修正装置前进过程中发生倾斜时的位置高度，提高数据返回时的准确性。同时可根据倾角传感器返回数据调节压紧轮，保持测量装置行进过程水平端正。手持终端页面中状态信息栏是显示弧垂观测装置的定位情况、当前状态、供电情况以及位于当前子导线上距开始观测点的距离。在杆塔数据输入页面中点击“提交工程参数”和“提交基站数据”后可点击“弧垂测量”按钮，进入弧垂等计算、测量参数数字化动态显示页面，如图 4.43、4.44 所示。

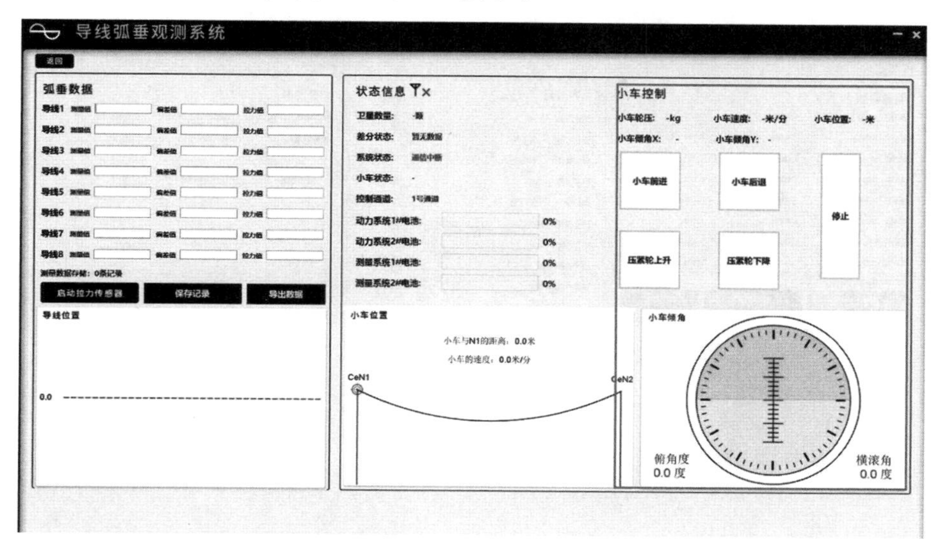

图 4.43　现场测量小车状态示意图

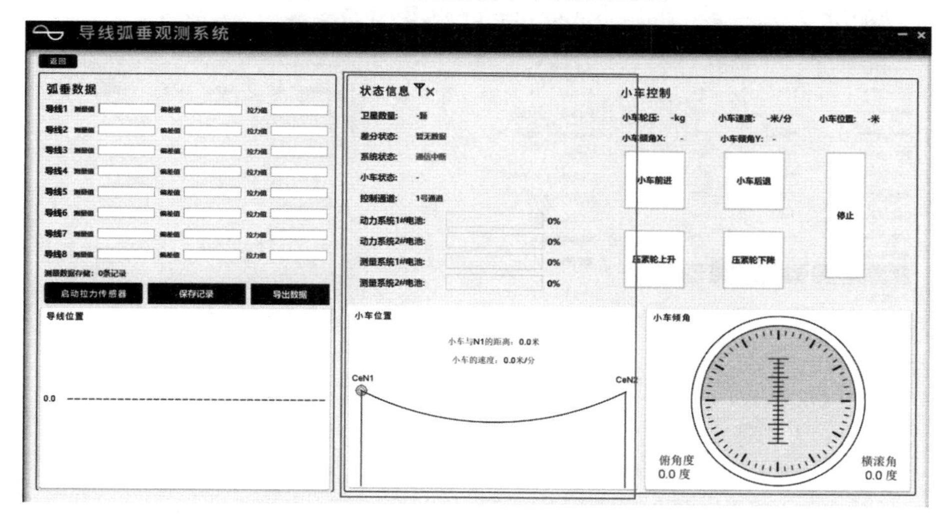

图 4.44　弧垂系统状态动态显示示意图

7. 数据反馈及实时施工控制

小车卫星定位装置卫基信号搜索定位成功后，在接收卫星定位数据信息的同时接收卫星地面信息参考站发送的定位数据修正数据，实时动态测控，以保证所需定位精度。小车卫星定位装置定位数据解算成功后利用无线电台自动向地面监测终端发送定位数据，地面监测终端根据小车卫星定位装置发送的数据自动计算小车当前所处位置的导线弧垂值和导线最大弧垂。通过对讲机与紧线施工人员沟通，收紧导线直至导线弧垂达到设计值，通知施工人员停止牵引，然后画印，进行耐张塔平衡开断、高空压接、挂线。

手持终端显示页面中的导线位置部分是通过激光雷达扫描实时显示各子导线之间的间距。当一根子导线弧垂观测结束后，可通过小车上的无线视频装置监测其余子导线弧垂状况，根据视频画面对其余子导线弧垂进行调整。如图 4.45、4.46 所示。

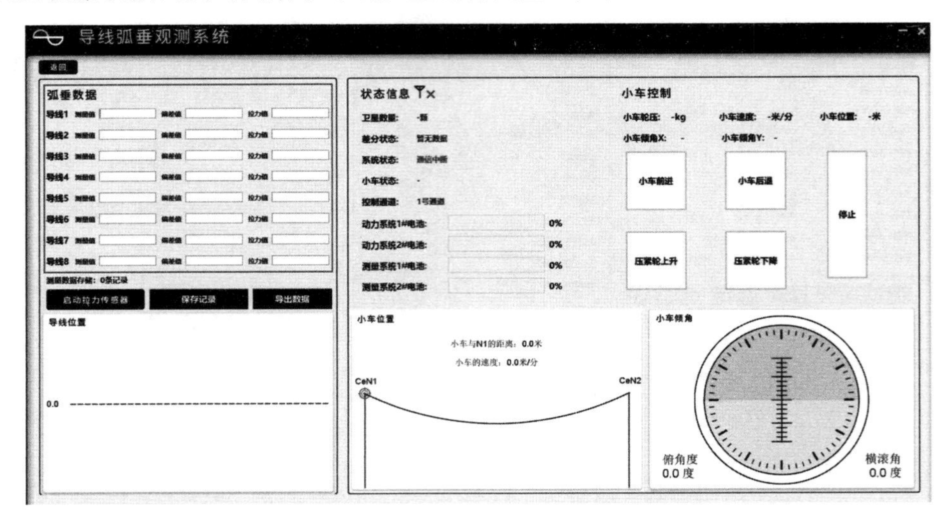

图 4.45　弧垂测量结果数据显示示意图

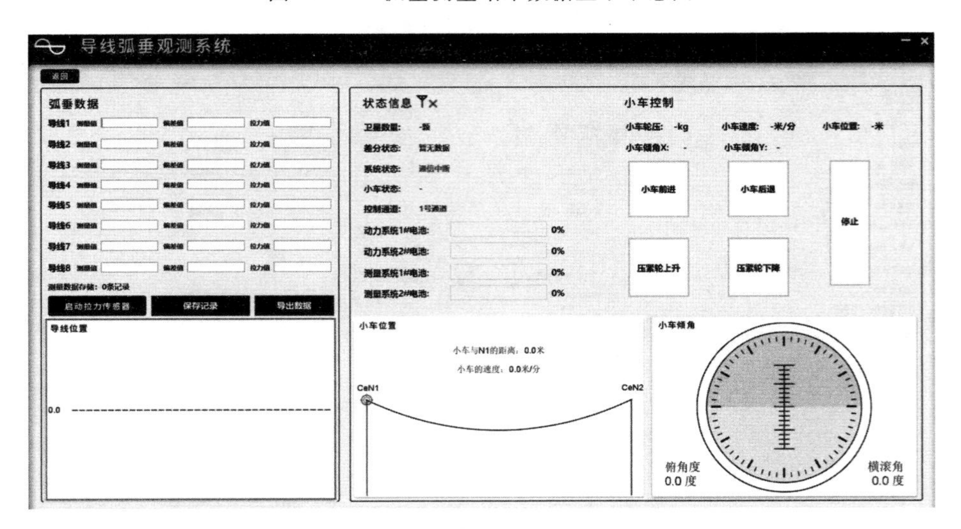

图 4.46　弧垂测量结果动态显示示意图

8. 数据导出

手持终端上可以显示导线收紧过程中的实时弧垂值，其随小车位置或紧线状态变化时弧垂值实时变化。点击“保存记录”按钮是保存小车当前位置弧垂数据，点击“导出数据”按钮可以把刚刚保存的弧垂记录导出成 excel 表格进行展示。

9. 填写施工记录

弧垂感知完成后，填写施工记录。

10. 回收设备进入下道工序

待全部弧垂调整结束后，可利用地面监测终端将小车遥控收回，完成导线弧垂观测任务。

4.3.5.2　测长终端系统开发

1. 软件设计要求及开发环境

连续档架空线线长的计算在求解各档水平应力时需要进行大量的迭代循环，迭代过程中会出现大量的无效数据。在实际工程中，工作人员往往需要对大量数据有一个准确的把握，即关注输入和输出。而 Microsoft Visual Studio 2010 里面的 MFC 工程，可以很好地将计算过程进行封装。通过简洁、整齐的界面，可以使操作人员准确进行数据输入，得到输出结果。

基于以上原因，连续档架空线线长的计算软件采用 64 位 Windows10 系统上的 Microsoft Visual Studio 2010 进行开发。计算程序使用 Microsoft Visual Studio 2010 中的 Visual C++ 进行编写，软件界面使用 Microsoft Visual Studio 2010 中的 MFC 进行设计和开发。界面集成登录板块、使用说明板块、计算板块，为连续档精确计算提供一个简洁便利的操作界面。

2. 软件的总体设计

本系统需要完成的功能如下：根据所编写的连续档架空线的应力精确求解程序，结合实际工况，将各数据设置或者输入进软件指定位置。根据程序运行得出悬垂绝缘子串偏移量和各档水平应力，再由各档水平应力计算出各档的精确线长，各档线长相加后得到连续档总的架空线线长。软件整体工作流程如图 4.47 所示。

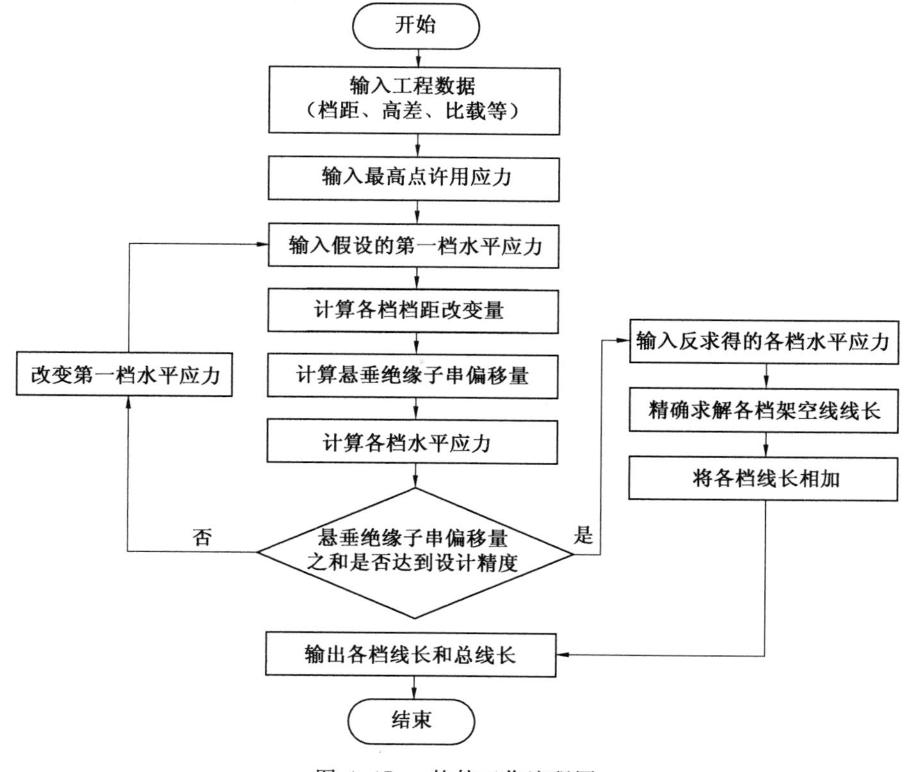

图 4.47　软件工作流程图

软件主要在架空输电线路连续档架线施工时使用，为展放架空线的长度提供可靠的依据。

打开软件来到登录界面，正确输入用户名和密码，即可进入系统。由于初始密码存在一定的风险性，首次登录可以点击修改密码。修改时需要输入一次原密码和两次新密码，修改成功后再次登录即可。登录后会进入一个使用说明界面，在此界面可以了解软件的基本操作以及需要注意的地方。点击进入计算即可进入计算页面，输入数据后开始计算。

3. 界面设计与变量关联

对话框是一个软件最常使用的工具，在Microsoft Visual Studio 2010选择新建项目，点击MFC中的MFC应用程序，进入后点击基于对话框选项，即可进行对框的设置。本次软件开发一共用到三种类型的对话框。Static Text为标注对话框，在实际输入输出中不起任何作用，只负责给与它对应的对话框进行标注，方便使用人员理解输入输出对话框所代表的含义。Edit Control为输入输出对话框，此对话框一般与Static Text对话框配合使用。Button为运行按钮，当所有数据输入完毕时，点击Button按钮即可在输出对话框里面输出结果。如图4.48、4.49所示。

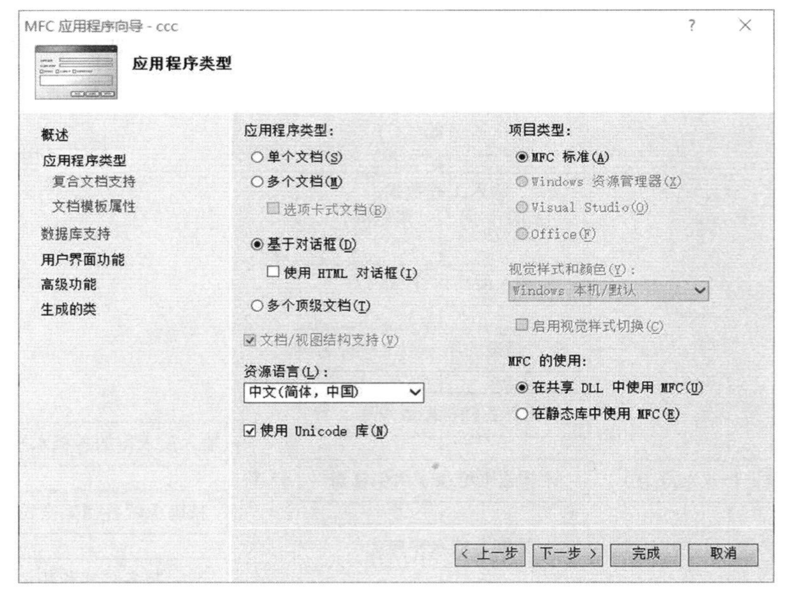

图 4.48　编辑对话框板块

对话框设置完成之后，需要对Static Text对话框和Button按钮进行命名。鼠标右键单机Static Text对话框和Button按钮，点击属性，找到Caption，在Caption右侧修改你所需要的名称（例如档距、高差等）。对于Edit Control输入输出对话框，因为名称已用Static Text对话框表示，所以不需要对其名称进行考虑，只需要在属性面板修改其ID（图4.50），确保之后对话框与数据关联时不会导致数据错乱，也为接下连的关联提供便利。

解决基本界面问题之后，就需要将对话框与变量进行关联。鼠标右键单击Edit Control对话框，点击类向导，进入变量设置界面，在变量设置界面点击成员变量，找到修

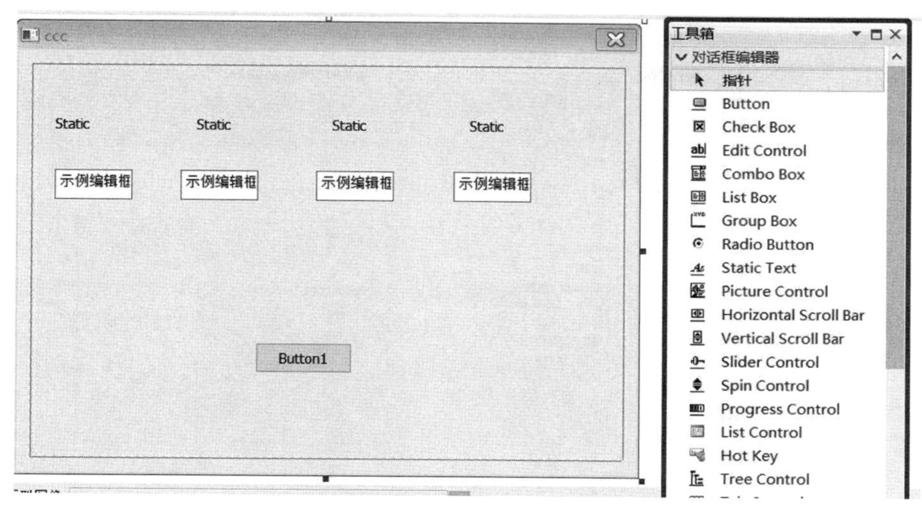

图 4.49　对话框界面设置

图 4.50　对话框命名与 ID 修改

改后 ID 后的控件。例如本示例中的对档距输入对话框设置 ID 为 IDC_L，单击 IDC_L，会弹出一个设置界面，设置成员变量名称为 m_sL，变量类型选择 Value，即可完成设置。随后可用 m_sL 与程序参数进行关联（图 4.51）。

4. 软件界面与功能

关于软件界面与功能的介绍可见前文 2.5.4，此处不再赘述。

5. 软件分析

为了验证架空输电线路连续档线长计算软件的准确性，以 110 kV 白杨至复兴双回输电线路为例进行软件分析。此线路路径长 21.3 km，共组立杆塔 62 基。选取其中 #12～#16 耐 — 直 — 直 — 直 — 耐区段进行实际算例分析。

#12 ～ #16 耐张段内有四档，分别记作第 1、2、3、4 档。各参数如表 4.3 ～ 4.5

所示。

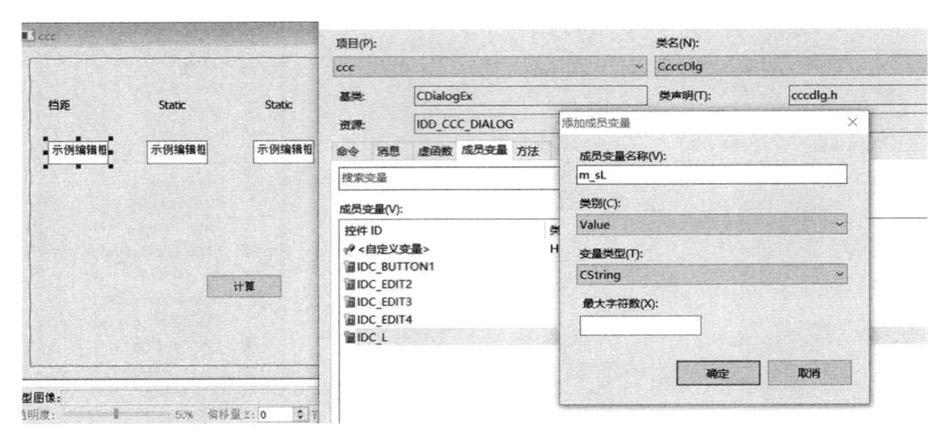

图 4.51　成员变量设置

表 4.3　杆塔参数

塔号	塔型 /m	塔高 /m	塔位高程 /m	横担长度 /m
#12	JC1	39.5	193.6	5.7
#13	ZMC1	37.3	198.9	4.8
#14	ZMC1	37.3	213.3	4.8
#15	ZMC1	37.3	200.7	4.8
#16	JC1	39.5	195.7	5.7

表 4.4　线路参数

塔号	绝缘子串长 /m	转角度数 /(°)	连续塔号	悬挂点高差 /m	档距 /m
#12	1.67	7.34	#12 ～ #13	5.49	281
#13	1.51	—	#13 ～ #14	14.4	326
#14	1.51	—	#14 ～ #15	12.6	383
#15	1.51	—	#15 ～ #16	5.19	310
#16	1.67	3.08	#16 ～ #17	—	—

表 4.5　LGJ－400/35 导线型导线的有关参数

结构,根数 / 直径 /mm		计算截面 /mm²			外径 /mm	计算拉断力 /N	计算质量 /(kg · cm⁻¹)
铝	钢	铝	钢	总计			
48/3.22	7/2.50	390.88	34.36	425.24	26.82	103 900	1349

结合导线 LGJ－400/35 的相关参数,计算如下。

(1) 导线的抗拉强度 σ_p 为

$$\sigma_p = 0.95\frac{T_j}{A} = 232.116\ \text{MPa} \tag{4.6}$$

(2) 安全系数 k:为保证架空输电线路的安全运行,设计规范规定导线最大应力下的设计安全系数不应小于 2.5,故该导线的安全系数 $k=2.5$。

(3) 许用应力为

$$[\sigma_0]=\frac{\sigma_p}{k}=\frac{232.116}{2.5}=92.846\ \text{MPa} \tag{4.7}$$

(4) 年均应力上限。在采取防震措施，并考虑实际工况的前提下，不应超过抗拉强度的25%，故年均应力上限为

$$[\sigma_{cp}]=0.25\times\sigma_p=0.25\times 232.116=58.029\ \text{MPa} \tag{4.8}$$

(5) 根据线路架设时的其他工器具的型号可知，放线滑车质量为12.5 kg，滑车外径×轮宽为250 mm×60 mm；悬垂线夹（带碗头挂板的W型）长度为157 mm，质量为4.5 kg；悬垂绝缘子共七片，每片长度为146 mm，质量为4.8 kg；球头挂件长度为50 mm，质量为0.3 kg；碗头长度为85 mm，质量为1.2 kg；U型环长度为85 mm，质量为0.6 kg；U型螺栓长度为100 mm，质量为1.1 kg。考虑到实际工程中存在的各种误差，取滑轮线夹重量为122.5 N，悬垂绝缘子串质量为404.74 N。

计算线长时只需要考虑架空线的自重比载，而不用考虑冰重比载。此时有

$$\gamma=\frac{qg}{A}\times 10^{-3}=31.11\times 10^{-3} \tag{4.9}$$

式中　q—— 架空线单位长度质量，kg/km；

g—— 重力加速度，$g=9.8\ \text{m/s}^2$；

A—— 架空线截面积，mm^2。

由于档距和高差已知，每档高差角余弦值便可求得，即

$$\cos\beta_1=\frac{281}{\sqrt{281^2+5.49^2}}=0.999\,809\,20 \tag{4.10}$$

$$\cos\beta_2=\frac{326}{\sqrt{326^2+14.4^2}}=0.999\,025\,85 \tag{4.11}$$

$$\cos\beta_3=\frac{383}{\sqrt{383^2+12.6^2}}=0.999\,459\,29 \tag{4.12}$$

$$\cos\beta_4=\frac{310}{\sqrt{310^2+5.19^2}}=0.999\,859\,88 \tag{4.13}$$

(6) 在实际架线施工过程中，往往需要根据施工环境对影响线长的因素进行分析并求解。将影响线长的因素大致分为了两类，一类为直接影响，如杆塔偏挠、耐张绝缘子串长；另一类为间接影响，如不同均布荷载对线长的影响，不能直观表达出来，往往需要在所算线长前面乘上一个线长增大系数。架空线的塑蠕伸长需要通过应力表现出来。考虑实际工况下的求解思路如图4.52所示。

#12和#16号杆塔为耐张型杆塔，对于这两基杆塔所在的第1档和第4档，计算线长时需要考虑耐张绝缘子串的影响。耐张绝缘子串对第1档和第4档线长的影响包括两个方面，一方面是耐张绝缘子串对线长的直接影响；另一方面是耐张绝缘子串与架空线由于材质、密度、强度等不同，导致在同一档存在两种不同的均布荷载。考虑到第2章对于两种不同均布荷载的分析，将架空线和绝缘子串的各种数据代入式(2.220)，得到第1档和第4档的架空线增大系数

$$K_1=1.004\,4,K_2=0,K_3=0,K_4=1.003\,9 \tag{4.14}$$

耐张绝缘子串长度为1.67 m。

(7) 对于架线施工过程中产生的不平衡张力,需要考虑杆塔的挠度位移。对于杆塔挠度位移的计算,采用挠度计算公式进行计算。由线路参数可知杆塔 #16 转角度数为7.34°,杆塔 #13、杆塔 #14 和杆塔 #15 没有转角度数,杆塔 #16 转角度数为3.08°。计算结果为

$$l_{挠\#12}=0.018\ \text{m},l_{挠\#13}、l_{挠\#14}、l_{挠\#15}=0,l_{挠\#16}=0.011\ \text{m} \tag{4.15}$$

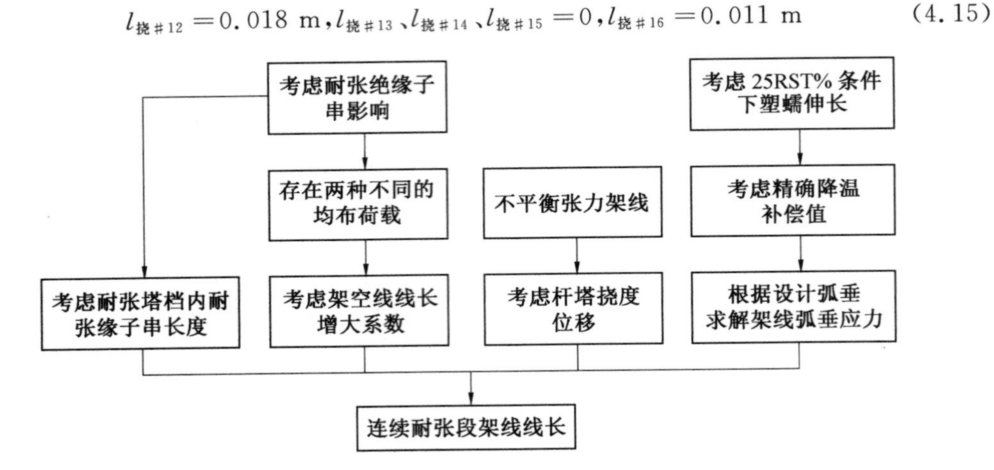

图 4.52　连续档架空线线长求解流程图

(8) 根据该路段导线的型号,以及架线施工时现场施工数据可知,架线时架空线伸长量为31 mm/km。结合导线出厂时的各项参数,考虑25RST%条件下的塑蠕伸长,塑蠕伸长为536 mm/km,即

$$\Delta t=\varepsilon_J/\alpha=24.634\ 15\ ℃ \tag{4.16}$$

精确降温补偿为24.634 15 ℃。

该线路所在气象区为第 Ⅱ 气象区,经查表知该气象区的有关数据如表4.6～4.8所示。

表 4.6　Ⅱ 气象区的计算用气象条件

项目	气象								
	最高气温	最低气温	最大风	最厚覆冰	内过电压	外过无风	外过有风	安装有风	年均气温
气温	40	−10	10	−5	15	15	15	0	15
风速	0	0	30	10	15	0	10	10	0
冰厚	0	0	0	5	0	0	0	0	0

表 4.7　导线比载汇总表　　单位:$\times10^{-3}$ MPa/m

	自重 $\gamma_1(0,0)$	覆冰无风 $\gamma_3(5,0)$	无冰综合 $\gamma_6(0,30)$ (用于强度)	无冰综合 $\gamma_6(0,30)$ (用于风偏)	无冰综合 $\gamma_6(0,10)$	无冰综合 $\gamma_6(0,15)$	覆冰综合 $\gamma_7(5,10)$
数据	31.110	57.354	45.687	40.006	31.466	32.121	69.279

续表4.7

	自重 $\gamma_1(0,0)$	覆冰无风 $\gamma_3(5,0)$	无冰综合 $\gamma_6(0,30)$（用于强度）	无冰综合 $\gamma_6(0,30)$（用于风偏）	无冰综合 $\gamma_6(0,10)$	无冰综合 $\gamma_6(0,15)$	覆冰综合 $\gamma_7(5,10)$
备注			$\alpha_f=0.75$ $\beta_c=1.0$ $\mu_{sc}=1.1$	$\alpha_f=0.61$ $\beta_c=1.0$ $\mu_{sc}=1.1$	$\alpha_f=1.0$ $\beta_c=1.0$ $\mu_{sc}=1.1$	$\alpha_f=1.0$ $\beta_c=1.0$ $\mu_{sc}=1.1$	$\alpha_f=1.0$ $\beta_c=1.0$ $\mu_{sc}=1.2$ $B=1.1$

表 4.8　可能的应力控制气象条件

项目	条件			
	最大风速	最厚覆冰	最低气温	年均气温
许用应力$[\sigma_0]$/MPa	92.846	92.846	92.846	41.284
比载 γ/(MPa·m^{-1})	45.687×10^{-3}	69.279×10^{-3}	31.110×10^{-3}	31.110×10^{-3}
$\frac{\gamma}{[\sigma_0]}$/m^{-1}	0.492×10^{-3}	0.746×10^{-3}	0.335×10^{-3}	0.754×10^{-3}
温度 t/℃	10	−5	−10	+15
$\frac{\gamma}{[\sigma_0]}$ 由小到大编号	b	c	a	d

按等高悬点考虑，计算出不同条件下的临界档距。在计算临界档距时，把一种控制气象条件作为第 Ⅰ 状态，其比载为 γ_i，温度为 t_i，应力达到允许值$[\sigma_0]_i$；

另一种控制气象条件作为第 Ⅱ 状态，相应参数分别为 γ_j、t_j、$[\sigma_0]_j$。临界状态下 $l_i=l_j=l_{ij}$。临界档距的计算公式为

$$l_{ij}=\sqrt{\frac{24\left[[\sigma_0]_j-[\sigma_0]_i+\alpha E\cos\beta(t_j-t_i)\right]}{E\left[\left(\frac{\gamma_j}{[\sigma_0]_j}\right)^2-\left(\frac{\gamma_i}{[\sigma_0]_i}\right)^2\right]\cos^3\beta}} \tag{4.17}$$

式中　E—— 导线弹性系数；

α—— 导线线性温度膨胀系数。

按等高悬点计算临界档距时 $\cos\beta=1$，则

$$l_{ij}=\sqrt{\frac{24\left[[\sigma_0]_j-[\sigma_0]_i+\alpha E(t_j-t_i)\right]}{E\left[\left(\frac{\gamma_j}{[\sigma_0]_j}\right)^2-\left(\frac{\gamma_i}{[\sigma_0]_i}\right)^2\right]}} \tag{4.18}$$

计算出各临界档距，将各临界档距值填入临界档距判别表，如表 4.9 所示。

表 4.9　有效临界档距判别表

可能的控制条件	a(最低气温)	b(最大风速)	c(最厚覆冰)	d(年均气温)
临界档距 /m	$l_{ab}=166.635$ $l_{ac}=298.272$ $l_{bd}=$虚数	$l_{bc}=354.241$ $l_{bd}=$虚数	$l_{cd}=$虚数	—

由表4.9可看出a、b、c栏中均有虚数，所以a、b、c栏的气象条件不再成为控制气象条件，年均气温为控制条件。

以档距范围的控制条件为已知条件，有关数据如表4.10所示。

表4.10　已知条件及参数

已知条件	年均气温 /℃
控制区	0 ~ ∞
t_m/℃	15
b_m/mm	0
v_m/(m·s^{-1})	30
γ_m(×10^{-3} MPa/m)	31.110
σ_m/MPa	56.284

以各气象条件为代求条件，所有已知参数如表4.11所示。

表4.11　气象条件及已知参数

参数	t/℃	v/(m·s^{-1})	b/mm	γ(×10^{-3} MPa/m)
最高气温	+40	0	0	31.110
最低气温	—10	0	0	31.110
年均气温	+15	0	0	31.110
安装情况(有风)	0	10	0	31.466
外过(有风)	+15	10	0	31.466
外过(无风)	+15	0	0	31.110
内过电压	+15	15	0	32.121
覆冰无风	—5	0	5	57.354
覆冰有风(强度用)	—5	10	5	69.279
覆冰有风(风偏用)	—5	10	5	69.279
最大风速(强度用)	10	30	0	45.687
最大风速(风偏用)	10	30	0	40.006

根据上面结果可知，控制气象条件是年均气温，年均气温为第Ⅰ状态，待求的条件应力为第Ⅱ状态，等高悬点架空线的状态方程式为

$$\sigma_{02}-\frac{E\gamma_2^2 l^2}{24\sigma_{02}^2}=\sigma_{01}-\frac{E\gamma_1^2 l^2}{24\sigma_{01}^2}-\alpha E(t_2-t_1) \tag{4.19}$$

由此方程解出相应的应力，再由等高悬点应力弧垂公式求解出相应的弧垂。但由于算例中，代表档距为331.255 m，代表高差角余弦值为0.999 5，接近1。为了方便求解，只截取施工气温下代表档距附近的百米弧垂，具体数据如表4.12所示。

表4.12　百米弧垂表

代表档距(l_r)	不同气温下架线施工的百米弧垂(f_{100})/m								
	−40 ℃	−30 ℃	−20 ℃	−10 ℃	0 ℃	10 ℃	20 ℃	30 ℃	40 ℃
325	0.263	0.278	0.293	0.309	0.327	0.346	0.366	0.388	0.411
350	0.267	0.281	0.296	0.312	0.329	0.348	0.367	0.387	0.409

根据观测档选取原则，选择第2档为观测档。通过上面的计算可以得知代表档距下

的百米弧垂。在传统架线施工过程中，需要结合实际工况等到观测档的观测弧垂。通过求解观测档的观测弧垂，由应力弧垂公式求解出相应的应力，再结合悬挂点实际高差，算出最高点许用应力。传统求解过程中，需要先由代表档距下的百米弧垂求出代表档距下的观测弧垂，再由代表档距下的观测弧垂换算出观测档的观测弧垂。实际施工时气温为30 ℃，恒定降温处理后施工温度为5.365 85 ℃。之后采用插入法解得代表档距下架线施工时的百米弧垂为0.335 m。所选取的耐张段各档高差角十分小，代表档综合高差角余弦值接近1，在误差允许范围内，可以不考虑代表档综合高差角余弦值的影响。因此对观测档观测弧垂(已做恒定降温处理)的计算做了简化，计算公式为

$$f=\frac{f_{100}}{\cos\beta}\left(\frac{l}{100}\right)^{2} \tag{4.20}$$

式中　f—— 观测档弧垂，m；

f_{100}—— 代表档距下的百米弧垂，m；

β—— 观测档高差角，(°)；

l—— 观测档档距，m；

结合弧垂应力关系式，求解出观测档应力为

$$f_x=x\tan\beta-\frac{2\sigma_0}{\gamma}\operatorname{sh}\frac{\gamma x}{2\sigma_0}\operatorname{sh}\frac{\gamma(x-2\alpha)}{2\sigma_0} \tag{4.21}$$

代入数据得观测档应力为41.763 275 MPa。

根据杆塔高度、杆塔高程和架空线悬挂点与塔顶的距离可以求得每一基杆塔悬挂点的高程，具体位置如图4.53所示。由图可以清晰地看出第 #14 杆塔悬挂点处的位置最高。因此第 #14 基杆塔悬挂点处的应力值最大。在计算各档水平应力时，选择控制条件下第 #14 基杆塔悬挂点处的应力为许用应力。

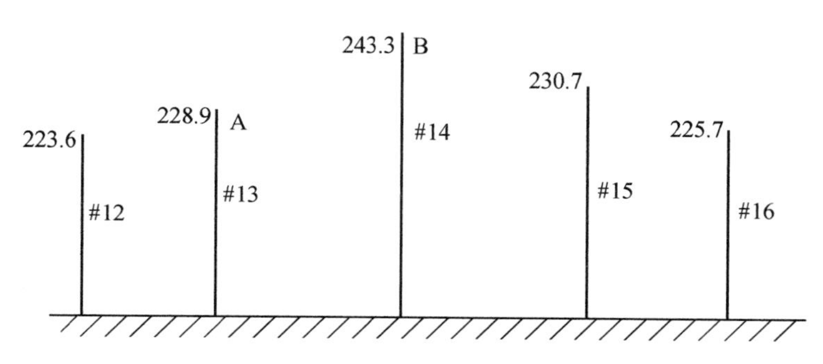

图 4.53　杆塔位置及相对高差示意图

由悬挂点应力公式(2.103) 求得最大许用应力 σ_B 为

$$\sigma_B=\frac{\sigma_0}{\cos\beta}+\frac{\gamma^2 l^2}{8\sigma_0\cos\beta}+\frac{\gamma h}{2}=42.337\ 238\ \text{MPa} \tag{4.22}$$

输入以上数据，得出的结果与用公式所算出来的结果一致(图4.54)。

但是在计算每一档水平应力时，计算结果对精度要求非常高，通常达到小数点后十几位。若假设第一档水平应力的值与实际第一档水平应力的值相差过大则会导致迭代次数过多，迭代时间长，无法在规定的时间内计算出结果。若降低精度则会导致数据间隔过大，可能会跳过所需要的数据，无法正常输出。基于上述一些影响因素的分析，在使用软

件计算前，需要对软件进行调试，使其能迅速输出，达到实际工程中软件的开发要求。

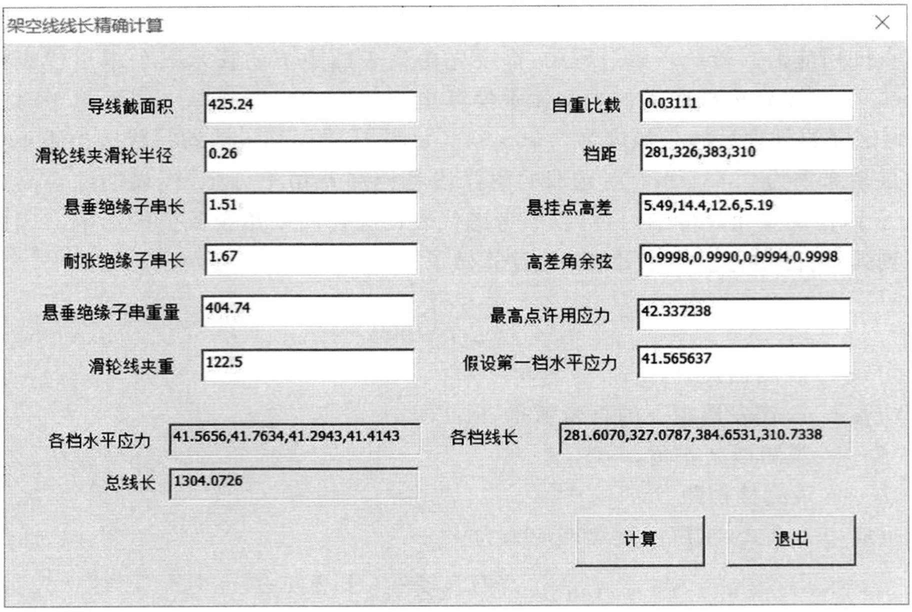

架空线线长精确计算

导线截面积 425.24
自重比载 0.03111
滑轮线夹滑轮半径 0.26
档距 281,326,383,310
悬垂绝缘子串长 1.51
悬挂点高差 5.49,14.4,12.6,5.19
耐张绝缘子串长 1.67
高差角余弦 0.9998,0.9990,0.9994,0.9998
悬垂绝缘子串重量 404.74
最高点许用应力 42.337238
滑轮线夹重 122.5
假设第一档水平应力 41.565637
各档水平应力 41.5656,41.7634,41.2943,41.4143
各档线长 281.6070,327.0787,384.6531,310.7338
总线长 1304.0726
计算
退出

图 4.54　实际算例验证

第5章　基于线长精确展放的输电线路架线施工工艺

5.1　基于线长精确展放的输电线路架线施工主要设备、工器具的选择与配置

5.1.1　相关规程与规范

本工艺流程研究报告严格遵守电力施工行业的相关规定，符合输电线路架线施工技术的具体要求，参照《架空输电线路工程施工组织大纲设计导则》、《1 000 kV 架空输电线路张力架线施工工艺导则》与《国家电网公司输变电工程标准工艺（一）施工工艺示范手册》等一些列具体规章要求，如表 5.1 所示。

表 5.1　架线施工参考标准

序号	引用标准
1	《110 kV ～ 750 kV 架空输电线路设计规范》(GB 50545—2010)
2	《110 ～ 500 kV 架空送电线路施工及验收规范》(GB 50233—2005)
3	《架空输电线路荷载规范》(DL/T 5551—2018)
4	《采动影响区架空输电线路设计规范》(DL/T 5539—2018)
5	《110 kV ～ 750 kV 架空输电线路施工及验收规范》(GB 50233—2014)
6	《330 kV ～ 750 kV 架空输电线路勘测规范》(GB 50548—2010)
7	《1 000 kV 架空输电线路设计规范》(GB 50665—2011)
8	《±800 kV 直流架空输电线路设计规范》(GB 50790—2019)
9	《±800 kV 及以下直流架空输电线路工程施工及验收规程》(DL/T 5235—2010)
10	《1 000 kV 架空输电线路张力架线施工工艺导则》(DL/T 5290—2013)
11	《±800 kV 架空输电线路张力架线施工工艺导则》(DL/T 5286—2013)
12	《架空输电线路在线监测装置通用技术规范》(GB/T 35697—2017)
13	《电力工程施工测量技术规程》(DL/T 5445—2010)
14	《架空输电线路工程施工组织大纲设计导则》(DL/T 5527—2017)
15	《±800 kV 及以下直流架空输电线路工程施工质量检验及评定规程》(DL/T 5236—2010)
16	《国家电网公司输变电工程标准工艺(一) 施工工艺示范手册》
17	《国家电网公司输变电工程标准工艺(二) 施工工艺示范光盘》
18	《国家电网公司输变电工程标准工艺(三) 工艺标准库》(2016 版)

续表5.1

序号	引用标准
19	《国家电网公司输变电工程标准工艺(四)典型施工方法》
20	《国网基建部关于全面实施输变电工程安全文明施工设施标准化配置工作的通知》(基建安质〔2017〕2号)

5.1.2 基于线长精确展放的输电线路架线施工的基本原则

将架空线用连接金具及绝缘子串架设在已组立的杆塔上的安装工序，是架空输电线路施工中的主要工序。架线施工是输电线路建设工程的完成阶段，它的任务是将导线及避雷线，按设计的架线应力(弧垂)架设于组立的杆塔上。基于线长精确展放的输电线路架线施工中导线展放依旧采用张力放线方式，其具体施工布步骤与普通张力架线施工仍有区别。基于线长精确展放的输电线路架线施工流程如图5.1所示。

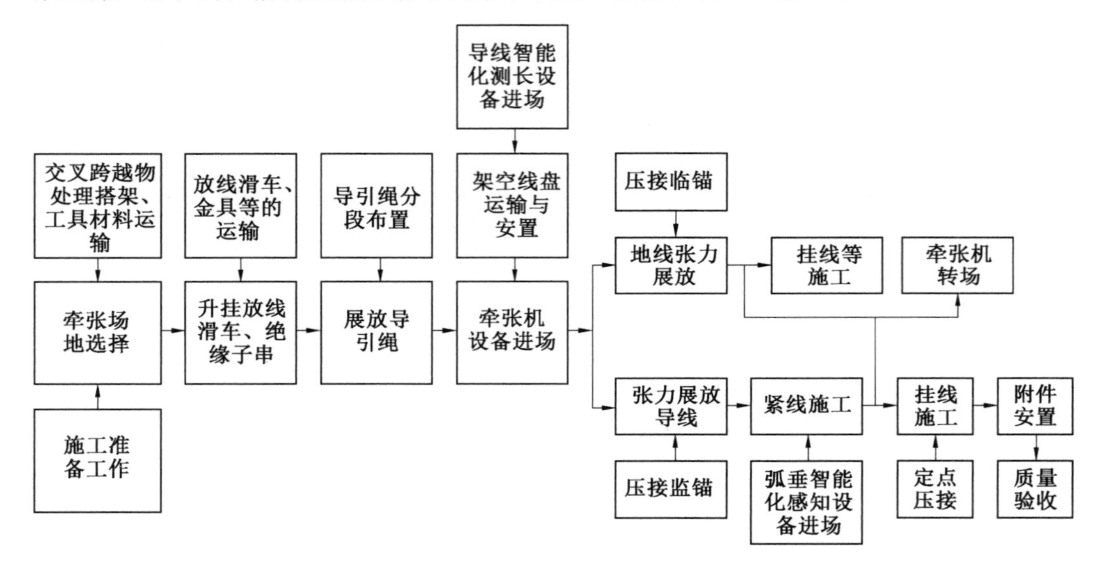

图5.1 基于线长精确展放的输电线路架线施工流程图

5.1.3 主要设备的选择及要求

5.1.3.1 主张力机的选择

基于线长精确展放的输电线路架线施工中导线展放依旧采用张力放线方式，在展放架空线的架线施工中起控制被牵引线索(导地线、牵引绳、导引绳等)的放线张力大小的施工机械，称为张力机。它包括大张力机及小张力机。张力机上盘绕导线或其他被牵放线索的机构，称为张力轮。主张力机的张力轮又称为导线轮。

张力机按制动方式分，有：液压制动张力机、机械摩擦制动张力机、电磁制动和空气压缩制动张力机；按放线机构的形式分，有：双摩擦卷筒张力机、滑动槽链卷筒张力机、单槽包角双摩擦轮张力机等。另外，还有将牵张机械做成自行驶式，其动力由车辆或拖拉机的发动机经取力装置提供。

1. 对张力机用于展放导线的基本要求

张力机在展放导线过程中，放线卷筒上产生制动阻力矩，使所展放导线能保持一定张力，以保证导线与地面、跨越物之间有一定的净空距离。因此，在施工设计时，应考虑下述基本要求。

(1) 能连续运转(有时需达 2 ～ 3 h) 长时间工作。

(2) 能无级控制放线张力，特别是展放多分裂导线，因各根导线上的弧度常常会有差异，必须能对其中某根导线的张力进行调整，以保持各根导线上的张力基本相等，保持稳定，防止牵引板翻转。

(3) 能实现恒张力放线，以便简化操作，减轻操作人员的劳动强度，即在放线作业开始时，将张力调整到要求数值，放线过程中不再改变。

(4) 放线过程中，由于某种原因(如张力机液压系统出故障) 会使张力下降，甚至消失，这时要求张力机上的制动装置能自行制动，停止展放导线，防止导线弧度太大而落地或触及跨越物，影响放线质量。

2. 张力机的单线额定制动张力 T_{Zed} 的计算

$$T_{Zed} \geqslant K_T T_P \tag{5.1}$$

式中　K_T—— 张力机单线额定制动张力系数，对一般牵放钢芯铝绞线，$K_T = 0.166\,7 \sim 0.20$；对牵放钢绞线、铝包钢线、钢铝混绞线，取 $K_T = 0.1$；牵放各种钢丝，取 $K_T = 0.066\,7$；

T_P—— 被止动线索的计算拉断力保证值或综合破断力，N。依据国家标准 GB 1179—2017 规定查取。

3. 线轴架

张力放线中使用的线轴架，除将线轴架离地使导线自由展放外，尚需使张力机后线轴前的导线也具有适当张力(称为张力机的尾部张力，是由线轴架对线轴施加适当制动而产生的)。尾部张力应保证导线不在线轴上松套，不在导线轮上打滑。因此线轴架的选择较为重要，要求线轴架对线轴的制动能力应能使张力机的尾部张力 T_w(N) 满足如下条件

$$1\,000 < T_W < 2\,000 \tag{5.2}$$

主张力机导线额定制动张力可按下式进行选择

$$T = K_T T_P \tag{5.3}$$

式中　T—— 主张力机额定制动张力，N；

K_T—— 主张力机额定制动张力系数，$K_r = 0.12 \sim 0.18$。

主张力机导线轮槽底直径应满足的条件为

$$D \geqslant 40d - 100 \tag{5.4}$$

式中　D—— 张力机的轮槽底直径，mm；

d—— 被展放的导线直径，mm。

例如 JL/G1A－630/45 钢芯铝绞线的外径为 $d = 33.8$ mm，主张力机的轮槽底直径最小值应为：$D \geqslant 40d - 100 = 40 \times 33.8 - 100 = 1\,252$ mm。

导线放线架应该加设防护的制动装置,制动张力即导线尾部张力应该满足

$$1\ 000 < T_W < 3\ 000 \tag{5.5}$$

式中 T_w—— 导线的尾部张力,N。

5.1.3.2 主牵引机的选择

在展放架空线的架线施工中起牵引作用的放线机械称为牵引机。它的作用是控制放线速度,但不控制放线张力,并为钢绳卷车提供动力,基于线长精确展放的输电线路架线施工中导线展放依旧采用牵引机牵引导线,但在智能化架线设备自动画印与地面压接线夹时,需要牵张施工人员操作牵张机制动停机。

牵引机包括主牵引机、小牵引机等。按动力传动方式可分为机械传动、液力传动、液压传动和混合传动四种。国内牵引机最大牵引力可达 100 kN 以上。设计常用牵引速度为 120 m/min、20 m/min 等几种机型。

1. 牵引机用于导线牵引作业的要求

由于牵引机主要用于导线牵引作业,因此要求:

(1) 在整个放线过程中,牵引机在满足放线所需牵引力和牵引速度的同时,还要能按放线工况要求,随时调整牵引力和牵引速度的大小,此外,还要有过载保护能力。

(2) 在放线过程中因故停机时,为防止导线落地,导线上的张力一般应继续保持原来的数值。牵引机再启动时,牵引钢丝绳也仍保持原有张力不变,即必须保证能满载启动。

(3) 能在某些情况下,如处理导线或钢丝绳跳槽,必须使牵引卷筒能反向转动。在牵引过程中发生事故的情况下能紧急停车,能自动快速制动。

(4) 对一次牵引展放导线长度的要求一般不小于 5 ~ 8 km。此外要求牵引机的体积小、质量轻、操作简单、维护方便、便于转场运输,运转时噪声要小,一般不得超过 90 dB。所以,施工设计时,应根据现场使用情况和施工单位条件全面综合考虑,选用合理的牵引机,以满足上述工程要求。

在某种意义上来说,牵引机实际上是一种特殊的卷扬机。除主要用于张力放线作业施工外,它还可用于线路施工中需由绞磨等卷扬设备完成的其他各种施工作业,有时可用作组立杆塔的牵引设备,但使用价格贵,不经济,不宜提倡。

2. 牵引机的额定牵引力 T_{Qed}(牵引机在此牵引力下应允许连续运转)计算

$$T_{Qed} \geqslant nK_P T_P \tag{5.6}$$

式中 n—— 同时牵放钢芯铝绞线的根数;

K_p—— 选择牵引机额定牵引力的系数,按式 $T_H \leqslant 0.166\ 7\ T_p$ 和式 $T_Q \leqslant l.5nT$ 计算,取 $K_p = 0.25 \sim 0.33$;对牵放钢绞线、铝包钢线、钢铝混绞线取 $K_p = 0.143$;对牵放各种钢丝绳取 $K_p = 0.1$。

若牵放不同种类线索时,可用式(5.6) 分别计算各分牵引力,其各分力之和为所需牵引机额定牵引力。

为确保张力机放线施工安全,牵引力应能对施工段计算牵引力进行限制,该限制通常称为牵引过载保护。

3. 钢绳卷车

钢绳卷车实际上是一种钢绳式卷扬机械(不独立的卷扬机)。它主要是用来配合牵引

机将牵引机牵来的钢绳回盘到钢绳卷筒上的一种机构或机械。钢绳卷车为牵引机提供的尾部张力 P_W 应始终满足如下要求

$$2\ 000 < P_W < 5\ 000 \tag{5.7}$$

式中　P_W——钢绳卷车与牵引机卷扬轮间的钢绳张力。

主牵引机的工作系统、防护系统及控制系统应完善，保证主牵引机可以在使用地区的自然环境下进行连续的施工作业。主卷筒机构工作应平稳。主牵引机的额定牵引力可按下式计算

$$P > mK_P T_P \tag{5.8}$$

式中　P——牵引机的额定牵引力，kN；

m——牵放子导线的根数；

K_p——0.2～0.3，这里取 0.2 计算；

T_p——被牵放导线保证计算拉断力，kN。

主牵引机额定牵引力为

$$P \geqslant mK_P T_P$$

主牵引机轮槽底部的直径不得小于牵引绳直径的 25 倍。主牵引机所配套的钢丝绳爬犁架应满足以下要求。

(1) 主牵引机提供动力，并且由主牵引机的司机进行集中操作和控制。

(2) 与主牵引机同步运行，以确保牵引绳不会在主牵引机卷轴上滑动，也就是说，牵引绳尾部的张力保持不变。

(3) 通过良好的绳索布置机构，牵引绳索可以整齐地布置在钢丝绳轴架上。

(4) 制动装置，调节平稳，连续操作，可有效控制牵引绳展开时钢丝绳轴的惯性。

5.1.3.3　辅助张牵机及设备的选择

1. 初步估算放线张力及牵引力

张力机械的主要功能是控制放线张力。因此，为保证导线在牵放过程中完全架空，应做好放线张力施工设计，选择张力机。尤其是在初步施工设计时，必须用下述经验关系式初步估算张力机设备承载力，以便选用配置张力机。

(1) 张力机出口水平张力 T_H 的计算。张力机出口水平张力用 T_H 表示，它与钢芯铝绞线计算拉断力的保证值 T_p(为计算拉断力的 95%) 的经验关系为

$$T_H \leqslant 0.166\ 7\ T_p \tag{5.9}$$

张力机出口张力 T_H 与钢芯铝绞线单位长度重力 G 的经验关系为

$$T_H = 1\ 000\ G \tag{5.10}$$

钢芯铝绞线计算拉断力的保证值 T_p 及钢芯铝绞线单位长度重力 G 的值可根据导线生产厂家提供的架设导线规格确定。

(2) 牵引力。牵引绳在牵引机入口处的张力称为牵引力。牵引机的牵引力 T_Q 的大小与导线在张力放线出口处的张力 T 及出线方向、施工段路径条件、放线滑车的综合阻力等有关，其经验计算公式为

$$T_Q \leqslant 1.5nT \tag{5.11}$$

2. 小牵张设备选择

小牵引机应该配有可以升降的导引绳回盘机构。当钢丝绳爬犁架能起控制放绳张力作用时，就可以省去小张力机的配设。

小牵引机的额定牵引力根据以下方式进行选择

$$P \geqslant 0.125Q_p \tag{5.12}$$

式中 P—— 小牵引机的额定牵引力，N；

Q_p—— 牵引绳的综合破断力，N。

小张力机的额定制动张力可根据以下方式进行选择

$$t \geqslant 0.1Q_p \tag{5.13}$$

式中 t—— 小张力机的额定制动张力，N。

张力架线中地线的展放过程中，一般情况下，可以直接使用展放导引绳及牵引绳的小张牵设备进行地线的展放施工。以最后一级的导引绳作为地线牵引绳。

5.1.4 主要工器具的选择及要求

5.1.4.1 放线滑车的选择

任何一种放线施工工艺都缺少不了放线滑车。它的作用是在放线过程中起支承线索的作用。用于张力放线的滑车质量要求比较严格，因此应注意以下几个主要方面。

(1) 滑车轮数应符合牵放方式。三轮滑车可用于一牵二或一牵三放线。330 kV 及以上线路多用五轮挂胶滑车，可以采用一牵四放线方式。

(2) 滑车的尺寸应与牵引板尺寸配合，同时应通过工艺性试验加以验证。

(3) 滑轮直径和槽形应符合 SD 158—1985《放线滑轮直径和槽形》的规定。为查阅方便将常用滑轮列于表 5.2，供施工参考。

表 5.2 常用放线滑车直径和槽形

滑车直径 D_s/mm	适用导线		槽底半径 /mm	槽底深度 /mm
	截面积 /mm^2	直径 /mm		
400	185 ～ 240	18.00 ～ 22.40	18	50
560	300 ～ 400	23.01 ～ 25.20	22	50
710	500 ～ 630	18.00 ～ 34.82	26	56

(4) 支承导线用的滑车，轮槽表面应不损伤导线且能吸收导线振动。如在轮槽底金属层上补垫橡胶或橡胶合成(最好不绝缘) 的挂胶滑车。

(5) 支承钢绳的滑车，轮槽表面应具有既不损伤导引绳、牵引绳，又不会被其导引绳、牵引绳所损伤的能力，同时应具有一定的使用寿命。对于既支承导线又要支承钢绳的滑轮，其轮槽表面也应与前述要求相同，即使用挂胶滑车。

(6) 荷载作用(允许滑轮上施加 600 ～ 800 m 的相应线索的重力) 下，滑车性能应良好，综合阻力系数小。

(7) 除上述要求外，施工时滑车各零件受载后应无变形、失效现象，滑车轻便旋转自如，活门开启关闭灵活，轮槽挂胶无破损、无脱落等问题。同时还要注意保护，定期清洗、灌油，以保证放、紧线能顺利进行。

5.1.4.2　导、牵引钢绳的选择

用于牵放牵引绳、二级以及各级导线的钢绳统称导引绳。导引绳一般按 800 ～ 1 200 m 长度分别成段，两端制成插接式端环。铺放后，段与段之间用特制钢绳连接器（按许用荷载选用）连接。牵引绳的分段长度按 1 000 m、3 000 m 进行分段，有的甚至要求高达5 000 m 分段。

用于牵放导、地线的钢绳统称为导、地线牵引绳。

导引绳和牵引绳的选择计算可按安全系数法、储备系数法等确定。

(1) 安全系数法。安全系数法的最小安全系数一般取为 3.0；对于重要被跨物，为了提高牵引作业的可靠性，可取为 3.5。为了满足这些安全系数的要求，则应保证导引绳和牵引绳的整绳综合破断力 Q_p 符合下列条件

$$Q_p \geqslant 0.6nT_p$$

$$P_T \geqslant 0.25Q_T \tag{5.14}$$

式中　P_T—— 用于牵放钢绳的导引绳的最小破断力，N；

Q_T—— 牵引绳综合破断力，N。

(2) 储备系数法。储备系数法克服了安全系数法不能准确反映系统可靠度的缺点，但所选用牵引绳的直径偏大，该法没有安全系数法那样直接简单。储备系数法可按下式进行计算

$$K_Q = Q_T / T_{QN} \tag{5.15}$$

式中　K_Q—— 导引绳或牵引绳的综合破断力对牵引机额定牵引力的储备系数；

T_{QN}—— 牵引机的额定牵引力，N。

导引绳、牵引绳与牵引机的配套方法选择可参考表 5.3。

表 5.3　导引绳、牵引绳与牵引机的配套方法

项目		牵引机额定牵引力(×10³,N)				
		15 ～ 30	45 ～ 60	100 ～ 130	160 ～ 200	≥ 240
储备系数法 K_Q		2.5	2.0	1..8	1.8	1.7
导引绳或牵引绳	直径 /mm	8 ～ 12	14 ～ 16	18 ～ 20	22 ～ 24	≥ 6
	破断力 /kN	45 ～ 90	112.5 ～ 150	200 ～ 260	280 ～ 360	≥ 480

各种引绳按照要求均应使用防捻钢丝绳，并符合 DL/T 1079 的要求。各种引绳应按与张力机和牵引机的规格配套使用。导引绳及牵引绳规格应按照下式进行计算

$$Q_P \geqslant K_P m T_P \tag{5.16}$$

式中　K_P—— 牵引绳规格系数，$K_P = 0.6$。

导引绳的规格应按照下式进行选择计算

$$P_P \geqslant 0.25Q_P \tag{5.17}$$

式中　P_p—— 导引绳综合破断力，N。

5.1.4.3　其他工器具的选择

1. 连接器

放线作业的导引绳、牵引绳都是分段布线的。布线后，需将邻段连接起来。一段牵引绳放完后，也要将另一段与之相连接后继续牵引，直到与施工段等长为止。此外，导引绳也需与牵引绳相连接，牵引绳亦需与导线相连接。

(1) 连接器简介。

连接线索使用的连接器有蛇皮套（又叫钢绳套或猪笼套）、旋转式连接器（又叫防捻器）、对开式不旋转式连接器、重型旋转式连接器和无头钢绳环和放线牵引板。

旋转式连接器主要用于不同线、绳间及不同捻向的绳索间的连接，其构造原理如图5.2(a) 所示。在承受张紧力的情况下能反方向自由旋转，消除各种情况下产生的回转力矩。常用的型号有：SXL － 3、SXL － 5、SXL － 8，额定牵拉力分别为 30 000 N、50 000 N、80 000 N。

无头钢绳环用于没有专用不旋转式连接器或连接器数量不足时不能用普通螺纹销直形 U 形环（卸扣）连接导引绳或牵引绳。因为 U 形环通过放线滑车时阻力大，易损伤滑车，且不能通过牵引机卷扬轮。此时应采用完整的普通 6×37 结构的钢绳上拆下的单根钢丝股，穿在被连接的两钢绳端环内，顺原钢绳顺次编绕，至每一断面都有六个钢绳股，再将两绳端头插入已编成的绳内，形成一个无头钢绳环，将导引绳或牵引绳连接在一起，如图 5.2(b) 所示。

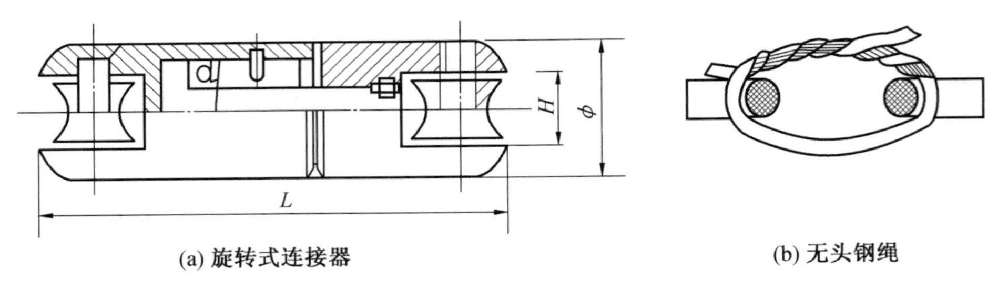

图 5.2　牵引绳、牵引绳用连接器

网套式连接器是一种插入式柔性连接器，有单头和双头两种，分别用于导线和钢丝绳的连接和导线之间的连接。单头网套式连接器用于钢丝绳或牵引板和导线的连接，其结构如图 5.3 所示。双头网套式连接器用于导线之间的连接。其大致结构同单头基本相同，所不同的是网套连接器两端均为多股编织的网套。

(2) 连接要求。

a. 连接强度不应低于线索本身强度，将两种不同的线索连接在一起时，连接强度不应低于其中强度较低者。

b. 同型号、同规格、同捻向的导引绳、牵引绳使用不旋转连接器连接；不同型号、不同规格的线索，应使用旋转连接器连接；不同捻向的导引绳、牵引绳不宜连接在一起使用；导引绳捻向最好与牵引绳相同，但无论同与不同，均只能用旋转连接器连接；牵引绳与导线也用旋转连接器连接。但不同规格的无扭矩编织式钢绳，可以用不旋转连接器连接。

c. 张力放线中所用的各种连接器，除抽样做破坏性试验以验证其极限强度外，还应要

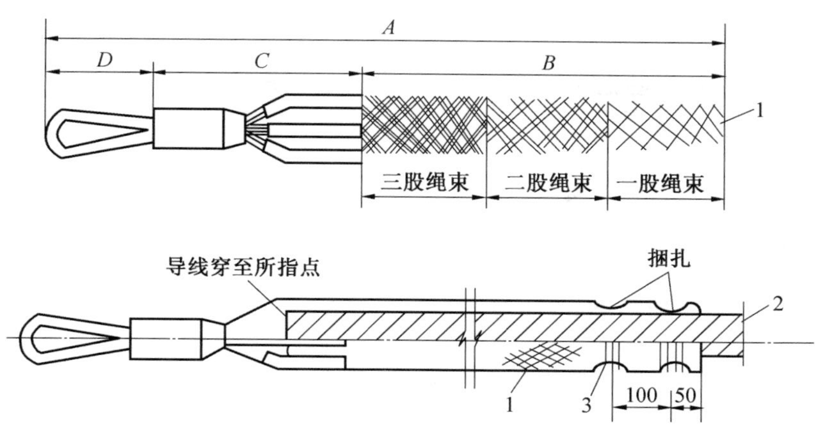

图 5.3　网套式连接器示意图

1— 环套;2— 导线;3— 金属带

求制造厂家逐个进行允许荷载的静拉伸试验。在允许荷载下,任何一种连接器均不得产生任何形式的变形,旋转连接器应能旋转自如。连接器使用前应进行外观检查。使用时应按标准方式装配,所有滚轮、螺栓、销钉等,均应安装到位。

d. 当一端呈圆球形而另一端基本为圆截面的连接器,安装时应将呈圆球形的一端朝向牵引机,以便连接器通过放线滑车和牵引机卷扬轮。两端均呈圆球形的连接器,对安装方向没有特殊要求。

e. 张力放线专用的不旋转连接器一般允许通过牵引机卷扬轮。而旋转连接器则不允许通过牵引机卷扬轮。否则会损坏连接器,重则断裂,造成跑线事故。当使用旋转连接器连接,连接点又需要通过牵引机卷扬轮时,解决的办法是在连接器接近卷扬轮时停止牵引,用钢绳卡线器卡住钢绳并锚住,稍微松一点车,将旋转连接器更换成不旋转连接器,然后再通过卷扬轮。连接器通过卷扬轮时,应适当减慢牵引速度,机械操作人员应站在安全位置,牵引机前方和线索附近不得有其他人员停留。

2. 牵引板

张力放线用一根牵引绳同时牵引数根导线,通常用牵引板实现牵引。牵引板见图 5.4。牵引板从张力场开始,前端通过旋转器与牵引绳连接,如牵引绳受力后产生扭矩便会通过旋转器而释放,不会传至牵引板,以保持牵引板对称布置牵放的导线。牵引板中心线的尾部悬挂有链式重锤(或称平衡锤),以保持牵引板的平衡,防止导线扭绞。

3. 抗弯连接器

图 5.5 所示为抗弯连接器,它用于导引绳、牵引绳各段之间的连接。连接时应注意:连接器的圆环要靠牵引机侧;销钉上的圆圈不要缺少,销钉应拧至最深处并拧紧。

4. 卡线器

卡线器也称紧线卡具,是用来夹卡紧导线及钢丝绳的专用工具。分导线、地线、钢丝绳及光缆卡线器,使用时必须根据用途选用。

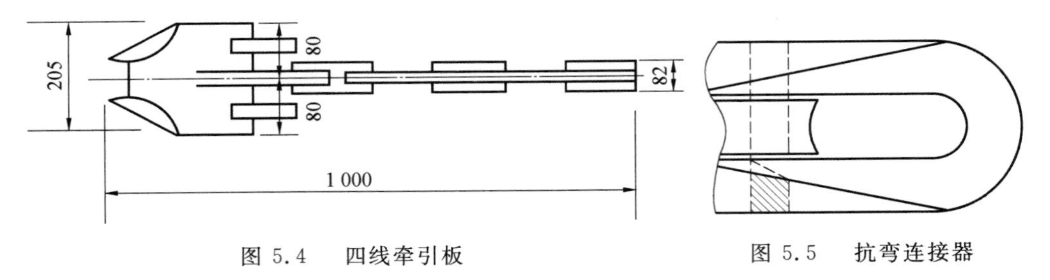

图 5.4　四线牵引板　　　　图 5.5　抗弯连接器

5.1.5　工器具和设备的计算

5.1.5.1　导地线及光缆放线滑车选择

根据规定，导线和地线放线滑轮槽底的直径不得小于导线直径的 20 倍。OPGW 光缆的放线滑轮槽底直径不得小于其直径的 40 倍。

参考 DL/T 685 中的相关规定，对于 220 kV 线路采用线长精确展放的输电线路架线施工技术，一牵二张力架线时，选择 $\phi 400$ 三轮尼龙放线滑车，地线及光缆放线采用 $\phi 300$ 单轮尼龙放线滑车。

5.1.5.2　地锚选择

根据设计单位提供的地质资料，依据塔位沿线地质土壤类别，查询土壤的计算容重、土壤计算抗拔角，根据地锚容许抗拔力的计算公式，计算出地锚的埋深，即

$$Q=\frac{\gamma\times\sin\alpha}{K}\left|l\times d\times\left(\frac{h}{\sin\alpha}\right)+(d+l)\times\left(\frac{h}{\sin\alpha}\right)^{2}\times\tan\varphi_1+\frac{4}{3}\times\left(\frac{h}{\sin\alpha}\right)^{3}\times\tan^{2}\varphi_1\right| \tag{5.18}$$

式中　Q——地锚的容许抗拔力，kg；

γ——土壤计算容重，(kg/m^3)；

K——土壤稳定安全系数，取 2.0 ～ 4.0；

H——地锚埋深，m；

L——地锚长度，m；

D——地锚直径或宽度，m；

φ_1——土壤计算抗拔角，(°)；

α——地锚受力方向与水平方向的夹角，(°)。

经计算结果得知，本工程采用的 5 t、10 t 地锚的埋深见表 5.4。

表 5.4　地锚参数表

地锚型号	额定荷载 /kN	长 l/m	宽 d/m	计算埋深 /m
DMB－50	50	1.0	0.23	2.3
DMB－50	100	1.1	0.26	3.0

5.2　基于线长精确展放的输电线路架线智能化施工设备使用说明

基于线长精确展放的输电线路架线智能化施工设备由导线智能化测长装置和弧垂智能化感知装置组成，导线智能化测长装置与智能化弧垂装置相互配合作业，两者共同完成基于线长精确展放的输电线路架线智能化施工。

5.2.1　导线智能化测长装置使用说明

5.2.1.1　装置进场与安装

基于线长精确展放的输电线路架线施工中导线展放依旧采用张力放线方式，其具体施工布步骤与普通张力架线施工仍有区别。基于线长精确展放的输电线路架线施工流程可参考图 5.1，导线智能化测长装置随张力场布置进场安装。

架线施工时，牵引机和张力机运输到位后，分别锚定于已确定的放线区段两端。设置牵引机的一端称为牵引场。牵引场的主体设备是主牵引机（俗称大牵）及小张力机（俗称小张），一般顺线路方向布置。设置张力机的一端称为张力场。张力场的主体设备是主张力机（俗称大张）及小牵引机（俗称小牵），均采用顺线路方向布置。

基于线长精确展放的输电线路架线施工和牵张场布置，采用基于线长精确展放的输电线路架线施工时，除满足有关拖地放线的基本要求外，尚需符合以下安全要求：

（1）导线智能化测长装置安装张力机出线口处，安装前，应做好牵张机的准备，要做好试运转，牵引时先开张力机，待张力机发动并打开刹车后，方可开动牵引机，停止时，应先停牵引机，后停张力机。

（2）如图 5.6 所示，导线智能化测长装置可实现接地滑车的接地功能，应安装在张力机前原接地滑车位置。安装时，金属压紧滚轮 1 受压紧伸缩构件 2 控制，伸缩至能将导线卡进导线智能化测长装置中的位置，随后将导线卡入导线智能化测长装置，收紧压紧伸缩构件 2，使其压紧导线后固定。

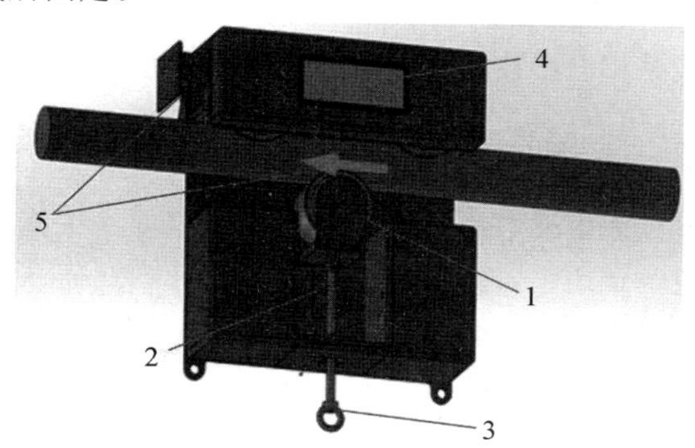

图 5.6　基于线长精确展放的输电线路架线施工导线智能化测长装置安装示意图

1— 金属压紧滚轮；2— 压紧伸缩构件；3— 接地引线；4— 显示屏；5— 画印点与导线展放方向

（3）导线智能化测长装置代替接地滑车接地时，应将接地线连接至接地引线 3 位置，以防架线时产生感应电流造成事故。

(4) 导线轴架的排列应使导线进入放线机构时，同进导线槽中心线之间的夹角越小越好，以减少导线与导向滚轮的摩擦。

(5) 通常取牵张机出线处到杆塔放线滑车处水平距离与放线滑车到地面的垂直距离之比为 4∶1 较理想。牵张场的进出口导线与杆塔应保证一定距离，其倾角不大于 12°，对边相线水平角不宜大于 5°，以防导线跑偏跳槽。

(6) 导线智能化测长装置的安装方向取决于画印点与导线展放方向 5，画印喷漆口应安装在顺导线展放方向上，以免喷漆后的漆料污染滑轮，致使画印点不清晰。

(7) 布置牵张机的锚固点应距牵引机出口处 20 ～ 25 m 以外，以便能使锚线、压接管及牵张机掉头；同时，要设置一定数量的临时锚线架，供施工过程中各种情况下的临锚之用，同时导线智能化测长装置安装完成后应立即测试其智能化导线展放功能，使显示屏 4 正常测量计数。

(8) 包括导线智能化测长装置在内的所有牵引设备均需接地完好，以防架线时产生感应电流造成事故。同时要求张力场端的牵引绳或导线上挂的接地滑车均有良好的接地。导线智能化测长装置实物图如图 5.7 所示。

图 5.7　导线智能化测长装置实物图

5.2.1.2　装置启动与工作注意事项

基于线长展放导线是用已展放的牵引绳来牵引导线进行展放的，也是利用张力放线方式实现的。实践中，利用牵引机、张力机等设备，在规定的张力范围内悬空展放预定长度的导线，展放至对应连续档内直接挂线。

采用基于线长精确展放的输电线路架线施工时，除满足有关拖地放线的基本要求外，在导线智能化测长装置的使用上，尚需符合以下安全要求。

(1) 如图 5.8 所示，基于线长精确展放的输电线路架线施工可利用导线智能化测长装置 2 对线长测量档内弧垂进行调控，这使得画印和耐张线夹的压接可在张力机(场)1 的地面进行。这需要在不改变现有耐张线夹的前提下，可以实现耐张线夹通过放线滑车，保证耐张线夹完好无损地通过放线滑车，省掉高空压接操作。

(2) 为了使地面压接的耐张线夹更好地通过放线滑车 3，导线展放时需要在耐张线夹上安装保护装置，保护整个耐张线夹及引流板，并在前端设置专用的偏心自动翻转装置，

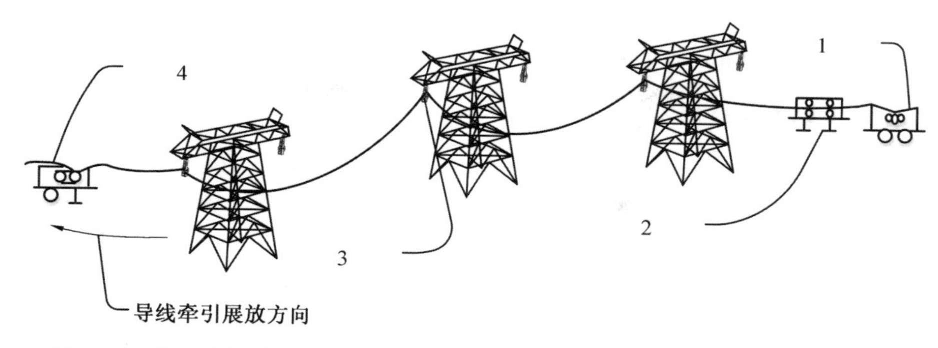

图 5.8 基于线长精确展放的输电线路架线施工导线智能化测长装置工作示意图

1— 张力机(场);2— 导线智能化测长装置;3— 放线滑车;4— 牵引机(场)

在前端的偏心自动翻转装置达到滑车时,通过自身重量实现自动翻转,保证耐张线夹引流板自动向上,顺利通过放线滑车 3,同时保证耐张线夹不受损伤;同时要求放线滑车 3 的宽度与牵引板的子导线宽度一致。

(3) 当牵引板通过第一基杆塔并向第二基杆塔爬坡时,将张力调整到规定值。导线放线张力的控制是通过近地档或跨越档要求不同的高度来实现的。护线人员应随时向指挥员报告导线对地及对跨越物的距离,指挥员根据“放线作业图”下达调整放线张力的命令。

(4) 将导线调平后,将牵引机(场)4 的牵引力和速度逐步增大。牵引力的增值一次不宜大于 5 kN,以避免增幅过大引发冲击力。牵引速度开始时宜控制在 50 m/min 以内。导线放线张力的控制是通过近地档或跨越档要求不同的高度来实现的。护线人员应随时向指挥员报告导线对地及对跨越物的距离,指挥员根据“放线作业图”下达调整放线张力的命令。

(5) 牵放导线过程中,对于导线与地面及被跨越物:一般地段导线离地面的距离应不小于 3 m;人员及车辆较少通行的道路而不搭设跨越架时,导线离路面的距离应不小于 5 m;导线或平衡锤离跨越架顶面的距离应不小于 1.0 m。

(6) 当整个耐张段内导线展放完毕时,一旦导线的展放长度达到预警长度,智能化展放设备控制端通过无线发射器发出制动预警信号,牵引设备端接收到预警信号后,开启预警指示灯闪烁。施工人员根据预警信号,待命或对牵引设备进行停机,从而实现牵引设备的远距离制动,完成精确画印与压接工作。

牵引板应在导线智能化测长装置外侧与导线安装,当牵引板牵引至距放线滑车 30 ~ 50 m 时,应减慢牵引速度(控制在 15 m/min 之内),使牵引板平缓通过放线滑车,减少冲击力。并注意按转角塔监视人员的要求,调整子导线放线张力,使牵引板的倾斜度与放线滑车倾斜度相同。牵引板通过滑车后,即可恢复正常牵引速度及正常放线张力。

5.2.1.3 装置拆除

当一个放线段展放完毕后,牵张设备运往下一个放线段的牵张场,导线智能化测长装置随牵张机的转场而转移,不必拆卸,单独转移。当完成所有架线任务后,导线智能化测长装置的拆卸同接地滑车一同拆卸。

5.2.2 弧垂智能化感知装置使用说明

5.2.2.1 装置进场与安装

基于线长精确展放的输电线路架线施工中导线展放依旧采用张力放线方式，其具体施工布步骤与普通张力架线施工仍有区别。基于线长精确展放的输电线路架线施工流程可参考图 5.1，弧垂智能化感知装置随弧垂微调步骤进场安装。

进行弧垂微调的弧垂智能化感知装置（图 5.9）的安装时，应确保前期准备充分：

（1）制订完备的施工方案、安全质量保证措施、工期计划，并通过审核。

（2）施工前，由方案编制人员组织所有进场人员参加施工技术交底，主要内容包括施工图交底、施工流程及操作要点、质量安全要求和施工的安排。使全体施工人员掌握施工的技术要点、安全质量要求和施工验收规定。

（3）非施工人员不得进入作业范围内。

（4）进入施工现场人员须正确佩戴安全帽。

对于连续档架线施工，首先确认观测档，再将小车安放在需要弧垂微调的导线上，接通供电电源，通过地面监测终端可遥控小车在导线上自由行走，将小车遥控至合适位置后将小车停止。弧垂智能化感知装置自身嵌入倾角传感器，倾角数值可实时观测。其主要用于修正装置前进过程中发生倾斜时的位置高度，提高数据返回时的准确性。同时可根据倾角传感器返回数据调节压紧轮，保持测量装置行进过程水平端正。手持终端页面中状态信息栏显示的是弧垂智能化感知装置的定位情况、当前状态、供电情况。

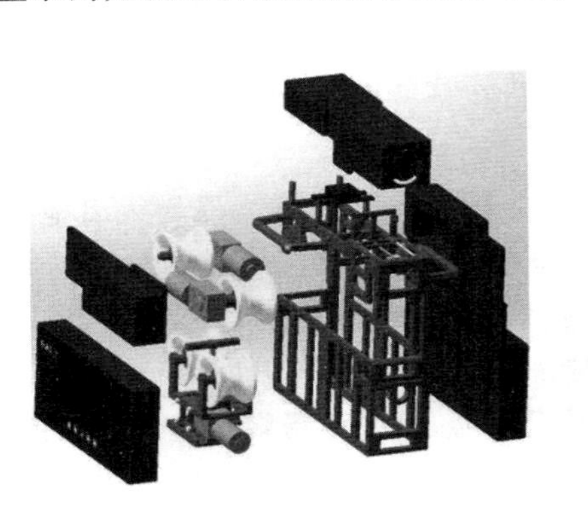

图 5.9　基于线长精确展放的输电线路架线施工弧垂智能化感知装置示意图

5.2.2.2 装置启动与工作注意事项

导线展放完毕后，因耐张线夹的压接已经在地面进行，后续直接按照弧垂指标关系即可，接下来应进行观测档内弧垂微调。

1. 设置工程参数和系统参数

（1）检查信号连接稳定性。

首先打开主装置控制面板与手持终端，分别将两者装载的弧垂观测软件打开，装置全部启动后，倾斜主装置，观察倾角度数是否变更，以及变更及时性；激光雷达伸出后，在激光雷达侧面用木棍等长条状物品模拟导线，观察“导线位置栏”有无变化，确保激光雷达工作正常。确定两者信号连接后，在手持终端上需要输入对应杆位的工程参数并提交。

（2）点击运行软件进入操作页面，工程列表栏储存已输入的工程参数。

（3）点击“添加工程”按钮即显示对话框，输入待测工程名称，点击“确定”进行保存（图 5.10）。

图 5.10　添加工程界面示意图

（4）点击工程名称进入杆塔信息待录入页面，点击“添加杆塔”可进入杆塔数据输入页面，按要求输入待测观测档的信息参数（图 5.11）。

a. 直线－直线档。

A 塔参数：塔位中心 01 坐标（$x1$、$y1$、$z1$），铁塔最低腿基面高差 $h011$，铁塔呼高 $h012$，滑车串长 $h013$，滑车宽度 $y01$，横担长度 $a01$，横担宽度 $b01$。

B 塔参数：塔位中心 02 坐标（$x2$、$y2$、$z2$）、铁塔最低腿基面高差 $h021$、铁塔呼高 $h022$、滑车串长 $h023$、滑车宽度 $y02$，横担长度 $a02$，横担宽度 $b02$。

b. 直线－耐张档。

相比直线－直线档增加输入参数：A 塔位转角度数 $\alpha 01$（面向线路前进方向右转为正数，左转为负数），B 塔位转角度数 $\alpha 02$（面向线路前进方向右转为正数，左转为负数），子导线边距 $X0$，区分左右相。

c. 耐张－耐张档。

耐张－耐张档计算参照直线－耐张档，重档距中间将耐张－耐张档分解为两个档，分别计算各自档距。

线路参数：档距 L，导线比载 r，导线张力 T，导线直径 D；小车激光雷达设备到滑轮的距离 h，卫星定位设备高于导线 $h0$，设计子导线间距。

（5）按照要求填写完成必要工程参数后点击“提交工程数据”按钮，即完成信息录入工作，在杆塔信息待录入页面出现观测档杆位编号（图 5.12）。

2. 建立地面参考站

首先将差分定位器安装至三脚架上，调整三脚架保证定位器底座与地面水平。长按定位器上的红色按键，当电池灯光及蓝牙灯光均亮起时，说明设备工作正常。

在杆位附近设置卫星定位通信基站，建立通信连接系统。杆位附近设置卫星定位通

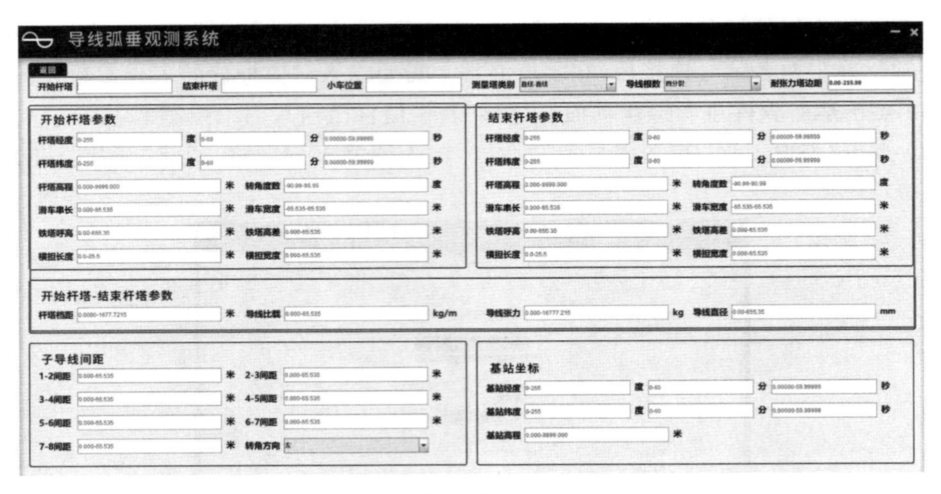

图 5.11　杆塔信息录入页面示意图

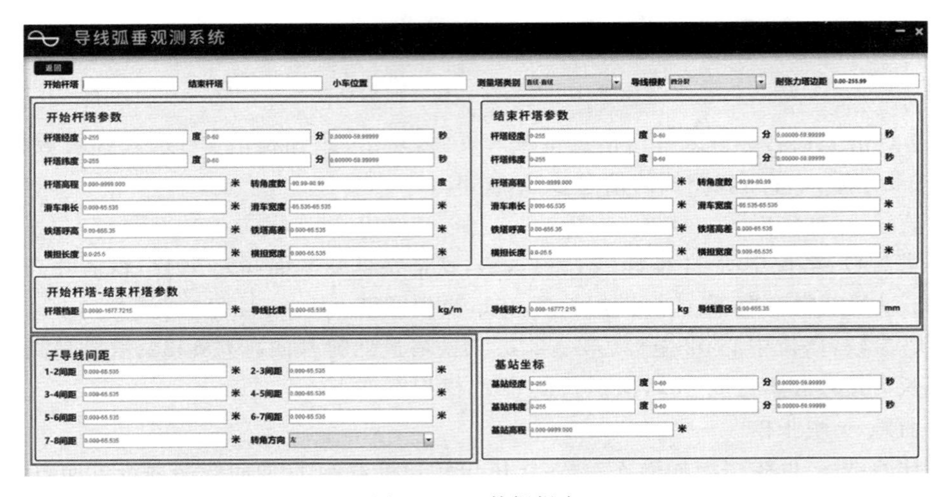

图 5.12　数据提交

信基站，差分定位后的坐标通过无线电台和蓝牙传输到观测装置处理器中，经过运算处理后返回到手持终端的显示页面，从而实时观测到导线的运动状态、各子导线弧垂和以及测量装置实时位置和倾角。

3. 连接调试系统

地面参考站设置完成后，在手持终端上的杆塔数据输入页面中连接参考站，将参考站坐标进行手动修正为参考站实际坐标后点击提交按钮，将数据返回给参考站，对系统进行调试，确保数据连接正常后，进行下一步工序。如图 5.13 所示。

4. 安装测控装置至导地线上

在地面技术人员对安装施工人员进行教学，讲解测控装置的构造、安装测控装置要点及注意事项。然后安排 2 名高空人员携带弧垂智能化感知装置登塔，将弧垂观测装置按照要求安装到导线上。

测控装置是采用一种无级驱动的车架装置，车架上设有固定安装有能够伸出或缩回

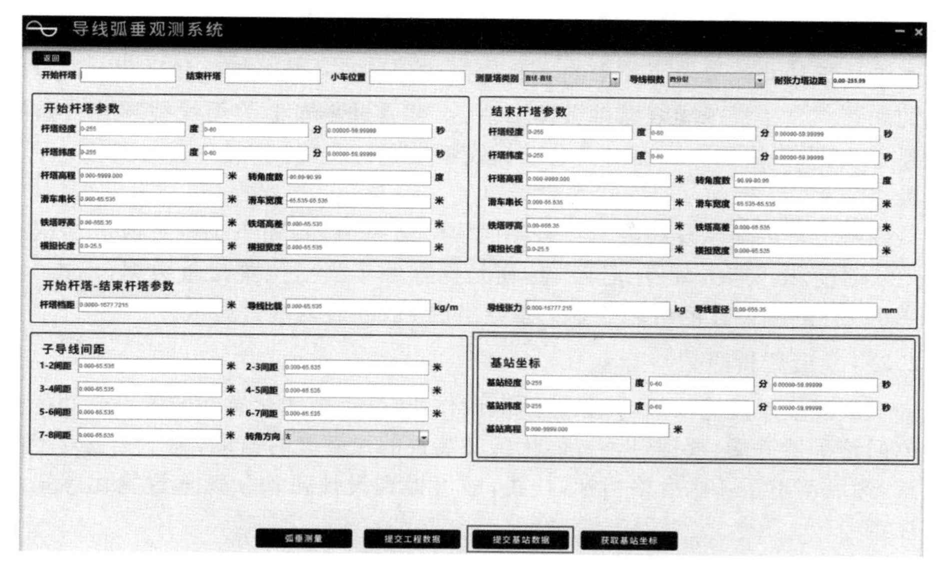

图 5.13　连接调试系统示意图

车架的激光雷达、走线机构、电路板安装机构以及倾角传感器安装机构，走线机构上设有走线轮，电路板安装机构包括用于安装电路板的电路板安装板，倾角传感器用于检测车架倾斜角度的倾角传感器。使用该装置可以精确实现对档内弧垂的无测调整，机构在架空线轮上行走时从架空线路上不会脱落。

5. 信号调试

测控装置安装完毕后，开始调试测控装置与手持终端的信号连接是否顺畅。通过将地面设备电源接通，卫星地面信息参考站自动搜索卫星信号，卫星信号搜索定位成功后通过无线串台自动发送定位信息修正数据。

6. 动态测控

手持终端上的小车控制模块可以控制弧垂智能化感知装置在导线上前行、倒退或停止，同时还可以控制装置压紧轮收紧或释放。

把小车安放在需要弧垂微调的导线上，接通供电电源，通过地面监测终端可遥控小车在导线上自由行走，将小车遥控至合适位置后将小车停止。弧垂智能化感知装置自身嵌入倾角传感器，倾角数值可实时观测。其主要用于修正装置前进过程中发生倾斜时的位置高度，提高数据返回时的准确性。同时可根据倾角传感器返回数据调节压紧轮，保持测量装置行进过程水平端正。手持终端页面中状态信息栏是显示弧垂智能化感知装置的定位情况、当前状态、供电情况以及位于当前子导线距开始观测点的距离。在杆塔数据输入页面中点击“提交工程参数”和“提交基站数据”后可点击“弧垂测量”按钮，进入弧垂线长等计算、测量参数数字化动态显示页面。

7. 数据反馈及实时施工控制

小车卫星定位装置卫基信号搜索定位成功后，在接收卫星定位数据信息的同时接收卫星地面信息参考站发送的定位数据修正数据，实时动态测控，以保证所需定位精度。小车卫星定位装置定位数据解算成功后利用无线电台自动向地面监测终端发送定位数据，地面监测终端根据小车卫星定位装置发送的数据自动计算小车当前所处位置的弧垂和导线最大弧垂。手持终端显示页面中的导线位置部分是通过激光雷达扫描实时显示各子导线之间的间距。当一根子导线弧垂微调结束后，可通过小车上的无线视频装置监测其余子导线弧垂状况，根据视频画面对其余子导线弧垂进行调整。

8.数据导出

手持终端上可以显示导线收紧过程中的实时弧垂值，其随小车位置或进项状态变化时弧垂值实时变化。点击“保存记录”按钮是保存小车当前位置弧垂数据，点击“导出数据”按钮可以把刚刚保存的所需弧垂记录导出成 excel 表格进行展示。

5.2.2.3 装置拆除

当一个放线段展放完毕后，开始弧垂微调作业，弧垂智能化感知装置将感知的弧垂数据及时返回给手持终端，根据弧垂智能化感知装置的弧垂实时监测，施工人员对导线弧垂进行微调，最后调整至弧垂合格指标，挂线，即可得到设计弧垂。弧垂智能化感知装置拆卸时应注意：

(1) 全部完成填写施工记录。弧垂微调完成后，填写施工记录。

(2) 回收设备。弧垂智能化感知装置拆解时，应当通过手持边确保压紧轮松开后，边承托后，才可拆卸，以防装置掉落伤及地面人员，拆卸完成后架线施工进入下道工序。

5.3 基于线长精确展放的输电线路架线施工的作业流程

5.3.1 牵张场布置作业

5.3.1.1 施工区段的选择及牵张场的布置

基于线长精确展放的输电线路架线施工是利用牵引机、张力机等设备，在规定的张力范围内悬空展放预定长度的导线，展放至对应连续档内直接挂线的一种放线方法。它是整个架线施工中的核心，影响和控制全工序的进度。因此，必须选择好牵、张场及布置好牵引机、张力机。

牵张场的选择和确定分室内选场和室外选场。

1.室内选场的要求

(1) 不仅要求牵、张场布置场地平缓，有足够的面积，而且其长、宽尺寸应能满足施工机具的安装要求，其施工设备材料可直接运入场内。

(2) 按设计要求保证与相邻杆塔保持一定距离(指放线时张力机导线能离开地面及被跨物距离)，并能保证锚线角和紧线角的要求。

(3) 为减少复杂的紧线工作量和减少临锚升高时不方便操作等问题，在耐张塔前后档内尽可能不设或少设牵张场。

(4) 在选场时应优先考虑张力场的选择。虽然牵引场占地面积小于张力场，但也应考虑其能方便地进行转向施工布置。

2.室外选场的要求

室外选场的要求主要是对室内所选牵张场的地形、位置、交通运输条件、场地大小、施工条件及应整修场地道路的工作量进行实地调查和比较，从而筛选出较为合理而优良的方案。因此，凡具有下列情况之一者，不宜做牵引场：

(1) 有重要被跨物或交叉跨越次数较多的地方。

(2) 按规定不允许导、地线有接头的档内。

(3) 需要以直线塔、转角塔做临锚时。

(4) 相邻杆塔悬挂点与牵张场进出线点高差较大时。

3. 施工段长度的划分和优选

(1) 一般情况下的施工段划分。

只要一端有张力场场地，另一端就必须要有牵引场场地(包括转向场地)，两场地间杆塔数量又不超过允许放线滑车数量，即可将两场地间的线路段作为张力架线的施工段。通常，施工段越长，放线机械的有效工时在总工时中所占的比例越大，综合经济技术效益也越高。但过长的施工段必然会在地形比较复杂的地区，使得调整弧度及附件安装困难。

紧线结束到附件安装完毕(一般要求不超过 48 h) 这段时间过长，可能给在规定的时间内完成附件安装带来困难。也就是说，未完成附件安装的导线停留在滑轮槽内，由于振动、往复位移会损伤导线，严重时还会使导线出现断股现象；另外，分裂导线之间在风的影响下会出现鞭击等磨伤导线的现象。这样一来必然会使得放线滑车数目增多，导线的交替弯曲和局部挤压的次数增多，造成铝股焊头断裂和层间压伤等问题。

鉴于上述不利因素，对施工段有以下要求：

a. 控制滑轮底槽直径与导线直径之比在 10 ～ 15 倍范围内。这样可以使导线通过滑轮的个数不超过 15 个，以便减少磨损。

b. 为使磨损较小、铝股焊头将很少出现断裂，层间也不会出现压边痕迹及保证导线在滑车上有足够的包络角，导线通过滑轮的个数不超过 15 个；当导线通过滑车数超过 15 个及 20 个以下时，铝股焊头偶有断裂或层间压伤痕迹，磨损急剧上升；导线通过滑轮个数超过 20 个，特别是超过 25 个时，由于线股滑股次数增加，造成导线断股、错股、直径缩小、焊头断裂和层间压伤的可能性急剧增加。故此，施工段的导线通过放线滑车的理想个数一般为 15 个及以下(含通过导线的转向滑车)。施工段内确因选择牵张场地非常困难，其放线滑车数也应以不超过 18 ～ 20 个为宜。

c. 控制施工段长度在理想长度(超高压线路的平均档距为 300 ～ 400 m) 范围内，一般为 5 000 ～ 6 000 m，特殊情况下的施工段长度允许达 7 000 ～ 8 000 m；根据四川省送变电公司的施工经验记录，有几十千米的施工段。

d. 尽可能满足牵引机、张力机以及辅助设备和器材的运输要求。

e. 尽量使放线施工段内导线的接头最少。即放线施工段不应划分在不允许有导线接头的档距内，亦不应划分在直线转角塔、不允许用临锚塔的杆塔处和跨越带电线路的档内。

(2) 特殊情况下的施工段划分(跨越段自成一个施工段)。

线路中有大、中型跨越耐张段时，跨越段导、地线规格常常不同于一般线路段。若跨越段与一般线路段张力相差不大，可以将其接续在一起进行展放。这时可将跨越段与一般线路段统一划分施工段，最后在分界塔上断开挂线，分别做紧线施工。若跨越段与一般线路段放线张力相差甚大，而不能接续在一起进行展放线时，应将此跨越段作为一个施工段，亦自成一个施工段。跨越段与相邻耐张段作为一个施工段。

当要求个别耐张段采用特殊的放松张力紧线时，要解决地线对导线的保护角等问题，只要相邻两个耐张段紧线张力差不会给紧线造成特殊困难，可将此跨越段与相邻耐张段作为一个施工段，再在紧线和附件安装中将其各自张力调整为设计要求的张力值。

(3) 跨越特别重要的跨越物处作为一个施工段。

跨越特别重要的跨越物(铁路，一、二级交通情况的公路) 时，要适当地缩短施工段的长度以便快速完成跨越施工及保证施工安全。跨越110 kV及以上电力线路时，通常要求缩短施工段，以便保证能在较短的时间内完成停电跨越施工。为此，在确保安全距离条件下，若条件允许可将张力场设在跨越档内被跨电力线路附近，放线时不停电也不跨越，放线后由张力机吐出部分余线，待停电后用余线越过被跨越物和穿过邻塔放线滑车，再作直线松锚升空或紧线。这种方法即被称为不停电放线停电紧线法。

(4) 优选施工段。

牵引场地较多时，可行施工段的确定及划分方案也较多，其优选施工段方法有如下几种。

a. 用统计学方法分析工程所有施工段长度的平均值和标准离差。选用标准离差最小的方案，以期达到各工序间能均衡施工。采用标准离差表述施工段长度的分散度的计算方法如下

$$\sigma=\left[\frac{1}{n-1}\right]\sum_{i=1}^{n}L_i-\bar{L}^2 \tag{5.19}$$

式中 σ—— 施工段长度的标准离差；

n—— 全工程总施工段数量；

L_i—— 全工程每个施工段长度，m；

$\bar{L}$—— 所有施工段长度的平均值，m。

b. 全工程所有施工段长度均接近理想长度，同时施工段数量最少，以期取得最好的经济效益。

c. 采用施工段长度与数盘导线累计线长相近的方案，以保证直线压接管数量减至最小限度。

d. 为便于操作，选用牵、张场场地条件较好的施工点。

e. 为了有利于紧线和提高紧线应力与设计要求应力的符合度，宜选用施工段代表档距与所在主要耐张段代表档距相接近的方案。

(5) 非标准布置。

当不满足上述条件要求设场(张力场、牵引场)，即不能实现标准布置方式时，而又希望在该处设场，要将不能设场(张力场、牵引场) 变为能设场的特殊布置方式，称为非标准布置方式。实现非标准布置方式有如下几种方法。

a. 转向布置。从与上一施工段分段点相距一段距离处起，直至相距16～20个放线滑车处，在线路中心线上选不出符合要求的牵、张场场地，而在线路以外不远处，又有可能供

设场条件时，可采取措施利用该场地设场，这种方式称为张、牵场的转向布置。这种布置方式的特点是，转向滑车为一大轮径、宽轮槽专用滑车，允许大荷载、高速度运转，轮槽材料与通过材料相匹配。转向滑车的个数根据转向角度、放线张力和转向滑车的允许承载能力经计算确定。当转向滑车使用个数大于1时，应将每个滑车的转向角度布置成基本相等，以期每个滑车荷载接近，各滑车均匀承担转向荷载。转向布置的转向角一般不会大于90°。

b.返回布置。当转向角正好等于180°时，张力场设置在施工段的一端，牵引场设置在施工段中间的某一处，牵引绳端头由牵引场出发向张力场的对端前进，到达对端后经180°转向沿原方向返回，再经牵引场继续前进至张力场去牵引导线，称为返回布置，此种放线方式称为返回放线。

c.循环布置。若将张力场和牵引场设置于施工段同一端的同一场地内，这种布置称为循环布置，采用循环布置的放线方式叫循环放线。返回放线和循环放线时，在施工段两端中的某一端只设置转向滑车而不设置张力场、牵引场地，此时该转向滑车称为返回滑车。循环放线的特点是返回场地的使用面积与牵引场相比很小，不需要回收牵引绳，张力场和牵引场在一起，可减少操作人员，便于管理，并且由于使用循环放线，牵引绳的缠绕量和导线的展放量一定，能稳定地展放导线。

d.张力场紧凑布置。有场地但面积不足以按标准布置方式布置张力场，而又需要在该处设置张力场时，可采取下述措施，尽量缩小需用场地面积，称为紧凑布置。

按需要逐步运进需用线轴，这样堆放线轴处的场地面积减少到只堆放一组展放导线线轴需要的面积；及时运出小牵引机牵回的导引绳，使其不占用场地面积。

将相邻二施工段张力场间的关系更改为：上一施工段导线放完后，将主张力机转运至原来放置线轴架和线轴的地方，将线轴架转移至原来主张力机的位置处，导线轴亦随之布置。

将锚线地锚设在主张力机两侧，使用适当长度的钢绳锚线使被锚导线的线尾仍能在张力机前要求位置处，保证做到直线松锚升空时没有余线。应用这种布置方式时，主张力机宜稍偏于线路中心线，以便于对中相导线进行锚线。此外，牵引场也可采用此措施。

e.分散布置。场地面积不够，但场地附近有可供利用的其他场地时，则可将一个场地分散布置成几个场地。当场地的横向宽度不足时，将主张力机（或主牵引机）及与其直接联动运行的设备、材料布置在一个场地中，成为主场地；而将小牵引机（或小张力机）及与其直接联动运行的设备、材料布置在与主场地分离的另一个场地中成为辅助场地。主场地和辅助场地既可以是标准布置，也可以是转向布置。

4.牵引场及张力场的布置

（1）牵、张场的布置。

架线施工时，牵引机和张力机运输到位后，分别锚定于已确定的放线区段两端。设置牵引机的一端称为牵引场。牵引场的主体设备是主牵引机（俗称大牵）及小张力机（俗称小张），一般顺线路方向布置。设置张力机的一端称为张力场。张力场的主体设备是主张力机（俗称大张）及小牵引机（俗称小牵），均采用顺线路方向布置。牵、张场的平面布置如图5.14、5.15所示。

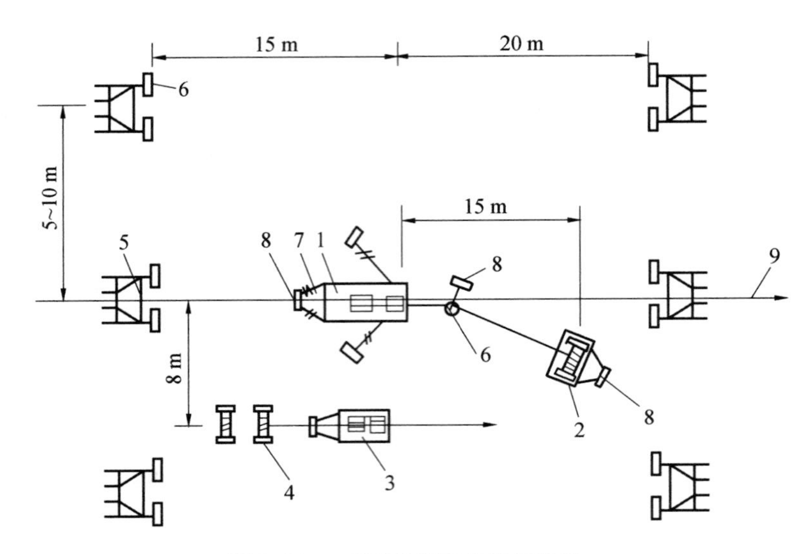

图 5.14　牵引场平面布置示意图

1— 主牵引机；2— 牵引绳拖车；3— 小张力机；4— 牵引绳线轴；5— 四线锚线架；6— 高速转向滑车；7— 手扳葫芦；8— 地锚；9— 导线

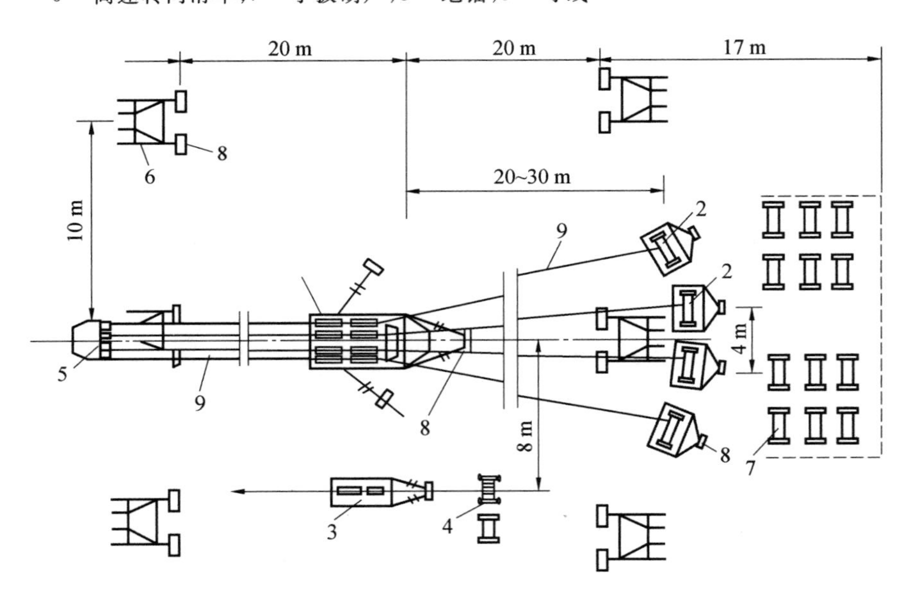

图 5.15　张力场平面布置示意图

1— 大张力机(一牵四)；2— 导线线轴拖车；3— 小牵引机；4— 导引绳线盘；5— 牵引走板；6— 四线锚线架；7— 导线轴存放场；8— 地锚；9— 导线

(2) 基于线长精确展放的输电线路架线施工的安全要求和牵张场布置要求

采用基于线长精确展放的输电线路架线施工时，除满足有关拖地放线的基本要求外，尚需符合以下安全要求。

a. 牵引机在使用前，要做好试运转，牵引时先开张力机，待张力机发动并打开刹车后，方可开动牵引机，停止时，应先停牵引机，后停张力机。

b. 牵引导线或牵引绳时，为避免其绳索产生过大波动脱出轮槽发生卡线故障，开始的速度不宜过快，然后逐渐加速。

c. 主牵引机中心线应位于线路中心线上或转角塔的线路延长线上，若受地形限制要采用转向装置。

d. 导线轴架的排列应使导线进入放线机构时同进导线槽中心线之间的夹角越小越好，以减少导线与导向滚轮的摩擦。

e. 通常取牵张机出线处到杆塔放线滑车处水平距离与放线滑车到地面的垂直距离之比为 4∶1 较理想。牵张场的进出口导线与杆塔应保证一定距离，其倾角不大于 12°，对边相线水平角不宜大于 5°，以防导线跑偏跳槽。张力机与相邻杆塔的最小距离 $L_{\min}$、最大距离 $L_{\max}$（图 5.16），可按下述方法确定。

$$
\begin{aligned}
&L_{\min} \geqslant \frac{S}{2\tan 5^\circ} \approx \frac{S}{\tan 7^\circ} \approx (5.72 \times 4.07S) \\
&L_{\max} \leqslant l_1 + l_2 \\
&L_{\max} \leqslant \sqrt{\frac{2T}{G(\sqrt{H}+\sqrt{h})}}
\end{aligned}
\tag{5.20}
$$

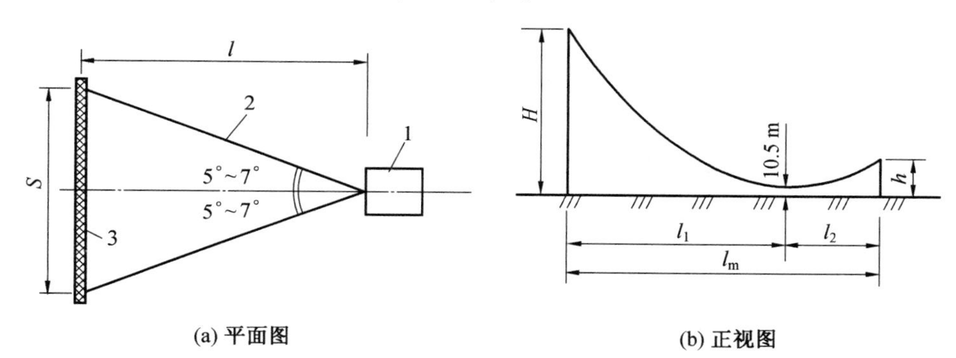

图 5.16　牵张机与相邻杆塔的距离

1— 杆塔横担；2— 导线；3— 牵引机；

$$
l_1 = \left(\frac{l}{2}\right) \times \sqrt{\frac{8\sigma}{g}} \times \sqrt{H-0.5} = 1.41\sqrt{\frac{8\sigma}{g}}\sqrt{H-0.5}
$$

$$
l_2 = \left(\frac{l}{2}\right) \times \sqrt{\frac{8\sigma}{g}} \times \sqrt{h-0.5} = 1.41\sqrt{\frac{8\sigma}{g}}\sqrt{h-0.5}
$$

式中　S—— 相邻杆塔两边相线之间的距离，m；

σ—— 放线时的导线应力，MPa；

g—— 导线自重比载，N/(m · mm²)；

h—— 牵、张机出口高度，m；

H—— 相邻杆塔导线在放线滑车上的对地距离，m；

G—— 被展放导、地线的单位长度重力，N；

T—— 导线的放线张力，N。

f. 确因某种原因无法满足导线轴架和张力放线机之间的距离(一般取 12 ～ 15 m)时，必须在其前方设置提线滑车或采取沿线铺设木板等保护导线的方法。

g. 布置牵张机的锚固点应距牵引机出口处 20 ～ 25 m 以外，以便能使锚线、压接管及牵张机掉头；同时，要设置一定数量的临时锚线架，供施工过程中各种情况下的临锚之用。

h. 小牵引机位于主张力机左侧前方，并随牵引方向设置转向滑车；小张力机位于主牵引机右侧前方，与牵引绳卷车之间，以不影响主牵引操作为宜。

i. 所有牵引设备均需接地完好，以防架线时产生感应电流造成事故。同时要求张力场端的牵引绳或导线上挂的接地滑车均有良好的接地。当放线段跨越或平行接近高压线路时，则牵、张场两端均应挂接地滑车。接地滑车分为钢轮和铝合金轮两种，应严格选用钢轮用于牵引绳(或导引绳)，铝合金轮用于导线。

j. 锚固机械的地锚坑宜在全部施工机械及器具、材料等运输到施工现场就位后方可进行挖坑埋置地锚，以免现场坑多不平，导致进入施工现场的机械行走困难。

k. 为了减少牵、张机转场次数，方便导引绳、牵引绳循环使用，在布置牵引场时，采用“翻筋斗”(或跳跃方式) 前进，并将大牵引机与小张力机、大张力机与小牵引机分别布置在同一场内。

l. 牵、张机等都应按机械说明书进行组装锚固可靠。若无资料，应进行专门设计。总之施工时要保证机身稳固，机架受力合理，强度足够。

5.3.1.2 人员组织及安排

1. 合理选择牵张场，确定具体的牵张场布置方案(图 5.17) 后，进行如下工作

(1) 开工前由技术负责人组织技术、施工人员进行现场调查。

(2) 由技术负责人组织技术、安全、施工人员进行重点交叉跨越测量，确定施工方案、编制特殊跨越施工方案。

(3) 由技术负责人组织编制、发放架线工程作业指导书、各区段布置方案、安全和质

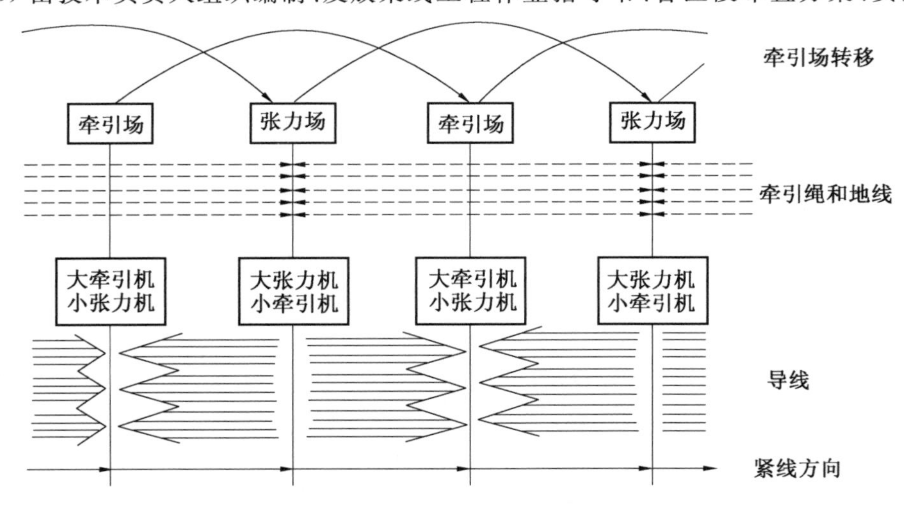

图 5.17　牵引场和张力场位置转场布置示意图

量保证措施、附件安装图等技术资料。

(4) 由专职安全员和质检员对全体施工人员进行安全、质量培训，并考试。

(5) 对全体施工人员进行安全技术交底，保证施工方案和安全、质量保证措施的落实。

随后按照架线施工流程要求，投入架线准备队、放线队、紧线附件队，基于线长精确展放的输电线路架线施工通过对线长的精确展放，将预定长度的画印导线展放至对应连续档内，挂线即可得到设计弧垂。基于线长精确展放的输电线路架线施工省去了烦琐的弧垂观测与高空紧线、压接工序，使得基于线长精确展放的输电线路架线施工架线准备队伍人员有所减少，为了消除基于线长精确展放的输电线路架线施工中，因架线准备队伍人员数量短缺造成的施工延误情况，基于线长精确展放的输电线路架线施工的人员组织与器具安排，按现行张力架线施工标准配置。

另外，按照输电线路施工管理规范，需要对高空作业、机械操作、安全监督、架子工和起吊指挥等特种作业人员进行岗位技术培训，考试合格后持证上岗，对在立塔工作中已取得上岗证的人员，重新进行一次考核，考试合格的可持原证上岗。

对未参加立塔工作的施工人员进行体检，不合格者一律禁止进入施工现场。

2. 工具准备

(1) 放线准备队主要工器具：机动绞磨、磨绳、起重滑车、卸扣、放线滑车、尼龙滑车、滑车、导引绳、放线架、放线船架、旋转连接器、抗弯连接器、棕绳、钢丝绳套、钢结构跨越架、杉杆、拉线、钢丝绳卡、地锚、锹、镐、尖扳手、撬棍。

(2) 放线队主要工器具：导线尾车、放线架、走板、吊车、发电机、锚线架、旋转连接器、抗弯连接器、蛇皮套、手扳葫芦、铁地锚、挂胶锚线绳、转向滑车、接地滑车、车载台、对讲机、望远镜、卡线器、断线钳。

(3) 附件安装队主要工器具：机动绞磨、磨绳、起重滑车、卸扣、临时拉线、卡线器、手扳葫芦、锚线绳、铁地锚、锚线架、棕绳、钢丝绳套、导地线提线器、铜接地线、附件用二道防线、钢丝绳卡、平衡挂线操作台、液压连接机具、地线卡线器、手动压钳、压线滑车、对讲机、断线钳。

5.3.1.3　施工计划及工作流程安排

基于线长精确展放的输电线路架线施工以及架线施工中的施工质量、施工安全和经济技术指标等都与施工设计密切相关。因此，一定要做好施工设计和制定好工艺流程，以便指导架线施工顺利进行及保证质量。

1. 基于线长精确展放的输电线路架线施工设计内容

(1) 施工段平面布置。

(2) 放线张力的选择与控制。

(3) 布线。

(4) 紧线应力选择。

(5) 编写施工技术资料。

2. 基于线长精确展放的输电线路架线施工工艺流程

基于线长精确展放的输电线路架线施工理论上有两种方法(与张力放线相同)：

(1) 地线采用钢绞线时，且先于导线单独用 1.2.1 节所述方法非张力放线，导线采用基于线长精确展放的输电线路架线施工方法架设。

(2) 地线与导线分别同步架设，且均用基于线长精确展放的输电线路架线施工方法架设。它适用于地线采用钢芯铝绞线、铝包钢线或者沿线交叉跨越较多的情况。

5.3.2 导线展放作业

结合一种基于线长精确展放的输电线路智能化设备进行架线施工。首先根据线长计算公式、测量数据和模拟放线长度数据计算出展放出的放线线长，然后依据智能化设备在展放过程中，进行导线长度的精确测量，将实际放线线长与计算的预测放线长度相比较。

原则上，若实际放线线长与预测放线长度不一致，则对实际放线线长进行微调，直至实际放线线长与预测放线长度一致；若实际放线线长与预测放线长度一致，则在张力场对应的导线待截点处做标记，根据标记值画印后压接的张力场端的耐张线夹；张力场侧的耐张线夹压接完毕后，继续牵引导线至挂线位置，然后依次挂设牵引场侧耐张线夹，牵引场侧耐张线夹安装完毕后，安装张力场侧的耐张线夹；导线安装完毕后，复测导线弧垂是否满足放线要求，不满足时进行微调，直至满足放线要求，最后按照施工工艺完成整个架线流程。

基于线长精确展放的输电线路架线施工的操作程序，对“一牵四”导线展放作业进行说明：牵引场、张力场的准备 → 牵引前检查 → 基于线长展放导线 → 更换导线 → 更换牵引盘及导引绳 → 线端锚固。在进行牵引前检查至更换牵引盘及导引绳的重要施工过程中应特别注意通信联络，以便在这些施工过程中步调一致。

5.3.2.1 导线展放前准备工作

(1) 导线展放前，应先完成导引绳以及牵引绳的展放。可采用飞行器腾空展放初级导引绳，将初级导引绳放入放线滑车内，由初级导引绳逐级展放后面的各级导引绳，当展放规格达到一定值时，可以采取一牵多的方式展放多根导引绳，然后逐基进行分绳，保证每个放线滑车内均有导引绳。

(2) 展放牵引绳。在分绳完毕后，可以采取一牵一方式，逐级牵引导引绳，当达到一定规格时，采用一牵一方式牵引牵引绳，展放完毕后，收紧牵引绳，保持对地、对跨越物的安全距离。

(3) 牵引场、张力场的准备及展放导线技术。基于线长展放导线是用已展放的牵引绳来牵引导线进行展放的，也是利用张力放线方式实现的。展放导线前的牵引场、张力场的准备如图 5.18 所示。导线 1 的线头从导线轴拖车 2 上的线轴上方引出，并利用预先缠绕在鼓轮上的棕绳把导线引到张力机 3 盘车，同时将导线 1 的线头插人蛇皮套 4 中，且用铁丝缠绕扎紧。四个蛇皮套(或称猪笼套) 分别经小旋转连接器 5 挂在牵引走板 8 上，走板 8 前再与大旋转连接器 7 和牵引绳 9 相连，牵引绳 9 盘过牵引机 10 进入牵引钢绳卷车 11。完成上述准备后，开动牵引机 10，让牵引机收卷牵引绳 9，带动连在牵引板 8 上的导线 1，导线被牵出。牵引绳 9 由钢绳卷车 11 回盘，张力机 3 对导线 1 施加放线张力。

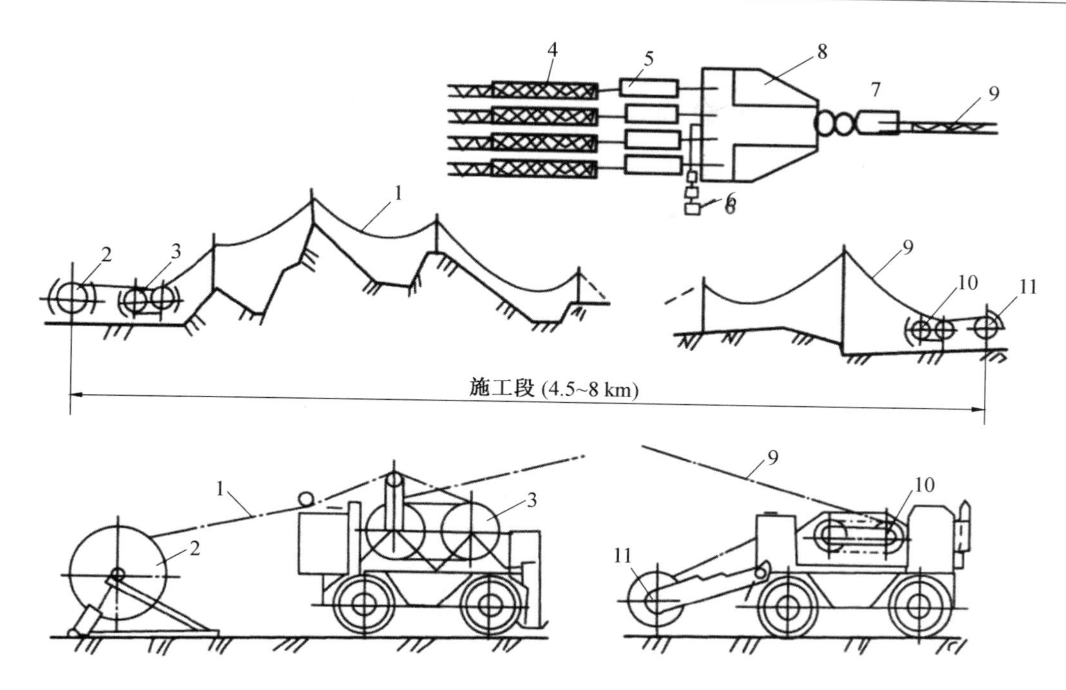

图 5.18　基于线长展放导线施工段布置

1— 导线；2— 导线轴拖车；3— 张力机；4— 蛇皮套；5— 小旋转连接器(30 kV)；6— 平衡锤；7— 大旋转连接器(100 kN)；8— 牵引走板；9— 牵引绳；10— 牵引机；11— 钢绳卷车

5.3.2.2　导线展放

完成牵引场及张力场各项准备工作，按要求完成牵引前的检查并满足放线要求后就表示大牵、张系统已建立，即可进行展放导线施工操作，操作时应注意以下事项。

1. 导线展放操作流程

基于线长展放导线是用已展放的牵引绳来牵引导线进行展放的，也是利用张力放线方式实现的。利用牵引机、张力机等设备，在规定的张力范围内悬空展放预定长度的导线，展放至对应连续档内直接挂线。

(1) 基于线长精确展放的输电线路架线施工可利用线长测量对档内弧垂进行无测调控，这使得画印和耐张线夹的压接可在张力场的地面进行。这需要在不改变现有耐张线夹的前提下，实现耐张线夹通过放线滑车，保证耐张线夹完好无损地通过放线滑车，省掉高空压接操作。或者与传统张力架线一样，仍采用高空压接，但是需要注意的是，此时高空压接的导线位置不是随意的，应选择蛇皮套后面导线智能化测长装置标记过的画印点，作为高空压接的压接点。

(2) 为了使地面压接的耐张线夹更好地通过放线滑车，导线展放时需要在耐张线夹上安装保护装置，保护整个耐张线夹及引流板，并在前端设置专用的偏心自动翻转装置，在前端的偏心自动翻转装置达到滑车时，通过自身重量实现自动翻转，保证耐张线夹引流板自动向上，顺利通过放线滑车，同时保证耐张线夹不受损伤；同时要求放线滑车的宽度与牵引板的子导线宽度一致。

(3) 当牵引板通过第一基杆塔并向第二基杆塔爬坡时，将张力调整到规定值。导线放线张力的控制是通过近地档或跨越档要求不同的高度来实现的。护线人员应随时向指挥员报告导线对地及对跨越物的距离，指挥员根据“放线作业图”下达调整放线张力的命令。

(4) 将导线调平后，将牵引机的牵引力和速度逐步增大。牵引力的增值一次不宜大于 5 kN，以避免增幅过大引发冲击力。牵引速度开始时宜控制在 50 m/min 以内。导线放线张力的控制是通过近地档或跨越档要求不同的高度来实现的。护线人员应随时向指挥员报告导线对地及对跨越物的距离，指挥员根据“放线作业图”下达调整放线张力的命令。

(5) 牵放导线过程中，导线与地面及被跨越物：一般地段导线离地面的距离应不小于 3 m；人员及车辆较少通行的道路而不搭设跨越架时，导线离路面的距离应不小于 5 m；导线或平衡锤离跨越架顶面的距离应不小于 1.0 m。

当牵引板牵引至距放线滑车 30 ～ 50 m 时，应减慢牵引速度(控制在 15 m/min 之内)，使牵引板平缓通过放线滑车，减少冲击力。并注意按转角塔监视人员的要求，调整子导线放线张力，使牵引板的倾斜度与放线滑车倾斜度相同。牵引板通过滑车后，即可恢复正常牵引速度及正常放线张力。

2. 更换牵引绳盘

当牵引绳头(即抗弯连接器) 进入牵引绳盘 3 ～ 4 圈后，应停止牵引。在牵引机与绳盘之间用卡线器锚固牵引绳，拆除刚入绳盘的抗弯连接器，卸下满盘，换上空盘。将满盘的牵引绳运至下一条线或下一个放线段。将牵引绳头缠固于新装的绳盘上，转动绳盘，收紧牵引绳。卸下牵引绳上临时锚固的卡线器后，报告指挥员准备继续牵引。

3. 更换导线盘

(1) 当导线盘上的导线剩下最后一层时，应减慢牵引速度；当盘上导线剩下 3 ～ 5 圈时，应停止牵引，用棕绳在张力机的后方通过卡线器临时锚固导线。倒出盘上余线，卸下空盘，装上新盘导线。预先将一布袋穿过任意一端导线头后，将前后两条导线头对接套入双头网套连接器，用铁线绑扎连接器开口端，移动白布袋使其包住网套连接器，用胶布缠牢布袋两端。倒转导线盘，将余线缠回线盘中。

(2) 装上气压制动器并带住线盘尾部张力，拆除的棕绳等临锚装置。

(3) 开启张力机，通知牵引机慢速牵引。当双头网套连接器引出张力机 3 ～ 5 m 时停机；并在张力机的前方将 4 根子导线通过卡线器及钢丝绳锚固在张力机上，卸下铝质接地滑车。启动张力机，使张力机前方导线缓慢落在铺垫的帆布上。拆下双头网套连接器及白布袋，切除连接器接触过的导线尾段。

(4) 进行导线直线压接，压接完成后，在直线管外装设保护钢套，并绑扎牢固。再在钢套外面包缠白布，并用胶布贴牢。

(5) 启动张力机，令其倒车。收紧导线，将锚固点至导线盘间的余线收至线盘上。并拆除压接前在张力机前方设置的锚固装置。在张力机出口的导线上，重新装上铝质接地滑车。报告指挥员，准备继续牵放导线。

张力机倒车时，此时基于线长精确展放的输电线路智能化架线设备应能完成导线线长的正向和反向的测量，故更换导线盘和导线接续作业时基于线长精确展放的输电线路智能化架线设备不应停机。

4. 设置导线线端临锚

导线展放完毕后，放线段的两端导线必须临时收紧连接于地锚上，以保持导线对地面有一定的安全距离，此锚线简称为线端临锚。根据相关技术标准规定，线端临锚水平张力不得超过导线保证计算拉断力的16%。线端临锚还将要作为紧线临锚之用，因此线端临锚的设计受力应取最大的紧线张力，一般情况下，LGJ－300型导线最大紧线张力约为25 kN；LGJ－400型导线最大紧线张力约为35 kN。

线端临锚的调节装置应每条子导线单独设置，地锚可以共用，但线端临锚4套卡线器的位置应互相错开，以免松线时互相碰撞。卡线器的尾部一段导线上应套上胶管，防止卡线器碰伤导线。为了防止4条子导线间互相鞭击受伤，临锚时各子导线应有适当的张力，使子导线互相错位排列，如采用阶梯排列、平行四边排列。

临锚导线对地夹角应不大于25°（tan 25°＝0.466，即在水平距离10 m时，其相应的导线高不大于4.66 m），锚线后的导线距离地面不应小于5 m。

相邻线端临锚的直线铁塔称为锚塔。应注意阅读设计单位编写的施工总说明书，有些直线塔设计是不允许用作锚塔的或者需要补镁后作锚塔。对于拉线锚头塔及拉V塔，当进行一相边导线临锚时，由于导线小，平衡垂直荷重很大，为减少塔头单边受力产生的偏心弯矩，在另一边导线横担头增设一条垂直地面的平衡拉线，地面处串接30 kN双钩，其受力按30 kN以下控制。

5.3.2.3　导线画印作业

基于线长精确展放的输电线路架线施工的主要工序包括导线展放、测量线长、地面断线、地面压接、挂线、质量检查及调整。本工艺的特点是在地面提前精确预制导地线，导线运抵施工现场后直接进行放线、挂线操作，完成架线档导地线安装。故此时在确定画印点时，与常规架线施工中的画印方法相比，避免了紧线、弧垂调整、高空断线压接等施工工序，这也使得基于线长精确展放的输电线路架线施工的画印作业可以在地面，伴随着导线线长的测量一起完成。

与传统架空输电线路线路施工的画印作业方法不同，例如传统施工在紧线至耐张塔的时候，导线还在放线滑车上，因此都采用了垂球画印的方法，具体操作过程是在耐张杆塔挂点上置一把直尺，使其与横担中心线平行，然后用垂球沿直尺边缓慢移动，则垂球线与导线的交点即为印点，最后用直角三角板，将其他子导线相应画出印记。

基于线长精确展放的输电线路架线施工中的导线画印作业需要在地面与导线线长的测量同步完成，需要注意以下事项。

（1）基于线长精确展放的输电线路架线施工仍采用高空压接时，需要注意的是，此时高空压接的导线位置不是随意的，应选择蛇皮套后面导线智能化测长装置标记过的画印点，作为高空压接的压接点，并且导线智能化测长装置在导线的画印点不宜离蛇皮套太远，这样会导致导线残线，浪费导线。

（2）当整个耐张段内导线展放完毕时，一旦导线的展放长度达到预警长度，智能化架线设备控制端发出制动预警信号，提醒施工人员为智能化架线设备画印做准备。

(3) 地面画印需要注意牵张机的制动停机配合,在智能化架线设备自动喷漆画印前,应先向牵引场反应线长展放情况,按先停牵引机后停张力机的顺序,使导线的展放制动,配合智能化架线设备完成精准画印作业。

5.3.2.4 基于线长展放导线中故障的预防和处理

基于线长展放导线中的故障可分为机械故障和操作故障两个类型。机械故障是指放线机械和连接元件引起的故障;操作故障则是由于布置和操作不当引起的。

在使用张力机和牵引机的施工中一旦出现异常或故障,最简单的办法是立即停止牵引,查明故障原因并排除后再继续牵引。但张力放线中牵张设备故障的维护及处理,应由专业修理人员查明原因后进行修理。

1. 牵引板或平衡锤撞击滑车横梁或绝缘子

牵引板或平衡锤撞击滑车横梁及绝缘子的预防措施如下。

(1) 相邻杆塔的导线悬挂点高差过大时,应在低侧的铁塔上悬挂双滑车,改变牵引板进出放线滑车的倾斜角,或加大滑车槽顶面与滑车上横梁间的距离。

(2) 平衡锤悬挂方式应正确,限位装置应朝天。选用只能朝下旋转而无法向上旋转的新型平衡锤形式。

滑车连接件的螺栓穿向应与牵引方向一致,避免平衡锤通过滑车时敲击螺栓丝扣。发生牵引板或平衡锤撞击滑车横梁或绝缘子时,应查明原因后,针对具体原因进行停机处理。

(3) 加长绝缘子串与放线滑车间的连接件长度。

2. 绳(导引绳或牵引绳) 或线跳槽

从施工设计技术方面考虑,选用钢丝绳抗弯连接器应与牵、张机的牵引轮和张力轮的轮槽相匹配,使其平滑过渡,减少绳线波动。升速、减速应平衡升降,不得隔档调速。

(1) 直线塔处发生绳或线跳槽。出现绳或线跳槽并无卡死时,在塔上用双钩或手扳葫芦将跳槽的绳或线提起,使其恢复原位。若跳槽又卡死,先令牵引机倒档,调整绝缘子串基本垂直后,再用双钩或手扳葫芦将跳槽的绳或线提起,使其恢复原位。若上扬处的压线滑车为单独悬挂,其压线滑车必须挂在牵引侧(即杆塔的牵引前进力方向一侧)。若上扬处压线滑车在放线滑车中间钢丝绳轮上方,应保证其缝隙不至跳出钢绳,其下方的锚固应满足上拔力要求。牵、张机的启动或停机均应平稳。

(2) 转角塔发生绳或线跳槽。在转角塔的放线滑车处发生绳或线跳槽时,一般应先停机,再登塔查明原因,提出处理方案,报告指挥员。根据不同原因,提出不同对策。

从施工设计技术方面考虑,放线滑车的悬挂方式应按规定悬挂。挂具采用刚性结构,前后二滑车用角钢连成整体。放线滑车采用单根尾部调节绳时,应使二滑车均衡受力,采用双根尾部调节绳时,升降速度应一致。

开始牵引时,放线张力很小,导线在张力轮的槽口及牵引绳在卷扬轮的槽口发生频繁跳槽时,说明进(出) 线方向和位置不正确,应查明原因进行调整。

施工过程中,应加强牵引过程中绳(线) 穿过滑车的监视与尾部调节绳的调整,注意调节绳应与牵引速度相适应。当牵引板进入放线滑车前,调整牵引板的倾斜角与滑车倾斜角相一致;牵引板靠近放线滑车时,令牵、张机停机,登塔用麻绳一端绑住平衡锤的尾部，另一端拉到横担上。收紧麻绳，使平衡锤悬空，再慢速牵引。牵引板及平衡锤穿过滑车后，停止牵引，解下麻绳，继续牵引作业。

绳（线）在张力轮、卷扬轮的所有槽位上都容易跳槽时，其处理办法是：调整两个摩擦卷筒相互错开半槽距，并适当加大绳（线）尾部张力。

3. 跑线

跑线是指已建立的牵张系统中某个环节（或元件）滑移或断开而造成绳或线滑移后落地。这种现象是张力放线中最为严重的故障。预防跑线的技术措施技术如下。

（1）牵、张场的地锚设置及钢丝绳必须符合设计规定，放线前，牵张系统中的各种连接工具均应经拉力试验。

牵张系统中最易发生断开的工具是卡线器、网套连接器及钢丝绳与连接器的连接弯环处。对这三处应做到安装正确，安装后由专人检查合格后，方准投入使用。地线卡线器应安装备用保险卡具（即双重保险）。

（2）张力放线的每一步操作都应做到判断正确，操作无误，指挥明确。牵引过程中，加强牵、张机液压系统的监视，保持压力正常，严防失压后刹车失灵。

（3）发生跑线的处理方法是停机，查明跑线原因及后果，严重时应立即组织抢救和向上级报告。针对不同的跑线原因提出处理方案，报告指挥员。必要时处理方案应报告公司总工程师批准。根据处理方案逐项实施，恢复牵张系统，继续牵张作业。

4. 导线鼓包

导线鼓包是指导线外层铝股松散（又称鼓胀）的现象，也是导线松股的一种严重表现，鼓包俗称“起灯笼”。导线鼓包有两种情况：一种是在张力轮进口处发生鼓包，另一种是在进入张力轮后发生鼓包。导线鼓包的预防必须从制造和施工技术两方面综合考虑。

防止发生导线鼓包的关键是导线的制造应当质量优良、节距正确，导线绞合紧密。施工设计所选张力设备应为张力轮直径较大的张力机。其导线在张力轮上盘绕时，盘绕方向必须与外层铝股捻向相同。国产导线为右捻，因此导线进（出）张力轮的方向为上进上出。

同时应保证在牵张系统中的旋转连接器转动灵活，连接位置正确。选择张力设备时，尽可能选择张力轮直径较大的张力机。在绳（线）满足对地及跨越物距离要求的前提下，应尽量降低导线展放张力，提高导线尾部（张力轮至盘架间）张力，导线出现鼓包现象的处理方法是首先停机，查明鼓包原因。轻微鼓包可用麻绳按导线捻回方向缠绕 2 ～ 3 圈，同向扭转麻绳并用木棒轻敲导线，可消除鼓包。严重的鼓包已无法修复，必须将鼓包的一段导线切除，按压接要求，以直线压接管连接导线。

5. 抗弯连接器断裂或钢绳在连接点附近断股

为了防止钢绳抗弯连接器通过卷扬轮时，连接器断裂或钢绳在连接点附近断股，每次使用前必须严格检查。施工设计时，应注意选用长度短、直径小、可挠性好的连接器。

目前广泛使用的抗弯连接器为意式连接器，形状类似封口 U 形环，此种抗弯连接器适用的卷扬轮为浅宽型。经常检查钢丝绳与连接器连接处的断丝情况，超标准者应割断重新插接，连接器通过卷扬轮时应减慢牵引速度。

5.3.3　导线线长调整作业

基于线长精确展放的输电线路架线施工智能化设备由导线智能化测长装置和弧垂智能化感知装置组成，两装置相互配合，共同完成基于线长精确展放的输电线路架线智能化施工工作。导线智能化测长装置主要负责架线施工过程中展放导线的长度测量、画印喷漆和预警制动等工作。

弧垂智能化感知装置(图 5.19)通过测量得出导线初步展放后的弧垂数据，指导导线长度的微调工作。

5.3.3.1　导线线长调整前准备工作

基于线长展放导线在利用已展放的牵引绳来牵引导线时，也是利用张力放线方式实现的，在导线智能化测长设备完成对导线边展放边画印的工作后，需要保证牵引机、张力机等设备正常待机，在规定的张力范围内悬空展放预定长度的导线，并调整线长得到设计弧垂，展放至对应连续档内直接挂线。

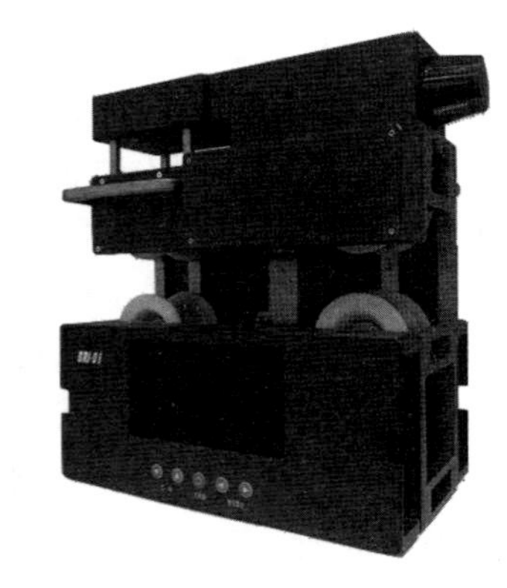

图 5.19　弧垂智能化感知装置

基于线长精确展放的输电线路架线智能化施工提前确定了导线的开断位置，为了保证后续导线线长调整作业的质量，保证弧垂智能化感知装置能够在连续档导线上正常工作，需要在蛇皮绳套后导线智能化测长装置标记的第一个标记位置对导线进行软挂或开断压接，最后在耐张塔上挂线。

开断后，需要将蛇皮绳套缓缓牵引至地面回收，塔上作业部分需要完成对导线的液压连接。

在完成开断并压接导线接续管后，可对该耐张塔杆塔直接进行挂线作业，牵引场一侧耐张塔完成挂线后，开始进行连续档内导线线长调整。

5.3.3.2　导线线长调整

线上行走测量装置的安装及使用流程如图 5.20 所示。

1. 确保前期准备充分

在进行装置的安装前，应做好充分的前期任务，见前文 5.2.1.1，此处不再赘述。

2. 设置工程参数和系统参数

详见前文 4.3.5.1 部分。

3. 安装测控装置至导地线上

在地面技术人员对安装施工人员进行教学，讲解测控装置的构造，安装测控装置要点及注意事项。然后安排 2 名高空人员携带弧垂观测装置登塔，将弧垂观测装置按照要求安装到导线上(图 5.21)。

测控装置是采用一种无级驱动的车架装置，车架上设有固定安装有能够伸出或缩回车架的激光雷达、走线机构、电路板安装机构以及倾角传感器安装机构，走线机构上设有走线轮，电路板安装机构包括用于安装电路板的电路板安装板，倾角传感器用于检测车架

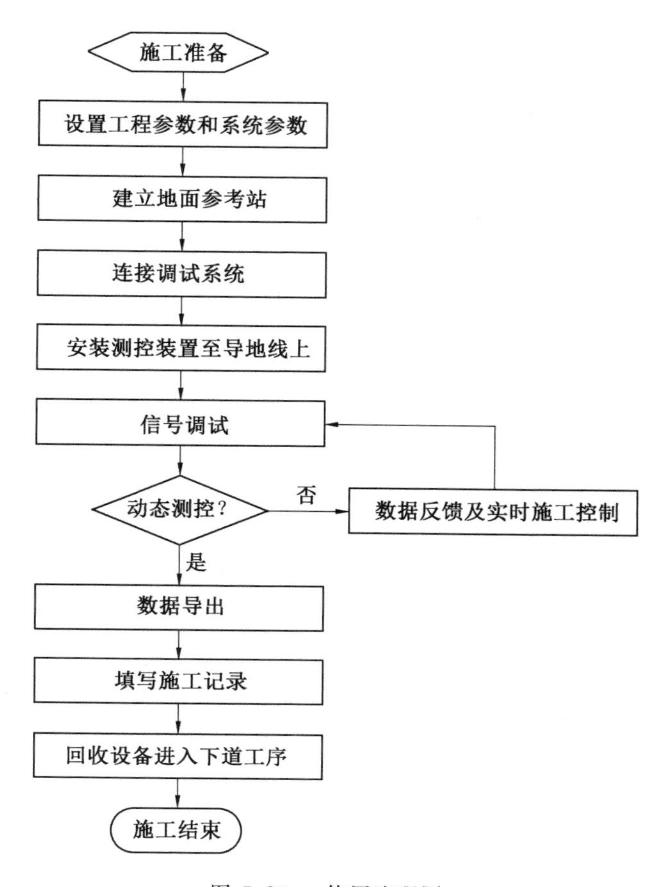

图 5.20　使用流程图

图 5.21　安装测控装置至导线示意图

倾斜角度的倾角传感器。使用该装置可以避免弧垂观测机构在架空线轮上行走时从架空线路上脱落。

5.3.3.3 参考站的搭建

1. RTK基准站的安装

首先将差分定位器安装至三脚架上，调整三脚架保证定位器底座与地面水平。长按图中红色按键，当电池灯光及蓝牙灯光均亮起时，说明设备工作正常。

在杆位附近设置卫星定位通信基站，建立通信连接系统。杆位附近设置卫星定位通信基站，差分定位后的坐标通过无线电台和蓝牙的传输到观测装置处理器中，经过运算处理后返回到手持终端的显示页面，从而实时观测到导线的运动状态、各子导线弧垂和以及测量装置实时位置和倾角。如图5.22所示。

图5.22 地面参考站设置

2. 连接调试系统

地面参考站设置完成后，在手持终端上的杆塔数据输入页面中连接参考站，如图5.23所示，将参考站坐标手动修正为参考站实际坐标后点击提交按钮，将数据返回给参考站，对系统进行调试，确保数据连接正常后，进行下一步工序。

地面终端控制与线长调整：

(1) 信号调试。

测控装置安装完毕后，开始调试测控装置与手持终端的信号连接是否顺畅。通过将地面设备电源接通，卫星地面信息参考站自动搜索卫星信号，卫星信号搜索定位成功后通过无线电台自动发送定位信息修正数据。

(2) 动态测控。

手持终端上的小车控制模块可以控制弧垂观测装置在导线上前行、倒退或停止，同时还可以控制装置压紧轮收紧或释放。

把小车安放在需要观测弧垂的导线上，接通供电电源，通过地面监测终端可遥控小车在导线上自由行走，将小车遥控至合适位置后将小车停止。弧垂观测装置自身嵌入倾角传感器，倾角数值可实时观测。其主要用于修正装置前进过程中发生倾斜时的位置高度，提高数据返回时的准确性。同时可根据倾角传感器返回数据调节压紧轮，保持测量装置行进过程水平端正。手持终端页面中状态信息栏是显示弧垂观测装置的定位情况、当前状态、供电情况以及位于当前子导线上距开始观测点的距离。在杆塔数据输入页面中点

图 5.23　连接调试系统示意图

击“提交工程参数”和“提交基站数据”后可点击“弧垂测量”按钮，进入弧垂等计算、测量参数数字化动态显示页面。

(3) 数据反馈及实时线长调整。

小车卫星定位装置卫基信号搜索定位成功后，在接收卫星定位数据信息的同时接收卫星地面信息参考站发送的定位数据修正数据，实时动态测控，以保证所需定位精度，小车卫星定位装置定位数据解算成功后利用无线电台自动向地面监测终端发送定位数据，地面监测终端根据小车卫星定位装置发送的数据自动计算小车当前所处位置的导线弧垂值和导线最大弧垂。通过对讲机与紧线施工人员沟通，收紧导线直至导线弧垂达到设计值，通知施工人员停止牵引，然后画印，进行耐张塔平衡开断、高空压接、挂线。

手持终端显示页面中的导线位置部分通过激光雷达扫描实时显示各子导线之间的间距。当一根子导线弧垂观测结束后，可通过小车上的无线视频装置监测其余子导线弧垂状况，根据视频画面对其余子导线弧垂进行调整。

(4) 数据导出。

手持终端上可以显示导线收紧过程中的实时弧垂值，其随小车位置或紧线状态变化的弧垂值实时变化。点击“保存记录”按钮保存小车当前位置弧垂数据，点击“导出数据”按钮可以把刚刚保存的弧垂记录导出成 excel 表格进行展示。

(5) 填写施工记录。

弧垂测量完成后，填写施工记录。

(6) 回收设备后进入下道工序。

待全部弧垂调整结束后，可利用地面监测终端将小车遥控收回，完成导线弧垂观测任务。

5.3.3.4 导线线长调整作业主要事项

1. 注意事项

(1) 本装置交由施工人员使用前需进行技术交底及操作培训。

(2) 本装置采用定制电源供电，考虑到多分裂导线紧线施工时间较长，使用前需保证各个装置电源为满电状态。

(3) 卫星定位参考站应设立在空旷无遮挡地带，保证信号良好。

(4) 当三个终端设备打开后，应在地面调试良好，确定连接稳定后方可将主装置吊装至横担后安装在导线上。

(5) 主装置安装至导线时，应当通过手持确保压紧轮压紧后才可松手，以防装置掉落伤及地面人员。

(6) 本装置电池采用16.8 V电源适配器充电，请勿采用其他电压的充电器，避免对电池寿命造成损伤。

(7) 参考站坐标需在主装置控制面板手动修正后返回发送给参考站。

(8) 电池出现鼓包现象需及时更换，避免电压不稳损伤设备电路。

2. 设备保养

(1) 本装置压紧轮与驱动轮表面胶质保护层会产生磨损，当磨损深度达到 3 mm 时，需更换相应磨损轮。

(2) 轮压马达驱动轴需定期检查，确保轴上螺纹无破损，轮轴破损后需返厂检修。

(3) 驱动马达及雷达行程轨道每运行 300 h 需用润滑油养护，保证运行正常。

(4) 每运行 500 h 需检查各装置信号连接可靠性，检查方法见说明书使用流程部分。

(5) 电池每隔 30 天需检查有无损坏鼓包，接口金属有无破损，发现破损后需返厂维修更换。

5.3.4 耐张线夹地面压接作业

基于线长精确展放的输电线路架线施工避免了高空断线压接等施工工序，在耐张线夹压接作业时，需要在张力场侧，对耐张线夹进行地面压接，并对耐张线夹经过放线滑车时做好保护。实际具体操作：当实际放线线长与预测放线长度一致时，在张力场对应的导线待截点处做标记，根据标记值画印后压接的张力场端的耐张线夹；张力场侧的耐张线夹压接完毕后，继续牵引导线至挂线位置，然后依次挂设牵引场侧耐张线夹，牵引场侧耐张线夹安装完毕后，安装张力场侧的耐张线夹。地面压接耐张线夹时，用钳压压接、液压压接或爆压压接时应遵循相关规范指标。

5.3.4.1 压接方法

基于线长精确展放的输电线路架线施工中导线连接的一般要求有：架空线的连接包括架空线与压接式耐张线夹的连接、架空线之间的直线连接、导线与跳线间的连接、导线因损伤需要压接修补等。

架空线的连接根据作业方式的不同可分为钳压连接、液压连接和爆压连接等。

架线施工前，均应对导、地线的连接制作试件进行试验。试件的握着力应符合下列规定：对于液压、爆压连接及钳压管直线连接时，其试件握着力不得小于导地线保证计算拉断力的 95%。螺栓式耐张线夹的握着力不得小于导线保证计算拉断力的 90%。钢芯铝绞线的保证计算拉断力等于计算拉断力的 95%。钢绞线的保证计算拉断力等于 $K\times$ 综合拉断力。K 为换算系数：1×19 结构为 0.9；1×3、1×7 结构为 0.92。

在每个线路工程架线开工前，还必须制作本工程的导（地）线连接的检验性试件，并用本工程实际使用的导（地）线、配套的液压及相应的钢模，按工艺要求制作检验性试件。每种形式的试件不少于 3 组（允许直线与耐张管做一根试件，但不允许直线管与螺栓式耐张线夹同做一根试件）。不同厂家的导（地）线、液压管应分别做试件。各种连接的检验性试件的导（地）线长度应不少于外径的 100 倍。导线耐张管示意图如图 5.24 所示。

钳压、液压及爆压施工是架线施工的一项重要隐蔽工序，操作时必须有指定的质检人员或监理人员在场进行监督与检查。

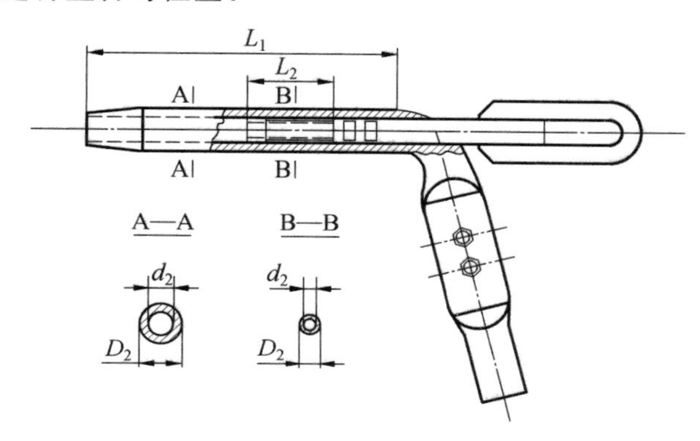

图 5.24　导线耐张管示意图

1. 钳压连接

钳压连接是将钳压型连接管用钳压设备与导（地）线进行直接接续的压接操作，应执行《110 kV～750 kV架空输电线路施工及验收规范》(GB 50233—2014) 的规定。钳压机按使用操作及动力来源可分为机械杠杆和液压顶升两种。钳压连接的基本原理是利用钳压器的杠杆或液压顶升的方法，将作用力传给钳压钢模，把被接的导线两端头和钳压管一同压成间隔状的凹槽，借助管壁和导线的局部变形，获得摩擦阻力，从而达到把导线接续的目的。

液压式钳压器由压接钳和手摇泵两部分组成。使用时，将手摇泵和压接钳对接，摇动手柄，使压力上升，推动钢模，达到钳压的目的。钳压连接用钢模分为上模和下模。压接前，按规定要求检查，并确定无误后，即可放进钢模内，自第一模开始，按规定压接顺序钳压，每下模以后，应停留半分钟。铝绞线和铜线的连接顺序是从管端开始依次向另一端上下交错进行钳压。钢芯铝绞线接续管应从中间开始，依次先向一端交错进行钳压，再从中间另一端上下交错进行钳压。例如 LGJ－240 型钢芯铝绞线的钳压接续以两根短管串联接续。各型号导线钳接管压后标准外径的允许误差：钢芯铝绞线钳压管为 ±0.5 mm；铜绞线钳压管为 ±0.5 mm；铝绞线钳压管为 ±1.0 mm。钳压后钳压管的弯曲度不得大于 2%；如超过，允许用木槌敲打校直。

2.液压连接

液压连接是一种传统工艺方法，即用液压机和钢模把接续管与导线或避雷线连接起来的一种工艺。液压接续适用于钢绞线和截面大于 240 mm^2 的钢芯铝绞线导(地)线的接续。输电线路中用的液压连接机的种类有 Cy－25、Cy－50、Cy－100 型等。液压机由两部分组成，一为超高压油泵装置，二为压接机总成，使用时用高压钢管将两部分连接起来，不用时拆分连接管，即可装箱搬运。钢模由上下两模合成一套。采用液压连接方式，所选用钢模应与相应的接续管相符，不能代用。

接续管应与被连接的导线型号相符，规格尺寸应符合《电力金具通用技术条件》(GB 2314—2008) 的规定。

(1) 液压接续施工工艺。

液压接续施工工艺必须按照《输变电工程架空导线及地线液压压接工艺规程》(DL/T 5285—2013) 的规定进行操作。

a.液压接续前的检查。液压前，必须对各种液压管进行外观检查，不得有弯曲、裂痕、锈蚀等缺陷。应对液压管内、外径及长度进行检测并做好记录。导、地线液压管的管内、外径及长度允许偏差，见 GB/T 2317—2008 的规定。

检查导、地线的型号、规格及结构，应与设计图纸相符，且符合国家标准。

检查液压设备是否完好，应能保证正常操作。油压表必须定期校核，做到准确可靠；同时也应检查压接用钢模，应与液压管相匹配。

b.导、地线的切割及画印定记号。完成上述施工的检查工序后，应辨认导、地线的相别和线别，将导、地线校直及平整好，同时注意与管口相距的 15 m 内应不存在必须处理的缺陷。在进行导、地线端部割线前，还须防止线端松散；切割导、地线断口应保证与其轴线垂直。

切割铝股或钢线必须使用断线钳或钢锯，不得用大剪刀或电工钳剪断铝股或钢芯。而在切割钢芯铝绞线的内层铝股时，应严禁伤及钢芯，为此应先割到铝股直径 3/4 处，然后将铝股逐渐开断。

所谓“画印定记号”，即用能画印记的工具(如红铅笔或印笔) 在导、地线表面上画上能表示断线位置或穿线位置的记号。表示穿管位置“画印定记号”的尺寸视液压管长度而定。

由钢、铝管组成的钢芯铝绞线液压管一般是先压钢管后压铝管，钢管压前应在钢绞线上画第一次定位印记，当钢管压接完成后，必须第二次在铝管股表面上画铝管的定位记号。量尺画印的定位记号应立即复尺，以确保无误。

c.导、地线及液压管的清洗。各种液压管均应用汽油进行清洗。钢绞线的液压部分在穿线前也应用汽油进行清洗，清洗长度不短于穿管长度的 1.5 倍。钢芯铝绞线的液压部分在穿管前用汽油清洗其表面油污垢时，清洗长度为：对先套入铝管的一端应不短于铝套管套入部位，对另一端应不短于半管长度的 1.5 倍；对于防腐钢芯铝绞线应清洗其表面的氧化膜并涂以 801 电力膜；用补修管修导线前，应将补修管弧覆盖部分的导线用干净棉纱将泥土等脏物擦干净，如导线有断的，应在直线管内中点两侧涂抹少量 801 电力膜，然后套上补修管进行液压。

d. 导、地线的穿管和各种压接管的液压操作。导、地线采用液压连接的连接分为钢绞线直线管、钢绞线耐张管等，根据压接方式的不同又分为对接、搭接等方式。

(2) 液压接续质量标准要求。

a. 采用液压连接导线、避雷线前，每种形式的试件不少于 3 根，试件握着力不小于导线、避雷线计算拉断力的 95%，否则应查明原因，改进后加倍试验，直至全部合格为止。

b. 各种液压管压后对边距 S 的最大允许值应为

$$S=0.0866\times 0.993D+0.2 \tag{5.21}$$

但三个对边距仅允许一个达到最大值，超过规定时应查明原因，割断重接。

c. 液压后管子不应有肉眼可看出的扭曲现象，有明显弯曲时应校直，校直后不应出现裂缝。

d. 若规定要求测接头电阻，其值不应大于等长导线电阻值。

e. 钳压管端头部分应露出 20 mm，液压操作人员自检合格后打上自己的钢印，质检人员在记录表上签名。

3. 爆压连接

利用炸药的爆炸压力施于接续管，将导线或避雷线连接起来的方法称为爆压连接，简称爆压。所用接续管又称为爆压管。爆压连接根据施工工艺分为外爆压和内爆压。

外爆压即在爆压管外壁沿其轴线方向敷(缠) 炸药，利用炸药爆炸反应的瞬间产生巨大的爆炸压强(数万大气压)，在数十毫秒的时间内，迫使压接管产生塑性变形，将管内的架空线握紧。爆炸反应结束时，全管表面压接随之完成，达到连接的目的。

内爆压是在爆压管内装无烟火药，实施导线的爆压连接，是一种新工艺。国际上最初出现在挪威，后在芬兰定型，并在加拿大、美国等国家得以推广，美国 AMP 公司已有较完整的生产技术。我国由湖南省电力局等研制成功，于 1990 年 3 月由原能源部颁布《内爆压规程》试行，目前国内使用不多，尚待积累经验，在此因篇幅有限，不作介绍。但内爆压连接方法具有用药少、无须雷管和炸药、噪声小、安全半径极小(仅几米) 等特点。

爆炸连接目前广泛使用的是导爆索爆压，用雷管起爆。普通导爆索结构同导火索基本相似，其主要不同点是药芯的装药，导爆索药芯是白色的黑索金，导火索是黑色的黑火药。为便于识别，导爆索外层防潮层涂料中掺有红色染料，而导火索外层是白色涂料。

4. 导线损伤补修处理

采用人力放线或机械牵引放线的导线及避雷线，必须检查其是否有被损伤的情况，以便对其有损伤的位置做出判断，及时做出补修处理，以保证线路安全可靠地投入运行。如图 5.25 所示。

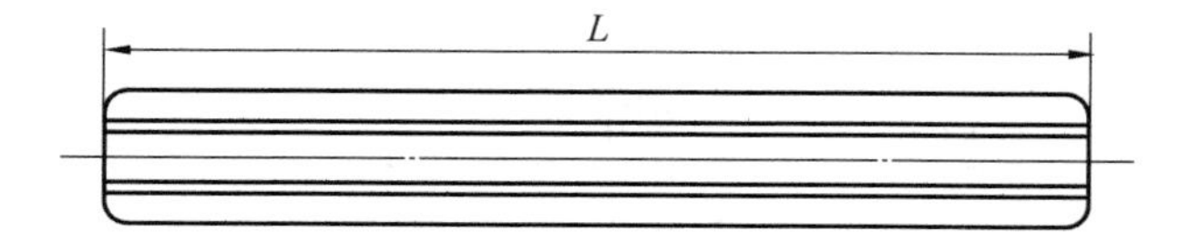

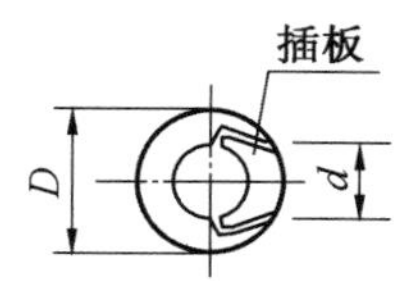

图 5.25　导线、地线补修管示意图

根据《110 kV ～ 750 kV 架空输电线路施工及验收规范》(GB 50233—2014) 的规定，有以下几方面内容。

导线在同一处的损伤同时符合下述情况时可不做补修处理，只将损伤处棱角与毛刺用 0＃ 砂纸磨光。

a. 铝、铝合金单股损伤深度小于直径的 1/2。

b. 钢芯铝绞线及铝合金绞线损伤截面积为导电部分截面积的 5% 及以下(不断股)，且强度损失小于 4%。

c. 单金属绞线损伤截面积为 4% 及以下(不断股)。应注意："同一处" 伤截面积是指该伤处在一个节距内的每股铝丝沿铝股伤最严重处的深度换算出的截面积总和(下同)；扭伤深度达到直径的 1/2 时按断股论。

d. 导线在同一处损伤需要补修时，导线损伤补修处理标准应符合规定。

e. 导线在同一处损伤符合下述情况之一时，须将损伤部分全部割去，重新以接续管连接：(a) 导线损失的强度或损伤的截面积超过上述采用补修管补修的规定时；(b) 连续损伤的截面积或损伤强度都没有超过上述以补修管补修的规定，但其损伤长度已超过补修管能补修范围时；(c) 复合材料的导线钢芯有断股时；(d) 导线出现破损的直径超过导线直径的 1.5 倍而又无法修复时；(e) 金钩、破股已使钢芯或内层铝股形成无法修复的永久变形时。

f. 用作避雷线的镀锌钢绞线，其处理应按规定执行。

g. 其他处理方法。

(a) 采用缠绕处理。

(b) 采用补修预绞丝处理。

5.3.4.2 压接作业操作

检查液压设备的完好程度，油压表必须定期校核，做到准确可靠，以保证压接质量。

对投入使用的钢模进行外观检查，钢模不允许有裂纹、变形，其尺寸误差应在允许范围之内。

压接用的压接管、直线管及耐张线夹，其外径应使用精度为 0.02 mm 的游标卡尺进行精确的测量，外观检查应符合《电力金具通用技术条件》(GB/T 2314—2008) 有关规定。

需要进行压接的导地线的端部，在处理前应事先测量好需要压接的长度，在不需要压接的端部位置使用绝缘胶带缠好，防止在穿管的时候后续导线发生散股的可能。切割时必须保证切口断面与轴线垂直且不得损伤钢芯。

检查要连接的导地线的受压部分是否平整完好，在与管口相距 15 m 范围内是否有缺陷，如果存在问题要及时解决。其型号及尺寸如表 5.5、5.6 所示。

表 5.5　导、地线压接管型号

线别	型号	压接管型号		备注
		耐张线夹	接续管	
导线	JL/G1A－630/45	NY－630/45	JYD－630/45	
地线	JLB40－100	NY－100BG－40	—	
地线	JLB40－120	NY－120BG－40	—	

表 5.6　导地线压接管基本尺寸

<table>
<tr><th>线别</th><th>压接管型号</th><th>管质分类</th><th>压接管外径/mm</th><th>需压长度/mm</th><th>压后对边距最大允许值/mm</th></tr>
<tr><td rowspan="4">JL/G1A－630/45</td><td rowspan="2">NY－630/45</td><td>铝管</td><td>60</td><td>260</td><td>51.8</td></tr>
<tr><td>钢管</td><td>18</td><td>110</td><td>15.68</td></tr>
<tr><td rowspan="2">JYD－630/45</td><td>铝管</td><td>60</td><td>280</td><td>51.8</td></tr>
<tr><td>钢管</td><td>24</td><td>110</td><td>20.84</td></tr>
<tr><td rowspan="2">JLB40－100</td><td rowspan="2">NY－100BG－40</td><td>铝管</td><td>36</td><td>80</td><td>31.16</td></tr>
<tr><td>钢管</td><td>22</td><td>180</td><td>19.12</td></tr>
<tr><td rowspan="2">JLB40－120</td><td rowspan="2">NY－120BG－40</td><td>铝管</td><td>36</td><td>90</td><td>31.16</td></tr>
<tr><td>钢管</td><td>24</td><td>200</td><td>20.84</td></tr>
</table>

1. 导地线接续管压接

压接管的外层钢管的压接部分及顺序如图 5.26(a) 所示，在压接开始时，首先压接钢管的中心部分，然后向钢管的两端分别进行压接，压接完一侧后再压接另一侧。两次压接位置要重合 1/3 个压模的尺寸，根据实际情况，如果是为了凑整压接的次数，第一次施压可以稍微偏离钢管的中心位置。

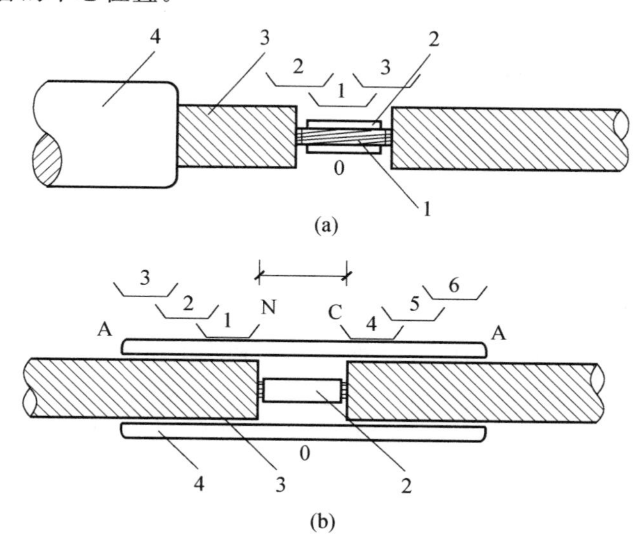

图 5.26　直线管的施压顺序

1— 钢芯；2— 钢管及已压钢管；3— 铝线；4— 铝管

压接管的铝管的液压部位及顺序如图 5.26(b) 所示，铝管中 N－N 的位置为不压区，不压区部分为两铝线端头长度，对于630/45 型导线 A－N 长度为 280 mm，然后分别向管口端部施压(拔梢部分可不压)，一侧压至管口后再压另一侧。

2. 导地线耐张管压接

压接管的钢锚压接部位及操作顺序：从凹槽前侧开始，向管口连续施压，如图 5.27(a)

所示。导线铝管液压部位及操作顺序见图 5.27(b)，自铝管端头 C 处量取260 mm(720 导线 280 mm) 施压第一模，向导线侧依次施压。

JY－95/55 地线钢锚液压部位及操作顺序：向管口连续施压。

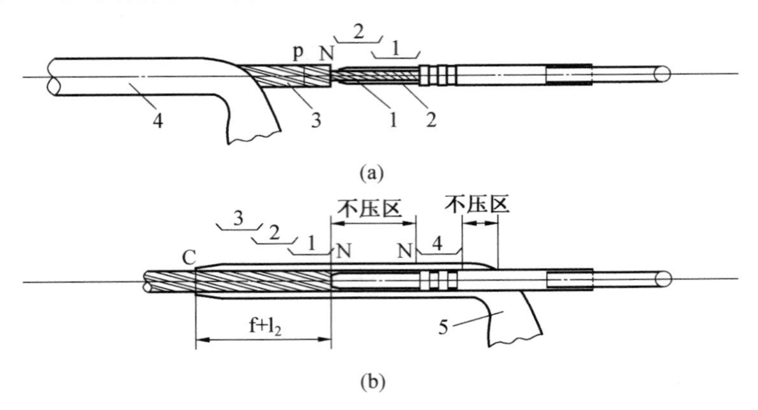

图 5.27　导线耐张管压接顺序图

1— 钢芯；2— 钢锚；3— 铝线；4— 铝管；5— 引流板

3. 导线引流管压接

实测引流管深度 L，从导线端头向内量 L 距离标记 A 点，把导线顺绞制方向向管内推进，管口与 A 点重合后，可以进行压接。

液压部位及操作顺序见图 5.28。压接的方向是从压接管的管底向压接管的管口方向连续施压。

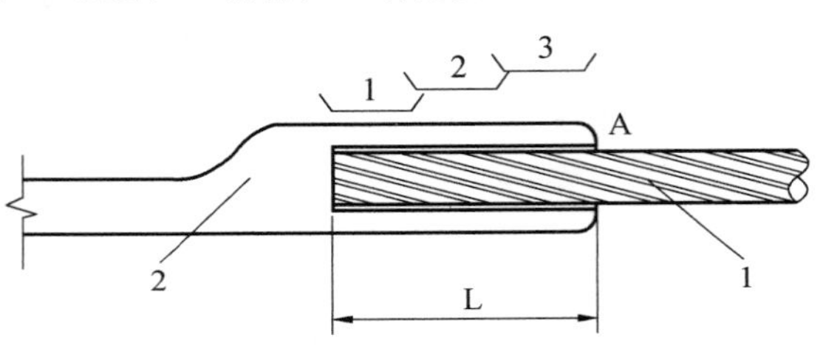

图 5.28　引流管施压顺序图

1— 钢芯铝绞线；2— 引流管

4. 补修管压接

如果在导地线展放的过程中对导地线造成了轻微的损伤，则需要使用补修管进行损伤的处理，在补修前，应将补修的位置清理干净，将损伤的位置作为正中心，从正中心的位置向两侧量出补修管的 1/2 长度并做好标记 A。将补修管穿入导线的损伤位置，插上补修管的插板，使得补修管的两端与做好的标记 A 点重合。然后从中间向两边施压。如图 5.29 所示。

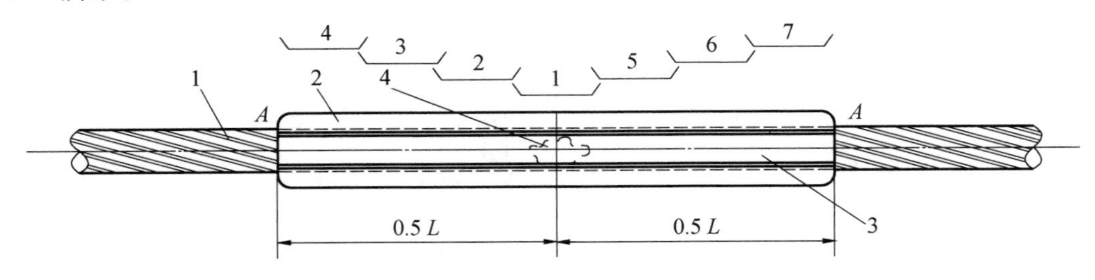

图 5.29　补修管施压顺序示意图

1— 导、地线；2— 补修管体；3— 补修管插板；4— 导线损伤位置

5.3.5　连续档耐张塔挂线作业

基于线长精确展放的输电线路架线施工的紧挂导线包括以下步骤：导线高空锚线时挂线；导线锚线时挂线；挂线完毕后，沿线利用线长调节金具对子导线和相差进行调整。需要注意的是，导线锚固后，省去导线高空断线布置。

导线高空锚线时挂线包括以下步骤：将耐张串吊装到位；将滑轮组按要求布置好；收紧滑轮组，将耐张线夹与耐张串连接起来；松出滑轮组，拆除锚绳及卡线器。

导线地面错线时挂线包括以下步骤：将耐张串吊装到位；将滑轮组按要求布置好；收紧第二滑轮组，解除锚绳；松出第二滑轮组，同时慢慢收紧第一滑轮组，直到将耐张线夹与耐张串连接起来；解除滑轮组、卡线器。

5.3.5.1　挂线方法

挂线方法按其在耐张杆塔挂线过程中的受力状况，可分为如下几种。

1. 平衡挂线

平衡挂线是指采用对称锚线法进行空中锚线，将耐张金具组合连同架空线一起不带张力地挂到杆塔横担上，然后松锚（松锚次序不限）。

平衡挂线又分为空中对接挂线、地面操作挂线两种。

(1) 空中对接挂线。它不仅适用于在空中锚线后，将架空线松到地面上，然后再安装耐张线夹的施工安装，也适用于空中锚先后不将架线送到地面，而直接在空中安装耐张线夹的施工安装。

(2) 地面操作挂线。它是用较长的锚绳进行空中锚线，锚线后将安装耐张线夹的架空线端头松到地面，在地面上安装耐张绝缘子串，然后再施工布置牵引耐张绝缘子串（带着架空线），直到连塔金具到达挂线点。这种施工布置和挂线操作与非张力架线中的传统挂线相比，仅在于地面操作挂线有空中锚线，而非张力架线中的传统挂线则无空中锚线。因此，这种挂线方法具有如下一些优点：由于架空导线不落地，避免了因导线落地而产生的磨损和外力损伤问题；适应性强，也就是说既可带也可不带张力施工；不仅可缩短观测弛度后的松线长度（特别是在地形起伏较大、施工段较长时）和挂线总牵引绳的长度，相应地还可缩短挂线牵引的时间；使得直线塔画印点的移动距离较小，有利于直线塔线夹吊装。

总的来说，无论是“空中”或“地面”挂线，一般均采用无张力挂线。只有在特殊情况下，才采用带张力或少张力挂线。这种方法的优点是在整个挂线过程中能使耐张塔在顺线路方向的受力始终对称平衡，故又称为平衡挂线法。其施工的特点是耐张塔受力始终不超过杆塔的正常荷载，施工中不需要打临时拉线。

2. 半平衡挂线

半平衡挂线是采用对称锚线法进行空中锚线后，再采用带张力挂线法将耐张金具组合连同架空线一起挂到塔上。张力挂线时，将同侧同相子导线分为两组，并分两次挂线，每次挂其中一组。一相导线至少有一串子导线的张力在顺线路方向对耐张塔对称平衡，铁塔横担最多只承受一相总张力一半的不平衡张力，故称为半平衡挂线。施工时，视耐张塔许可承载方式确定是否打临时挂线。

3. 不平衡挂线

不平衡挂线时可以不打临时拉线。其方法和非张力架线的挂线方法相同：把同侧同相所有子导线平均分成两组，每次只挂其中的一组，挂线时将一侧子导线同时带张力挂线。在过牵引的小段时间内，杆塔将出现单侧受力的情况(锚线状态的一侧受力)，而顺线路方向的受力是完全平衡的。这种由挂线引起单侧受力状态的操作，称为不平衡挂线。

除上述分类外，还可按挂线机具在挂线过程中的受力方式分为：不带张力挂线和带张力挂线。不带张力挂线时要用空中临锚工具预先收紧出需要的过牵引线长，挂线时只需将耐张金具组合和一小段松弛的导线拉起来，而不需要承受导线的紧线张力。因此不带张力挂线在整个挂线过程中的特点是空中锚线始终承受着被锚导线的全部张力。但施工时，若过牵引量不够，则需用锚线工具补充收足，但不得使用挂线牵引工具强行过牵引挂线。带张力挂线多用于拖地放线。

5.3.5.2 挂线作业操作

1. 空中锚线操作

将带有一定张力的架空线临时锚定在杆塔横担上或地线支架上的施工过程，称为空中对接法。这种方法适用于塔位地形条件较差的施工场地。

空中锚线施工又分几种情况：若将同一条架空线在杆塔两侧同时对称地进行锚线，称为空中对称锚线；只在杆塔一侧对架空线进行锚线，称为空中单侧锚线。这里应说明一点，因为架线施工需要在耐张塔上进行空中锚线，所以在设计耐张杆塔时，应考虑在挂线点附近设计出与被锚架空线数量相一致的锚线孔，即一种施工用孔，也叫施工孔。

高空对称临锚线是在耐张杆塔两侧的架空线上分别通过卡线器、临锚钢绳、链式紧线器和耐张塔锚线挂线点连接，并通过操作链式紧线器、收紧架空线，使架空线临锚于耐张塔上。其具体操作程序包括锚线施工、导线断线操作和挂线操作，见图 5.30。

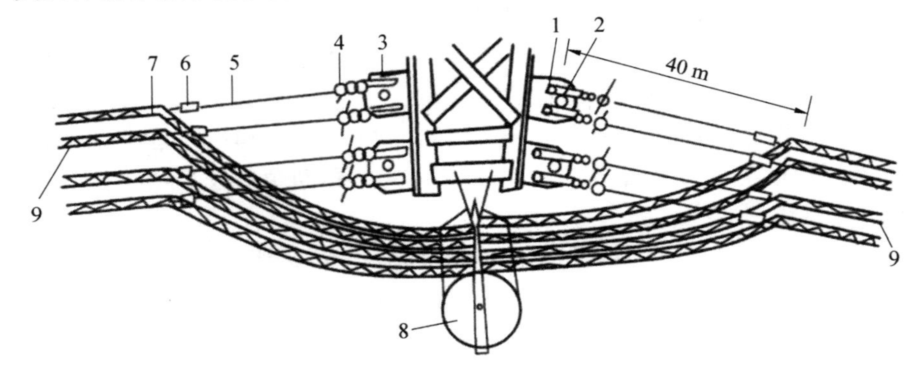

图 5.30　高空对称临锚

1— 施工安装用孔；2— 正式挂孔；3—U 形环；4— 手扳葫芦；5— 锚绳；6— 旋转器；7— 卡线器；8— 放线滑车；9— 导线

2. 锚线施工

锚线施工操作的具体内容是：首先用锚线飞车出线。根据施工设计要求安装卡线器7；将锚绳 5 的一端连在卡线器 7 上，并在锚线 5 和卡线器 7 中间装旋转器 6；在距卡线器

1 m左右处(靠塔的一侧)用白棕绳将锚绳 5 和导线 9 捆绑在一起,其目的是预防切断线和松线时在卡线端口损伤导线。

若锚绳较短,可随飞车将锚绳的另一端带回塔上;若锚绳较长,飞车将带不动锚绳,需在塔上挂滑车,通过滑车用白棕绳将锚绳的另一端拉到塔上。

在塔上锚线孔 1 上挂手扳葫芦 4(或其他临锚调长工具),将锚绳 5 挂在调长工具上。收紧调长工具直到临锚完全承力,当卡线器 7 与耐张塔的导线 9 已松弛时,检查各部分受力,确认无误后,空中锚线即告完成,可进行后续作业。

3. 挂线操作

挂线操作是将压好的耐张线夹连接到绝缘子串上,并挂到铁塔横担安装孔内,挂线操作同样有带张力和不带张力两种。

(1) 地面无张力挂线操作。

耐张操作塔所处的地形较好,高空临锚后架空线容易在耐张塔附近落至地面,可采用地面无张力挂线操作。这样一来,就可以大量减少高空作业,这是架线施工中较常用的方法。地面无张力架线应和地面安装耐张线夹相配合,其操作方法如下。

a. 将耐张绝缘子串和已安装的耐张线夹组装在一起。

b. 在挂线孔下方悬挂起重滑车,其滑轮顶面越靠近挂线孔越好。

c. 将挂线牵引钢绳的一端与耐张绝缘子串连接,另一端过挂线滑车后,与牵引滑车组相连,最后牵至动力设备。启动牵引设备,收紧挂线牵引绳,使耐张串与挂线孔对接。

由于挂线时的牵引板及 U 形环等物重量,易使金具从牵引板处翻转,翻转后受力难以矫正过来,所以必须在牵引板处悬挂防翻转重物。同时为了调整绝缘子串,可在地面拉拽控制大绳。在挂线困难时,应再次收紧锚线,不能以挂线工具强行挂线。挂线后,要先松挂线设备,后松临锚设备,即拆除高空临锚,完成平衡挂线施工。

(2) 高空无张力挂线操作。

当耐张塔所处地形较差,且工作面较小,或高空临锚后架空线很难落至地面时,多在空中安装耐张夹和耐张绝缘子串,且在地面不需要挖埋地锚的施工方案,这种挂线施工称为高空无张力挂线。

a. 将耐张绝缘子串在地面组装好后,采用与挂悬垂绝缘子串相似的方法,单独将耐张绝缘子串挂到铁塔横担挂线孔中并连接好。

b. 按图 5.31 的虚线所示,安装空中对接挂线工具,卡线器安装在耐张绝缘子串附近。轻便滑车组是由比较轻便的滑车(例如用尼龙制成的滑车)和比较轻便的绳索(例如尼龙绳、蚕丝绳)构成的。轻便滑车组的一端与耐张绝缘子串近线端的某个金具相连,另一端与卡线器相连。

c. 用空中锚线工具收取适当的过牵引线长,以满足不带张力挂线的需要。挂线时,将耐张线夹多拉过一段距离,即过牵引。耐张挂线所需要的过牵引长度一般为 300 ~ 400 mm,最大可达 500 mm。过牵引时,架空线的强度安全系数应大于或等于 2。

d. 收紧滑车组,直至耐张绝子串上的金具方便地挂到挂线孔,最后拆除牵引钢绳,回松高空临锚绳,使导线受力后拆除高空临锚绳。

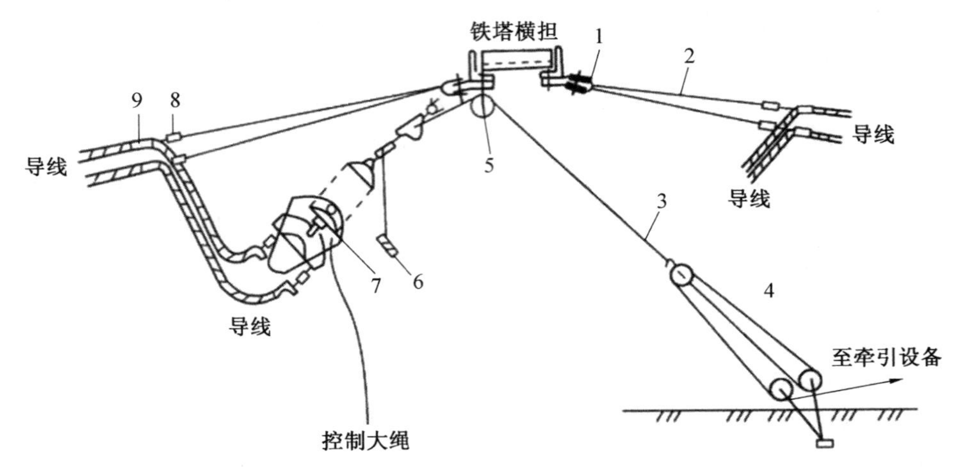

图 5.31　平衡挂线示意图

1—U形环；2—高空临锚；3—挂线牵引绳；4—牵引滑车组；5—起重挂线滑车；6—悬吊重物；7—耐张绝缘子串；8—旋转器；9—卡线器

4.地面带张力挂线操作

地面带张力挂线与地面无张力挂线的操作方法基本相同。只是挂线时所需过牵引量由挂线工具收紧，即当耐张串到达挂线位置时，空中临锚已松弛而不受力，挂线工具承受全部挂线张力，其操作方法可参考图5.32。挂线前高空临锚不再收紧，利用绞磨和牵引滑轮组，将导线、绝缘子串牵引到一定程度，绝缘子串受力，逐渐承受导线全部张力，而使高空临锚绳松弛。导线挂线后即可拆除临锚装置，由于这种挂线操作的挂线张力大，所以一般只允许同时挂两根导线。

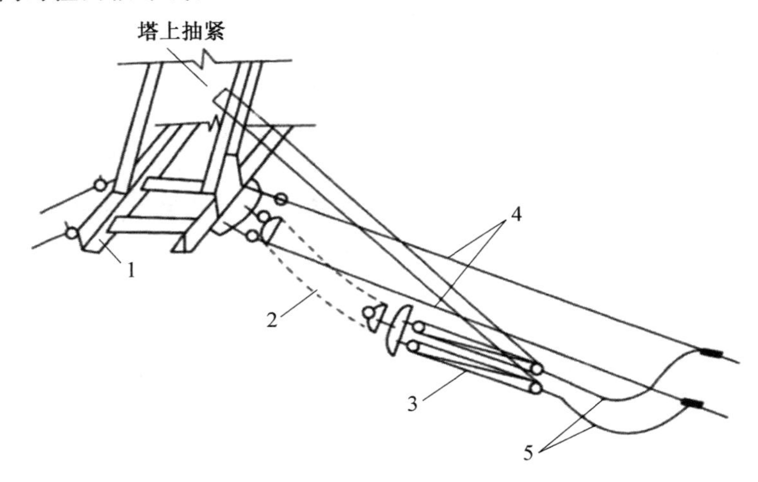

图 5.32　高空无张力挂线

1—横担；2—耐张绝缘子串；3—轻便滑车组；4—导线；5—被挂架空线

5.空中组装法挂线操作

本法的最大特点是在空中组装耐张绝缘子串，故称为空中组装法，它具有施工操作使用工器具简单、操作方便等优点，应是优先选用的挂线方法。其适用范围与空中对接法相同，但更能适用于塔位场地狭窄、耐张塔挂线点较高、多回路等情况。

5.3.6　附件安装

基于线长精确展放的输电线路架线智能化施工的导线挂线完毕后，需要进行附件安装作业，此时附件安装作业操作与传统输电线路张力架线施工的操作一致，这里简要说明如下。

(1) 耐张塔附件安装。一般包括均压环、屏蔽环、防振锤等金具安装。

(2) 直线塔附件安装。一般包括直线塔线夹安装、防振锤以及均压环、屏蔽环、重锤片安装。

(3) 跳线安装。在耐张塔挂线和直线塔附件安装完毕后进行跳线安装。

(4) 间隔棒安装。直线塔附件安装完毕后，即可进行间隔棒安装。

第6章　基于线长精确展放的输电线路架线施工的试点应用情况

6.1　工程介绍

本工程为广东电网有限责任公司江门供电局银洲湖高速对110 kV镜棠乙线迁改工程。该输变电改造工程具体规模如下。

110 kV镜棠乙线起于220 kV镜山站，止于110 kV棠下站，110 kV镜棠乙线架空线路长约6.622 km，共24基杆塔；电缆线路长约0.26 km，全线总长6.622 km。本工程重新架设新建G8－110 kV镜棠乙线＃8段导线，原有导线型号为LGJ－240型钢芯铝绞线，新建段导线型号为JL/LB20A－400/35铝包钢芯铝绞线。本工程地线新建段采用1根48芯OPGW光缆及1根JLB40－100铝包钢绞线，同时重新架设新建G8－110 kV镜棠乙线＃8段地线，地线为2根GJ－50型钢绞线。新建地线、光缆及原有地线的物理参数如下。

表6.1　地线机械物理特性表

项目	线别	
	地线	
名称	铝包钢绞线	钢绞线
型号	JLB40－100	GJ－50
铝合金/铝包钢截面积	—	—
总截面/mm^2	100.88	49.46
总直径/mm	13.00	9.0
拉断力/N	61 740	55 741
弹性系数/(N·mm^2)	103.6	181
线膨胀系数/(1×10^{-6})℃	15.5	11.5
计算长度重/(kg·km^{-1})	474.60	423.7
20 ℃直流电阻/(Ω·km^{-1})	≤0.548 3	≤0.548 3
制造长度/m	2 500	2 500

本期新建单回架空线路长1×1.62 km(双回路铁塔，本期挂单边设计)。新建铁塔共8基，其中双回路耐张塔4基，双回路直线塔3基，双回路电缆终端塔1基。新建导线型号采用JL/LB20A－400/35铝包钢芯铝绞线，地线采用1根JLB40－100分流地线及1根48芯OPGW光缆。拆除单回架空线路长1×1.5 km，拆除杆塔共5基，其中直线塔2基，耐张塔2基，水泥杆1基。利用原导、地线重新架设现状镜棠乙线＃8～新建G8段线路，线路路径长1×0.102 km。

2023年4月23日，项目组在与广东电网有限责任公司江门供电局签订试点合作协议后，项目组成员携带基于线长精确展放的输电线路架线智能化设备进入110 kV镜棠乙线施工现场，开展试点应用作业，期间，项目组成员与施工负责人进行了充分的沟通(图6.1)。

图6.1　沟通现场

6.2　工程应用

6.2.1　线长计算

4月23日，选择该区段内的耐张段(G6#—G7#—G8#铁塔)，对耐张段内线路右下相导线进行了基于线长精确计算的连续档架线施工实践。线路设计基本风速为27 m/s(离地10 m)，最高温度40 ℃，覆冰厚度为15 mm。该耐张段铁塔现场复测数据如表6.2和表6.3所示。

表6.2　杆塔参数

塔号	塔型	呼高/m	塔位高程/m	横担长度/m
G6#	1D2W6—J3	30.0	54.0	4.3
G7#	1D2W8—Z3	36.0	57.0	3.6
G8#	1D2W8—J4	24.0	17.0	4.8

表6.3　线路参数

塔号	绝缘子串长/m	转角度数	连续塔号	挂点高差/m	档距/m
G6#	2.45	52°55′47″	G6#—G7#	6.69	257.57
G7#	1.95	—	G7#—G8#	49.71	205.98
G8#	2.45	24°22′42″	—	—	—

针对该区段右下相导线的架线施工，本书取右下相导线线路参数，导线双联双悬挂悬垂绝缘子串由2×15片U120BP/146—1型绝缘子组成，导线采用JL/LB20A—400/35

型号钢芯铝绞线，送检导线蠕变试验的塑蠕伸长率 ε 为 531 mm/km，导线具体参数见表 6.4。

表 6.4　JL/LB20A－400/35 导线参数

型式	单位	数值
结构（铝／钢）	根	48/7
截面积（铝／钢）	mm^2	390.88/34.36
外径	mm	26.82
计算重量	kg/km	1 307.5
计算拉断力	N	105 700
弹性系数	MPa	6 600
线膨胀系数	$℃^{-1}$	21.2×10^{-6}

结合现场施工数据，采用基于线长精确展放智能化架线施工的架空线线长计算方法，改变单一导线应力计算连续档线长的传统思路，引入基于滑轮线夹的连续档精确应力求解算法，通过对连续档各档应力精确求解，建立了连续档架线施工时观测档弧垂与线长力学关联的数学模型，并利用计算机编写线长计算软件，求解的连续档耐张段架线线长如表 6.5 示，具体求解过程可参考发明专利：一种基于线长精确展放智能化架线施工的架空线线长计算方法，此处不再赘述。

表 6.5　导线参数

连续塔号	档内应力 /MPa	耐张绝缘子串长 /m	线长系数	挠度位移 /m	档内线长 /m	导线线长 /m
G6＃－G7＃	85.000	2.45	1.045	0.000	257.756	255.306
G7＃－G8＃	80.714	2.45	1.049	0.000	211.949	209.499
连续档耐张段总架线线长 L = 464.805 m						

施工时，通过接触式测长设计的接地滑车配合牵张机完成导线线长高精度测量，一旦导线的展放长度达到预警长度，施工人员对牵引设备制动停机，进行精准画印操作，并采用弧垂智能化感知装置对架线弧垂进行无测线长调整，最终通过线长展放，挂线后即可得到设计的弧垂。

6.2.2　架线施工

4 月 23 日上午对耐张段右上相、右中相导线进行了展放，并升挂右下相放线滑车，下午对耐张段 G6＃－G7＃－G8＃ 进行了基于线长精确计算的连续档架线施工应用，如图 6.2 所示。

下午一点半开始对导引绳、牵引绳进行展放，随后展放新导线，张力场导线展放准备如图 6.3 所示。

图 6.2　新塔的组立现场

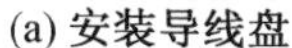
(a) 安装导线盘

(b) 导线施加张力

图 6.3　准备导线盘

6.2.2.1　导线智能化测长装置展放导线

1. 安装智能化装置

当牵引绳盘上的牵引绳剩下最后一层时，应降低牵引速度；当盘上导线剩下 3 ～ 5 圈时，应停止牵引，用棕绳在张力机的后方通过卡线器临时锚固导线。倒出盘上余线，卸下空盘，装上导线盘。预先将一布袋穿过任意一端导线头后，将前后两条导线头对接套入双头网套连接器，用铁线绑扎连接器开口端，移动白布袋使其包住网套连接器，用胶布缠牢布袋两端。倒转导线盘，将余线缠回线盘中。

装上气压制动器并带住线盘尾部张力，拆除棕绳等临锚装置。

开启张力机，通知牵引机慢速牵引。当双头网套连接器引出张力机 3 ～ 5 m 时停机；并在张力机的前方将导线通过卡线器及钢丝绳锚固在张力机上，卸下铝质接地滑车。启动张力机，使张力机前方导线缓慢落在铺垫的帆布上。拆下双头网套连接器及白布袋，切除连接器接触过的导线尾段。

然后进行导线直线压接，压接完成后，在直线管外装设保护钢套，并绑扎牢固。再在钢套外面包缠白布，并用胶布贴牢。

最后启动张力机，令其倒车。收紧导线，将锚固点至导线盘间的余线收至线盘上。并拆除压接前在张力机前方设置的锚固装置。在张力机出口的导线上，重新装上铝质接地滑车。随后将导线智能化测长装置安装在接地滑车前面位置。

安装导线智能化测长装置(图 6.4) 时应注意：

(1) 安装前应提前将装置开机，利用无线通信 LoRa 模块连接手持终端，并检查装置电量是否足够完成本次施工、装置测长模块是否正常工作等。

(2) 检查完装置，确认装置能够完成其预定功能后，将线长计算结果通过手持终端录入导线智能化测长装置中。

(3) 安装时单手提住装置背后的手栓，防止装置掉落地面，损坏装置，另一只手拉住压紧滑轮尾部金属杆，双手发力将压紧滑轮拉开，并趁机将导线卡入装置，再缓慢懈力，使压紧滑轮紧紧卡住导线，最后用弹性绳将装置固定在张力机前接地滑车前。

图 6.4　现场安装导线智能化测长装置

在报告指挥员，准备继续牵放导线前，需要对导线进行第一次画印作业，产生第一处线长标记点，用于整个导线展放施工时连续档耐张段架线线长的计量。标记不宜距离蛇皮绳套过远，以免浪费导线。

2. 放线与画印作业

基于线长精确展放的输电线路架线施工可利用线长测量对档内弧垂进行无测调控，使画印和耐张线夹的压接可在张力场的地面进行。这在不改变现有耐张线夹的前提下，可以实现耐张线夹通过放线滑车，保证耐张线夹完好无损地通过放线滑车，省掉高空压接操作。或者与传统张力架线一样，仍采用高空压接，但是需要注意的是，此时高空压接的导线位置不是随意的，应选择蛇皮套后面导线智能化测长装置标记过的画印点，作为高空压接的压接点。

将蛇皮套后面导线智能化测长装置标记过的画印点，作为整个连续档耐张段线长测量的起始点。当整个耐张段内导线展放完毕时，一旦导线的展放长度达到预警长度，导线智能化测长装置提前 20 m 向手持终端发送预警信号，预警信号持续 5 s；导线智能化测长装置提前 1 m 向手持终端发送画印信号，画印信号直到精准画印系统画印完毕后解除。

当张力场张力机操作员听到 20 m 预警信号时，开始对控制张力机减速，速度减至 15 m/min 左右，并通过对讲机通知牵引场做好停机准备，先停牵引机，后停张力机。当张力场张力机操作员听到 1 m 画印信号，通过对讲机通知牵引场停机，牵引机停机后，张力机将预画印点展出张力机口 1 m 左右即可停机，必要时可重新开机调节张力场导线离地高度。

随后解除导线智能化测长设备弹性固定绳，开始调整装置位置，在手持终端显示的标记点进行线长标记。通过终端操作，先点击通气阀按钮，打开通气电磁阀；再点击喷头伸缩按钮，并打开刹车开关，使装置固定，做好自动画印准备；最后点击标记喷漆按钮，在预定导线长度位置进行喷漆标记。标记完成后，关闭喷头伸缩和刹车开关，并关闭通气电磁阀，继续牵引，开始牵引时先开张力机，后启动牵引机。

整个放线过程中，牵引力的增值一次不宜大于 5 kN，从而避免增幅过大引发冲击力。牵引速度开始时宜控制在 50 m/min 以内。导线放线张力的控制是通过近地档或跨越档要求不同的高度来实现的。护线人员应随时向指挥员报告导线对地及对跨越物的距离，指挥员根据“放线作业图”下达调整放线张力的命令。

牵放导线过程中，导线与地面及被跨越物：一般地段导线离地面的距离应不小于 3 m；人员及车辆较少通行的道路而不搭设跨越架时，导线离路面的距离应不小于 5 m；导线或平衡锤离跨越架顶面的距离应不小于 1.0 m。

当蛇皮绳套牵引至距放线滑车 30 ～ 50 m 时，应减慢牵引速度（控制在 15 m/min 之内），使压接头平缓通过放线滑车，减少冲击力。并注意按转角塔监视人员的要求，调整导线放线张力，蛇皮绳套通过滑车后，即可恢复正常牵引速度及正常放线张力。

3. 牵引场侧耐张塔挂线

导线展放完毕后，放线段的两端导线必须临时收紧连接于地锚上，以保持导线对地面有一定的安全距离，此锚线简称为线端临锚。根据相关技术标准规定，线端临锚水平张力不得超过导线保证计算拉断力的 16%。线端临锚还将要作为紧线临锚之用，因此线端临锚的设计受力应取最大的紧线张力，一般情况下，LGJ－300 型导线最大紧线张力约为 25 kN；LGJ－400 型导线最大紧线张力约为 35 kN。

线端临锚的调节装置应每条子导线单独设置，地锚可以共用，但线端临锚 4 套卡线器的位置应互相错开，以免松线时互相碰撞。卡线器的尾部一段导线上应套上胶管，防止卡线器碰伤导线。为了防止 4 条子导线间互相鞭击受伤，临锚时各子导线应有适当的张力，使子导线互相错位排列，如采用阶梯排列、平行四边排列。

相邻线端临锚的直线铁塔称为锚塔。需要注意阅读设计单位编写的施工总说明书，有些直线塔设计是不允许用作锚塔的或者需要补锚后作锚塔。

对于基于线长精确展放的输电线路架线施工，为了方便弧垂智能化装置进场工作，需要对牵引场一侧耐张塔进行挂线作业，如图 6.5 所示，*G*6＃ 耐张塔上，在导线智能化测长装置标记的标记点位置进行开端和高空压接。

图 6.5　G6＃ 耐张塔高空压接与挂线情况

6.2.2.2　弧垂智能化感知装置调整导线

对于连续档架线施工，首先确认观测档，再将小车安放在需要弧垂微调的导线上，接通供电电源，通过地面监测终端可遥控小车在导线上自由行走，将小车遥控至合适位置后将小车停止。

选择 G6＃－G7＃ 档为观测档，将设备安装至 G7＃ 塔导线挂点，附件弧垂智能化感知装置自身嵌入倾角传感器，倾角数值可实时观测。其主要用于修正装置前进过程中发生倾斜时的位置高度，提高数据返回时的准确性。同时可根据倾角传感器返回数据调节压紧轮，保持测量装置行进过程水平端正。手持终端页面中状态信息栏显示的是弧垂智能化感知装置的定位情况、当前状态、供电情况。

导线展放完毕后，后续直接按照弧垂指标关系操作即可，接下来应进行观测档内弧垂微调。

1. 设置工程参数和系统参数

(1) 检查信号连接稳定性。

首先打开主装置控制面板与手持终端，分别将两者装载的弧垂观测软件打开，装置全部启动后，倾斜主装置，观察倾角度数是否变更，以及变更及时性；激光雷达伸出后，在激光雷达侧面用木棍等长条状物品模拟导线，观察“导线位置栏”有无变化，确保激光雷达工作正常。确定两者信号连接后，在手持终端上需要输入对应杆位的工程参数并提交。

(2) 点击运行软件进入操作页面，工程列表栏储存已输入的工程参数。

(3) 点击“添加工程”按钮即显示对话框，输入待测工程名称，点击“确定”进行保存。

(4) 点击工程名称进入杆塔信息待录入页面，点击“添加杆塔”可进入杆塔数据输入页面，按要求输入待测观测档的信息参数。

(5) 按照要求填写完成必要工程参数后点击“提交工程数据”按钮，即完成信息录入工作，在杆塔信息待录入页面出现观测档杆位编号。

2. 建立地面参考站

首先将差分定位器安装至三脚架上，调整三脚架保证定位器底座与地面水平。长按定位器上的红色按键，当电池灯光及蓝牙灯光均亮起时，说明设备工作正常。

在杆位附近设置卫星定位通信基站，建立通信连接系统。杆位附近设置卫星定位通信基站,差分定位后的坐标通过无线电台和蓝牙传输到观测装置处理器中,经过运算处理后返回到手持终端的显示页面,从而实时观测到导线的运动状态、各子导线弧垂以及测量装置实时位置和倾角。

地面参考站设置完成后,在手持终端上的杆塔数据输入页面中连接参考站,将参考站坐标进行手动修正为参考站实际坐标后点击提交按钮,将数据返回给参考站,对系统进行调试,确保数据连接正常后,进行下一步工序。

3. 安装智能化设备

由地面技术人员对安装施工人员进行教学,讲解测控装置的构造,安装测控装置要点及注意事项。然后安排 2 名高空人员携带弧垂智能化感知装置登塔,将弧垂观测装置按照要求安装到导线上。

测控装置是一种采用无级驱动的车架装置,车架上固定安装有能够伸出或缩回车架的激光雷达、走线机构、电路板安装机构以及倾角传感器安装机构,走线机构上设有走线轮,电路板安装机构包括用于安装电路板的电路板安装板,倾角传感器用于检测车架倾斜角度的倾角传感器。使用该装置可以精确实现对档内弧垂的无测调整,机构在架空线轮上行走时从架空线路上不会脱落。

测控装置安装完毕后,开始调试测控装置与手持终端的信号连接是否顺畅。通过将地面设备电源接通,卫星地面信息参考站自动搜索卫星信号,卫星信号搜索定位成功后通过无线电台自动发送定位信息修正数据。

4. 动态测控

手持终端上的小车控制模块可以控制弧垂智能化感知装置在导线上前行、倒退或停止,同时还可以控制装置压紧轮收紧或释放。

把小车安放在需要弧垂微调的导线上,接通供电电源,通过地面监测终端可遥控小车在导线上自由行走,将小车遥控至合适位置后将小车停止。弧垂智能化感知装置自身嵌入倾角传感器,倾角数值可实时观测。其主要用于修正装置前进过程中发生倾斜时的位置高度,提高数据返回时的准确性。同时可根据倾角传感器返回数据调节压紧轮,保持测量装置行进过程水平端正。手持终端页面中状态信息栏显示的是弧垂智能化感知装置的定位情况、当前状态、供电情况以及当前子导线距开始观测点的距离。在杆塔数据输入页面中点击“提交工程参数”和“提交基站数据”后可点击“弧垂测量”按钮,进入弧垂线长等计算、测量参数数字化动态显示页面。

5. 数据反馈及实时施工控制

小车卫星定位装置卫基信号搜索定位成功后,在接收卫星定位数据信息的同时接收卫星地面信息参考站发送的定位数据修正数据,实时动态测控,以保证所需定位精度。小车卫星定位装置定位数据解算成功后利用无线电台自动向地面监测终端发送定位数据,地面监测终端根据小车卫星定位装置发送的数据自动计算小车当前所处位置的弧垂和导线最大弧垂。实现弧垂的无测感知后,组织施工人员利用手扳葫芦或机动绞磨对档内线长进行调整。

手持终端显示页面中的导线位置部分通过激光雷达扫描实时显示各子导线之间的间距。当一根子导线弧垂微调结束后,可通过小车上的无线视频装置监测其余子导线弧垂状况，根据视频画面对其余子导线弧垂进行调整。

6. 数据导出

手持终端上可以显示导线收紧过程中的实时弧垂值。点击“保存记录”按钮可保存小车当前位置弧垂数据，点击“导出数据”按钮可以把刚刚保存的所需弧垂记录导出成excel表格进行展示。

6.2.3 验收工作

4月23日下午完成了G6＃－G7＃－G8＃区段的架线施工，后续完成了线路的附件安装，并做好了次日弧垂观测的准备工作。现场施工情况如图6.6所示。

图6.6 G8＃耐张塔挂线作业

4月24日下午，测工采用一台经纬仪，如图6.7所示，开展了对G6＃－G7＃－G8＃区段架线施工后线路弧垂的检验工作，验收结果如表6.6所示。

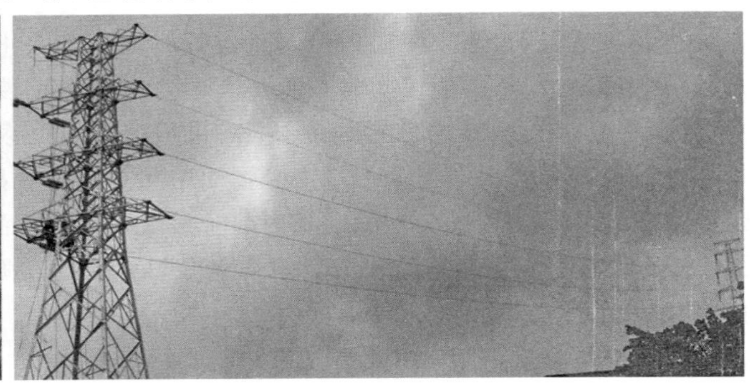

图6.7 G6＃－G7＃档端角度法观测弧垂现场

表6.6 施工结果

连续塔号	线长计算弧垂 /m	设计弧垂 /m	感知弧垂 /m	实测弧垂 /m
G6＃－G7＃	3.102	2.980	2.980	3.052
G7＃－G8＃	2.044	—	—	—

从表2.6数据可知，采用线长智能化测长装置的基于线长精确展放的输电线路架线施工结果符合验收规范，其对应的架线弧垂与设计弧垂的误差为＋4.09％。基于线长精确展放的输电线路架线施工验收时，实测弧垂与设计弧垂的误差为＋2.42％，符合验收规范。由于弧垂

智能化感知设备对观测档线长进行了微调，使线长计算的弧垂误差偏小，弧垂精度提高了 1.67%。同时，实测弧垂与感知弧垂的误差仍为 +2.42%，这是由施工误差与仪器精度导致的，考虑到施工误差不可避免，因此要求线长计算应更为准确。这说明本报告采用的基于线长精确展放的输电线路架线施工方法适用于输电线路架线施工。

参考文献

[1] 刘振亚. 团结协作 攻坚克难 共同迎接“十四五”电力工业崭新开局——在中电联第七次会员代表大会上的讲话[J]. 中国电力企业管理,2021(13):24-25.

[2] 辛保安. 踔厉奋发 勇毅前行 谱写电力行业高质量发展新篇章——2023 年中国电力企业联合会新年贺词[J]. 中国电力企业管理,2023(01):2-3.

[3] 佚名. 中国电力行业年度系列发展报告(2020)订阅回执表[J]. 中国电力企业管理,2021(36):1.

[4] 李博之. 高压架空输电线路施工技术手册[M]. 北京:中国电力出版社,2008.

[5] 刘旭. 知识城 220 kV 输电线路架线施工技术研究与实现[D]. 长春:长春工业大学,2019.

[6] 李博之. 高压架空输电线路架线施工计算原理[M]. 北京:中国电力出版社,2008.

[7] 艾肇富. 档内连有耐张绝缘子串的架空线线长计算[J]. 华北电力技术,1981(01):18-25.

[8] 甘凤林,李光辉. 高压架空输电线路施工[M]. 北京:中国电力出版社,2008.

[9] 蒋平海. 张力架线机械设备和应用[M]. 北京:水利电力出版社,1992.

[10] 毛伟敏,金伟强,周雪涛. 装配式快速定长架线技术在输电线路施工中的应用[J]. 河北电力技术,2020.

[11] LUQUE-VEGA L F,CASTILLO-TOLEDO B,LOUKIANOV A,et al. Power line inspection via an unmanned aerial system based on the quadrotor helicopter[J]. Proceedings of the Mediterranean Electrotechnical Conference,2014(17):393-397.

[12] 邵天晓. 架空送电线路的电线力学计算[M]. 北京:中国电力出版社,2003.

[13] 张殿生. 电力工程高压送电线路设计手册[M]. 北京:中国电力出版社,2003.

[14] 张忠亭. 架空输电线路设计原理[M]. 北京:中国电力出版社,2010.

[15] 汤武. 架空输电线路电线力学特性分析及软件开发[D]. 南昌:南昌大学.

[16] 高亮,徐瑞芃,张晓飞,等. 基于张力调整弧垂的输电线路架线施工研究[J]. 通信电源技术,2017,34(1):3.

[17] 战杰. 输电线路状态监测诊断技术[M]. 北京:中国电力出版社,2014.

[18] 韦钢,张永健. 电力工程概论[M]. 北京:中国电力出版社,2005.

[19] 汤广福,庞辉,贺之渊. 先进交直流输电技术在中国的发展与应用[J]. 中国电机工程学报,2016,36(7):12.

[20] 马林. 有效改善架空线路弧垂的策略及输送容量研究[D]. 天津:天津大学.

[21] 于治国. 高压输配电线路施工运行及维护研究[J]. 工程技术(文摘版)·建筑,2016(9):59.

[22] 韩崇,吴安官,韩志军. 架空输电线路施工实用手册[M]. 北京:中国电力出版

社,2008.

[23] 刘振亚. 国家电网公司输变电工程典型设计. 110 kV 输电线路分册[M]. 北京:中国电力出版社,2005.

[24] 辛吉彬. 输电线路架线施工不停电跨越技术探讨[J]. 居业,2018(6):2.

[25] 孟遂民,孔伟,唐波.架空输电线路设计[M].北京:中国电力出版社,2015.

[26] 王柳. 代表档距法应用分析[J]. 中国新技术新产品,2016(6):2.

[27] 张国栋. 输电线路工程[M]. 北京:化学工业出版社,2016.

[28] 蔡琦. 浅谈架空输电线路设计[J]. 新农村(黑龙江),2010(9):1.

[29] 中国电力规划设计协会. 注册电气工程师执业资格专业考试相关标准汇编.发输变电专业[M]. 北京:中国电力出版社,2005.

[30] 徐大成,岳浩,徐乾坤,等. 输电线路装配式架线工程应用[J]. 电力勘测设计,2018(6):6.

[31] 姜宪,陈崇敬,程拥军,等. 装配式架线方法的应用探讨[J]. 浙江电力,2012,31(12):3.

[32] 丁自强,戚柏林,姚耀明,等. 连续耐张段装配式架线的工程实践[J]. 电力建设,2012,33(10):4.

[33] 张文亮,艾闯,李丹. 输电线路大截面导线降温补偿研究[J]. 电网与清洁能源,2011,27(6):4.

[34] 李博之. 架空线塑蠕伸长的处理[J]. 电力建设,2001,22(6):7.

[35] 张小力,周文武,李小亭,等. 架空输电线路初伸长计算方法探讨[J]. 电网与清洁能源,2020,36(9):6.

[36] 聂国一. 钢芯铝绞线的塑蠕伸长预计及其初伸长的处理[J]. 电力建设,1990,11(6):4.

[37] 董吉谔. 电力金具手册[M]. 2 版. 北京:中国电力出版社,2001.

[38] 侯俊杰. 深入浅出 MFC[M]. 武汉:华中科技大学出版社,2001.

[39] 侯宪伦,葛兆斌,李向东,等. 履带式机器人的设计[J]. 机械制造,2009,47(9):3.

[40] 侯俊杰. 深入浅出 MFC:使用 Visual C++5.0 & MFC 4.2[M]. 武汉:华中科技大学出版社,2001.

[41] 程才乾,缪树宗,王路路. 基于 MFC 的航海视景系统实时碰撞检测技术[J]. 信息技术,2022,46(2):6.

[42] 刘雅琴,夏玉杰. 基于 MFC 的多媒体播放器的实现[J]. 信息技术,2009(3):3.

[43] 陈成. 基于 PC 的激光打标机控制软件的开发[D]. 武汉:华中科技大学,2008.

[44] 高璐,马玉志. 浅谈 Microsoft Visual Studio 2010 新特性[J]. 黑龙江科技信息,2010(32):96.

[45] 王钦若,谭啟韬,黄璐璐,等. 一种基于 MFC 界面嵌套并快速切换界面的方法:CN201710120605.8[P]. 2017-10-12.

[46] 徐晓丹. 增量式光电编码器的细分技术研究[D].长春:长春理工大学,2010.

[47] 陈亚飞. 基于 LoRa 技术的区域安防报警系统设计与实现[D]. 邯郸:河北工程大

学,2018.
[48] 王春模.旋转编码器在自动测长系统中的应用[J].现代电子技术,2000(08):82-83.
[49] 黄法军,万秋华,杨守旺,等.光电轴角编码器测速方法现状分析与展望[J].激光与光电子学进展,2013,50(11):31-38.
[50] 丁卫东,朱卫民,曹玲芝.基于增量式光电编码器电机测速系统的设计[J].郑州轻工业学院学报(自然科学版),2013,28(06):95-97+108.
[51] 薛高飞,胡安.一种基于编码器的全阶观测器测速方法[J].海军工程大学学报,2013,25(06):1-6.
[52] 王辉,胡建华,王慎航.增量式光电编码器角位移拟合测速法[J].仪表技术与传感器,2014(10):99-101.
[53] 张顺星,梁小宜.基于旋转编码器及 MCGS 的电机测速系统设计与实现[J].自动化与仪器仪表,2014(11):161-163.
[54] 曾菊容,李辉.基于 AVR 和增量式编码器的电机测速装置[J].微特电机,2015,43(03):30-32.
[55] 王少君,刘永强,杨绍普,等.基于光电编码器的测速方法研究及实验验证[J].自动化与仪表,2015,30(06):68-72.
[56] 王亚洲,万秋华,杜颖财,等.光电编码器单莫尔条纹测速方法[J].中国光学,2015,8(06):1044-1050.
[57] 马玲芝,李鸿.基于国产 FPGA 的增量式光电编码器测速电路研究[J].计算机测量与控制,2016,24(01):233-236.DOI:10.16526/j.cnki.11-4762/tp.2016.01.064.
[58] 杜颖财,宋路,万秋华,等.小波变换实现的光电编码器精确实时测速[J].红外与激光工程,2017,46(05):137-142.
[59] 陈思思,黄宣琳,黄永梅,等.基于编码器测速的双闭环控制系统性能分析[J].国外电子测量技术,2017,36(11):30-33.
[60] 阮长悦,周斌,罗勇.基于 M 法的增量式编码器测速研究[J].石化技术,2018,25(01):70-71.
[61] 徐张旗,陶家园,王克逸,等.基于卡尔曼滤波的新型变“M/T”编码器测速方法[J].新技术新工艺,2018(09):28-31.
[62] 鲁伟,刘士兴,孙操,等.基于 STM32 的增量式编码器测速设计及实验验证[J].计算机测量与控制,2019,27(12):259-263.
[63] 张策,田凯,金书辉,等.一种增量式光电编码器抗干扰测速方法[J].天津科技,2022,49(02):37-39,42.
[64] 王鹏,耿凯,孙长库.基于 FPGA 的激光多普勒测长仪信号处理算法研究[J].光电子·激光,2018,29(12):1325-1331.
[65] 丁彦侃,宋玉莲,蔡侃.激光干涉仪在测长机不确定度评定中的应用[J].计量与测试技术,2020,47(01):71-73,78.
[66] 丁雪萌,吕明晗,王超群,等.单频激光干涉测长误差分析系统研究[J].工具技术,2021,55(11):106-108.

[67] 平少栋,傅云霞,张丰,等.镜面反射式激光跟踪干涉测长的测量方法研究[J].红外与激光工程,2021,50(12):403-409.

[68] 杨元喜,李金龙,王爱兵,等.北斗区域卫星导航系统基本导航定位性能初步评估[J].中国科学:地球科学,2014,44(01):72-81.

[69] 刘经南,刘晖.连续运行卫星定位服务系统——城市空间数据的基础设施[J].武汉大学学报(信息科学版),2003(03):259-264.

[70] 施闯,赵齐乐,李敏,等.北斗卫星导航系统的精密定轨与定位研究[J].中国科学:地球科学,2012,42(06):854-861.

[71] 周露,刘宝忠.北斗卫星定位系统的技术特征分析与应用[J].全球定位系统,2004(04):12-16.

[72] 唐金元,于潞,王思臣.北斗卫星导航定位系统应用现状分析[J].全球定位系统,2008(02):26-30.

[73] 过静珺,王丽,张鹏.国内外连续运行基准站网新进展和应用展望[J].全球定位系统,2008(01):1-10.

[74] 刘军,张永生,王冬红.基于 RPC 模型的高分辨率卫星影像精确定位[J].测绘学报,2006(01):30-34.

[75] 范龙,柴洪洲.北斗二代卫星导航系统定位精度分析方法研究[J].海洋测绘,2009,29(01):25-27,45.

[76] 周魁,徐维毅,高选,胡汉基.采用增容导线时的定位弧垂计算[J].电力建设,2012,33(12):52-54.

[77] 董晓虎,易东.基于北斗卫星差分定位技术的输电线路弧垂监测[J].电子设计工程,2015,23(19):41-42.

[78] 曾祥君,阳韬,钟卓颖,等.基于弧垂实时测量的输电线路动态增容决策系统设计[J].电力科学与技术学报,2015,30(02):9-15.

[79] 胡建林,刘杰,蒋兴良,等.基于弧垂测量的综合荷载下导线等值覆冰厚度监测方法[J].高电压技术,2022,48(02):584-593.

[80] 王礼田,邵凤莹,萧宝瑾.基于双目视觉稀疏点云重建的输电线路弧垂测量方法[J].太原理工大学学报,2016,47(06):747-751,785.

[81] 刘扬,安光辉,龚延兴.浅谈高压输电线路路径选择及杆塔定位[J].华北电力技术,2012(01):67-70.

[82] 仝卫国,李宝树,苑津莎,等.基于航拍序列图像的输电线弧垂测量方法[J].中国电机工程学报,2011,31(16):115-120.

[83] 黄新波,张晓霞,李立浧,罗兵.采用图像处理技术的输电线路导线弧垂测量[J].高电压技术,2011,37(08):1961-1966.

[84] 胡园一,赵坤渝.基于 DGPS 的高压输电线路弧垂监测技术研究[J].科技视界,2013(18):131-132.

[85] 许东昕.电力线路设计工程中的测量设备结合卫星地图的应用[J].工程技术研究,2017(03):121,126.

[86] 王佳盟，赵隆，朱文卫，等. 基于空间定位的导线状态监测系统研究与应用[J]. 广东电力，2022，35(10)：100-108.

[87] 程燕胜，杨鹤猛，陈艳芳. 基于北斗的架空输电线路弧垂监测系统设计[J]. 自动化技术与应用，2023，42(02)：98-100，154.

[88] 李清泉，李必军，陈静. 激光雷达测量技术及其应用研究[J]. 武汉测绘科技大学学报，2000(05)：387-392.

[89] 赵一鸣，李艳华，商雅楠，等. 激光雷达的应用及发展趋势[J]. 遥测遥控，2014，35(05)：4-22.

[90] 王德，李学千. 半导体激光器的最新进展及其应用现状[J]. 光学精密工程，2001(03)：279-283.